올리드

중등 수학 3(하)

BOOK CONCEPT

개념 이해부터 내신 대비까지 완벽하게 끝내는 필수 개념서

BOOK GRADE

	개념		문제
구성 비율			

	간략	알참	상세
개념 수준			

	기본	표준	발전
문제 수준			

WRITERS

미래엔콘텐츠연구회
No.1 Content를 개발하는 교육 전문 콘텐츠 연구회

COPYRIGHT

인쇄일 2023년 8월 1일(1판6쇄)
발행일 2019년 12월 2일

펴낸이 신광수
펴낸곳 ㈜미래엔
등록번호 제16-67호

교육개발1실장 하남규
개발책임 주석호
개발 김윤희, 김지연, 박지혜, 이주현

디자인실장 손현지
디자인책임 김기욱
디자인 이진희, 유성아

CS본부장 강윤구
CS지원책임 강승훈

ISBN 979-11-6841-121-0

자신감

보조바퀴가 달린 네발 자전거를 타다 보면
어느 순간 시시하고, 재미가 없음을 느끼게 됩니다.
그리고 주위에서 두발 자전거를 타는 모습을 보며
'언제까지 네발 자전거만 탈 수는 없어!'
라는 마음에 두발 자전거 타는 방법을 배우려고 합니다.

보조바퀴를 떼어낸 후
자전거도 뒤뚱뒤뚱, 몸도 뒤뚱뒤뚱.
결국에는 넘어지기도 수 십번.
넘어졌다고 포기하지 않고 다시 일어나서 자전거를 타다 보면
어느덧 혼자서도 씽씽 달릴 수가 있습니다.

올리드 수학을 만나면
개념과 문제뿐 아니라 오답까지 잡을 수 있습니다.
그래서 어느새 수학에 자신감이 생기게 됩니다.

자, 이제 올리드 수학으로 공부해 볼까요?

[첫째,

교과서 개념을 30개로 세분화
하고 알차게 정리하여 차근차근
공부할 수 있도록 하였습니다.]

[둘째,

개념 1쪽, 문제 1쪽의 2쪽 구성
으로 개념 학습 후 문제를 바로
풀면서 개념을 익힐 수 있습니다.]

[셋째,

개념교재편을 공부한 후, 익힘교
재편으로 **반복 학습**을 하여 **완
벽하게 마스터**할 수 있습니다.]

**개념
교재편**

1 개념 & 대표 문제 학습

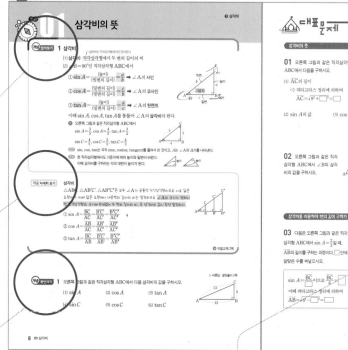

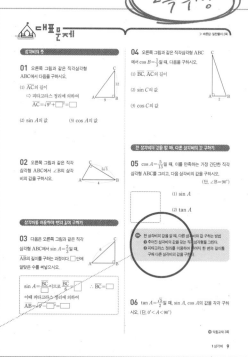

개념 학습

개념 알아보기

각 단원에서 교과서 핵심 개념을 세분화하여 정리하
였습니다.

개념 자세히 보기

개념을 도식화, 도표화하여 보다 쉽게 개념을 이해
할 수 있습니다.

개념 확인하기

정의와 공식을 이용하여 푸는 문제로 개념을 바로
확인할 수 있습니다.

대표 문제

개념별로 1~3개의 주제로 분류하고, 주제별로 대표
적인 문제를 수록하였습니다.

문제를 해결하는 데 필요한 전략이나 어려운 개념에
대한 설명이 필요한 경우에 TIP을 제시하였습니다.

2 핵심 문제 학습

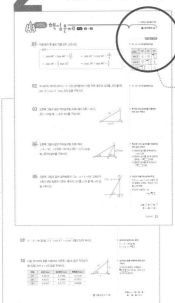

소단원 핵심 문제
각 소단원의 주요 핵심 문제만을 선별하여 수록하였습니다.

• 개념 REVIEW
문제 풀이에 이용된 개념을 다시 한 번 짚어 볼 수 있습니다.

3 마무리 학습

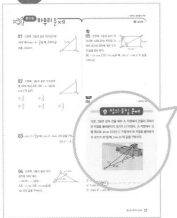

중단원 마무리 문제
중단원에서 배운 내용을 종합적으로 마무리할 수 있는 문제를 수록하였습니다.

• 창의·융합 문제
타 교과나 실생활과 관련된 문제를 단계별 과정에 따라 풀어 봄으로써 문제 해결력을 기를 수 있습니다.

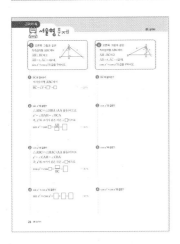

교과서 속 서술형 문제
꼬리에 꼬리를 무는 구체적인 질문으로 풀이를 서술하는 연습을 하고, 연습문제를 풀면서 서술형에 대한 감각을 기를 수 있습니다.

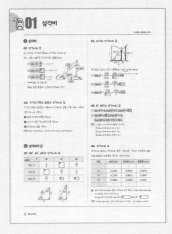

개념 정리
빈칸을 채우면서 중단원별 핵심 개념을 다시 한 번 확인할 수 있습니다.

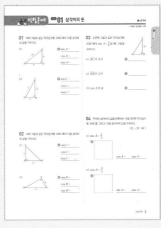

익힘 문제
개념별 기본 문제로 개념교재편의 대표 문제를 반복 연습할 수 있습니다.

필수 문제
소단원별 필수 문제로 개념교재편의 핵심 문제를 반복 연습할 수 있습니다.

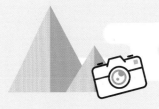

차례 # Contents

01 삼각비

02 삼각비의 활용

03 원과 직선

정확하게 보면 수학에는 진리뿐만 아니라

최고의 아름다움도 숨겨져 있다.

- 버트런드 러셀 -

01

삼각비

배운내용 Check

1 다음 그림의 직각삼각형 ABC에서 x의 값을 구하시오.

(1)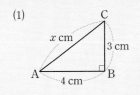

(2)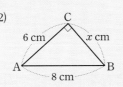

정답 **1** (1) 5 (2) $2\sqrt{7}$

삼각비의 뜻

개념 알아보기 **1** 삼각비

└─ 삼각비는 직각삼각형에서만 정의된다.

(1) **삼각비**: 직각삼각형에서 두 변의 길이의 비

(2) ∠B＝90°인 직각삼각형 ABC에서

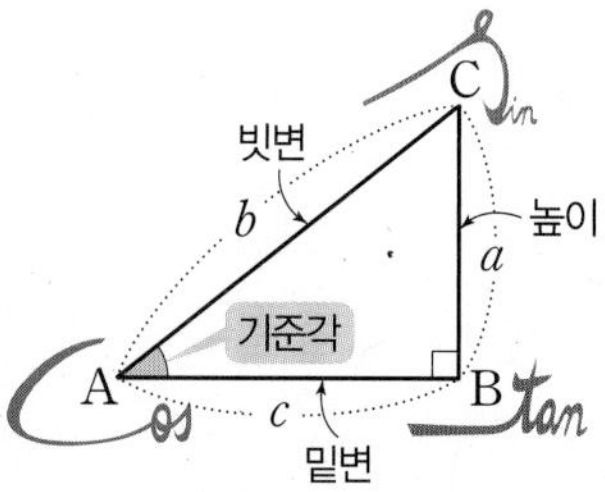

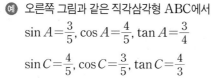

① $\sin A = \dfrac{(높이)}{(빗변의 길이)} = \dfrac{a}{b}$ ➡ ∠A의 **사인**

② $\cos A = \dfrac{(밑변의 길이)}{(빗변의 길이)} = \dfrac{c}{b}$ ➡ ∠A의 **코사인**

③ $\tan A = \dfrac{(높이)}{(밑변의 길이)} = \dfrac{a}{c}$ ➡ ∠A의 **탄젠트**

이때 $\sin A$, $\cos A$, $\tan A$를 통틀어 ∠A의 **삼각비**라 한다.

예 오른쪽 그림과 같은 직각삼각형 ABC에서

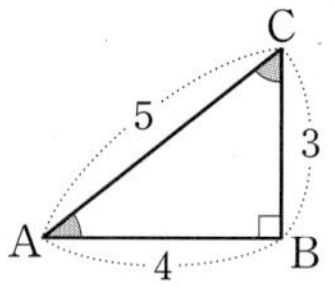

$\sin A = \dfrac{3}{5}$, $\cos A = \dfrac{4}{5}$, $\tan A = \dfrac{3}{4}$

$\sin C = \dfrac{4}{5}$, $\cos C = \dfrac{3}{5}$, $\tan C = \dfrac{4}{3}$

참고 sin, cos, tan는 각각 sine, cosine, tangent를 줄여서 쓴 것이고, A는 ∠A의 크기를 나타낸다.

주의 한 직각삼각형에서도 기준각에 따라 높이와 밑변이 바뀐다.
이때 삼각비를 구하려는 각의 대변이 높이가 된다.

개념 자세히 보기 **삼각비**

△ABC, △AB'C', △AB''C''은 모두 ∠A가 공통인 직각삼각형이므로 서로 닮은 도형이다. 이때 닮은 도형에서 대응변의 길이의 비는 일정하므로 ∠A의 크기가 정해지면 직각삼각형의 크기에 관계없이 두 변의 길이의 비, 즉 삼각비의 값이 항상 일정하다.

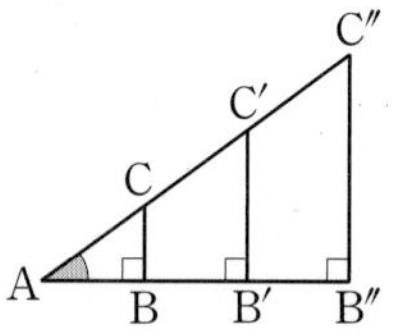

① $\sin A = \dfrac{\overline{BC}}{\overline{AC}} = \dfrac{\overline{B'C'}}{\overline{AC'}} = \dfrac{\overline{B''C''}}{\overline{AC''}}$

② $\cos A = \dfrac{\overline{AB}}{\overline{AC}} = \dfrac{\overline{AB'}}{\overline{AC'}} = \dfrac{\overline{AB''}}{\overline{AC''}}$

③ $\tan A = \dfrac{\overline{BC}}{\overline{AB}} = \dfrac{\overline{B'C'}}{\overline{AB'}} = \dfrac{\overline{B''C''}}{\overline{AB''}}$

≫ 익힘교재 2쪽

⁎ 바른답·알찬풀이 2쪽

개념 확인하기 **1** 오른쪽 그림과 같은 직각삼각형 ABC에서 다음 삼각비의 값을 구하시오.

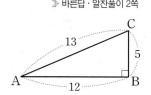

(1) $\sin A$ (2) $\cos A$ (3) $\tan A$

(4) $\sin C$ (5) $\cos C$ (6) $\tan C$

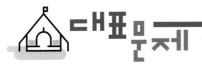

삼각비의 뜻

01 오른쪽 그림과 같은 직각삼각형 ABC에서 다음을 구하시오.

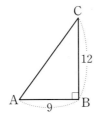

(1) $\overline{AC}$의 길이

⇨ 피타고라스 정리에 의하여

$\overline{AC}=\sqrt{9^2+\boxed{}^2}=\boxed{}$

(2) $\sin A$의 값   (3) $\cos A$의 값

02 오른쪽 그림과 같은 직각삼각형 ABC에서 ∠B의 삼각비의 값을 구하시오.

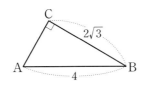

삼각비를 이용하여 변의 길이 구하기

03 다음은 오른쪽 그림과 같은 직각삼각형 ABC에서 $\sin A=\dfrac{2}{3}$일 때, $\overline{AB}$의 길이를 구하는 과정이다. ☐ 안에 알맞은 수를 써넣으시오.

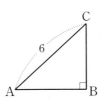

$\sin A=\dfrac{\overline{BC}}{\boxed{}}$이므로 $\dfrac{\overline{BC}}{6}=\boxed{}$ ∴ $\overline{BC}=\boxed{}$

이때 피타고라스 정리에 의하여

$\overline{AB}=\sqrt{6^2-\boxed{}^2}=\boxed{}$

04 오른쪽 그림과 같은 직각삼각형 ABC에서 $\cos B=\dfrac{1}{3}$일 때, 다음을 구하시오.

(1) $\overline{BC}$, $\overline{AC}$의 길이

(2) $\sin C$의 값

(3) $\cos C$의 값

한 삼각비의 값을 알 때, 다른 삼각비의 값 구하기

05 $\cos A=\dfrac{5}{13}$일 때, 이를 만족하는 가장 간단한 직각삼각형 ABC를 그리고, 다음 삼각비의 값을 구하시오.

(단, ∠B=90°)

(1) $\sin A$

(2) $\tan A$

💡 **TIP** 한 삼각비의 값을 알 때, 다른 삼각비의 값 구하는 방법
❶ 주어진 삼각비의 값을 갖는 직각삼각형을 그린다.
❷ 피타고라스 정리를 이용하여 나머지 한 변의 길이를 구해 다른 삼각비의 값을 구한다.

06 $\tan A=\dfrac{\sqrt{5}}{2}$일 때, $\sin A$, $\cos A$의 값을 각각 구하시오. (단, $0°<A<90°$)

❯❯ 익힘교재 3쪽

02 직각삼각형의 닮음과 삼각비의 값

개념 알아보기 **1 직각삼각형의 닮음을 이용한 삼각비의 값**

직각삼각형의 닮음을 이용하여 삼각비의 값을 구할 때는 다음과 같은 순서로 구한다.

❶ 닮은 직각삼각형을 찾는다.

❷ 크기가 같은 각(대응각)을 찾는다.

❸ 삼각비의 값을 구한다. ← 닮은 직각삼각형에서 대응각에 대한 삼각비의 값은 일정하다.

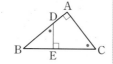

(1) $\angle A = 90°$인 직각
삼각형 ABC에서
$\overline{DE} \perp \overline{BC}$이면
❶ $\triangle ABC \sim \triangle EBD$
❷ $\angle ACB = \angle EDB$

❸ $\sin C = \dfrac{\overline{AB}}{\overline{BC}} = \dfrac{\overline{BE}}{\overline{BD}}$

$\cos C = \dfrac{\overline{AC}}{\overline{BC}} = \dfrac{\overline{DE}}{\overline{BD}}$

$\tan C = \dfrac{\overline{AB}}{\overline{AC}} = \dfrac{\overline{BE}}{\overline{DE}}$

$\underbrace{}_{\triangle ABC} \quad \underbrace{}_{\triangle EBD}$

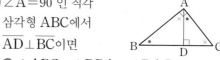

(2) $\angle A = 90°$인 직각
삼각형 ABC에서
$\overline{AD} \perp \overline{BC}$이면
❶ $\triangle ABC \sim \triangle DBA \sim \triangle DAC$
❷ $\angle ABC = \angle DBA = \angle DAC$

❸ $\sin B = \dfrac{\overline{AC}}{\overline{BC}} = \dfrac{\overline{AD}}{\overline{AB}} = \dfrac{\overline{CD}}{\overline{AC}}$

$\cos B = \dfrac{\overline{AB}}{\overline{BC}} = \dfrac{\overline{BD}}{\overline{AB}} = \dfrac{\overline{AD}}{\overline{AC}}$

$\tan B = \dfrac{\overline{AC}}{\overline{AB}} = \dfrac{\overline{AD}}{\overline{BD}} = \dfrac{\overline{CD}}{\overline{AD}}$

$\underbrace{}_{\triangle ABC} \quad \underbrace{}_{\triangle DBA} \quad \underbrace{}_{\triangle DAC}$

개념 자세히 보기 **직각삼각형의 닮음과 삼각비의 값**

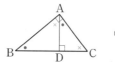 ➡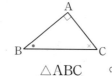

$$\triangle ABC \quad \backsim \quad \triangle DBA \quad \backsim \quad \triangle DAC$$

>> 익힘교재 2쪽

⟐ 바른답 · 알찬풀이 3쪽

개념 확인하기 **1** 오른쪽 그림을 보고 ☐ 안에 알맞은 것을 써넣으시오.

(1) $\sin A = \dfrac{\overline{BC}}{\boxed{}} = \dfrac{\boxed{}}{\overline{AB}}$

(2) $\cos A = \dfrac{\boxed{}}{\overline{AC}} = \dfrac{\overline{AD}}{\boxed{}}$

(3) $\tan A = \dfrac{\overline{BC}}{\boxed{}} = \dfrac{\boxed{}}{\overline{AD}}$

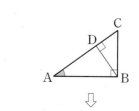

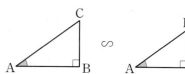

직각삼각형의 닮음을 이용한 삼각비의 값

01 다음은 오른쪽 그림과 같은 직각삼각형 ABC에서 $\overline{DE} \perp \overline{BC}$일 때, $\sin x°$의 값을 구하는 과정이다. ☐ 안에 알맞은 것을 써넣으시오.

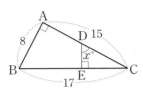

❶ △ABC와 △EDC에서
☐는 공통, ∠BAC=☐이므로
△ABC∽☐ (AA 닮음)

❷ $x°=\angle EDC=$☐

❸ $\sin x°=\sin$☐$=\dfrac{☐}{\overline{BC}}=\dfrac{☐}{17}$

02 오른쪽 그림과 같은 직각삼각형 ABC에서 $\overline{DE} \perp \overline{BC}$일 때, 다음을 구하시오.

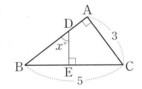

(1) △ABC와 닮은 삼각형

(2) △ABC에서 $x°$와 크기가 같은 각

(3) $\sin x°$, $\cos x°$, $\tan x°$의 값

03 오른쪽 그림과 같은 직각삼각형 ABC에서 $\overline{DE} \perp \overline{AC}$일 때, $\tan x°$의 값을 구하시오.

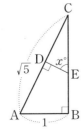

04 다음은 오른쪽 그림과 같은 직각삼각형 ABC에서 $\overline{AD} \perp \overline{BC}$일 때, $\cos x°$의 값을 구하는 과정이다. ☐ 안에 알맞은 것을 써넣으시오.

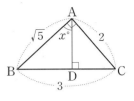

❶ △ABC와 △DBA에서
☐는 공통, ∠BAC=☐이므로
△ABC∽☐ (AA 닮음)

❷ $x°=\angle DAB=$☐

❸ $\cos x°=\cos$☐$=\dfrac{\overline{AC}}{☐}=\dfrac{2}{☐}$

05 오른쪽 그림과 같은 직각삼각형 ABC에서 $\overline{AD} \perp \overline{BC}$일 때, 다음 삼각비의 값을 구하시오.

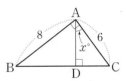

(1) $\sin x°$

(2) $\cos x°$

(3) $\tan x°$

06 오른쪽 그림과 같은 직사각형 ABCD에서 $\overline{AH} \perp \overline{BD}$일 때, $\cos x°$의 값을 구하시오.

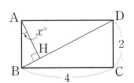

TIP 먼저 △ABD에서 $x°$와 크기가 같은 각을 찾는다.

익힘교재 4쪽

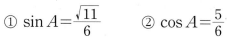
● 개념 REVIEW

01 오른쪽 그림과 같은 직각삼각형 ABC에 대하여 다음 삼각
비의 값 중 옳지 <u>않은</u> 것은?

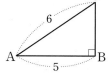

① $\sin A = \dfrac{\sqrt{11}}{6}$　　② $\cos A = \dfrac{5}{6}$

③ $\tan A = \dfrac{\sqrt{11}}{5}$　　④ $\sin C = \dfrac{5}{6}$　　⑤ $\cos C = \dfrac{6}{5}$

> 삼각비의 뜻

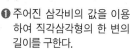

① $\sin A = $ ❶ ▢

② $\cos A = $ ❷ ▢

③ $\tan A = \dfrac{a}{c}$

02 오른쪽 그림과 같은 직각삼각형 ABC에서
$\sin A = \dfrac{2}{5}$일 때, $\triangle$ABC의 넓이를 구하시오.

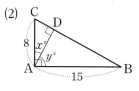

> 삼각비를 이용하여 변의 길이 구하기
> ❶ 주어진 삼각비의 값을 이용하여 직각삼각형의 한 변의 길이를 구한다.
> ❷ ❸▢▢▢▢ 정리를 이용하여 나머지 한 변의 길이를 구한다.

03 $\angle$B$=90°$인 직각삼각형 ABC에서 $\cos A = \dfrac{5}{7}$일 때, $\tan A$의 값을 구하시오.

> 한 삼각비의 값을 알 때, 다른 삼각비의 값 구하기

04 다음 그림과 같은 직각삼각형 ABC에서 $\sin x° + \cos y°$의 값을 구하시오.

(1)

(2)

> 직각삼각형의 닮음을 이용한 삼각비의 값
> 닮은 직각삼각형에서 ❹▢▢▢에 대한 삼각비의 값은 일정하다.

05 오른쪽 그림과 같이 세 모서리의 길이가 각각 4 cm, 4 cm, 2 cm인 직육면체에서 $\angle$DFH$=x°$일 때, 다음을 구하시오.

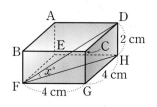

(1) $\overline{\text{FH}}$, $\overline{\text{DF}}$의 길이　　(2) $\cos x°$의 값

> 입체도형에서 삼각비의 값

》 익힘교재 5쪽

답 ❶ $\dfrac{a}{b}$　❷ $\dfrac{c}{b}$　❸ 피타고라스
❹ 대응각

03 30°, 45°, 60°의 삼각비의 값

개념 알아보기

1 30°, 45°, 60°의 삼각비의 값

특수한 각 30°, 45°, 60°의 삼각비의 값은 다음과 같다.

삼각비 $\diagdown$ A	30°	45°	60°	
$\sin A$	$\dfrac{1}{2}$	$\dfrac{\sqrt{2}}{2}$	$\dfrac{\sqrt{3}}{2}$	커진다.
$\cos A$	$\dfrac{\sqrt{3}}{2}$	$\dfrac{\sqrt{2}}{2}$	$\dfrac{1}{2}$	작아진다.
$\tan A$	$\dfrac{\sqrt{3}}{3}$	1	$\sqrt{3}$	커진다.

개념 자세히 보기

• **45°의 삼각비의 값**

한 변의 길이가 1인 정사각형 ABCD를 한 대각선을 따라 잘라 낸 직각이등변삼각형 ABC에서 $\overline{AC}=\sqrt{2}$이므로

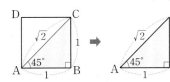

$$\sin 45°=\frac{1}{\sqrt{2}}=\frac{\sqrt{2}}{2}, \cos 45°=\frac{1}{\sqrt{2}}=\frac{\sqrt{2}}{2},$$
$$\tan 45°=\frac{1}{1}=1$$

• **30°, 60°의 삼각비의 값**

한 변의 길이가 2인 정삼각형 ABC의 꼭짓점 A에서 밑변 BC에 내린 수선의 발을 D라 하면

$\overline{BD}=1, \overline{AD}=\sqrt{3}$이므로

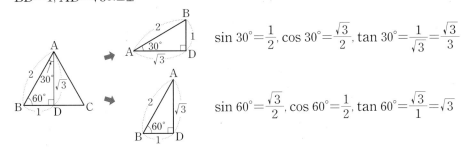

$$\sin 30°=\frac{1}{2}, \cos 30°=\frac{\sqrt{3}}{2}, \tan 30°=\frac{1}{\sqrt{3}}=\frac{\sqrt{3}}{3}$$

$$\sin 60°=\frac{\sqrt{3}}{2}, \cos 60°=\frac{1}{2}, \tan 60°=\frac{\sqrt{3}}{1}=\sqrt{3}$$

≫ 익힘교재 2쪽

∰ 바른답 · 알찬풀이 4쪽

개념 확인하기

1 다음 ☐ 안에 알맞은 수를 써넣으시오.

(1) $\sin 30°+\cos 60°=\dfrac{1}{2}+\boxed{}=\boxed{}$

(2) $\sin 45°-\cos 45°=\boxed{}-\dfrac{\sqrt{2}}{2}=\boxed{}$

(3) $\tan 30°\times\cos 30°=\boxed{}\times\boxed{}=\boxed{}$

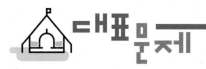

특수한 각의 삼각비의 값

01 다음을 계산하시오.

(1) $\cos 60° - \tan 45°$

(2) $\sin 60° \times \cos 30°$

(3) $\sin 30° - \cos 30° \div \tan 60°$

특수한 각의 삼각비를 이용하여 각의 크기 구하기

02 다음을 만족하는 x의 값을 구하시오.

(단, $0° < x° < 90°$)

(1) $\sin x° = \dfrac{1}{2}$

(2) $\cos x° = \dfrac{\sqrt{3}}{2}$

(3) $\tan x° = \sqrt{3}$

(4) $\sin x° = \dfrac{\sqrt{2}}{2}$

03 $\sin(2x° + 10°) = \dfrac{\sqrt{3}}{2}$을 만족하는 x의 값을 구하시오. (단, $0° < x° < 40°$)

> **TIP** 주어진 삼각비의 값이 특수한 각에 대한 삼각비의 값이므로 $2x° + 10°$의 크기를 구할 수 있다.

특수한 각의 삼각비를 이용하여 변의 길이 구하기

04 다음 그림과 같은 직각삼각형 ABC에서 x, y의 값을 각각 구하시오.

(1)

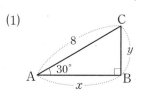

⇨ $\cos 30° = \dfrac{x}{8}$이므로 $\boxed{} = \dfrac{x}{8}$ ∴ $x = \boxed{}$

$\sin 30° = \dfrac{y}{8}$이므로 $\boxed{} = \dfrac{y}{8}$ ∴ $y = \boxed{}$

(2)

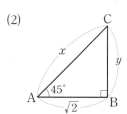

05 오른쪽 그림과 같은 △ABC에서 $\overline{AD} \perp \overline{BC}$일 때, 다음을 구하시오.

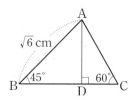

(1) $\overline{AD}$의 길이

(2) $\overline{AC}$의 길이

06 오른쪽 그림에서 $\overline{CD}$의 길이를 구하시오.

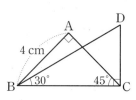

> **TIP** 특수한 각의 삼각비를 이용하여 △ABC에서 $\overline{BC}$의 길이를 먼저 구한 후, △BCD에서 $\overline{CD}$의 길이를 구한다.

》 익힘교재 6쪽

예각의 삼각비의 값

개념 알아보기 **1 예각의 삼각비의 값**

반지름의 길이가 1인 사분원에서 예각 $x°$에 대하여

$\llcorner 0°<x°<90°$

(1) $\sin x° = \dfrac{\overline{AB}}{\overline{OA}} = \dfrac{\overline{AB}}{1} = \overline{AB}$

(2) $\cos x° = \dfrac{\overline{OB}}{\overline{OA}} = \dfrac{\overline{OB}}{1} = \overline{OB}$

(3) $\tan x° = \dfrac{\overline{CD}}{\overline{OD}} = \dfrac{\overline{CD}}{1} = \overline{CD}$

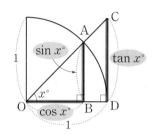

개념 자세히 보기 **예각의 삼각비의 값**

오른쪽 그림과 같이 좌표평면 위의 원점 O를 중심으로 하고 반지름의 길이가 1인 사분원에서 ∠AOD=40°인 두 점 A, D를 잡고, 점 A에서 $\overline{OD}$에 내린 수선의 발을 B, 점 D에서 사분원에 접선을 그어 선분 OA의 연장선과 만나는 점을 C라 하자.

이때 40°의 삼각비의 값을 구해 보면 직각삼각형 AOB에서 $\overline{OA}=1$이므로

$\sin 40° = \dfrac{\overline{AB}}{\overline{OA}} = \overline{AB} = 0.64$, $\cos 40° = \dfrac{\overline{OB}}{\overline{OA}} = \overline{OB} = 0.77$

직각삼각형 COD에서 $\overline{OD}=1$이므로 $\tan 40° = \dfrac{\overline{CD}}{\overline{OD}} = \overline{CD} = 0.84$

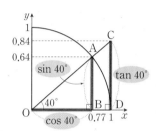

>> 익힘교재 2쪽

개념 확인하기 **1** 다음은 오른쪽 그림과 같이 점 O를 중심으로 하고 반지름의 길이가 1인 사분원에서 주어진 삼각비의 값과 길이가 같은 선분을 구하는 과정이다. ☐ 안에 알맞은 것을 써넣으시오.

바른답·알찬풀이 5쪽

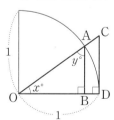

(1) $\sin x° = \dfrac{\overline{AB}}{\boxed{}} = \dfrac{\overline{AB}}{1} = \boxed{}$

(2) $\tan x° = \dfrac{\boxed{}}{\overline{OD}} = \dfrac{\overline{CD}}{\boxed{}} = \boxed{}$

(3) $\sin y° = \dfrac{\overline{OB}}{\boxed{}} = \dfrac{\boxed{}}{1} = \boxed{}$

(4) $\cos y° = \dfrac{\boxed{}}{\overline{OA}} = \dfrac{\boxed{}}{1} = \boxed{}$

사분원을 이용하여 예각의 삼각비의 값 구하기

01 오른쪽 그림과 같이 점 O를 중심으로 하고 반지름의 길이가 1인 사분원에서 다음 중 옳은 것은 ○표, 옳지 않은 것은 ×표를 하시오.

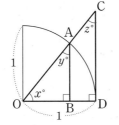

(1) $\sin x° = \overline{AB}$ (　　)

(2) $\cos x° = \overline{OD}$ (　　)

(3) $\sin y° = \overline{OB}$ (　　)

(4) $\tan y° = \overline{CD}$ (　　)

(5) $\cos z° = \overline{AB}$ (　　)

(6) $\sin z° = \cos y°$ (　　)

02 오른쪽 그림과 같이 점 O를 중심으로 하고 반지름의 길이가 1인 사분원에 대하여 다음 중 옳은 것은?

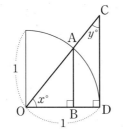

① $\sin x° = \overline{OB}$
② $\cos x° = \overline{AB}$
③ $\sin y° = \overline{OB}$
④ $\cos y° = \overline{CD}$
⑤ $\tan y° = \overline{CD}$

03 오른쪽 그림과 같이 좌표평면 위의 원점 O를 중심으로 하고 반지름의 길이가 1인 사분원에서 다음 삼각비의 값을 구하시오.

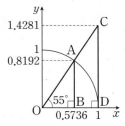

(1) $\sin 55° = \dfrac{\overline{AB}}{} = \boxed{}$

$ = \boxed{}$

(2) $\cos 55°$

(3) $\tan 55°$

04 오른쪽 그림과 같이 좌표평면 위의 원점 O를 중심으로 하고 반지름의 길이가 1인 사분원에서 다음 삼각비의 값을 구하시오.

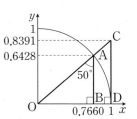

(1) $\sin 50° = \dfrac{\overline{OB}}{} = \boxed{}$

$ = \boxed{}$

(2) $\cos 50°$

05 오른쪽 그림과 같이 좌표평면 위의 원점 O를 중심으로 하고 반지름의 길이가 1인 사분원에서 다음을 계산하시오.

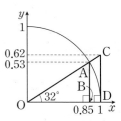

(1) $\sin 58° - \cos 32°$

(2) $\tan 32° + \cos 58°$

> **TIP** $\angle OAB = 90° - 32° = 58°$이므로 분모가 되는 변의 길이가 1인 직각삼각형을 찾아서 삼각비의 값을 구한다.

≫ 익힘교재 7쪽

0°, 90°의 삼각비의 값

개념 알아보기

1 0°의 삼각비의 값

$\sin 0° = 0$, $\cos 0° = 1$, $\tan 0° = 0$

2 90°의 삼각비의 값

$\sin 90° = 1$, $\cos 90° = 0$, $\tan 90°$의 값은 정할 수 없다.

참고 삼각비의 값의 변화: ∠A의 크기가 0°에서 90°로 증가하면
① $\sin A$ ➡ 0에서 1까지 증가
② $\cos A$ ➡ 1에서 0까지 감소
③ $\tan A$ ➡ 0에서 무한히 증가

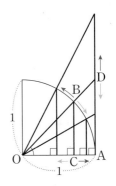

개념 자세히 보기　0°, 90°의 삼각비의 값

(i)

∠BOA의 크기가 0°에 가까워지면 $\overline{BC}$의 길이는 0에, $\overline{OC}$의 길이는 1에 가까워진다.

➡ $\sin 0° = 0$,
$\cos 0° = 1$

(ii)

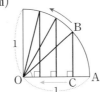

∠BOA의 크기가 90°에 가까워지면 $\overline{BC}$의 길이는 1에, $\overline{OC}$의 길이는 0에 가까워진다.

➡ $\sin 90° = 1$,
$\cos 90° = 0$

(iii)

∠DOA의 크기가 0°에 가까워지면 $\overline{AD}$의 길이는 0에, ∠DOA의 크기가 90°에 가까워지면 $\overline{AD}$의 길이는 한없이 커진다.

➡ $\tan 0° = 0$,
$\tan 90°$의 값은 정할 수 없다.

➡➡ 익힘교재 2쪽

바른답·알찬풀이 6쪽

개념 확인하기

1 다음 표의 빈칸에 알맞은 수를 써넣으시오.

삼각비 \ A	0°	30°	45°	60°	90°
$\sin A$		$\dfrac{1}{2}$	$\dfrac{\sqrt{2}}{2}$		
$\cos A$				$\dfrac{1}{2}$	
$\tan A$			1	$\sqrt{3}$	정할 수 없다.

0°, 90°의 삼각비의 값

01 다음을 계산하시오.

(1) $\sin 0° + \cos 90°$

(2) $\sin 90° \times \cos 0°$

(3) $\cos 90° - 2 \sin 30°$

(4) $(\tan 0° - \cos 0°) \div \cos 60°$

02 $\tan x° = 0$일 때, $\sin x° + \cos x°$의 값을 구하시오.
(단, $0° \leq x° \leq 90°$)

삼각비의 값의 대소 관계

03 $0° \leq A \leq 90°$일 때, 다음 중 옳은 것은 ○표, 옳지 않은 것은 ×표를 하시오.

(1) A의 크기가 커지면 $\sin A$의 값도 커진다.
( )

(2) A의 크기가 커지면 $\cos A$의 값도 커진다.
( )

(3) A의 크기가 커지면 $\tan A$의 값은 작아진다.
(단, $A \neq 90°$) ( )

04 다음 ◯ 안에 $<$, $=$, $>$ 중 알맞은 것을 써넣으시오.

(1) $\sin 50°$ ◯ $\sin 55°$

(2) $\cos 20°$ ◯ $\cos 25°$

(3) $\tan 15°$ ◯ $\tan 20°$

(4) $\cos 45°$ ◯ $\sin 45°$

05 다음 삼각비의 값 중에서 가장 큰 것은?

① $\sin 60°$ ② $\sin 90°$ ③ $\cos 60°$
④ $\cos 90°$ ⑤ $\tan 60°$

06 다음 삼각비의 값을 작은 것부터 차례대로 나열하시오.

$$\sin 25°, \quad \cos 0°, \quad \tan 50°, \quad \sin 80°$$

TIP 삼각비의 값의 대소 관계
① $0° \leq A < 45°$일 때 $\Rightarrow \sin A < \cos A$
② $A = 45°$일 때 $\Rightarrow \sin A = \cos A < \tan A$
③ $45° < A < 90°$일 때 $\Rightarrow \cos A < \sin A < \tan A$

▶▶ 익힘교재 8쪽

06 삼각비의 표

 알아보기

1 삼각비의 표

0°에서 90°까지의 각에 대한 삼각비의 값을 반올림하여 소수점 아래 넷째 자리까지 나타낸 표

2 삼각비의 표 읽는 방법

삼각비의 표에서 가로줄과 세로줄이 만나는 곳의 수가 삼각비의 값이다.

각도	사인(sin)	코사인(cos)	탄젠트(tan)
⋮	⋮	⋮	⋮
51°	0.7771	0.6293	1.2349
52°	0.7880	0.6157	1.2799
53°	0.7986	0.6018	1.3270
⋮	⋮	⋮	⋮

예 sin 52°의 값은 삼각비의 표에서 52°의 가로줄과 사인(sin)의 세로줄이 만나는 곳의 수이다. 즉, 오른쪽 표에서

$$\sin 52° = 0.7880$$

참고 삼각비의 표에 있는 값은 어림값이지만 sin 52°=0.7880과 같이 보통 등호 =를 사용하여 나타낸다.

개념 자세히 보기 삼각비의 표를 이용하여 삼각비의 값 구하기

오른쪽 삼각비의 표에서

$\sin 15° = 0.2588$

$\cos 15° = 0.9659$

$\tan 15° = 0.2679$

각도	사인(sin)	코사인(cos)	탄젠트(tan)
14°	0.2419	0.9703	0.2493
15°	0.2588	0.9659	0.2679
16°	0.2756	0.9613	0.2867

▶▶ 익힘교재 2쪽

바른답·알찬풀이 7쪽

개념 확인하기 **1** 아래 삼각비의 표를 이용하여 다음 삼각비의 값을 구하시오.

각도	사인(sin)	코사인(cos)	탄젠트(tan)
24°	0.4067	0.9135	0.4452
25°	0.4226	0.9063	0.4663
26°	0.4384	0.8988	0.4877
27°	0.4540	0.8910	0.5095
28°	0.4695	0.8829	0.5317

(1) $\sin 26°$

(2) $\cos 24°$

(3) $\tan 28°$

(4) $\sin 25° + \cos 27°$

삼각비의 표

[01~02] 아래 삼각비의 표를 이용하여 다음 물음에 답하시오.

각도	사인(sin)	코사인(cos)	탄젠트(tan)
70°	0.9397	0.3420	2.7475
71°	0.9455	0.3256	2.9042
72°	0.9511	0.3090	3.0777
73°	0.9563	0.2924	3.2709

01 다음을 만족하는 x의 값을 구하시오.

(1) $\sin x° = 0.9563$

(2) $\cos x° = 0.3256$

(3) $\tan x° = 3.0777$

02 $\cos 72° + \tan 71° - \sin 72°$의 값을 구하시오.

03 다음 삼각비의 표를 이용하여 $\sin x° = 0.8192$, $\cos y° = 0.6018$을 만족하는 x, y에 대하여 $x + y$의 값을 구하시오.

각도	사인(sin)	코사인(cos)	탄젠트(tan)
52°	0.7880	0.6157	1.2799
53°	0.7986	0.6018	1.3270
54°	0.8090	0.5878	1.3764
55°	0.8192	0.5736	1.4281

삼각비의 표를 이용하여 변의 길이 구하기

[04~06] 아래 삼각비의 표를 이용하여 다음 물음에 답하시오.

각도	사인(sin)	코사인(cos)	탄젠트(tan)
47°	0.7314	0.6820	1.0724
48°	0.7431	0.6691	1.1106
49°	0.7547	0.6561	1.1504
50°	0.7660	0.6428	1.1918

04 오른쪽 그림과 같은 직각삼각형 ABC에서 다음을 구하시오.

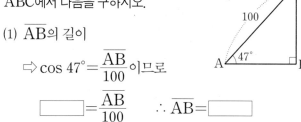

(1) $\overline{AB}$의 길이

$\Rightarrow \cos 47° = \dfrac{\overline{AB}}{100}$이므로

$\boxed{} = \dfrac{\overline{AB}}{100}$ $\therefore \overline{AB} = \boxed{}$

(2) $\overline{BC}$의 길이

05 다음 그림과 같은 직각삼각형 ABC에서 x의 값을 구하시오.

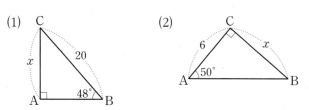

(1) (2)

06 오른쪽 그림과 같은 직각삼각형 ABC에서 x의 값을 구하시오.

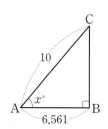

익힘교재 9쪽

소단원 핵심문제 개념 03~06

❷ 삼각비의 값

● 개념 REVIEW

01 다음 **보기** 중 옳은 것을 모두 고르시오.

┌ 보기 ┐

ㄱ. $\sin 60° - \tan 60° = \dfrac{\sqrt{3}}{2}$

ㄴ. $\sin 45° \times \cos 30° = \dfrac{\sqrt{6}}{4}$

ㄷ. $\sin 30° = \dfrac{1}{2} \tan 45°$

ㄹ. $\tan 30° \div \sin 60° = \dfrac{1}{2}$

> 30°, 45°, 60°의 삼각비의 값

삼각비 \ A	30°	45°	60°
$\sin A$	$\dfrac{1}{2}$	$\dfrac{\sqrt{2}}{2}$	❶
$\cos A$	$\dfrac{\sqrt{3}}{2}$	❷	$\dfrac{1}{2}$
$\tan A$	❸	1	$\sqrt{3}$

02 세 내각의 크기의 비가 $1:2:3$인 삼각형에서 가장 작은 내각의 크기를 A라 할 때, $\sin A \times \cos A - \tan A$의 값을 구하시오.

> 30°, 45°, 60°의 삼각비의 값

03 오른쪽 그림과 같은 직각삼각형 ABC에서 $\overline{AB} = 10\sqrt{3}$, $\overline{AC} = 20$일 때, $\angle A$의 크기를 구하시오.

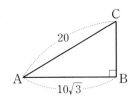

> 특수한 각의 삼각비를 이용하여 각의 크기 구하기

04 오른쪽 그림과 같은 직각삼각형 ABC에서 $\angle A = 30°$, $\angle CDB = 60°$이고 $\overline{BC} = 3\sqrt{3}$ cm일 때, $\overline{AD}$의 길이를 구하시오.

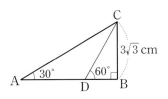

> 특수한 각의 삼각비를 이용하여 변의 길이 구하기
> ① 빗변의 길이를 알 때 높이는
> ⇨ sin 이용
> ② 빗변의 길이를 알 때 밑변의 길이는 ⇨ ❹[ ] 이용
> ③ 밑변의 길이를 알 때 높이는
> ⇨ ❺[ ] 이용

05 오른쪽 그림과 같이 일차방정식 $\sqrt{3}x - y + 1 = 0$의 그래프가 x축의 양의 방향과 이루는 예각의 크기를 $a°$라 할 때, a의 값을 구하시오.

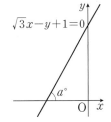

> 직선의 기울기와 삼각비의 값
> 직선 $y = mx + n$이 x축의 양의 방향과 이루는 예각의 크기를 $a°$라 하면
> (직선의 기울기) $= m$
> $= \tan$ ❻[ ]

답 ❶$\dfrac{\sqrt{3}}{2}$ ❷$\dfrac{\sqrt{2}}{2}$ ❸$\dfrac{\sqrt{3}}{3}$
 ❹cos ❺tan ❻$a°$

● 개념 REVIEW

06 오른쪽 그림과 같이 좌표평면 위의 원점 O를 중심으로 하고 반지름의 길이가 1인 사분원에서 $\tan x° + \cos y°$의 값을 구하시오.

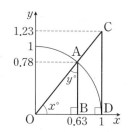

▶ 사분원을 이용하여 예각의 삼각비의 값 구하기

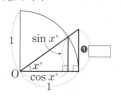

07 다음을 계산하시오.

$$\cos 90° - \tan 45° \times (\sin 0° - \cos 0°)$$

▶ $0°$, $90°$의 삼각비의 값
① $\sin 0° = 0$,
  $\cos 0° = ❷\square$,
  $\tan 0° = 0$
② $\sin 90° = ❸\square$,
  $\cos 90° = 0$,
  $\tan 90°$의 값은 정할 수 없다.

08 다음 삼각비의 값의 대소 관계 중 옳지 <u>않은</u> 것은?

① $\sin 35° < \sin 50°$
② $\cos 20° > \cos 60°$
③ $\tan 27° < \tan 56°$
④ $\sin 40° < \cos 40°$
⑤ $\tan 45° < \cos 70°$

▶ 삼각비의 값의 대소 관계
① $0° \le A < 45°$일 때,
  $\sin A < \cos A$
② $A = 45°$일 때,
  $\sin A = \cos A ❹\square \tan A$
③ $45° < A < 90°$일 때,
  $\cos A ❺\square \sin A < \tan A$

09 $0° < A < 90°$일 때, $\sqrt{(1-\cos A)^2} + \sqrt{\cos^2 A}$를 간단히 하시오.

▶ 삼각비의 값의 대소 관계
$0° < A < 90°$일 때,
$0 < \cos A < ❻\square$

10 다음 삼각비의 표를 이용하여 오른쪽 그림과 같은 직각삼각형 ABC에서 $x+y$의 값을 구하시오.

각도	사인($\sin$)	코사인($\cos$)	탄젠트($\tan$)
$37°$	0.6018	0.7986	0.7536
$38°$	0.6157	0.7880	0.7813
$39°$	0.6293	0.7771	0.8098

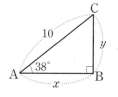

▶ 삼각비의 표를 이용하여 변의 길이 구하기
삼각비의 표에서 가로줄과 ❼$\square\square\square$이 만나는 곳의 수가 삼각비의 값이다.

》 익힘교재 10~11쪽

답 ❶ $\tan x°$ ❷ 1 ❸ 1 ❹ $<$
❺ $<$ ❻ 1 ❼ 세로줄

01 오른쪽 그림과 같은 직각삼각형 ABC에서 $\sin A = \dfrac{3}{4}$일 때, $\overline{AB}$의 길이를 구하시오.

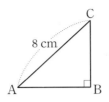

02 오른쪽 그림과 같은 직각삼각형 ABC에서 $\overline{AB} : \overline{BC} = 4 : 3$일 때, $\cos C$의 값은?

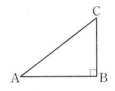

① $\dfrac{3}{5}$ ② $\dfrac{3}{4}$

③ $\dfrac{4}{5}$ ④ $\dfrac{4}{3}$ ⑤ $\dfrac{5}{3}$

03 $\sin A = \dfrac{2}{3}$일 때, $\cos A \div \tan A$의 값을 구하시오.

(단, $0° < A < 90°$)

04 오른쪽 그림과 같은 직각삼각형 ABC에서 $\angle ACB = \angle ADE$, $\overline{AE} = 3\,\text{cm}$, $\overline{DE} = 6\,\text{cm}$일 때, $\sin B$의 값을 구하시오.

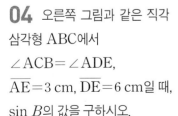

UP
05 오른쪽 그림과 같이 직사각형 ABCD의 꼭짓점 A에서 대각선 BD에 내린 수선의 발을 H라 하자. $\overline{BC} = 15\,\text{cm}$, $\overline{CD} = 8\,\text{cm}$일 때, $\sin x° - \sin y°$의 값을 구하시오.

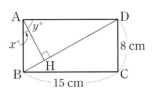

서술형
06 오른쪽 그림과 같이 세 모서리의 길이가 각각 3 cm, 4 cm, 5 cm인 직육면체에서 $\sqrt{2} \sin x° + 2 \tan x°$의 값을 구하시오.

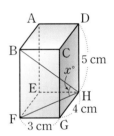

07 다음 중 계산 결과가 나머지 넷과 다른 하나는?

① $\sin 30° + \cos 60°$

② $\tan 60° \div \tan 30°$

③ $2 \sin 45° \times \cos 45°$

④ $4 \sin 60° \times \tan 30° - \cos 0°$

⑤ $(\tan 0° + \sin 90°) \div \tan 45°$

08 $\cos 60° = \sin (x° - 20°)$를 만족하는 x의 값을 구하시오. (단, $30° < x° < 90°$)

09 오른쪽 그림과 같이 $\overline{AB} = \overline{AC}$인 직각이등변삼각형 ABC에서 $\sin B \times \cos C$의 값을 구하시오.

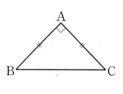

10 오른쪽 그림에서 $\overline{AB} = 4$ cm, $\angle ABC = \angle BCD = 90°$, $\angle BAC = 60°$, $\angle BDC = 30°$일 때, $\overline{BD}$의 길이를 구하시오.

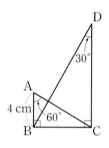

11 오른쪽 그림과 같이 $\overline{AD} /\!/ \overline{BC}$이고 $\overline{AB} = \overline{DC}$인 등변사다리꼴 ABCD의 꼭짓점 A에서 $\overline{BC}$에 내린 수선의 발을 H라 할 때, 다음을 구하시오.

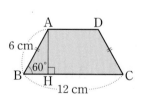

(1) $\overline{AH}$의 길이

(2) $\square ABCD$의 넓이

12 오른쪽 그림과 같이 x절편이 -3인 직선 $y = ax + b$가 x축의 양의 방향과 이루는 각의 크기가 30°일 때, 수 a, b에 대하여 ab의 값을 구하시오.

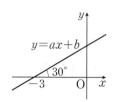

13 오른쪽 그림과 같이 점 O를 중심으로 하고 반지름의 길이가 1, 중심각의 크기가 55°인 부채꼴 AOC에서 $\overline{AB} \perp \overline{OC}$일 때, $\overline{BC}$의 길이는?

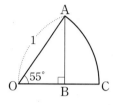

① $\sin 55°$ ② $\cos 55°$ ③ $1 - \sin 55°$

④ $1 - \cos 55°$ ⑤ $1 - \tan 35°$

14 다음을 계산하시오.

$$\frac{\cos 0° + \tan 45°}{\sin 30°} - 2 \sin 90° \times (\tan 0° - \cos 60°)$$

15 오른쪽 그림과 같이 점 O를 중심으로 하고 반지름의 길이가 1인 사분원에서 다음 중 옳지 <u>않은</u> 것을 모두 고르면? (정답 2개)

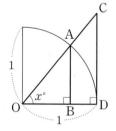

① $\cos x° = \overline{AB}$

② $\tan x° = \overline{CD}$

③ x의 값이 커지면 $\sin x°$의 값도 커진다.

④ x의 값이 커지면 $\cos x°$의 값은 작아진다.

⑤ x의 값이 커지면 $\tan x°$의 값은 작아진다.

16 다음 중 옳지 <u>않은</u> 것은?

① $\sin 64° < \sin 75°$　　② $\cos 28° > \cos 31°$

③ $\sin 90° = \cos 0°$　　④ $\sin 35° > \cos 35°$

⑤ $\tan 47° < \tan 49°$

서술형

17 $45° < A < 90°$일 때, 다음 식을 간단히 하시오.

$$\sqrt{\sin^2 A} - \sqrt{(\cos A - \sin A)^2}$$

[18~19] 아래 삼각비의 표를 이용하여 다음 물음에 답하시오.

각도	사인(sin)	코사인(cos)	탄젠트(tan)
41°	0.6561	0.7547	0.8693
42°	0.6691	0.7431	0.9004
43°	0.6820	0.7314	0.9325
44°	0.6947	0.7193	0.9657

18 $\sin x° = 0.6691$, $\cos y° = 0.7193$을 만족하는 x, y에 대하여 $x + y$의 값을 구하시오.

19 오른쪽 그림과 같이 점 O를 중심으로 하고 반지름의 길이가 1인 사분원에서 $\overline{CD} = 0.9325$일 때, $\overline{AB}$의 길이를 구하시오.

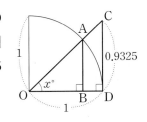

창의·융합 문제

다음 그림과 같이 건물 밖의 A 지점에서 건물의 꼭대기 B 지점을 올려본각의 크기가 15°이었다. A 지점에서 건물 쪽으로 40 m 다가간 C 지점에서 B 지점을 올려본각의 크기가 30°일 때, $\tan 15°$의 값을 구하시오.

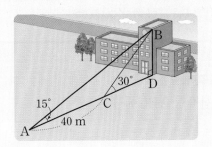

해결의 길잡이

❶ △ACB에서 내각과 외각 사이의 관계를 이용하여 $\overline{BC}$의 길이를 구한다.

❷ 특수한 각의 삼각비의 값을 이용하여 $\overline{BD}$, $\overline{CD}$의 길이를 각각 구한다.

❸ 직각삼각형 ADB에서 $\tan 15°$의 값을 구한다.

교과서 속 서술형 문제

1 오른쪽 그림과 같은 직각삼각형 ABC에서 $\overline{AH} \perp \overline{BC}$이고 $\overline{AB}=3$, $\overline{AC}=4$일 때, $\sin x° + \cos y°$의 값을 구하시오.

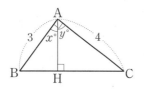

2 오른쪽 그림과 같은 직각삼각형 ABC에서 $\overline{AH} \perp \overline{BC}$이고 $\overline{AB}=8$, $\overline{AC}=4$일 때, $\cos x° \times \cos y°$의 값을 구하시오.

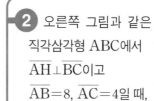
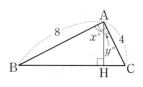

---

❶ $\overline{BC}$의 길이는?

직각삼각형 ABC에서

$\overline{BC}=\sqrt{3^2+\boxed{}^2}=\boxed{}$ ··· 20 %

❶ $\overline{BC}$의 길이는?

---

❷ $\sin x°$의 값은?

$\triangle ABC \backsim \triangle HBA$ (AA 닮음)이므로

$x°=\angle BAH=\angle BCA$

즉, $x°$와 크기가 같은 각은 $\angle\boxed{}$이므로

$\sin x°=\sin \boxed{}=\dfrac{\overline{AB}}{\boxed{}}=\boxed{}$ ··· 30 %

❷ $\cos x°$의 값은?

---

❸ $\cos y°$의 값은?

$\triangle ABC \backsim \triangle HAC$ (AA 닮음)이므로

$y°=\angle CAH=\angle CBA$

즉, $y°$와 크기가 같은 각은 $\angle\boxed{}$이므로

$\cos y°=\cos \boxed{}=\dfrac{\boxed{}}{\overline{BC}}=\boxed{}$ ··· 30 %

❸ $\cos y°$의 값은?

---

❹ $\sin x° + \cos y°$의 값은?

$\sin x° + \cos y°=\boxed{}+\boxed{}=\boxed{}$ ··· 20 %

❹ $\cos x° \times \cos y°$의 값은?

3 오른쪽 그림의 직각삼
각형 ABC에서
$\overline{AB}=17$, $\overline{AD}=10$,
$\overline{CD}=6$일 때, $\tan B$의
값을 구하시오.

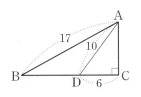

풀이 과정

답 _____

5 오른쪽 그림과 같이 점 O를 중
심으로 하고 반지름의 길이가 1인
사분원에서 $\angle AOB=60°$일 때,
색칠한 부분의 넓이를 구하시오.

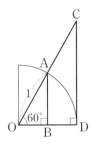

풀이 과정

답 _____

4 이차방정식 $2x^2-3x+1=0$의 한 근을 $\cos a°$
라 할 때, 다음을 구하시오. (단, $0°<a°<90°$)

(1) a의 값

(2) $\sin a° \times \tan a°$의 값

풀이 과정

답 _____

6 다음 삼각비의 값을 작은 것부터 차례대로 나열하
시오.

㉠ $\cos 0°$ ㉡ $\sin 48°$ ㉢ $\cos 48°$
㉣ $\tan 60°$ ㉤ $\tan 75°$

풀이 과정

답 _____

자신에게서 구하여라

남을 사랑하여도 그 사람이 친해 주지 않으면

자신의 사랑이 부족한지 반성하고

남을 다스려도 다스려지지 않으면

자신의 지혜가 부족한지 반성하며

예로써 사람을 대하여도 답례가 없으면

자신의 공경함이 부족한지 반성하라.

또 일을 행하여

바랐던 것을 얻지 못하는 것이 있으면

그 원인을 자기 자신에게서 모두 구하여라.

— 맹자

02

삼각비의 활용

배운내용 Check

1 다음 그림과 같은 △ABC의 넓이를 구하시오.

(1) 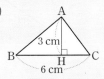　　(2)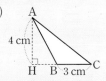

정답 1 (1) 9 cm^2 　(2) 6 cm^2

직각삼각형의 변의 길이

개념 알아보기 **1 직각삼각형의 변의 길이**

직각삼각형에서 한 예각의 크기와 한 변의 길이를 알면 삼각비를 이용하여 나머지 두 변의 길이를 구할 수 있다.

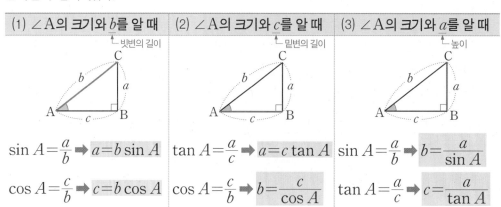

(1) ∠A의 크기와 b를 알 때	(2) ∠A의 크기와 c를 알 때	(3) ∠A의 크기와 a를 알 때
$\sin A = \dfrac{a}{b} \Rightarrow a = b \sin A$	$\tan A = \dfrac{a}{c} \Rightarrow a = c \tan A$	$\sin A = \dfrac{a}{b} \Rightarrow b = \dfrac{a}{\sin A}$
$\cos A = \dfrac{c}{b} \Rightarrow c = b \cos A$	$\cos A = \dfrac{c}{b} \Rightarrow b = \dfrac{c}{\cos A}$	$\tan A = \dfrac{a}{c} \Rightarrow c = \dfrac{a}{\tan A}$

개념 자세히 보기 **직각삼각형의 변의 길이**

기준각에 대하여 주어진 변과 구하는 변의 관계를 파악한 후 다음과 같이 삼각비를 이용한다.

• 빗변과 높이의 관계

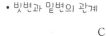
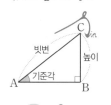

➡ $\sin$ 이용

• 빗변과 밑변의 관계

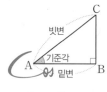

➡ $\cos$ 이용

• 밑변과 높이의 관계

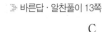
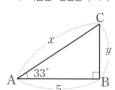

➡ $\tan$ 이용

》 익힘교재 12쪽

॥ 바른답·알찬풀이 13쪽

개념 확인하기 **1** 다음은 오른쪽 그림의 직각삼각형 ABC에서 x, y의 값을 주어진 각의 삼각비와 변의 길이를 이용하여 나타낸 것이다. ☐ 안에 알맞은 것을 써넣으시오.

(1) $\cos 33° = \dfrac{\boxed{}}{x}$ 이므로 $x = \dfrac{\boxed{}}{\cos 33°}$

(2) $\tan 33° = \dfrac{y}{\boxed{}}$ 이므로 $y = \boxed{}$

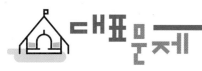

직각삼각형의 변의 길이 구하기

01 다음은 오른쪽 그림의 직각삼각형 ABC에서 x, y의 값을 구하는 과정이다. □ 안에 알맞은 수를 써넣으시오. (단, $\sin 41° = 0.66$, $\cos 41° = 0.75$로 계산한다.)

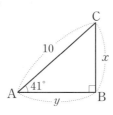

$\sin 41° = \dfrac{x}{10}$이므로

$x = 10 \sin 41° = 10 \times \boxed{} = \boxed{}$

$\cos 41° = \dfrac{y}{10}$이므로

$y = 10 \cos 41° = 10 \times \boxed{} = \boxed{}$

02 다음 그림의 직각삼각형 ABC에서 주어진 삼각비의 값을 이용하여 x의 값을 구하시오.

(1)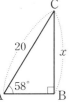

$\sin 58° = 0.85$
$\cos 58° = 0.53$
$\tan 58° = 1.60$

(2)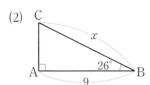

$\sin 26° = 0.44$
$\cos 26° = 0.90$
$\tan 26° = 0.49$

(3)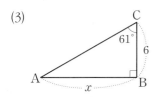

$\sin 61° = 0.87$
$\cos 61° = 0.48$
$\tan 61° = 1.80$

03 오른쪽 그림의 직각삼각형 ABC에서 $\overline{BC} = 12$일 때, x, y의 값을 각각 구하시오.
(단, $\sin 37° = 0.60$, $\cos 37° = 0.80$, $\tan 37° = 0.75$로 계산한다.)

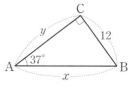

04 오른쪽 그림과 같은 직각삼각형 ABC에서 $\overline{BC} = 9$, $\angle C = 50°$일 때, 다음 **보기** 중 x의 값을 나타내는 것을 모두 고르시오.

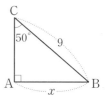

┤보기├

ㄱ. $9 \sin 40°$ ㄴ. $9 \cos 40°$

ㄷ. $9 \sin 50°$ ㄹ. $9 \tan 50°$

실생활에서 직각삼각형의 변의 길이의 활용

05 오른쪽 그림과 같이 시윤이가 나무로부터 10 m 떨어진 A 지점에서 나무 꼭대기 C 지점을 올려본각의 크기가 25°이었다. 시윤이의 눈높이가 1.5 m일 때, 다음을 구하시오.
(단, $\sin 25° = 0.42$, $\cos 25° = 0.91$, $\tan 25° = 0.47$로 계산한다.)

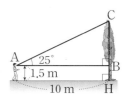

(1) $\overline{BC}$의 길이

(2) 나무의 높이

> **TIP** 주어진 그림에서 직각삼각형을 찾아 삼각비를 이용하여 변의 길이를 구한다.

익힘교재 13쪽

일반 삼각형의 변의 길이

1 일반 삼각형의 변의 길이

삼각형에서 두 변의 길이와 그 끼인각의 크기를 알거나 한 변의 길이와 그 양 끝 각의 크기를 알면 삼각비를 이용하여 변의 길이를 구할 수 있다.

(1) 두 변의 길이 a, c와 ∠B의 **크기를 알 때**	(2) 한 변의 길이 a와 ∠B, ∠C의 **크기를 알 때**
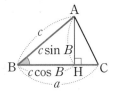	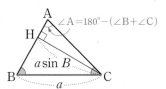
$\overline{AH}=c\sin B$, $\overline{BH}=c\cos B$, $\overline{CH}=a-c\cos B$이므로 $\overline{AC}=\sqrt{(c\sin B)^2+(a-c\cos B)^2}$ $\sqrt{\overline{AH}^2+\overline{CH}^2}$	$\overline{CH}=a\sin B$이므로 $\overline{AC}=\dfrac{\overline{CH}}{\sin A}=\dfrac{a\sin B}{\sin A}$

개념 자세히 보기

• **두 변의 길이와 그 끼인각의 크기를 알 때**

수선을 그어 구하는 변을 빗변으로 하는 직각삼각형을 만든다.

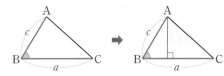

• **한 변의 길이와 그 양 끝 각의 크기를 알 때**

수선을 그어 구하는 변을 빗변으로 하고, 특수한 각의 삼각비를 이용할 수 있는 직각삼각형을 만든다.

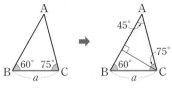

>> 익힘교재 12쪽

바른답·알찬풀이 13쪽

 1 다음은 △ABC에서 $\overline{AC}$의 길이를 구하는 과정이다. □ 안에 알맞은 수를 써넣으시오.

(1)
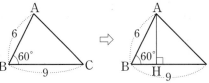

$\overline{AH}=6\sin 60°=\boxed{}$

$\overline{BH}=6\cos 60°=\boxed{}$

$\overline{CH}=9-\boxed{}=\boxed{}$

$\therefore \overline{AC}=\sqrt{(3\sqrt{3})^2+\boxed{}^2}=\boxed{}$

(2)
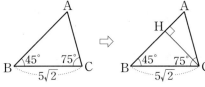

∠A$=180°-(45°+75°)=\boxed{}°$

$\overline{CH}=5\sqrt{2}\sin 45°=\boxed{}$

$\therefore \overline{AC}=\dfrac{\overline{CH}}{\sin 60°}=\dfrac{\boxed{}}{\sin 60°}=\boxed{}$

일반 삼각형의 변의 길이 구하기 (1)

01 오른쪽 그림과 같은 △ABC에서 $\overline{AH}\perp\overline{BC}$일 때, 다음을 구하시오.

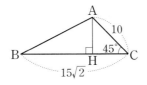

(1) $\overline{AH}$의 길이

(2) $\overline{BH}$의 길이

(3) $\overline{AB}$의 길이

02 다음 그림과 같은 △ABC에서 x의 값을 구하시오.

(1)

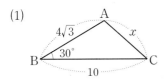

(2)

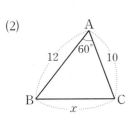

> **TIP** 구하는 변이 직각삼각형의 빗변이 되도록 수선을 그어 삼각비를 이용한다.

일반 삼각형의 변의 길이 구하기 (2)

03 오른쪽 그림과 같은 △ABC에서 $\overline{AC}\perp\overline{BH}$일 때, 다음을 구하시오.

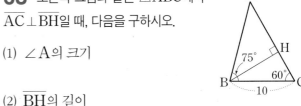

(1) ∠A의 크기

(2) $\overline{BH}$의 길이

(3) $\overline{AB}$의 길이

04 오른쪽 그림과 같은 △ABC에서 $\overline{BC}$의 길이를 구하시오.

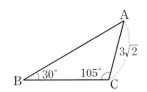

> **TIP** 특수한 각의 삼각비를 이용할 수 있도록 보조선을 그어 직각삼각형을 만든다.

실생활에서 일반 삼각형의 변의 길이의 활용

05 오른쪽 그림은 강 양쪽에 있는 두 지점 A, B 사이의 거리를 구하기 위하여 C 지점에서 거리와 각도를 측정하여 나타낸 것이다. $\overline{BC}=12$ m, ∠B=75°, ∠C=45°일 때, 두 지점 A, B 사이의 거리를 구하시오.

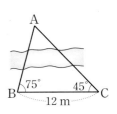

>> 익힘교재 14쪽

삼각형의 높이

개념 알아보기 **1 삼각형의 높이**

삼각형의 한 변의 길이와 그 양 끝 각의 크기를 알면 삼각비를 이용하여 삼각형의 높이를 구할 수 있다.

(1) ∠B, ∠C가 모두 예각인 경우	(2) ∠C가 둔각인 경우
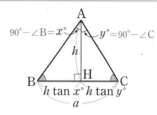	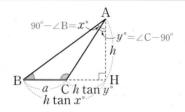
$a = h\tan x° + h\tan y°$이므로	$a = h\tan x° - h\tan y°$이므로
$h = \dfrac{a}{\tan x° + \tan y°}$	$h = \dfrac{a}{\tan x° - \tan y°}$

개념 자세히 보기

• ∠B, ∠C가 모두 예각인 경우

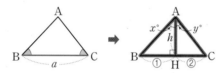

① 직각삼각형 ABH에서 $\overline{BH} = h\tan x°$
② 직각삼각형 AHC에서 $\overline{CH} = h\tan y°$
➡ $a = h\tan x° + h\tan y°$ └→ $\overline{BC} = \overline{BH} + \overline{CH}$
∴ $h = \dfrac{a}{\tan x° + \tan y°}$

• ∠C가 둔각인 경우

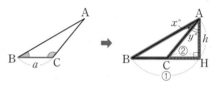

① 직각삼각형 ABH에서 $\overline{BH} = h\tan x°$
② 직각삼각형 ACH에서 $\overline{CH} = h\tan y°$
➡ $a = h\tan x° - h\tan y°$ └→ $\overline{BC} = \overline{BH} - \overline{CH}$
∴ $h = \dfrac{a}{\tan x° - \tan y°}$

≫ 익힘교재 12쪽

🖎 바른답 · 알찬풀이 14쪽

 1 다음은 오른쪽 그림과 같이 ∠B=45°, ∠C=30°, $\overline{BC}$=10인 △ABC에서
높이 h를 구하는 과정이다. ☐ 안에 알맞은 수를 써넣으시오.

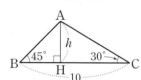

> 직각삼각형 ABH에서 $\overline{BH} = h\tan \boxed{}° = h$
> 직각삼각형 AHC에서 $\overline{CH} = h\tan \boxed{}° = \boxed{}h$
> 이때 $\overline{BC} = \overline{BH} + \overline{CH}$이므로 $\boxed{} = h + \boxed{}h$
> $(1 + \boxed{})h = 10$ ∴ $h = 5(\boxed{})$

삼각형의 높이 구하기 (1)

01 오른쪽 그림과 같은 △ABC
에서 다음 물음에 답하시오.

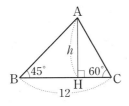

(1) $\overline{BH}$, $\overline{CH}$의 길이를 h에 대
한 식으로 각각 나타내시오.

(2) $\overline{BC}=\overline{BH}+\overline{CH}$임을 이용하여 h의 값을 구하시오.

02 오른쪽 그림과 같은
△ABC에서 $\overline{AH}$의 길이를 구
하시오.

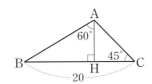

삼각형의 높이 구하기 (2)

03 오른쪽 그림과 같은
△ABC에서 다음 물음에 답하
시오.

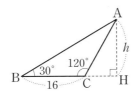

(1) $\overline{BH}$, $\overline{CH}$의 길이를 h에 대
한 식으로 각각 나타내시오.

(2) $\overline{BC}=\overline{BH}-\overline{CH}$임을 이용하여 h의 값을 구하시오.

04 오른쪽 그림과 같은 △ABC에
서 $\overline{AH}$의 길이를 구하시오.

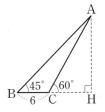

05 오른쪽 그림과 같은 △ABC
의 넓이를 구하시오.

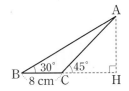

실생활에서 삼각형의 높이의 활용

06 오른쪽 그림과 같이 두 지
점 A, B에서 하늘에 떠 있는 열
기구를 올려본각의 크기가 각각
60°, 30°이다. 두 지점 A, B 사

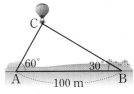

이의 거리가 100 m일 때, 지면에서 열기구 C까지의 높이를
구하시오.

 △ABC의 꼭짓점 C에서 $\overline{AB}$에 수선을 그어 삼각비를
이용한다.

익힘교재 15쪽

01 오른쪽 그림의 직각삼각형 ABC에서 ∠A=42°,
$\overline{BC}=6$일 때, 다음 중 $\overline{AB}$의 길이를 나타내는 것은?

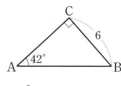

① $6 \sin 42°$ ② $6 \cos 42°$

③ $6 \tan 48°$ ④ $\dfrac{6}{\cos 48°}$ ⑤ $\dfrac{6}{\tan 42°}$

▶ 직각삼각형의 변의 길이 구하기
기준각에 대하여 주어진 변과
구하는 변의 관계가
① 빗변, 높이이면
   ⇨ ❶□ 이용
② 빗변, 밑변이면
   ⇨ cos 이용
③ 밑변, 높이이면
   ⇨ tan 이용

02 오른쪽 그림의 직각삼각형 ABC에서 $\overline{AC}=10$,
∠A=35°일 때, $x+y$의 값을 구하시오.
(단, $\sin 35°=0.57$, $\cos 35°=0.82$로 계산한다.)

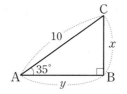

▶ 직각삼각형의 변의 길이 구하기

03 오른쪽 그림과 같이 건물의 옥상 C 지점에서 A 지점을
내려본각의 크기가 34°이었다. 건물의 높이가 40 m일
때, 다음 중 A 지점에서 B 지점까지의 거리인 $\overline{AB}$의 길
이를 나타내는 것은?

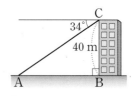

① $40 \sin 34°$ m ② $40 \tan 34°$ m ③ $40 \sin 56°$ m
④ $40 \cos 56°$ m ⑤ $40 \tan 56°$ m

▶ 실생활에서 직각삼각형의 변의 길
이의 활용

04 오른쪽 그림과 같이 모선의 길이가 6 cm이고 모선과 밑면이
이루는 각의 크기가 60°인 원뿔이 있다. 이 원뿔의 부피를 구
하시오.

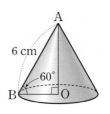

▶ 입체도형에서 직각삼각형의 변의
길이의 활용

05 오른쪽 그림과 같은 △ABC에서 $\overline{AB}=12$ cm,
$\overline{BC}=8\sqrt{2}$ cm, ∠B=45°일 때, $\overline{AC}$의 길이를 구하시오.

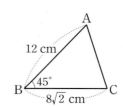

▶ 일반 삼각형의 변의 길이 구하기(1)

⇨ $\overline{AH}=$❷□ $\sin B$
$\overline{CH}=$❸□$-c \cos B$

답 ❶ sin ❷ c ❸ a

● 개념 REVIEW

06 오른쪽 그림과 같은 △ABC에서 $\overline{BC}=12$ cm, $\angle B=45°$, $\angle C=105°$일 때, $\overline{AC}$의 길이를 구하시오.

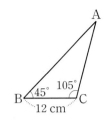

▶ 일반 삼각형의 변의 길이 구하기(2)

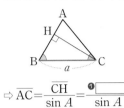

$$\Rightarrow \overline{AC}=\frac{\overline{CH}}{\sin A}=\frac{\boxed{❶}}{\sin A}$$

07 오른쪽 그림은 어느 호수의 두 지점 A, B 사이의 거리를 구하기 위하여 C 지점에서 거리와 각도를 측정하여 나타낸 것이다. $\overline{AC}=10$ m, $\overline{BC}=6$ m, $\angle C=120°$일 때, 두 지점 A, B 사이의 거리를 구하시오.

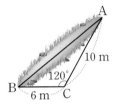

▶ 실생활에서 일반 삼각형의 변의 길이의 활용

08 오른쪽 그림과 같은 △ABC에서 $\overline{AH}\perp\overline{BC}$이고 $\overline{AH}=h$라 할 때, 다음 중 옳지 <u>않은</u> 것은?

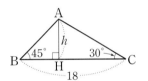

① $\angle BAH=45°$　　② $\angle CAH=60°$
③ $\overline{BH}=h$　　④ $\overline{CH}=\sqrt{3}h$
⑤ $h=9(\sqrt{3}+1)$

▶ 삼각형의 높이 구하기(1)

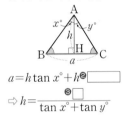

$a=h\tan x°+h\boxed{❷}$
$\Rightarrow h=\dfrac{\boxed{❸}}{\tan x°+\tan y°}$

09 오른쪽 그림과 같이 $\angle B=60°$, $\angle C=45°$, $\overline{BC}=6$ cm 인 △ABC의 넓이를 구하시오.

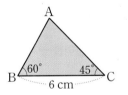

▶ 삼각형의 높이 구하기(1)

10 오른쪽 그림과 같이 100 m 떨어진 두 지점 A, B에서 굴뚝의 꼭대기 D 지점을 올려본각의 크기가 각각 45°, 60°일 때, 이 굴뚝의 높이를 구하시오.

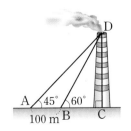

▶ 실생활에서 삼각형의 높이의 활용

≫ 익힘교재 16쪽

답 ❶ $a\sin B$ ❷ $\tan y°$ ❸ a

삼각형의 넓이

개념 알아보기 1 삼각형의 넓이

삼각형에서 두 변의 길이와 그 끼인각의 크기를 알면 삼각비를 이용하여 삼각형의 넓이를 구할 수 있다.

(1) ∠B가 예각인 경우	(2) ∠B가 둔각인 경우
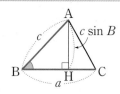	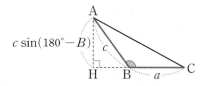
$\triangle ABC = \dfrac{1}{2}ac\sin B$	$\triangle ABC = \dfrac{1}{2}ac\sin(180°-B)$

참고 ∠B=90°인 경우 $\sin B=1$이므로 $\triangle ABC = \dfrac{1}{2}ac\sin B = \dfrac{1}{2}ac$

개념 자세히 보기

· ∠B가 예각인 경우

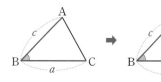

직각삼각형 ABH에서 $h = c\sin B$

➡ $\triangle ABC = \dfrac{1}{2}ah = \dfrac{1}{2}ac\sin B$

· ∠B가 둔각인 경우

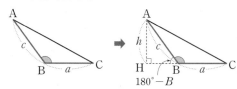

직각삼각형 AHB에서 $h = c\sin(180°-B)$

➡ $\triangle ABC = \dfrac{1}{2}ah = \dfrac{1}{2}ac\sin(180°-B)$

≫ 익힘교재 12쪽

바른답·알찬풀이 17쪽

개념 확인하기 1 다음은 △ABC의 넓이를 구하는 과정이다. ☐ 안에 알맞은 수를 써넣으시오.

(1)

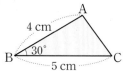

⇨ $\triangle ABC = \dfrac{1}{2} \times 5 \times \boxed{} \times \sin \boxed{}°$

$ = \dfrac{1}{2} \times 5 \times 4 \times \boxed{}$

$ = \boxed{}(\text{cm}^2)$

(2)

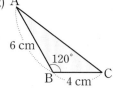

⇨ $\triangle ABC$

$= \dfrac{1}{2} \times \boxed{} \times 6 \times \sin(180° - \boxed{}°)$

$= \dfrac{1}{2} \times 4 \times 6 \times \boxed{} = \boxed{}(\text{cm}^2)$

삼각형의 넓이 구하기 (1)

01 다음 그림과 같은 △ABC의 넓이를 구하시오.

(1)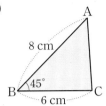

(2)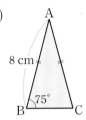

02 오른쪽 그림과 같이 한 변의 길이가 6 cm인 정삼각형 ABC의 넓이를 구하시오.

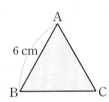

> **TIP** 한 변의 길이가 a인 정삼각형 ABC에서 ∠B=60°이므로
> $$(넓이)=\frac{1}{2}\times a\times a\times \sin 60°=\frac{\sqrt{3}}{4}a^2$$
> 이를 외워두면 정삼각형의 넓이를 간단히 구할 수 있다.

삼각형의 넓이 구하기 (2)

03 다음 그림과 같은 △ABC의 넓이를 구하시오.

(1)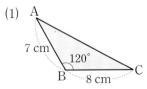

(2)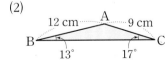

04 오른쪽 그림과 같은 △ABC의 넓이가 $12\sqrt{2}$ cm² 일 때, $\overline{AB}$의 길이를 구하시오.

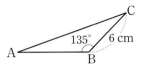

삼각형의 넓이를 이용한 다각형의 넓이 구하기

05 오른쪽 그림과 같은 □ABCD에서 다음을 구하시오.

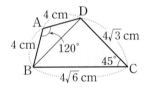

(1) △ABD의 넓이

(2) △BCD의 넓이

(3) □ABCD의 넓이

06 오른쪽 그림과 같은 □ABCD의 넓이를 구하시오.

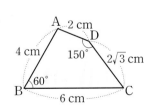

▶▶ 익힘교재 17쪽

개념 11 사각형의 넓이

개념 알아보기

1 평행사변형의 넓이

이웃하는 두 변의 길이 a, b와 그 끼인각의 크기 $x°$를 알 때,
평행사변형 ABCD의 넓이는 끼인각이

(1) 예각인 경우 ➡ $\square ABCD = ab \sin x°$

(2) 둔각인 경우 ➡ $\square ABCD = ab \sin(180° - x°)$

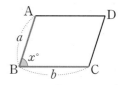

2 사각형의 넓이

두 대각선의 길이 a, b와 두 대각선이 이루는 각의 크기 $x°$를 알 때,
사각형 ABCD의 넓이는 두 대각선이 이루는 각이

(1) 예각인 경우 ➡ $\square ABCD = \dfrac{1}{2}ab \sin x°$

(2) 둔각인 경우 ➡ $\square ABCD = \dfrac{1}{2}ab \sin(180° - x°)$

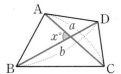

개념 자세히 보기

• 평행사변형의 넓이

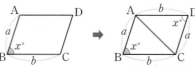

$\square ABCD = 2\triangle ABC$ ┌→ $\triangle ABC \equiv \triangle CDA$(SSS 합동)
이므로 $\triangle ABC = \triangle CDA$

$= 2 \times \dfrac{1}{2}ab \sin x°$

$= ab \sin x°$

• 사각형의 넓이

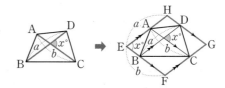

$\square ABCD = \dfrac{1}{2}\square EFGH$ →평행사변형

$= \dfrac{1}{2}ab \sin x°$

》 익힘교재 12쪽

바른답·알찬풀이 18쪽

개념 확인하기

1 다음은 □ABCD의 넓이를 구하는 과정이다. □ 안에 알맞은 수를 써넣으시오.

(1)

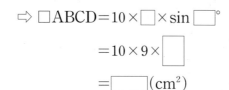

$\Rightarrow \square ABCD = 10 \times \square \times \sin \square°$

$= 10 \times 9 \times \square$

$= \square (\text{cm}^2)$

(2)

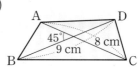

$\Rightarrow \square ABCD = \square \times 8 \times 9 \times \sin \square°$

$= \square \times 8 \times 9 \times \square$

$= \square (\text{cm}^2)$

평행사변형의 넓이 구하기

01 다음 그림과 같은 평행사변형 ABCD의 넓이를 구하시오.

(1)
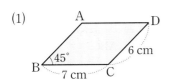

(2)
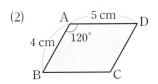

02 오른쪽 그림과 같은 평행사변형 ABCD의 넓이를 구하시오.

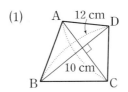

TIP▶ 평행사변형의 성질을 이용하여 주어진 두 변의 끼인각의 크기를 구한다.

03 오른쪽 그림과 같은 마름모 ABCD의 넓이가 $50\sqrt{2}$ cm²일 때, 이 마름모의 한 변의 길이를 구하시오.

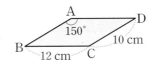

사각형의 넓이 구하기

04 다음 그림과 같은 사각형 ABCD의 넓이를 구하시오.

(1)
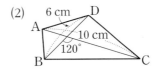

(2)
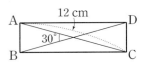

05 오른쪽 그림과 같은 직사각형 ABCD의 넓이를 구하시오.

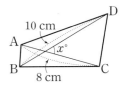

TIP▶ 직사각형의 대각선의 성질을 생각해 본다.

06 오른쪽 그림과 같은 사각형 ABCD의 넓이가 $20\sqrt{2}$ cm²이다. 두 대각선이 이루는 각의 크기가 $x°$일 때, x의 값을 구하시오.
(단, $x°$는 예각이다.)

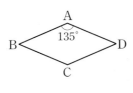

❯❯ 익힘교재 18쪽

● 개념 REVIEW

01 다음 그림과 같은 △ABC의 넓이를 구하시오.

(1)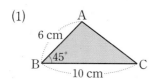

(2)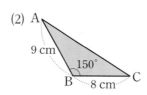

삼각형의 넓이 구하기
△ABC의 두 변의 길이 a, c와 그 끼인각 ∠B의 크기를 알 때
① ∠B가 예각인 경우
$$△ABC = \boxed{❶} \, ac \sin B$$
② ∠B가 둔각인 경우
$$△ABC = \frac{1}{2} ac \sin(❷\boxed{}° - B)$$

02 오른쪽 그림과 같은 △ABC의 넓이가 $30\sqrt{3}$ cm²일 때, ∠B의 크기를 구하시오. (단, ∠B는 예각이다.)

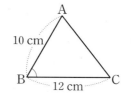

삼각형의 넓이 구하기 (1)

03 오른쪽 그림에서 ∠A = 90°, ∠ACB = 60°이고 □BDEC는 정사각형일 때, △ABD의 넓이를 구하시오.

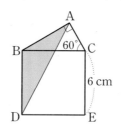

삼각형의 넓이 구하기 (2)

04 오른쪽 그림과 같은 □ABCD의 넓이를 구하시오.

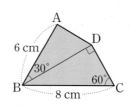

삼각형의 넓이를 이용한 다각형의 넓이 구하기

05 다음 그림과 같은 □ABCD의 넓이를 구하시오.

(1)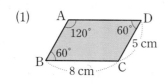

(2)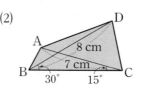

사각형의 넓이 구하기
① 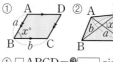 ②
① □ABCD = ❸$\boxed{}$ $\sin x°$
② □ABCD = $\frac{1}{2} ab$ ❹$\boxed{}$
(단, $0° < x° < 90°$)

답 ❶ $\frac{1}{2}$ ❷ 180 ❸ ab ❹ $\sin x°$

▶▶ 익힘교재 19쪽

01 오른쪽 그림과 같은 직각삼각형 ABC에 대하여 다음 중 옳은 것을 모두 고르면? (정답 2개)

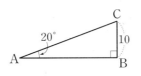

① $\overline{AB}=10\sin 20°$　② $\overline{AB}=10\cos 20°$

③ $\overline{AB}=\dfrac{10}{\tan 20°}$　④ $\overline{AC}=10\tan 20°$

⑤ $\overline{AC}=\dfrac{10}{\sin 20°}$

02 오른쪽 그림과 같은 직각삼각형 ABC에서 $\angle A=56°$, $\overline{AC}=100$ cm일 때, $\triangle ABC$의 둘레의 길이를 구하시오. (단, $\sin 56°=0.83$, $\cos 56°=0.56$으로 계산한다.)

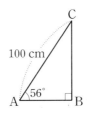

03 오른쪽 그림과 같은 $\triangle ABC$에서 $\overline{AH}\perp\overline{BC}$이고 $\overline{AB}=8$ cm, $\overline{AC}=4\sqrt{7}$ cm, $\angle B=60°$일 때, $\overline{BC}$의 길이를 구하시오.

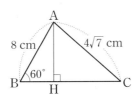

04 오른쪽 그림과 같이 가로등에서 5 m 떨어진 B 지점에서 가로등 꼭대기 C 지점을 올려본각의 크기가 49°일 때, 이 가로등의 높이를 구하시오. (단, $\sin 49°=0.75$, $\cos 49°=0.66$, $\tan 49°=1.15$로 계산한다.)

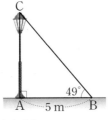

05 오른쪽 그림과 같이 30 m 떨어진 두 건물 A, B가 있다. A 건물의 옥상에서 B 건물을 올려본각의 크기는 30°, 내려본각의 크기는 60°일 때, B 건물의 높이를 구하시오.

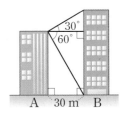

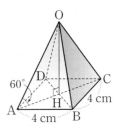

서술형

06 오른쪽 그림은 밑면이 한 변의 길이가 4 cm인 정사각형인 사각뿔이다. 꼭짓점 O에서 밑면에 내린 수선의 발을 H라 할 때, 점 H는 □ABCD의 두 대각선의 교점이다. $\angle OAH=60°$일 때, 다음을 구하시오.

(1) $\overline{OH}$의 길이

(2) 사각뿔의 부피

07 오른쪽 그림과 같은 $\triangle ABC$에서 $\overline{AC}=4\sqrt{2}$ cm, $\overline{BC}=8$ cm, $\angle C=135°$일 때, $\overline{AB}$의 길이를 구하시오.

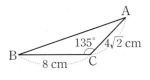

08 오른쪽 그림은 어느 호수의 두 지점 A, B 사이의 거리를 구하기 위하여 C 지점에서 거리와 각도를 측정하여 나타낸 것이다. $\overline{AC}=8$ m, $\overline{BC}=10$ m, $\angle C=60°$일 때, 두 지점 A, B 사이의 거리는?

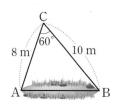

① $4\sqrt{2}$ m　　② $2\sqrt{13}$ m　　③ 8 m
④ $2\sqrt{21}$ m　　⑤ $4\sqrt{7}$ m

서술형
09 오른쪽 그림과 같은 △ABC에서 $\overline{AB}=6\sqrt{2}$ cm, $\angle A=45°$, $\angle B=75°$일 때, $\overline{AC}$의 길이를 구하시오.

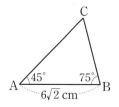

10 오른쪽 그림과 같이 △ABC의 꼭짓점 A에서 $\overline{BC}$에 내린 수선의 발을 H라 할 때, 다음 중 $\overline{AH}$의 길이를 나타내는 식은?

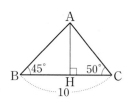

① $\dfrac{10}{\tan 50°+1}$　　② $\dfrac{10}{\tan 50°-1}$

③ $\dfrac{10}{1-\tan 40°}$　　④ $\dfrac{10}{1+\tan 40°}$

⑤ $10(\tan 50°-1)$

UP
11 오른쪽 그림과 같이 지면에 수직으로 서 있던 나무가 바람에 부러져 지면과 60°의 각도로 놓이게 되었다. 나무가 지면과 닿은 곳에서 12 m 떨어진 곳에서 나무의 부러진 부분을 올려본각의 크기가 30°일 때, 부러지기 전 나무의 높이를 구하시오.

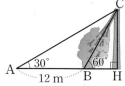

12 오른쪽 그림에서 점 G는 △ABC의 무게중심이고 $\overline{AB}=9$ cm, $\overline{AC}=8$ cm, $\angle A=45°$일 때, △GBC의 넓이를 구하시오.

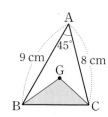

13 오른쪽 그림과 같은 △ABC의 넓이가 48 cm²일 때, $\angle B$의 크기를 구하시오.
(단, $\angle B$는 둔각이다.)

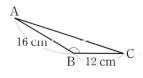

UP **서술형**
14 오른쪽 그림과 같은 △ABC에서 $\overline{AB}=12$ cm, $\overline{AC}=8$ cm, $\angle BAC=120°$이다. $\overline{AD}$가 $\angle A$의 이등분선일 때, $\overline{AD}$의 길이를 구하시오.

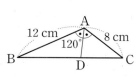

15 오른쪽 그림과 같은
□ABCD의 넓이를 구하시오.

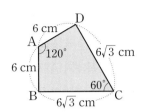

UP
16 오른쪽 그림과 같이 반지름의 길이가 7 cm인 원 O에 내접하는 정팔각형의 넓이는?

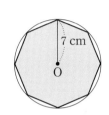

① $49\sqrt{2}$ cm² ② $49\sqrt{3}$ cm²

③ $56\sqrt{3}$ cm² ④ 98 cm²

⑤ $98\sqrt{2}$ cm²

17 오른쪽 그림과 같은 평행사변형 ABCD에서 $\overline{BC}$의 중점을 M이라 하자. $\overline{AB}=8$ cm, $\overline{AD}=12$ cm, ∠D=60°일 때, △AMC의 넓이를 구하시오.

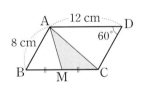

18 오른쪽 그림과 같은 등변사다리꼴 ABCD의 넓이가 $12\sqrt{3}$ cm²이고, 두 대각선이 이루는 각의 크기가 60°일 때, $\overline{BD}$의 길이를 구하시오.

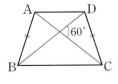

창의·융합 문제

다음 그림과 같이 줄의 길이가 2 m인 그네가 좌우로 60°의 각을 이루며 움직이고, 그네가 가장 낮은 위치인 A 지점에 있을 때, 지면으로부터의 높이가 0.3 m라 한다. 이 그네가 가장 높은 위치인 B 지점에 있을 때, 지면으로부터의 높이를 구하시오. (단, 그네의 크기는 무시한다.)

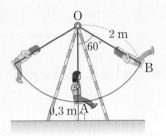

해결의 길잡이

❶ 점 B에서 $\overline{OA}$에 내린 수선의 발을 H라 하고, 삼각비를 이용하여 $\overline{OH}$의 길이를 구한다.

❷ 그네가 B 지점에 있을 때, 지면으로부터의 높이를 구한다.

서술형 문제

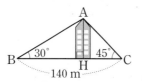

1 오른쪽 그림과 같이 140 m 떨어진 두 지점 B, C에서 건물의 꼭대기 A 지점을 올려본각의 크기가 각각 30°, 45°일 때, 이 건물의 높이를 구하시오.

1 건물의 높이를 h m라 할 때, $\overline{\text{BH}}$의 길이를 h에 대한 식으로 나타내면?

직각삼각형 ABH에서

$\angle \text{BAH} = 90° - 30° = \boxed{}°$이므로

$\overline{\text{BH}} = h \tan \boxed{}° = h \times \boxed{} = \boxed{}$ (m)

··· 30 %

2 $\overline{\text{CH}}$의 길이를 h에 대한 식으로 나타내면?

직각삼각형 AHC에서

$\angle \text{CAH} = 90° - 45° = \boxed{}°$이므로

$\overline{\text{CH}} = h \tan \boxed{}° = h \times \boxed{} = \boxed{}$ (m)   ··· 30 %

3 건물의 높이를 구하면?

$\overline{\text{BC}} = \overline{\text{BH}} + \overline{\text{CH}}$이므로

$140 = \boxed{} + h,\ (\boxed{})h = 140$

$\therefore\ h = \dfrac{140}{\boxed{}} = 70(\boxed{})$

따라서 건물의 높이는 $\boxed{}$ m이다.

··· 40 %

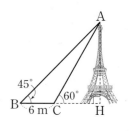

2 오른쪽 그림과 같이 6 m 떨어진 두 지점 B, C에서 탑의 꼭대기 A 지점을 올려본각의 크기가 각각 45°, 60°일 때, 이 탑의 높이를 구하시오.

1 탑의 높이를 h m라 할 때, $\overline{\text{BH}}$의 길이를 h에 대한 식으로 나타내면?

2 $\overline{\text{CH}}$의 길이를 h에 대한 식으로 나타내면?

3 탑의 높이를 구하면?

3 오른쪽 그림과 같은 △ABC에서 $\overline{AD} \perp \overline{BC}$이고 ∠B=45°, ∠C=30°, $\overline{AB}=6\sqrt{2}$ cm일 때, $\overline{BC}$의 길이를 구하시오.

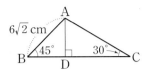

✎ 풀이 과정

답 _____

4 오른쪽 그림과 같은 평행사변형 ABCD에서 $\overline{AB}=12$ cm, $\overline{BC}=9\sqrt{2}$ cm, ∠BCD=135°일 때, 대각선 AC의 길이를 구하시오.

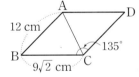

✎ 풀이 과정

답 _____

5 오른쪽 그림과 같이 반지름의 길이가 4 cm인 반원 O에서 ∠ABO=30°일 때, 색칠한 부분의 넓이를 구하시오.

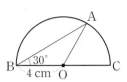

✎ 풀이 과정

답 _____

6 오른쪽 그림과 같이 두 대각선의 길이가 8 cm, 9 cm인 □ABCD의 넓이가 가장 클 때의 x의 값과 그때의 넓이를 구하시오. (단, $0° < x° \leq 90°$)

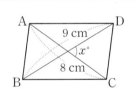

✎ 풀이 과정

답 _____

끝날 때까지 끝낼 수 없다, 자이가르닉 효과

러시아의 심리학자 블루마 자이가르닉은 레스토랑의 웨이터가 수많은 주문을 받아 정확하게 서빙을 하지만, 서빙을 마친 이후에는 지난 주문에 대해 기억하지 못한다는 것에 착안하여 한 가지 원칙을 발견했습니다. 인간은 완결된 일에 대해서는 금세 잊어버리는 반면, 미처 완성하지 못했거나 끝내지 못한 일은 머릿속에서 쉽게 지우지 못한다는 것입니다. 그래서 이것을 '미완성 효과'라고 부르기도 합니다.

이루지 못한 사랑의 기억이 오랫동안 남는 것이나 시험에서 풀지 못한 문제가 더욱 잘 기억나는 것이 바로 자이가르닉 효과의 좋은 예입니다.

우리는 잘 깨닫지 못하지만, 우리의 기억은 끝날 때까지 끝내지 않는답니다.

03

원과 직선

배운내용 Check

1 오른쪽 그림의 원 O 위에 다음을 나타내
   시오.

   (1) 호 AC
   (2) 현 BC
   (3) 부채꼴 AOB
   (4) 호 AC에 대한 중심각

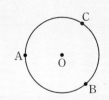

 1

중심각의 크기와 호, 현의 길이

개념 알아보기 1 중심각의 크기와 호, 현의 길이

한 원에서

(1) 크기가 같은 두 중심각에 대한 호의 길이와 현의 길이는 각각 같다.

　➡ $\angle AOB = \angle COD$이면 $\overset{\frown}{AB} = \overset{\frown}{CD}$, $\overline{AB} = \overline{CD}$

(2) 길이가 같은 두 호 또는 두 현에 대한 중심각의 크기는 같다.

　➡ $\overset{\frown}{AB} = \overset{\frown}{CD}$ 또는 $\overline{AB} = \overline{CD}$이면 $\angle AOB = \angle COD$

(3) 중심각의 크기와 호의 길이는 정비례한다.

(4) 중심각의 크기와 현의 길이는 정비례하지 않는다.

주의 원 O에서 $\angle AOC = 2\angle AOB$이면
$\overset{\frown}{AC} = 2\overset{\frown}{AB}$이지만 $\overline{AC} \neq 2\overline{AB}$이다.

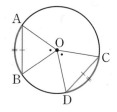

개념 자세히 보기 중심각의 크기와 현의 길이 사이의 관계

(1) 원 O에서
　　$\angle AOB = \angle COD$이면
　　➡ $\triangle AOB \equiv \triangle COD$
　　　　(SAS 합동)
　　∴ $\overline{AB} = \overline{CD}$

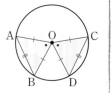

(2) 원 O에서
　　$\overline{AB} = \overline{CD}$이면
　　➡ $\triangle AOB \equiv \triangle COD$
　　　　(SSS 합동)
　　∴ $\angle AOB = \angle COD$

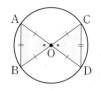

》 익힘교재 20쪽

⠿ 바른답·알찬풀이 23쪽

개념 확인하기 1 다음 그림의 원 O에서 x의 값을 구하시오.

(1)

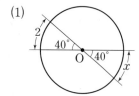

(2)

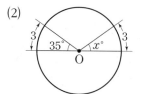

(3)

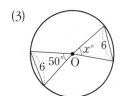

(4)

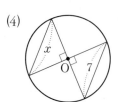

바른답·알찬풀이 23쪽

중심각의 크기와 호, 현의 길이

01 다음 그림의 원 O에서 x의 값을 구하시오.

(1)
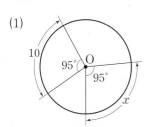

(2)
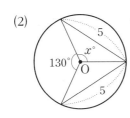

02 오른쪽 그림의 원 O에서 $\overline{AB}=\overline{CD}=5$이고 $\angle AOB=60°$일 때, x의 값을 구하시오.

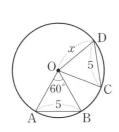

03 다음 그림의 원 O에서 x의 값을 구하시오.

(1)
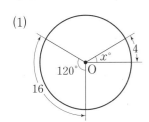

(2)
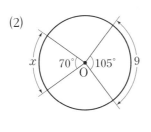

중심각의 크기와 호, 현의 길이의 성질

04 한 원에 대한 다음 설명 중 옳은 것은 ○표, 옳지 않은 것은 ×표를 하시오.

(1) 길이가 같은 두 호에 대한 중심각의 크기는 같다.

(   )

(2) 중심각의 크기가 같은 두 현의 길이는 같지 않다.

(   )

(3) 중심각의 크기가 2배가 되면 현의 길이도 2배가 된다.

(   )

(4) 중심각의 크기가 $\frac{1}{3}$배가 되면 호의 길이도 $\frac{1}{3}$배가 된다.

(   )

05 오른쪽 그림의 원 O에 대한 설명으로 다음 **보기** 중 옳은 것을 모두 고르시오.

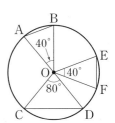

┤보기├

ㄱ. $\overline{AB}=\overline{EF}$

ㄴ. $\widehat{AB}=\frac{1}{2}\widehat{CD}$

ㄷ. $\overline{CD}=2\overline{AB}$

ㄹ. $\triangle COD=2\triangle AOB$

익힘교재 21쪽

원의 중심과 현의 수직이등분선

 1 원의 중심과 현의 수직이등분선

(1) 원에서 현의 수직이등분선은 그 원의 중심을 지난다.

(2) 원의 중심에서 현에 내린 수선은 그 현을 이등분한다.

➡ $\overline{AB} \perp \overline{OM}$이면 $\overline{AM} = \overline{BM}$

$\quad\quad\quad\quad\quad\quad$ ↳ $\overline{AB} = 2\overline{AM} = 2\overline{BM}$ 또는 $\overline{AM} = \overline{BM} = \dfrac{1}{2}\overline{AB}$

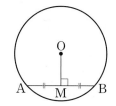

참고 오른쪽 그림에서 다음을 알 수 있다.

① △OAB는 $\overline{OA} = \overline{OB}$인 이등변삼각형이다.

② △OAM, △OBM은 직각삼각형이다.

개념 자세히 보기 | **현의 수직이등분선**

(1) 원 O에서 현 AB의 수직이등분선을 l이라 하면 두 점 A, B로부터 같은 거리에 있는 점들은 모두 직선 l 위에 있다.

따라서 두 점 A, B로부터 같은 거리에 있는 원의 중심 O도 직선 l 위에 있다.

➡ 원에서 현의 수직이등분선은 그 원의 중심을 지난다.

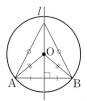

(2) 원 O의 중심에서 현 AB에 내린 수선의 발을 M이라 하면

△OAM과 △OBM에서

∠OMA = ∠OMB = 90°, $\overline{OA} = \overline{OB}$ (반지름), $\overline{OM}$은 공통

이므로 △OAM ≡ △OBM (RHS 합동)

∴ $\overline{AM} = \overline{BM}$ $\quad$ ↳ 빗변의 길이와 다른 한 변의 길이가 각각 같을 때

➡ 원의 중심에서 현에 내린 수선은 그 현을 이등분한다.

>> 익힘교재 20쪽

⁂ 바른답·알찬풀이 24쪽

 1 다음 그림의 원 O에서 x의 값을 구하시오.

(1)

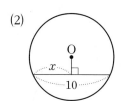

(2)

(3)

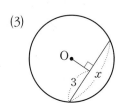

원의 중심과 현의 수직이등분선

01 오른쪽 그림의 원 O에서 다음을 구하시오.

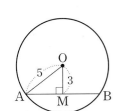

(1) $\overline{AM}$의 길이

(2) $\overline{AB}$의 길이

02 다음 그림의 원 O에서 x의 값을 구하시오.

(1)

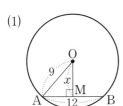

(2)

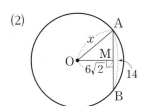

03 오른쪽 그림과 같이 반지름의 길이가 10 cm인 원 O에서 $\overline{AB} \perp \overline{OC}$, $\overline{CM} = \overline{OM}$일 때, $\overline{AM}$의 길이를 구하시오.

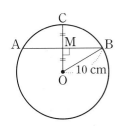

원의 반지름의 길이 구하기

04 오른쪽 그림의 원 O에서 다음 물음에 답하시오.

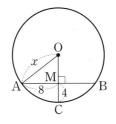

(1) $\overline{OM}$의 길이를 x에 대한 식으로 나타내시오.

(2) x의 값을 구하시오.

05 다음 그림의 원 O에서 x의 값을 구하시오.

(1)

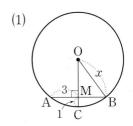

(2)

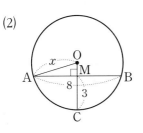

06 오른쪽 그림의 원 O에서 $\overline{AB} \perp \overline{OC}$이고 $\overline{AM} = 2\sqrt{5}$ cm, $\overline{CM} = 2$ cm일 때, 원 O의 반지름의 길이를 구하시오.

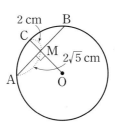

> **TIP** $\overline{OA}$를 그은 후 직각삼각형 OMA에서 피타고라스 정리를 이용하여 원 O의 반지름의 길이를 구한다.

» 익힘교재 22쪽

14 현의 길이

개념 알아보기 — 1 현의 길이

한 원에서

(1) 중심으로부터 같은 거리에 있는 두 현의 길이는 같다.

➡ $\overline{OM}=\overline{ON}$이면 $\overline{AB}=\overline{CD}$

(2) 길이가 같은 두 현은 원의 중심으로부터 같은 거리에 있다.

➡ $\overline{AB}=\overline{CD}$이면 $\overline{OM}=\overline{ON}$

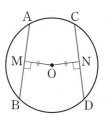

참고 원의 중심으로부터 같은 거리에 있는 두 현의 길이는 같으므로 오른쪽 그림에서 △ABC는 $\overline{AB}=\overline{AC}$인 이등변삼각형이다.

개념 자세히 보기 — 원의 중심과 현의 길이

(1) $\overline{OM}=\overline{ON}$일 때	(2) $\overline{AB}=\overline{CD}$일 때
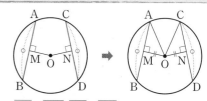	
△OAM과 △OCN에서 $\angle OMA=\angle ONC=90°$, $\overline{OA}=\overline{OC}$ (반지름), $\overline{OM}=\overline{ON}$이므로 △OAM≡△OCN (RHS 합동) ∴ $\overline{AM}=\overline{CN}$ 이때 $\overline{AB}=2\overline{AM}$, $\overline{CD}=2\overline{CN}$이므로 $\overline{AB}=\overline{CD}$ ↳ 원의 중심에서 현에 내린 수선은 그 현을 이등분한다.	$\overline{AB}\perp\overline{OM}$, $\overline{CD}\perp\overline{ON}$이므로 $\overline{AM}=\overline{BM}$, $\overline{CN}=\overline{DN}$ 이때 $\overline{AB}=\overline{CD}$이므로 $\overline{AM}=\overline{CN}$ △OAM과 △OCN에서 $\overline{AM}=\overline{CN}$, $\overline{OA}=\overline{OC}$ (반지름), $\angle OMA=\angle ONC=90°$이므로 △OAM≡△OCN (RHS 합동) ∴ $\overline{OM}=\overline{ON}$

» 익힘교재 20쪽

⫶ 바른답·알찬풀이 24쪽

개념 확인하기 — 1 다음 그림의 원 O에서 x의 값을 구하시오.

(1)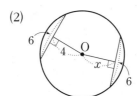

(2)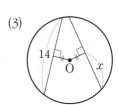

(3)

현의 길이(1)

01 다음 그림의 원 O에서 x의 값을 구하시오.

(1)
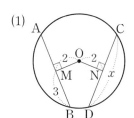

(2)
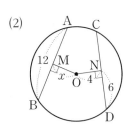

02 다음 그림의 원 O에서 x의 값을 구하시오.

(1)
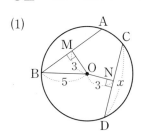

⇨ 직각삼각형 OMB에서

$\overline{BM} = \sqrt{\boxed{}^2 - 3^2} = \boxed{}$

$\therefore \overline{AB} = 2\boxed{} = 2 \times \boxed{} = \boxed{}$

$\overline{OM} = \overline{ON}$이므로

$\overline{CD} = \boxed{} = \boxed{}$ $\therefore x = \boxed{}$

(2)
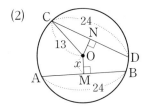

현의 길이(2)

03 다음 그림의 원 O에서 $\angle x$의 크기를 구하시오.

(1)
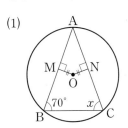

(2)
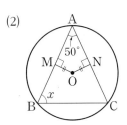

(3)
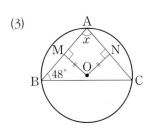

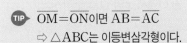

TIP $\overline{OM} = \overline{ON}$이면 $\overline{AB} = \overline{AC}$
⇨ △ABC는 이등변삼각형이다.

04 오른쪽 그림의 원 O에서 $\overline{OM} = \overline{ON}$일 때, 다음을 구하시오.

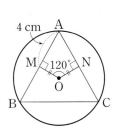

(1) ∠A의 크기

(2) ∠B의 크기

(3) $\overline{BC}$의 길이

» 익힘교재 23쪽

● 개념 REVIEW

01 오른쪽 그림의 원 O에서 ∠AOB=∠COD=∠DOE 일 때, 다음 중 옳지 <u>않은</u> 것을 모두 고르면? (정답 2개)

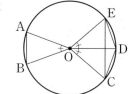

① $\overparen{AB}=\overparen{CD}$

② $\overline{CD}=\overline{DE}$

③ $2\overline{AB}=\overline{CE}$

④ $\triangle AOB=\triangle DOE$

⑤ $\triangle COE=2\triangle COD$

> 중심각의 크기와 호, 현의 길이의 성질
> 한 원에서
> ① 크기가 같은 두 중심각에 대한 호의 길이와 현의 길이는 각각 같다.
> ② 중심각의 크기와 호의 길이는 ❶□□□한다.

02 오른쪽 그림의 원에서 $\overline{AB}\perp\overline{CD}$, $\overline{CM}=\overline{DM}$이고 $\overline{AM}=6$ cm, $\overline{BM}=18$ cm일 때, 이 원의 반지름의 길이를 구하시오.

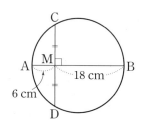

> 원의 중심과 현의 수직이등분선
> 원에서 현의 수직이등분선은 그 원의 ❷□□을 지난다.

03 다음 그림의 원 O에서 x의 값을 구하시오.

(1)

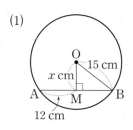

(2)

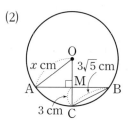

> 원의 중심과 현의 수직이등분선
> 원의 중심에서 현에 내린 수선은 그 현을 ❸□□□한다.

04 오른쪽 그림과 같이 반지름의 길이가 각각 4 cm, 6 cm이고 점 O를 중심으로 하는 두 원이 있다. 작은 원과 점 M에서 접하는 직선이 큰 원과 만나는 두 점을 각각 A, B라 할 때, $\overline{AB}$의 길이를 구하시오.

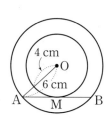

> 원의 중심과 현의 수직이등분선
> 원의 접선은 그 접점을 지나는 반지름과 수직이다.

답 ❶ 정비례 ❷ 중심 ❸ 이등분

개념 REVIEW

05 오른쪽 그림과 같이 반지름의 길이가 4 cm인 원 모양의 종이를 $\overline{AB}$를 접는 선으로 하여 호 AB가 원의 중심 O를 지나도록 접었을 때, $\overline{AB}$의 길이를 구하시오.

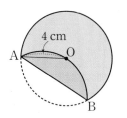

원의 중심과 현의 수직이등분선

06 오른쪽 그림의 원 O에서 $\overline{AB}\perp\overline{OM}$, $\overline{CD}\perp\overline{ON}$이고 $\overline{AB}=6$ cm, $\overline{DN}=3$ cm, $\overline{OC}=5$ cm일 때, $\overline{OM}$의 길이를 구하시오.

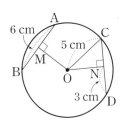

현의 길이(1)

한 원에서
① 중심으로부터 같은 거리에 있는 두 현의 길이는 ❶ [ ][ ].
② 길이가 같은 두 현은 원의 ❷ [ ][ ]으로부터 같은 거리에 있다.

07 오른쪽 그림의 원 O에서 $\overline{AB}\perp\overline{OM}$, $\overline{AB}=\overline{CD}$이다. $\overline{OC}=10$ cm, $\overline{OM}=8$ cm일 때, △ODC의 넓이를 구하시오.

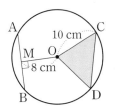

현의 길이(1)

08 오른쪽 그림의 원 O에서 $\overline{AB}\perp\overline{OM}$, $\overline{AC}\perp\overline{ON}$이고 $\overline{OM}=\overline{ON}$이다. ∠B=55°일 때, ∠MON의 크기를 구하시오.

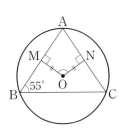

현의 길이(2)

$\overline{OM}=\overline{ON}$이므로
$\overline{AB}=$ ❸ [ ]

익힘교재 24쪽

답 ❶ 같다 ❷ 중심 ❸ $\overline{AC}$

원의 접선과 반지름

개념 알아보기 1 원의 접선과 반지름

(1) 접선과 접점

직선이 원과 한 점에서 만날 때, 직선은 원에 접한다고 한다.
이때 이 직선을 원의 접선이라 하고, 원과 만나는 점을 접점
이라 한다.

(2) 원의 접선과 반지름

원의 접선은 그 접점을 지나는 원의 반지름과 수직이다.

➡ $\overline{OT} \perp l$

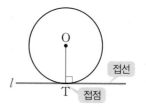

개념 자세히 보기 **원의 접선과 반지름이 이루는 도형**

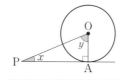

➡ 점 A는 점 P에서 원 O에 그은 접선의 접점일 때,
$\angle OAP = 90°$이므로
$\angle x + \angle y = 90°$

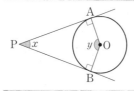

➡ 두 점 A, B는 점 P에서 원 O에 그은 두 접선의 접점일 때,
$\angle PAO = 90°$, $\angle PBO = 90°$이고
□APBO의 내각의 크기의 합이 360°이므로
$\angle x + \angle y = 180°$

》 익힘교재 20쪽

》 바른답·알친풀이 20쪽

개념 확인하기 **1** 다음 그림에서 점 A는 점 P에서 원 O에 그은 접선의 접점일 때, $\angle x$의 크기를 구하시오.

(1)

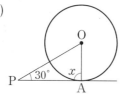

(2)

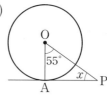

(3)

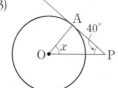

(4)

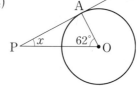

원의 접선과 반지름

01 다음 그림에서 두 점 A, B는 점 P에서 원 O에 그은 두 접선의 접점일 때, $\angle x$의 크기를 구하시오.

(1)
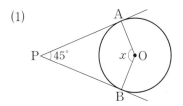

(2)
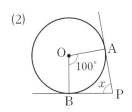

02 다음 그림에서 점 A는 점 P에서 원 O에 그은 접선의 접점일 때, x의 값을 구하시오.

(1)
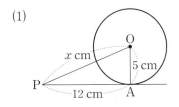

(2)
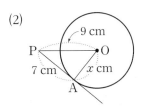

(3)
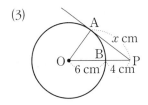

03 오른쪽 그림에서 두 점 A, B는 점 P에서 원 O에 그은 두 접선의 접점이다. $\angle APB=70°$, $\overline{OA}=6$ cm일 때, 다음을 구하시오.

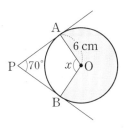

(1) $\angle x$의 크기

(2) 색칠한 부분의 넓이

04 다음 그림에서 점 A는 점 P에서 원 O에 그은 접선의 접점이고 점 B는 원 O와 $\overline{OP}$의 교점일 때, x의 값을 구하시오.

(1)
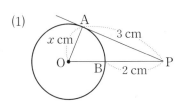

$\Rightarrow$ $\overline{OB}=\overline{OA}=x$ cm, $\angle PAO=\boxed{}°$이므로

직각삼각형 PAO에서

$(\boxed{})^2=x^2+3^2$ $\therefore x=\boxed{}$

(2)
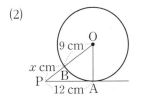

05 오른쪽 그림에서 점 A는 점 P에서 원 O에 그은 접선의 접점이고 점 B는 원 O와 $\overline{OP}$의 교점이다. $\overline{PA}=15$ cm, $\overline{PB}=9$ cm일 때, 이 원의 넓이를 구하시오.

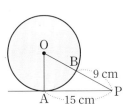

» 익힘교재 25쪽

개념 16 원의 접선의 길이

개념 알아보기

1 원의 접선의 길이

(1) **원의 접선의 길이**

원 O 밖의 한 점 P에서 원 O에 그을 수 있는 접선은 2개이다. 두 접점을 각각 A, B라 할 때, $\overline{PA}$ 또는 $\overline{PB}$의 길이를 점 P에서 원 O에 그은 **접선의 길이**라 한다.

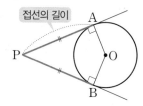

접선의 길이

(2) **원의 접선의 성질**

원 밖의 한 점에서 그 원에 그은 두 접선의 길이는 서로 같다.

➡ $\overline{PA}=\overline{PB}$

예 오른쪽 그림과 같이 원 O 밖의 한 점 P에서 이 원에 그은 두 접선의 길이는 같으므로 $\overline{PB}=\overline{PA}=5$ cm

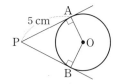

개념 자세히 보기

원의 접선의 성질

△PAO와 △PBO에서

∠PAO=∠PBO=90°, $\overline{OA}=\overline{OB}$ (반지름), $\overline{PO}$는 공통

이므로 △PAO≡△PBO (RHS 합동)

∴ $\overline{PA}=\overline{PB}$

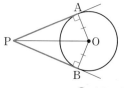

❯❯ 익힘교재 20쪽

바른답·알찬풀이 27쪽

개념 확인하기

1 다음 그림에서 두 점 A, B는 점 P에서 원 O에 그은 두 접선의 접점일 때, x의 값을 구하시오.

(1)
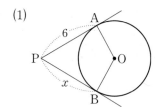

(2)
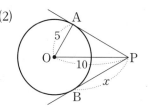

(3)
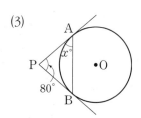

(4)
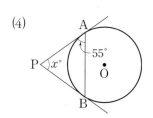

🧩 바른답·알찬풀이 27쪽

원의 접선의 성질

01 오른쪽 그림에서 두 점 A, B는 점 P에서 원 O에 그은 두 접선의 접점일 때, x, y의 값을 각각 구하시오.

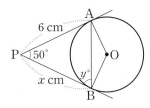

02 다음 그림에서 두 점 A, B는 점 P에서 원 O에 그은 두 접선의 접점일 때, x의 값을 구하시오.

(1)

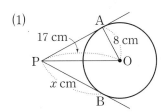

(2)

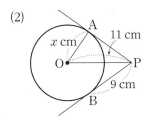

03 오른쪽 그림에서 두 점 A, B는 점 P에서 원 O에 그은 두 접선의 접점일 때, 다음을 구하시오.

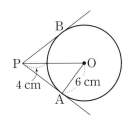

(1) $\overline{PO}$의 길이

(2) $\overline{PB}$의 길이

04 오른쪽 그림에서 두 점 A, B는 점 P에서 원 O에 그은 두 접선의 접점이다. 다음 중 옳은 것은 ○표, 옳지 않은 것은 ×표를 하시오.

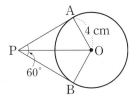

(1) ∠AOB = 150°　　　　　　(　)

(2) △PAO ≡ △PBO　　　　　(　)

(3) $\overline{PA} = 4\sqrt{3}$ cm　　　　　(　)

05 위의 **04**번 그림에서 △PBO의 넓이를 구하시오.

원의 접선의 성질의 활용

06 오른쪽 그림과 같이 $\overline{AD}$, $\overline{BC}$, $\overline{AF}$는 각각 점 D, E, F에서 원 O에 접할 때, 다음을 구하시오.

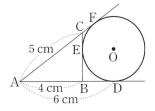

(1) $\overline{CE}$의 길이

(2) $\overline{BC}$의 길이

(3) △ABC의 둘레의 길이

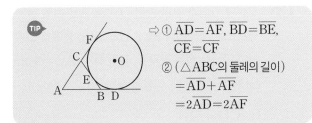

> **TIP**　⇨ ① $\overline{AD} = \overline{AF}$, $\overline{BD} = \overline{BE}$, $\overline{CE} = \overline{CF}$
> ② (△ABC의 둘레의 길이)
> 　 $= \overline{AD} + \overline{AF}$
> 　 $= 2\overline{AD} = 2\overline{AF}$

➡ 익힘교재 26쪽

● 개념 REVIEW

01 오른쪽 그림에서 점 A는 점 P에서 원 O에 그은 접선의 접점이다. $\overline{PA}=5$ cm, $\overline{PB}=2$ cm일 때, 원 O의 반지름의 길이를 구하시오.

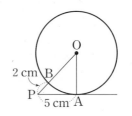

> 원의 접선과 반지름
> 원의 접선은 그 접점을 지나는 원의 반지름과 ❶□□이다.

02 오른쪽 그림에서 두 점 A, B는 점 P에서 원 O에 그은 두 접선의 접점이다. ∠APB=44°일 때, ∠OAB의 크기를 구하시오.

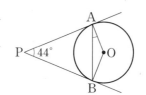

> 원의 접선의 성질
> 원 밖의 한 점에서 그 원에 그은 두 접선의 ❷□□는 서로 같다.

03 오른쪽 그림에서 $\overline{PA}$, $\overline{PB}$는 두 점 A, B에서 원 O에 접한다. ∠AOB=120°, $\overline{PA}=6$ cm일 때, x, y의 값을 각각 구하시오.

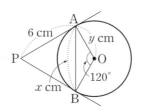

> 원의 접선의 성질

04 오른쪽 그림에서 $\overline{AD}$, $\overline{BC}$, $\overline{AF}$는 각각 점 D, E, F에서 원 O에 접한다. $\overline{AB}=7$ cm, $\overline{BC}=6$ cm, $\overline{CF}=4$ cm일 때, $\overline{AC}$의 길이를 구하시오.

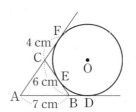

> 원의 접선의 성질의 활용

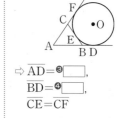

> ⇨ $\overline{AD}=❸\boxed{}$,
> $\overline{BD}=❹\boxed{}$,
> $\overline{CE}=\overline{CF}$

05 오른쪽 그림과 같이 반원 O의 호 AB 위의 한 점 P에서 그은 접선이 지름 AB의 양 끝 점에서 그은 접선과 만나는 점을 각각 C, D라 하자. $\overline{AC}=3$ cm, $\overline{BD}=7$ cm일 때, 다음을 구하시오.

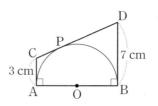

> 반원에서의 접선의 성질의 활용

(1) $\overline{CD}$의 길이   (2) $\overline{AB}$의 길이

▶▶ 익힘교재 27쪽

답 ❶수직 ❷길이 ❸ $\overline{AF}$ ❹ $\overline{BE}$

17 삼각형의 내접원

1 삼각형의 내접원

반지름의 길이가 r인 원 O가 △ABC의 내접원이고 세 점 D, E, F
└─→ △ABC의 세 변에 접하는 원
가 접점일 때

(1) $\overline{AD}=\overline{AF}$, $\overline{BD}=\overline{BE}$, $\overline{CE}=\overline{CF}$

(2) (△ABC의 둘레의 길이)$=a+b+c=2(x+y+z)$

(3) (△ABC의 넓이)$=\dfrac{1}{2}r(a+b+c)$
└─→ △ABC의 둘레의 길이

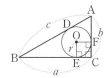

참고 직각삼각형의 내접원

∠C$=90°$인 직각삼각형 ABC에서 내접원 O의 반지름의 길이가 r이고 세 점 D, E,
F가 접점일 때

① □OECF는 한 변의 길이가 r인 정사각형이다.

② $\triangle ABC=\dfrac{1}{2}r(a+b+c)=\dfrac{1}{2}ab$

개념 자세히 보기

• 삼각형의 둘레의 길이

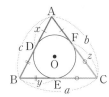

➡ (△ABC의 둘레의 길이)
$=a+b+c$
$=(y+z)+(x+z)+(x+y)$
$=2(x+y+z)$

• 삼각형의 넓이

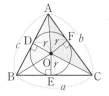

➡ $\triangle ABC=\triangle OBC+\triangle OCA+\triangle OAB$
$=\dfrac{1}{2}ar+\dfrac{1}{2}br+\dfrac{1}{2}cr$
$=\dfrac{1}{2}r(a+b+c)$

>> 익힘교재 20쪽

바른답 · 알찬풀이 28쪽

 1 오른쪽 그림에서 원 O는 △ABC의 내접원이고 세 점 D, E, F는 접점일 때, 다음을 구하시오.

(1) $\overline{AD}$의 길이

(2) $\overline{BE}$의 길이

(3) $\overline{CF}$의 길이

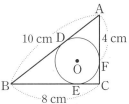

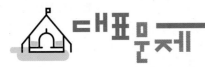

삼각형의 내접원

01 다음 그림에서 원 O는 △ABC의 내접원이고 세 점 D, E, F는 접점일 때, $\overline{BC}$의 길이를 구하시오.

(1)
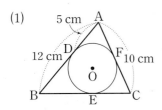

⇨ $\overline{BE}=\overline{BD}=\boxed{}-5=\boxed{}(cm)$
$\overline{AF}=\overline{AD}=5\,cm$이므로
$\overline{CE}=\overline{CF}=10-\boxed{}=\boxed{}(cm)$
∴ $\overline{BC}=7+\boxed{}=\boxed{}(cm)$

(2)
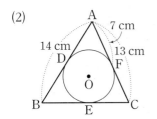

02 오른쪽 그림에서 원 O는 △ABC의 내접원이고 세 점 D, E, F는 접점일 때, 다음 물음에 답하시오.

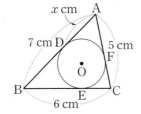

(1) $\overline{BE}$, $\overline{CE}$의 길이를 x에 대한 식으로 각각 나타내시오.

(2) x의 값을 구하시오.

03 오른쪽 그림에서 원 O는 △ABC의 내접원이고 세 점 D, E, F는 접점일 때, $\overline{BE}$의 길이를 구하시오.

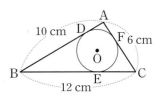

직각삼각형의 내접원

04 오른쪽 그림에서 원 O는 직각삼각형 ABC의 내접원이고 세 점 D, E, F는 접점이다. 원 O의 반지름의 길이를 r cm 라 할 때, 다음 물음에 답하시오.

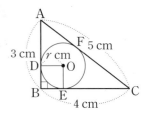

(1) $\overline{AF}$, $\overline{CF}$의 길이를 r에 대한 식으로 각각 나타내시오.

(2) r의 값을 구하시오.

05 오른쪽 그림에서 원 O는 직각삼각형 ABC의 내접원이고 세 점 D, E, F 는 접점일 때, 원 O의 반지름의 길이를 구하시오.

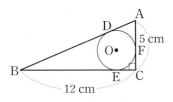

TIP 원 O의 반지름의 길이를 r cm로 놓고 $\overline{OE}$, $\overline{OF}$를 그으면 □OECF는 한 변의 길이가 r cm인 정사각형이다.

>> 익힘교재 28쪽

18 원의 외접사각형

개념 알아보기 **1 원의 외접사각형**

(1) 원에 외접하는 사각형의 **두 쌍의 대변의 길이의 합은 서로 같다.**

→ $\overline{AB}+\overline{CD}=\overline{AD}+\overline{BC}$ └→ 다각형에서 한 변이나 한 각과 마주 보는 변

(2) 두 쌍의 대변의 길이의 합이 서로 같은 사각형은 원에 외접한다.

주의 $\overline{AB}+\overline{BC}\neq\overline{AD}+\overline{CD}$

$\overline{AB}+\overline{AD}\neq\overline{BC}+\overline{CD}$

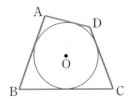

참고

한 내각이 직각일 때	두 내각이 직각일 때
→ $\overline{AB}+\overline{CD}=\overline{AD}+\overline{BC}$ □OFCG는 정사각형	→ $\overline{AB}+\overline{CD}=\overline{AD}+\overline{BC}$ $\overline{CF}=\overline{DH}=\dfrac{1}{2}\overline{CD}$

개념 자세히 보기 **외접사각형의 성질**

$\overline{AE}=\overline{AH}$, $\overline{BE}=\overline{BF}$, $\overline{CF}=\overline{CG}$, $\overline{DH}=\overline{DG}$이므로

$\overline{AB}+\overline{CD}=(\overline{AE}+\overline{BE})+(\overline{CG}+\overline{DG})$

$\qquad\qquad\quad =\overline{AH}+\overline{BF}+\overline{CF}+\overline{DH}$

$\qquad\qquad\quad =(\overline{AH}+\overline{DH})+(\overline{BF}+\overline{CF})$

$\qquad\qquad\quad =\overline{AD}+\overline{BC}$

∴ $\overline{AB}+\overline{CD}=\overline{AD}+\overline{BC}$

└→ 원 밖의 한 점에서 그 원에 그은 두 접선의 길이는 서로 같다.

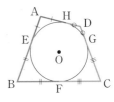

≫ 익힘교재 20쪽

바른답·알찬풀이 29쪽

개념 확인하기 **1** 다음은 오른쪽 그림에서 □ABCD가 원 O에 외접할 때, $\overline{CD}$의 길이를 구하는 과정이다. ☐ 안에 알맞은 것을 써넣으시오.

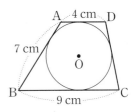

> 원에 외접하는 사각형의 두 쌍의 대변의 길이의 합은 서로 같으므로
>
> $\overline{AB}+\overline{CD}=\overline{AD}+$☐
>
> $7+\overline{CD}=4+$☐이므로
>
> $\overline{CD}=$☐ (cm)

원의 외접사각형

01 다음 그림에서 □ABCD가 원 O에 외접할 때, x의 값을 구하시오.

(1)
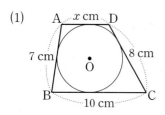

(2)
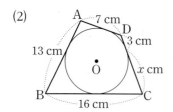

02 오른쪽 그림에서 □ABCD가 원 O에 외접할 때, □ABCD의 둘레의 길이를 구하시오.

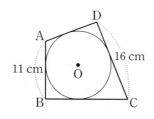

03 오른쪽 그림에서 ∠B=90°인 □ABCD는 원 O에 외접하고 네 점 E, F, G, H는 접점일 때, x, y의 값을 각각 구하시오.

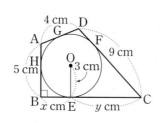

04 오른쪽 그림에서 □ABCD는 원 O에 외접하고 네 점 E, F, G, H는 접점이다. ∠A=∠B=90°일 때, 다음을 구하시오.

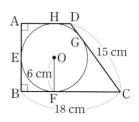

(1) $\overline{AB}$의 길이

(2) $\overline{DH}$의 길이

05 오른쪽 그림에서 □ABCD는 원 O에 외접하고 네 점 E, F, G, H는 접점이다. ∠C=∠D=90°일 때, $\overline{AH}$ 의 길이를 구하시오.

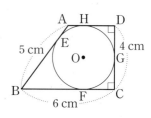

원의 외접사각형의 성질의 활용

06 다음은 오른쪽 그림에서 원 O는 직사각형 ABCD의 세 변과 $\overline{DE}$에 접하고 $\overline{CD}=12$ cm, $\overline{DE}=15$ cm 일 때, $\overline{BE}$의 길이를 구하는 과정이다. ☐ 안에 알맞은 것을 써넣으시오.

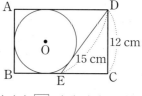

직각삼각형 DEC에서 $\overline{CE}=\sqrt{15^2-12^2}=$☐ (cm)
$\overline{BE}=x$ cm라 하면 $\overline{AD}=(x+$☐$)$ cm
이때 $\overline{AB}+\overline{DE}=\overline{AD}+\overline{BE}$이므로
☐$+15=($☐$)+x$ ∴ $x=$☐
∴ $\overline{BE}=$☐ cm

>> 익힘교재 29쪽

바른답·알찬풀이 29쪽

● 개념 REVIEW

01 오른쪽 그림에서 원 O는 △ABC의 내접원이고 세 점 D, E, F는 접점이다. $\overline{AB}=9$ cm, $\overline{AC}=11$ cm, $\overline{AD}=3$ cm일 때, $\overline{BC}$의 길이를 구하시오.

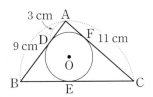

▶ 삼각형의 내접원

⇨ $\overline{AD}=\overline{AF}$,
$\overline{BD}=$❶◻,
$\overline{CE}=\overline{CF}$

02 오른쪽 그림에서 원 O는 △ABC의 내접원이고 세 점 D, E, F는 접점이다. $\overline{AB}=9$ cm, $\overline{BC}=10$ cm, $\overline{AC}=7$ cm일 때, $\overline{AD}$의 길이를 구하시오.

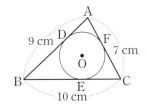

▶ 삼각형의 내접원

03 오른쪽 그림에서 원 O는 △ABC의 내접원이고 세 점 D, E, F는 접점이다. $\overline{AD}=5$ cm, $\overline{BE}=3$ cm, $\overline{AC}=12$ cm일 때, △ABC의 둘레의 길이를 구하시오.

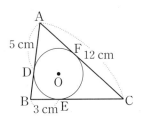

▶ 삼각형의 내접원

04 오른쪽 그림에서 원 O는 직각삼각형 ABC의 내접원이다. $\overline{AB}=17$ cm, $\overline{BC}=15$ cm일 때, 원 O의 넓이를 구하시오.

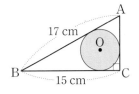

▶ 직각삼각형의 내접원

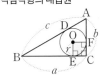

⇨ ① ▱OECF는 한 변의 길이가 r인 ❷◻◻◻◻이다.
② $\overline{AD}=\overline{AF}=b-r$
③ $\overline{BD}=\overline{BE}=a-$❸◻

05 오른쪽 그림에서 원 O는 직각삼각형 ABC의 내접원이고 세 점 D, E, F는 접점이다. $\overline{AF}=3$ cm, $\overline{CF}=6$ cm일 때, $\overline{BE}$의 길이를 구하시오.

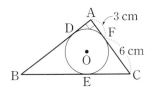

▶ 직각삼각형의 내접원

답 ❶ $\overline{BE}$ ❷ 정사각형 ❸ r

바른답·알찬풀이 30쪽

06 오른쪽 그림에서 □ABCD가 원 O에 외접할 때, x의 값을 구하시오.

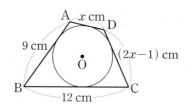

● 개념 REVIEW

▶ 원의 외접사각형
① 원에 외접하는 사각형의 두 쌍의 ❶◻◻의 길이의 합은 서로 같다.
② 두 쌍의 대변의 길이의 합이 서로 같은 사각형은 원에 ❷◻◻한다.

07 오른쪽 그림에서 □ABCD는 원 O에 외접하고 네 점 E, F, G, H는 접점이다. $\overline{AB}=15$ cm, $\overline{CG}=5$ cm, $\overline{DH}=4$ cm일 때, □ABCD의 둘레의 길이를 구하시오.

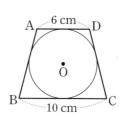

▶ 원의 외접사각형

$\overline{AE}=\overline{AH}, \overline{BE}=\overline{BF},$
$\overline{CF}=\text{❸}\boxed{}, \overline{DG}=\overline{DH}$
$\Rightarrow \overline{AB}+\overline{CD}=\overline{AD}+\text{❹}\boxed{}$

08 오른쪽 그림에서 $\overline{AD}\,/\!/\,\overline{BC}$인 등변사다리꼴 ABCD가 원 O에 외접하고 $\overline{AD}=6$ cm, $\overline{BC}=10$ cm일 때, $\overline{AB}$의 길이를 구하시오.

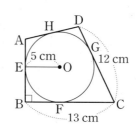

▶ 원의 외접사각형

09 오른쪽 그림에서 $\angle B=90°$인 □ABCD는 원 O에 외접하고 네 점 E, F, G, H는 접점이다. 원 O의 반지름의 길이는 5 cm이고 $\overline{BC}=13$ cm, $\overline{CD}=12$ cm일 때, $\overline{DH}$의 길이를 구하시오.

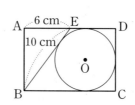

▶ 원의 외접사각형

10 오른쪽 그림에서 원 O는 직사각형 ABCD의 세 변과 $\overline{BE}$에 접한다. $\overline{AE}=6$ cm, $\overline{BE}=10$ cm일 때, $\overline{DE}$의 길이를 구하시오.

▶ 원의 외접사각형의 성질의 활용

≫ 익힘교재 30쪽

답 ❶대변 ❷외접 ❸$\overline{CG}$ ❹$\overline{BC}$

중단원 마무리 문제

01 오른쪽 그림에서 $\overline{AB}$는 원 O의 지름이고 $\overline{AB} \perp \overline{CD}$이다. $\overline{OA}=5$ cm, $\overline{MB}=2$ cm일 때, $\overline{CD}$의 길이는?

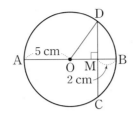

① 4 cm   ② 5 cm
③ 6 cm   ④ 8 cm
⑤ 9 cm

서술형
02 진흙에 공을 떨어뜨렸더니 오른쪽 그림과 같이 공의 일부분이 진흙 속에 묻혔다. 이 공의 반지름의 길이를 구하시오.

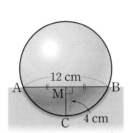

03 오른쪽 그림에서 $\overset{\frown}{AB}$는 반지름의 길이가 10 cm인 원의 일부분이다. $\overline{CM}$이 $\overline{AB}$를 수직이등분하고 $\overline{AB}=16$ cm일 때, $\overline{CM}$의 길이는?

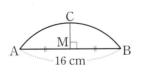

① 3 cm   ② 4 cm   ③ 5 cm
④ 6 cm   ⑤ 8 cm

UP
04 오른쪽 그림과 같이 중심이 같은 두 원에서 작은 원과 점 M에서 접하는 직선이 큰 원과 만나는 두 점을 각각 A, B라 하자. $\overline{AB}=4$ cm일 때, 색칠한 부분의 넓이를 구하시오.

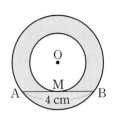

05 오른쪽 그림과 같이 원 O의 중심에서 두 현 AB, CD에 내린 수선의 발을 각각 M, N이라 할 때, $\overline{CD}$의 길이를 구하시오.

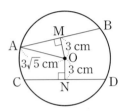

06 오른쪽 그림과 같이 반지름의 길이가 8 cm인 원 O에서 $\overline{AD} /\!/ \overline{BC}$이고 $\overline{AD}=\overline{BC}=12$ cm일 때, 두 현 AD와 BC 사이의 거리를 구하시오.

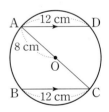

07 오른쪽 그림과 같이 원의 중심 O에서 두 현 AB와 AC에 내린 수선의 발을 각각 M, N이라 하자. $\overline{OM}=\overline{ON}$이고 $\angle MON=100°$일 때, $\angle B$의 크기를 구하시오.

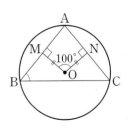

08 오른쪽 그림의 원 O에서 $\overline{AB} \perp \overline{OD}$, $\overline{BC} \perp \overline{OE}$, $\overline{AC} \perp \overline{OF}$이 고 $\overline{OD} = \overline{OE} = \overline{OF}$일 때, $\triangle ABC$의 넓이를 구하시오.

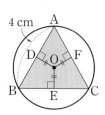

09 오른쪽 그림에서 점 A 는 점 P에서 원 O에 그은 접선 의 접점일 때, $\angle APO$의 크기 를 구하시오.

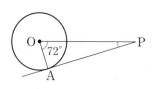

10 오른쪽 그림에서 두 점 A, B는 점 P에서 원 O에 그은 두 접선의 접점일 때, $\overline{PB}$의 길 이를 구하시오.

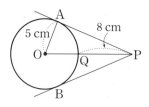

11 오른쪽 그림에서 $\overline{PA}$, $\overline{PB}$는 각각 점 A, B에서 반지름의 길이가 6 cm인 원 O에 접한다. $\angle AOB = 120°$일 때, 다음 중 옳지 않은 것은?

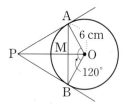

① $\angle APO = 30°$ ② $\angle PAB = 60°$
③ $\overline{PO} = 12$ cm   ④ $\overline{PA} = 6\sqrt{3}$ cm
⑤ $\overline{AB} = 6\sqrt{2}$ cm

12 오른쪽 그림에서 $\overline{AD}$, $\overline{BC}$, $\overline{AF}$는 각각 점 D, E, F에서 원 O 에 접한다. $\overline{AB} = 7$ cm, $\overline{AC} = 9$ cm, $\overline{BC} = 6$ cm일 때, $\overline{CF}$의 길이는?

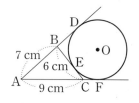

① $\dfrac{3}{2}$ cm   ② 2 cm   ③ $\dfrac{5}{2}$ cm

④ 3 cm   ⑤ $\dfrac{7}{2}$ cm

13 오른쪽 그림에서 원 O는 $\triangle ABC$의 내접원이고 세 점 D, E, F는 접점이다. $\triangle ABC$ 의 둘레의 길이가 22 cm이고 $\overline{BD} = 6$ cm, $\overline{CE} = 3$ cm일 때, x의 값을 구하시오.

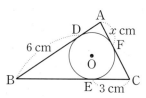

UP
14 오른쪽 그림에서 원 O는 직 각삼각형 ABC의 내접원이고 세 점 D, E, F는 접점이다. 원 O의 반지름의 길이가 3 cm이고 $\overline{AB} = 15$ cm일 때, 다음을 구하 시오. (단, $\overline{AC} < \overline{BC}$)

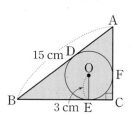

(1) $\overline{BD}$의 길이

(2) $\triangle ABC$의 넓이

15 오른쪽 그림에서
□ABCD는 원 O에 외접하고
네 점 P, Q, R, S는 접점일 때,
$\overline{AP}+\overline{CR}$의 길이는?

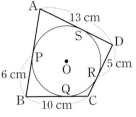

① 10 cm ② 11 cm

③ 12 cm ④ 13 cm

⑤ 14 cm

16 오른쪽 그림에서
∠A=∠B=90°인 사다리꼴
ABCD는 원 O에 외접하고 네
점 E, F, G, H는 접점이다. 원 O
의 반지름의 길이가 6 cm이고
$\overline{CD}$=13 cm일 때, □ABCD의 넓이를 구하시오.

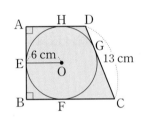

17 오른쪽 그림에서 원 O는
직사각형 ABCD의 세 변과
$\overline{DI}$에 접하고 네 점 E, F, G,
H는 접점이다. $\overline{AB}$=8 cm,
$\overline{AD}$=12 cm, $\overline{BF}$=4 cm일
때, $\overline{DI}$의 길이는?

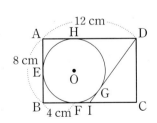

① 6 cm ② 8 cm ③ 9 cm

④ 10 cm ⑤ 12 cm

창의·융합 문제

다음 그림과 같이 직각삼각형 ABC 모양의 땅에 가능한
한 가장 큰 원 모양의 분수대를 만들고, 그 분수대에 접하
는 삼각형 DBE 모양의 꽃밭을 만들려고 한다.
$\overline{AC}$=7 m, $\overline{BC}$=24 m일 때, 꽃밭의 둘레의 길이를 구
하시오.

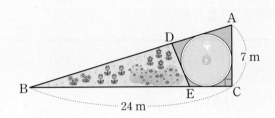

해결의 길잡이

❶ $\overline{AB}$의 길이를 구한다.

❷ 분수대의 반지름의 길이를 구한다.

❸ 꽃밭의 둘레의 길이를 구한다.

교과서 속

1 오른쪽 그림에서 $\overline{AD}$, $\overline{BC}$, $\overline{CD}$는 각각 점 A, B, E에서 반원 O에 접한다. $\overline{AB}$는 반원 O의 지름이고 $\overline{AD}=6$ cm, $\overline{CD}=8$ cm일 때, 반원 O의 반지름의 길이를 구하시오.

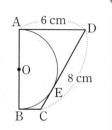

2 오른쪽 그림에서 $\overline{AD}$, $\overline{BC}$, $\overline{CD}$는 각각 점 A, B, E에서 반원 O에 접한다. $\overline{AB}$는 반원 O의 지름이고 $\overline{AD}=4$ cm, $\overline{BC}=6$ cm일 때, $\square ABCD$의 넓이를 구하시오.

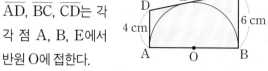

❶ $\overline{BC}$의 길이는?

$\overline{DE}=\overline{DA}=\square$ cm이므로

$\overline{BC}=\overline{CE}=\overline{CD}-\square$

　　　$=8-\square=\square$ (cm)　　　… 20 %

❶ $\overline{CD}$의 길이는?

❷ 점 C에서 $\overline{AD}$에 내린 수선의 발을 H라 할 때, $\overline{DH}$의 길이는?

$\overline{AH}=\overline{BC}=\square$ cm이므로

$\overline{DH}=\overline{AD}-\square$

　　　$=6-\square=\square$ (cm)　… 30 %

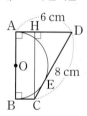

❷ 점 D에서 $\overline{BC}$에 내린 수선의 발을 H라 할 때, $\overline{CH}$의 길이는?

❸ ❷에서 $\overline{CH}$의 길이는?

직각삼각형 CDH에서

$\overline{CH}=\sqrt{8^2-\square^2}=\square$ (cm)　　　… 30 %

❸ ❷에서 $\overline{DH}$의 길이는?

❹ 반원 O의 반지름의 길이는?

$\overline{AB}=\overline{CH}=\square$ cm이므로

$\overline{OA}=\dfrac{1}{2}\overline{AB}=\dfrac{1}{2}\times\square=\square$ (cm)

따라서 반원 O의 반지름의 길이는 $\square$ cm이다.

　　　… 20 %

❹ $\square ABCD$의 넓이는?

3 오른쪽 그림과 같이 반지름의 길이가 5 cm인 원 O에서 $\overline{AB} \perp \overline{OM}$, $\overline{AB} = \overline{CD}$이다. $\overline{BM} = 4$ cm일 때, △ODC의 넓이를 구하시오.

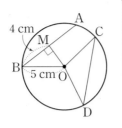

풀이 과정

답

4 오른쪽 그림에서 $\overline{CD}$, $\overline{CE}$, $\overline{AB}$는 각각 점 D, E, F에서 반지름의 길이가 4 cm인 원 O에 접한다. $\overline{OC} = 8$ cm일 때, △ABC의 둘레의 길이를 구하시오.

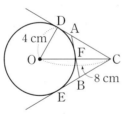

풀이 과정

답

5 오른쪽 그림과 같이 반지름의 길이가 5 cm인 원 O가 △ABC에 내접하고 있다. 세 점 D, E, F는 접점이고 점 G는 $\overline{AO}$와 원 O의 교점이다. $\overline{AB} = 20$ cm, $\overline{BE} = 8$ cm일 때, $\overline{AG}$의 길이를 구하시오.

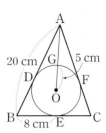

풀이 과정

답

6 오른쪽 그림에서 $\angle C = \angle D = 90°$인 □ABCD는 원 O에 외접하고 네 점 E, F, G, H는 접점이다. 원 O의 반지름의 길이가 4 cm이고 $\overline{AB} = 10$ cm일 때, □ABCD의 둘레의 길이를 구하시오.

풀이 과정

답

풍연심

'바람은 마음을 부러워한다.'는 뜻의 풍연심은 <장자>에서 등장합니다.

전설의 동물 중 발이 하나인 기(夔)라는 동물이 있었습니다. 기는 발이 100개인 지네를
매우 부러워했습니다. 그 지네 역시 부러워하는 동물이 있었습니다. 바로 발 없이도 잘 기는
뱀이었습니다. 그런 뱀은 어디든 마음대로 갈 수 있는 바람을 부러워했고, 바람은 움직이지
않아도 어디든 시선을 보낼 수 있는 눈(目)을 부러워했으며, 눈은 보지 않고도 무엇이든
상상할 수 있는 마음을 부러워했습니다. 그런데 마음 또한 부러워하는 것이 있었으니 바로
전설 속 외발달린 동물인 기(夔)였습니다.

많은 이들이 남을 부러워하며 살지만, 결국 자신의 존재가 가장 귀한 것이라는 것을 알려
주는 이야기입니다.

風	憐	心
바람 풍	불쌍히 여길 연	마음 심

* 따라 쓰며 소리 내어 읽어 보세요.

04

원주각

배운내용 Check

1 다음 그림의 원 O에서 x의 값을 구하시오.

(1) 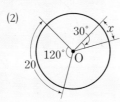 (2)

정답 **1** (1) 40 (2) 5

원주각과 중심각의 크기

개념 19

 1 원주각과 중심각의 크기

(1) **원주각**: 원 O에서 호 AB 위에 있지 않은 원 위의 점 P에 대하여
∠APB를 호 AB에 대한 **원주각**이라 하고, 호 AB를 원주각
∠APB에 대한 호라 한다.

참고 호 AB에 대한 중심각은 하나이지만 원주각은 무수히 많다.

(2) **원주각과 중심각의 크기**: 한 호에 대한 원주각의 크기는 그 호에
대한 중심각의 크기의 $\dfrac{1}{2}$이다.

원의 중심에서 두 반지름으로 이루어진 각

➡ $\angle APB = \dfrac{1}{2}\angle AOB$

개념 자세히 보기 **원주각과 중심각의 크기**

(ⅰ) 원의 중심 O가 ∠APB의 한 변 위에 있는 경우	(ⅱ) 원의 중심 O가 ∠APB의 내부에 있는 경우	(ⅲ) 원의 중심 O가 ∠APB의 외부에 있는 경우
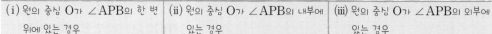		
	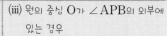	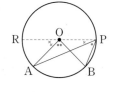
$\angle AOB = \angle OPA + \angle OAP$ $= 2\angle APB$ $\therefore \angle APB = \dfrac{1}{2}\angle AOB$	$\angle APB = \angle APQ + \angle BPQ$ $= \dfrac{1}{2}(\angle AOQ + \angle BOQ)$ $= \dfrac{1}{2}\angle AOB$	$\angle APB = \angle RPB - \angle RPA$ $= \dfrac{1}{2}(\angle ROB - \angle ROA)$ $= \dfrac{1}{2}\angle AOB$

>> 익힘교재 31쪽

바른답·알찬풀이 34쪽

개념 확인하기 **1** 다음은 원 O에서 ∠x의 크기를 구하는 과정이다. □ 안에 알맞은 수를 써넣으시오.

(1)

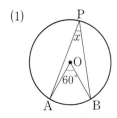

⇨ $\angle x = \boxed{} \angle AOB$

$= \boxed{} \times 60° = \boxed{}°$

(2)

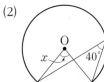

⇨ $\angle x = \boxed{} \angle APB$

$= \boxed{} \times 40° = \boxed{}°$

대표문제

원주각과 중심각의 크기

01 다음 그림의 원 O에서 ∠x의 크기를 구하시오.

(1)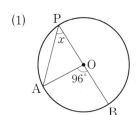

(2)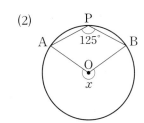

02 오른쪽 그림의 원 O에서 ∠x
의 크기를 구하시오.

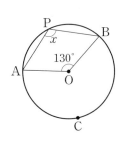

> **TIP** ∠x는 $\overparen{ACB}$에 대한 원주각이다.
>
> 원주각의 크기 ⟷ 2배 / $\frac{1}{2}$배 ⟶ 중심각의 크기

03 오른쪽 그림의 원 O에서
∠x, ∠y의 크기를 각각 구하시오.

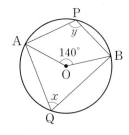

04 다음은 오른쪽 그림의 원 O에
서 ∠APB=20°, ∠BQC=30°일
때, ∠AOC의 크기를 구하는 과정
이다. ☐ 안에 알맞은 것을 써넣으시
오.

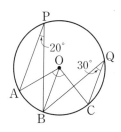

∠AOB=☐∠APB=☐×20°=☐°
∠BOC=2∠☐=2×☐°=☐°
∴ ∠AOC=∠AOB+∠BOC
　　　　=☐°+☐°=☐°

05 오른쪽 그림의 원 O에서
∠APB=30°, ∠BQC=28°일
때, ∠x의 크기를 구하시오.

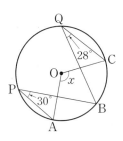

> **TIP** $\overline{OB}$를 그어 $\overparen{AB}$, $\overparen{BC}$에 대한 중심각의 크기를 각각 구
> 한다.

원주각과 중심각의 크기; 접선이 주어진 경우

06 오른쪽 그림에서 두 점
A, B는 점 P에서 원 O에 그
은 두 접선의 접점일 때, 다음
을 구하시오.

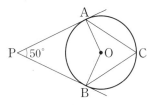

(1) ∠AOB의 크기

(2) ∠ACB의 크기

>> 익힘교재 32쪽

20 원주각의 성질

개념 알아보기 **1 원주각의 성질**

(1) 한 호에 대한 원주각의 크기는 모두 같다.

➡ ∠APB＝∠AQB＝∠ARB

(2) 원에서 호가 반원일 때, 반원에 대한 원주각의 크기는 $90°$이다.

➡ $\overline{AB}$가 원 O의 지름이면 ∠APB＝$90°$

참고 반원에 대한 중심각의 크기는 $180°$이므로 원주각의 크기는 $\dfrac{1}{2} \times 180° = 90°$

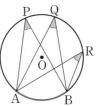
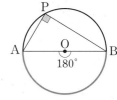

개념 자세히 보기 **한 호에 대한 원주각의 성질**

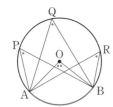

➡ ∠APB는 $\widehat{AB}$에 대한 원주각이므로 ∠APB＝$\dfrac{1}{2}$∠AOB

∠AQB는 $\widehat{AB}$에 대한 원주각이므로 ∠AQB＝$\dfrac{1}{2}$∠AOB

∠ARB는 $\widehat{AB}$에 대한 원주각이므로 ∠ARB＝$\dfrac{1}{2}$∠AOB

∴ ∠APB＝∠AQB＝∠ARB

≫ 익힘교재 31쪽

바른답·알찬풀이 35쪽

개념 확인하기 **1** 다음 그림의 원에서 ∠x의 크기를 구하시오.

(1)

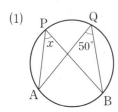

(2)

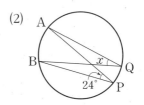

2 다음은 오른쪽 그림에서 $\overline{AB}$가 원 O의 지름일 때, ∠x, ∠y의 크기를 구하는 과정이다. ☐ 안에 알맞은 수를 써넣으시오.

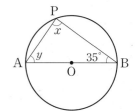

⇨ $\overline{AB}$가 원 O의 지름이므로 ∠x＝☐°

△ABP에서

∠y＝$180°-($☐$°+35°)=$☐$°$

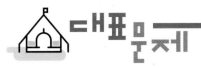

한 호에 대한 원주각의 크기

01 다음 그림의 원에서 ∠x, ∠y의 크기를 각각 구하시오.

(1)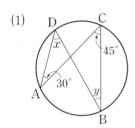

(2)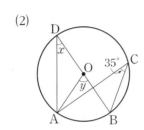

02 오른쪽 그림의 원에서 ∠AFB=40°, ∠AEC=72°일 때, ∠x, ∠y의 크기를 각각 구하시오.

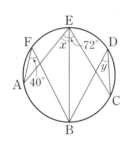

03 오른쪽 그림의 원에서 ∠ADB=30°, ∠DPC=100°일 때, ∠x, ∠y의 크기를 각각 구하시오.

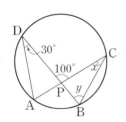

> **TIP** 삼각형의 한 외각의 크기는 그와 이웃하지 않는 두 내각의 크기의 합과 같음을 이용하여 ∠y의 크기를 구한다.

반원에 대한 원주각의 크기

04 다음 그림에서 $\overline{AB}$가 원 O의 지름일 때, ∠x의 크기를 구하시오.

(1)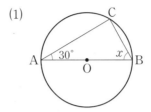

(2)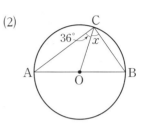

05 오른쪽 그림에서 $\overline{AC}$가 원 O의 지름이고 ∠ABD=50°일 때, 다음을 구하시오.

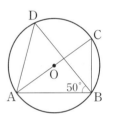

(1) ∠ABC의 크기

(2) ∠DAC의 크기

06 오른쪽 그림에서 $\overline{AB}$가 원 O의 지름일 때, ∠x의 크기를 구하시오.

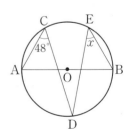

> **TIP** $\overline{AE}$를 그어 반원에 대한 원주각을 이용한다.

>> 익힘교재 33쪽

개념 21 원주각의 크기와 호의 길이

개념 알아보기 **1 원주각의 크기와 호의 길이**

한 원에서

(1) 길이가 같은 호에 대한 원주각의 크기는 같다.

➡ $\overgroup{AB}=\overgroup{CD}$이면 $\angle APB = \angle CQD$

(2) 크기가 같은 원주각에 대한 호의 길이는 같다.

➡ $\angle APB = \angle CQD$이면 $\overgroup{AB}=\overgroup{CD}$

(3) 호의 길이는 그 호에 대한 원주각의 크기에 정비례한다.

참고 ① 호의 길이는 중심각의 크기에 정비례하고, 중심각의 크기는 원주각의 크기에 정비례한다.

즉, 호의 길이는 원주각의 크기에 정비례한다.

② 현의 길이는 원주각의 크기에 정비례하지 않는다.

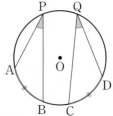

개념 자세히 보기 원주각의 크기와 호의 길이

(1)
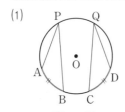 ➡  ➡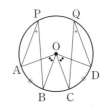

$\overgroup{AB}=\overgroup{CD}$ ⟶ $\angle AOB = \angle COD$ ⟶ $\therefore \angle APB = \angle CQD$

(2)
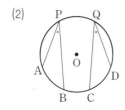 ➡ 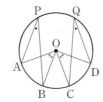 ➡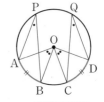

$\angle APB = \angle CQD$ ⟶ $\angle AOB = \angle COD$ ⟶ $\therefore \overgroup{AB}=\overgroup{CD}$

≫ 익힘교재 31쪽

⁑ 바른답·알찬풀이 35쪽

개념 확인하기 **1** 다음 그림의 원에서 x의 값을 구하시오.

(1)
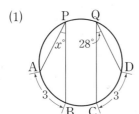

(2)
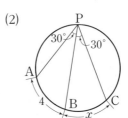

대표문제

원주각의 크기와 호의 길이

01 다음 그림의 원에서 x의 값을 구하시오.

(1)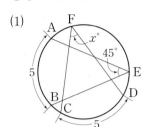

(2)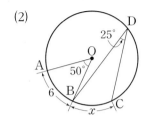

02 오른쪽 그림의 원에서 $\overarc{AC}=\overarc{BD}$이고 $\angle ABC=20°$일 때, 다음을 구하시오.

(1) $\angle DCB$의 크기

(2) $\angle APC$의 크기

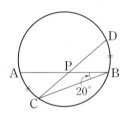

원주각의 크기와 호의 길이 사이의 관계

03 다음 그림의 원에서 x의 값을 구하시오.

(1)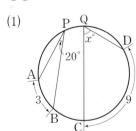

(2)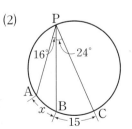

$\Rightarrow 20 : x = 3 : \boxed{}$

$\therefore x = \boxed{}$

04 오른쪽 그림의 원에서 $\overarc{AB}=\overarc{BC}=2$이고 $\angle AQC=50°$일 때, x의 값을 구하시오.

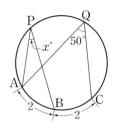

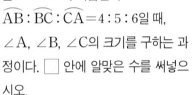

TIP $\angle APB$, $\angle AQC$는 각각 $\overarc{AB}$, $\overarc{AC}$에 대한 원주각임을 이용한다.

05 다음은 오른쪽 그림에서 원 O 는 $\triangle ABC$의 외접원이고 $\overarc{AB} : \overarc{BC} : \overarc{CA} = 4 : 5 : 6$일 때, $\angle A$, $\angle B$, $\angle C$의 크기를 구하는 과정이다. ☐ 안에 알맞은 수를 써넣으시오.

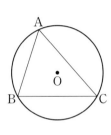

$\Rightarrow \angle C : \angle A : \angle B = \overarc{AB} : \overarc{BC} : \overarc{CA}$

$= 4 : \boxed{} : 6$

이므로

$\angle A = 180° \times \dfrac{\boxed{}}{4+5+6} = \boxed{}°$

$\angle B = \boxed{}° \times \dfrac{\boxed{}}{4+5+6} = \boxed{}°$

$\angle C = \boxed{}° \times \dfrac{\boxed{}}{4+5+6} = \boxed{}°$

06 오른쪽 그림에서 원 O는 $\triangle ABC$의 외접원이고 $\overarc{AB} : \overarc{BC} : \overarc{CA} = 2 : 3 : 4$일 때, $\triangle ABC$의 가장 작은 내각의 크기를 구하시오.

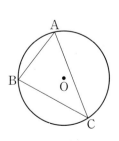

➡️ 익힘교재 34쪽

● 개념 REVIEW

01 다음 그림의 원 O에서 ∠x의 크기를 구하시오.

(1)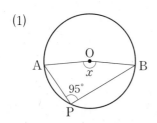

(2)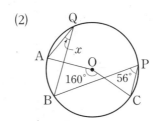

원주각과 중심각의 크기
(원주각의 크기)
= ● □ × (중심각의 크기)

02 오른쪽 그림의 원 O에서 ∠APB=40°일 때, ∠x의 크기를 구하시오.

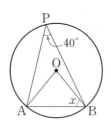

원주각과 중심각의 크기

03 오른쪽 그림에서 두 점 A, B는 점 P에서 원 O에 그은 두 접선의 접점이다. ∠APB=72°일 때, ∠x의 크기를 구하시오.

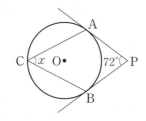

원주각과 중심각의 크기
원의 반지름과 접선이 이루는 각의 크기는 ❷□□°이다.

04 오른쪽 그림의 원에서 ∠AFB=20°, ∠BEC=50°일 때, ∠x의 크기를 구하시오.

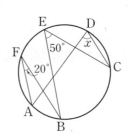

한 호에 대한 원주각의 크기
한 호에 대한 ❸□□□의 크기는 모두 같다.

05 오른쪽 그림의 원에서 ∠ADB=40°, ∠DBC=25°일 때, ∠x의 크기를 구하시오.

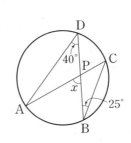

한 호에 대한 원주각의 크기

답 ❶ $\frac{1}{2}$ ❷ 90 ❸ 원주각

06 오른쪽 그림에서 $\overline{AC}$는 원 O의 지름이고 ∠ADB＝35°일 때, ∠x의 크기를 구하시오.

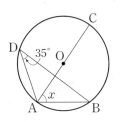

● 개념 REVIEW

반원에 대한 원주각의 크기

원에서 호가 반원일 때, 반원에 대한 원주각의 크기는 ❶□□°이다.

07 오른쪽 그림에서 $\overline{AB}$는 반원 O의 지름이고 점 P는 $\overline{AC}$, $\overline{BD}$의 연장선의 교점이다. ∠COD＝46°일 때, 다음을 구하시오.

(1) ∠CAD의 크기

(2) ∠APD의 크기

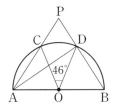

반원에 대한 원주각의 크기

08 오른쪽 그림의 원에서 $\overset{\frown}{AB}＝\overset{\frown}{AD}$이고 ∠BAC＝51°, ∠ACB＝36°일 때, ∠x의 크기를 구하시오.

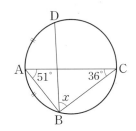

원주각의 크기와 호의 길이

길이가 같은 호에 대한 원주각의 크기는 ❷□□.

09 오른쪽 그림의 원에서 $\overset{\frown}{AC}＝10\ cm$일 때, $\overset{\frown}{BD}$의 길이를 구하시오.

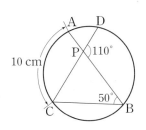

원주각의 크기와 호의 길이 사이의 관계

호의 길이는 그 호에 대한 원주각의 크기에 ❸□□□한다.

10 오른쪽 그림과 같이 두 현 AB, CD의 교점을 P라 하자. $\overset{\frown}{AC}$, $\overset{\frown}{BD}$의 길이가 각각 원주의 $\dfrac{1}{9}$, $\dfrac{1}{12}$일 때, ∠BPD의 크기를 구하시오.

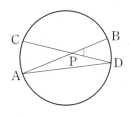

원주각의 크기와 호의 길이 사이의 관계

한 원에서 모든 호에 대한 중심각의 크기의 합은 360°이고, 원주각의 크기의 합은 ❹□□□°이다.

≫ 익힘교재 35~36쪽

답 ❶ 90 ❷ 같다 ❸ 정비례 ❹ 180

네 점이 한 원 위에 있을 조건

개념 알아보기 | **1 네 점이 한 원 위에 있을 조건**

두 점 C, D가 직선 AB에 대하여 같은 쪽에 있을 때,

$$\angle ACB = \angle ADB$$

이면 네 점 A, B, C, D는 한 원 위에 있다.

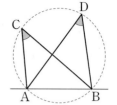

참고 네 점 A, B, C, D가 한 원 위에 있으면
  ① $\angle ACB = \angle ADB$ ← $\widehat{AB}$에 대한 원주각
  ② □ABDC는 원에 내접하는 사각형이다.

주의 두 점 C, D가 직선 AB에 대하여 서로 다른 쪽에 있으면 $\angle ACB = \angle ADB$이지만 네 점 A, B, C, D는 한 원 위에 있다고 할 수 없다.

개념 자세히 보기 | 네 점이 한 원 위에 있을 조건

세 점 A, B, C를 지나는 원 O에서 직선 AB에 대하여 점 C와 같은 쪽에 있는 점 D의 위치는 다음과 같이 세 가지 경우로 나눌 수 있다.

(ⅰ) 점 D가 원 O의 내부에 있는 경우	(ⅱ) 점 D가 원 O 위에 있는 경우	(ⅲ) 점 D가 원 O의 외부에 있는 경우
$\begin{aligned}\angle ADB &= \angle AEB + \angle DBE \\ &= \angle ACB + \angle DBE\end{aligned}$ $\therefore \angle ACB < \angle ADB$	$\angle ACB = \angle ADB$ └ $\widehat{AB}$에 대한 원주각	$\begin{aligned}\angle ADB &= \angle AEB - \angle DBE \\ &= \angle ACB - \angle DBE\end{aligned}$ $\therefore \angle ACB > \angle ADB$

(ⅰ), (ⅱ), (ⅲ)에서 $\angle ACB = \angle ADB$가 되는 것은 점 D가 원 O 위에 있는 경우뿐이다.

➡ $\angle ACB = \angle ADB$이면 네 점 A, B, C, D는 한 원 위에 있다.

>> 익힘교재 31쪽

바른답·알찬풀이 37쪽

개념 확인하기 | **1** 다음 중 네 점 A, B, C, D가 한 원 위에 있으면 ○표, 한 원 위에 있지 않으면 ×표를 하시오.

(1)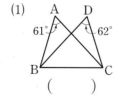

(   )

(2)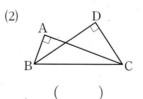

(   )

(3)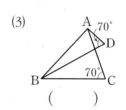

(   )

네 점이 한 원 위에 있을 조건

01 다음 **보기**에서 네 점 A, B, C, D가 한 원 위에 있는 것을 모두 고르시오.

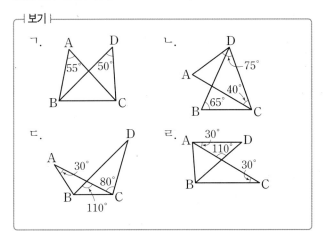

보기

ㄱ. A D 55° 50° B C

ㄴ. D 75° A 40° B 65° C

ㄷ. A 30° D B 80° C 110°

ㄹ. A 30° D 110° B 30° C

> **TIP** 네 점이 한 원 위에 있는지 알아보는 방법
> ❶ 기준이 되는 선분을 찾는다.
> ❷ 그 선분에 대하여 같은 쪽에 있는 두 각의 크기가 같은 지 확인한다.

02 다음 그림에서 네 점 A, B, C, D가 한 원 위에 있을 때, ∠x의 크기를 구하시오.

(1)
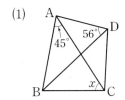

(2)
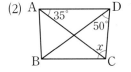

03 다음 그림에서 네 점 A, B, C, D가 한 원 위에 있을 때, ∠x, ∠y의 크기를 각각 구하시오.

(1)
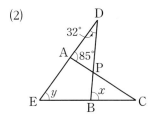

A P D(x) 80° y 40° B C

⇨ ∠x=∠BAC=□°
　△PCD에서
　∠y=∠x+∠PCD
　　　=□°+40°=□°

(2)
D 32° A 85° P E y B(x) C

04 오른쪽 그림에서 네 점 A, B, C, D가 한 원 위에 있을 때, ∠x의 크기를 구하시오.

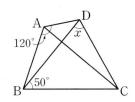

05 오른쪽 그림의 □ABCD에서 ∠x의 크기를 구하시오.

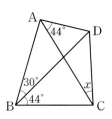

> **TIP** ∠DAC=∠DBC이므로 네 점 A, B, C, D가 한 원 위에 있다.

익힘교재 37쪽

원에 내접하는 사각형의 성질

개념 알아보기 **1 원에 내접하는 사각형의 성질**

(1) 원에 내접하는 사각형에서 한 쌍의 대각의 크기의 합은 $180°$이다.

   ➡ $\angle A + \angle C = 180°$, $\angle B + \angle D = 180°$ →서로 마주 보는 각

(2) 원에 내접하는 사각형에서 한 외각의 크기는 그 외각에 이웃한 내각에 대한 대각의 크기와 같다.

   ➡ $\angle DCE = \angle A$

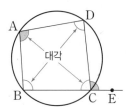

2 사각형이 원에 내접하기 위한 조건

(1) 한 쌍의 대각의 크기의 합이 $180°$인 사각형은 원에 내접한다.

(2) 한 외각의 크기가 그 외각에 이웃한 내각에 대한 대각의 크기와 같은 사각형은 원에 내접한다.

참고 항상 원에 내접하는 사각형

   ➡ 직사각형, 정사각형, 등변사다리꼴

개념 자세히 보기   원에 내접하는 사각형의 성질

➡ $\angle A = \dfrac{1}{2} \angle a$, $\angle C = \dfrac{1}{2} \angle c$이고 $\angle a + \angle c = 360°$이므로

$\angle A + \angle C = \dfrac{1}{2}\angle a + \dfrac{1}{2}\angle c = \dfrac{1}{2}(\angle a + \angle c) = \dfrac{1}{2} \times 360° = 180°$

➡ $\angle A + \angle BCD = 180°$에서 $\angle A = 180° - \angle BCD = \angle DCE$이므로

$\angle DCE = \angle A$

>> 익힘교재 31쪽

▷ 바른답·알찬풀이 38쪽

개념 확인하기 **1** 다음 그림에서 $\angle x$의 크기를 구하시오.

(1)

(2)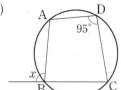

원에 내접하는 사각형의 성질

01 다음 그림에서 $\angle x$, $\angle y$의 크기를 각각 구하시오.

(1)
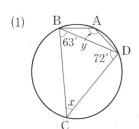

(2)
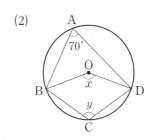

02 오른쪽 그림에서 $\overline{BC}$는 원 O의 지름이고 □ABCD는 원 O에 내접할 때, $\angle x$, $\angle y$의 크기를 각각 구하시오.

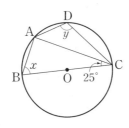

03 다음 그림에서 □ABCD가 원에 내접할 때, $\angle x$의 크기를 구하시오.

(1)
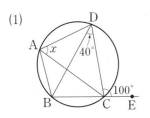

(2)
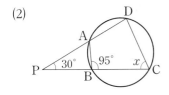

04 오른쪽 그림과 같이 원 O에 내접하는 오각형 ABCDE에서 $\angle BAE=95°$, $\angle BOC=110°$일 때, $\angle EDC$의 크기를 구하시오.

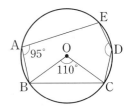

TIP 원에 내접하는 다각형은 보조선을 그어 원에 내접하는 사각형을 만든 후 한 쌍의 대각의 크기의 합이 180°임을 이용한다.

사각형이 원에 내접하기 위한 조건

05 다음 **보기**에서 □ABCD가 원에 내접하는 것을 모두 고르시오.

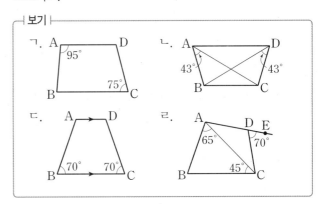

06 오른쪽 그림의 □ABCD가 원에 내접할 때, $\angle x$의 크기를 구하시오.

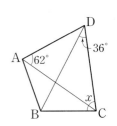

익힘교재 38쪽

● 개념 REVIEW

01 다음 **보기**에서 네 점 A, B, C, D가 한 원 위에 있는 것을 모두 고르시오.

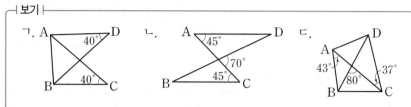

네 점이 한 원 위에 있을 조건

$\angle ACB = \angle$ ❶ ☐ 이면 네 점 A, B, C, D는 한 원 위에 있다.

02 오른쪽 그림에서 네 점 A, B, C, D가 한 원 위에 있을 때, $\angle x$, $\angle y$의 크기를 각각 구하시오.

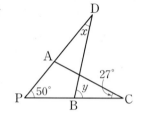

네 점이 한 원 위에 있을 조건

03 오른쪽 그림에서 □ABCD가 원에 내접할 때, $\angle y - \angle x$ 의 크기를 구하시오.

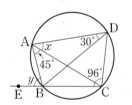

원에 내접하는 사각형의 성질
원에 내접하는 사각형에서
① 한 쌍의 대각의 크기의 합은 ❷ ☐ °이다.
② 한 외각의 크기는 그 외각에 이웃한 내각에 대한 ❸ ☐☐ 의 크기와 같다.

04 오른쪽 그림에서 □ABCD는 원에 내접하고 $\angle APB = 40°$, $\angle AQD = 24°$일 때, 다음 물음에 답하시오.

(1) $\angle PAB$, $\angle PBA$의 크기를 $\angle x$를 이용하여 각각 나타내시오.

(2) $\angle x$의 크기를 구하시오.

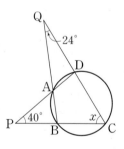

원에 내접하는 사각형의 성질

05 오른쪽 그림에서 $\overline{AB} = \overline{AC}$이고 $\angle BAC = 80°$일 때, □ABCD가 원에 내접하도록 하는 $\angle D$의 크기를 구하시오.

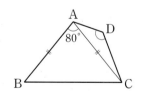

사각형이 원에 내접하기 위한 조건
한 쌍의 대각의 크기의 합이 ❹ ☐ °인 사각형은 원에 내접한다.

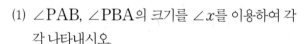

>> 익힘교재 39쪽

답 ❶ ADB ❷ 180 ❸ 대각 ❹ 180

원의 접선과 현이 이루는 각

개념 알아보기

1 원의 접선과 현이 이루는 각

원의 접선과 그 접점을 지나는 현이 이루는 각의 크기는 그 각의 내부에 있는 호에 대한 원주각의 크기와 같다.

➡ $\angle BAT = \angle BCA$

2 원의 접선이 되기 위한 조건

원 O에서 $\angle BAT = \angle BCA$이면 직선 AT는 원 O의 접선이다.

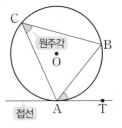

개념 자세히 보기

원의 접선과 현이 이루는 각

원 O에 내접하는 삼각형 ABC의 한 꼭짓점 A에서의 접선 AT와 현 AB가 이루는 각인 $\angle BAT$를 그 크기에 따라 다음과 같이 세 가지 경우로 나눌 수 있다.

(i) $\angle BAT$가 직각인 경우	(ii) $\angle BAT$가 예각인 경우	(iii) $\angle BAT$가 둔각인 경우
$\overline{AB}$가 원 O의 지름이므로 $\angle BCA = 90°$ ∴ $\angle BAT = \angle BCA$	$\angle BAT = 90° - \angle BAD$ $= 90° - \angle BCD$ $= \angle BCA$	$\angle BAT = 90° + \angle BAD$ $= 90° + \angle BCD$ $= \angle BCA$

➡ $\angle BAT$의 크기에 관계없이 항상 $\angle BAT = \angle BCA$

≫ 익힘교재 31쪽

✎ 바른답·알찬풀이 39쪽

개념 확인하기

1 다음 그림에서 직선 AT는 원의 접선이고 점 A는 접점일 때, $\angle x$의 크기를 구하시오.

(1)
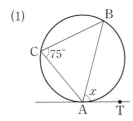

(2)
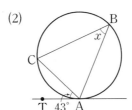

(3)
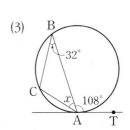

원의 접선과 현이 이루는 각

01 다음 그림에서 직선 AT는 원 O의 접선이고 점 A는 접점일 때, ∠x의 크기를 구하시오.

(1)
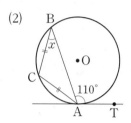

(2)

02 오른쪽 그림에서 직선 PA는 원의 접선이고 점 A는 접점이다. ∠ACB=48°, ∠BPA=42°일 때, ∠x의 크기를 구하시오.

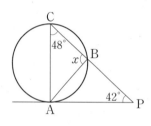

03 오른쪽 그림에서 직선 AT는 원의 접선이고 점 A는 접점이다. ∠BAT=30°, ∠DBA=35°일 때, 다음을 구하시오.

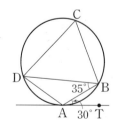

(1) ∠BDA의 크기

(2) ∠DAB의 크기

(3) ∠DCB의 크기

04 오른쪽 그림에서 직선 PA는 원의 접선이고 점 A는 접점이다. ∠ABC=105°, ∠DCA=42°일 때, ∠x의 크기를 구하시오.

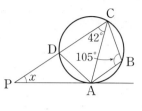

TIP 원에 내접하는 사각형의 성질을 이용하여 ∠ADC의 크기를 먼저 구한다.

원의 접선과 현이 이루는 각; 원의 중심을 지나는 현

05 오른쪽 그림에서 직선 AT는 원 O의 접선이고 점 A는 접점이다. $\overline{\text{BC}}$는 원 O의 지름이고 ∠ACB=35°일 때, ∠x의 크기를 구하시오.

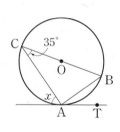

06 오른쪽 그림에서 직선 PT는 원 O의 접선이고 점 A는 접점이다. $\overline{\text{PB}}$는 원 O의 중심을 지나고 ∠CAP=30°일 때, 다음을 구하시오.

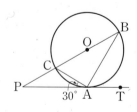

(1) ∠CAB의 크기

(2) ∠BPA의 크기

바른답·알찬풀이 39쪽

두 원에서 접선과 현이 이루는 각

07 다음은 직선 PQ가 두 원 O, O′의 공통인 접선이고 점 T가 접점일 때, $\overline{AB} /\!/ \overline{CD}$임을 설명하는 과정이다. ☐ 안에 알맞은 것을 써넣으시오.

(1)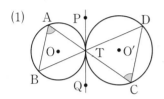

$\angle BAT$
= ∠☐ (원 O에서 접선과 현이 이루는 각)
= ∠☐ (맞꼭지각)
= ∠DCT (원 O′에서 접선과 현이 이루는 각)
따라서 엇각의 크기가 같으므로
$\overline{AB} /\!/ \overline{CD}$

(2)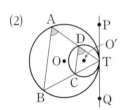

$\angle CDT$
= ∠☐ (원 O′에서 접선과 현이 이루는 각)
= ∠☐ (원 O에서 접선과 현이 이루는 각)
따라서 동위각의 크기가 같으므로
$\overline{AB} /\!/ \overline{CD}$

08 오른쪽 그림에서 직선 PQ는 두 원 O, O′의 공통인 접선이고 점 T는 접점일 때, 다음을 구하시오.

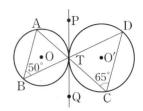

(1) ∠ATP의 크기

(2) ∠CTQ의 크기

(3) ∠CDT의 크기

(4) $\overline{AB}$와 평행한 선분

09 오른쪽 그림에서 직선 PQ는 두 원의 공통인 접선이고 점 T는 접점일 때, $\angle x$, $\angle y$의 크기를 각각 구하시오.

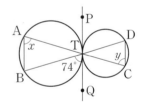

> **TIP** 두 원에서 원의 접선과 현이 이루는 각의 성질을 각각 이용한다.

10 오른쪽 그림에서 직선 PQ는 두 원의 공통인 접선이고 점 T는 접점일 때, $\angle x$, $\angle y$의 크기를 각각 구하시오.

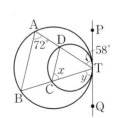

▶▶ 익힘교재 40쪽

소단원 핵심문제 _{개념} 24

● 개념 REVIEW

01 오른쪽 그림에서 직선 AT는 원 O의 접선이고 점 A는 접점일 때, $\angle x$, $\angle y$의 크기를 각각 구하시오.

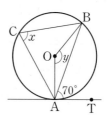

▶ 원의 접선과 현이 이루는 각

원의 접선과 그 접점을 지나는 현이 이루는 각의 크기는 그 각의 내부에 있는 호에 대한 ❶⬚⬚⬚의 크기와 같다.

02 오른쪽 그림에서 직선 AT는 원의 접선이고 점 A는 접점일 때, $\angle x$의 크기를 구하시오.

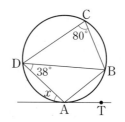

▶ 원의 접선과 현이 이루는 각

03 오른쪽 그림에서 직선 PT는 원 O의 접선이고 점 A는 접점이다. $\overline{PB}$가 원 O의 중심을 지나고 $\angle BAT = 65°$일 때, $\angle x$의 크기를 구하시오.

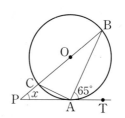

▶ 원의 접선과 현이 이루는 각

04 오른쪽 그림에서 두 직선 PD, PE는 원의 접선이고 두 점 A, B는 접점이다. $\angle P = 48°$, $\angle CBD = 64°$일 때, $\angle x$의 크기를 구하시오.

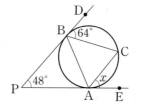

▶ 원의 접선과 현이 이루는 각

두 직선 PA, PB가 원의 접선일 때

$\angle PAB = \angle PBA = \angle$❷⬚

05 다음 그림에서 직선 PQ는 두 원의 공통인 접선이고 점 T는 접점일 때, $\angle x$의 크기를 구하시오.

(1)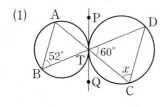

(2)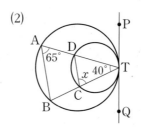

▶ 두 원에서 접선과 현이 이루는 각

≫ 익힘교재 41쪽

답 ❶ 원주각 ❷ ACB

중단원 **마무리 문제**

01 오른쪽 그림의 원 O에서
∠AOC=140°, ∠BAO=56°일
때, ∠x의 크기는?

① 50°　　② 52°
③ 54°　　④ 56°
⑤ 58°

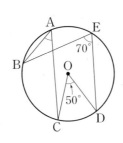

02 오른쪽 그림의 원 O에서
∠BED=70°, ∠COD=50°일
때, ∠BAC의 크기를 구하시오.

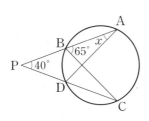

03 오른쪽 그림의 원에서 두
현 AB, CD의 연장선의 교점을
P라 하자. ∠ABC=65°,
∠APC=40°일 때, ∠x의 크
기를 구하시오.

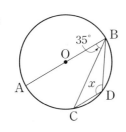

04 오른쪽 그림에서 $\overline{AB}$는 원 O
의 지름이고 ∠ABC=35°일 때,
∠x의 크기를 구하시오.

05 오른쪽 그림의 원에서
$\widehat{AB}=\widehat{BC}$이고 ∠ABD=50°,
∠BDC=47°일 때, ∠x의 크기를
구하시오.

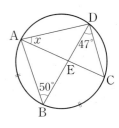

서술형
06 오른쪽 그림에서 $\overline{AB}$는 원
O의 지름이고 $\widehat{BD}=\widehat{CD}$,
∠BAD=22°일 때, ∠x의 크기
를 구하시오.

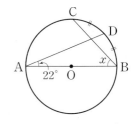

07 오른쪽 그림의 원에서
∠ABD=20°이고 $\widehat{AD}=5$ cm,
$\widehat{BC}=15$ cm일 때, ∠x의 크기를
구하시오.

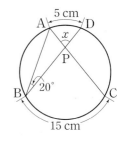

UP
08 오른쪽 그림의 원에서 $\widehat{AB}$의
길이는 원주의 $\frac{1}{5}$이고
$\widehat{AB}:\widehat{CD}=3:2$일 때, ∠DPC의
크기를 구하시오.

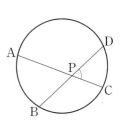

09 오른쪽 그림에서 네 점 A, B, C, D가 한 원 위에 있을 때, $\angle x$의 크기를 구하시오.

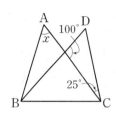

10 오른쪽 그림에서 $\angle x + \angle y$의 크기는?

① 170° ② 180°
③ 190° ④ 200°
⑤ 210°

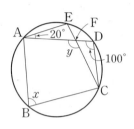

서술형
11 오른쪽 그림과 같이 원 O에 내접하는 오각형 ABCDE에서 $\angle BAE = 95°$, $\angle CDE = 125°$일 때, $\angle BOC$의 크기를 구하시오.

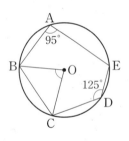

12 오른쪽 그림과 같이 두 원 O, O′이 두 점 P, Q에서 만나고 $\angle A = 108°$일 때, 다음을 구하시오.

(1) $\angle PQC$의 크기

(2) $\angle PDC$의 크기

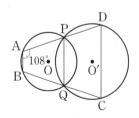

13 다음 중 □ABCD가 원에 내접하지 <u>않는</u> 것은?

①
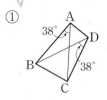

②
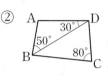

③
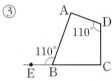

④
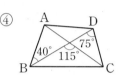

⑤
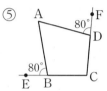

14 오른쪽 그림에서 직선 AT는 원의 접선이고 점 A는 접점일 때, $\angle y - \angle x$의 크기를 구하시오.

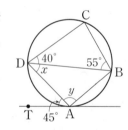

15 오른쪽 그림에서 직선 AT는 원 O의 접선이고 점 A는 접점이다. $\overline{AC}$는 원 O의 지름이고 $\overline{AC} = 12$ cm, $\angle BAT = 60°$일 때, $\overline{AB}$의 길이를 구하시오.

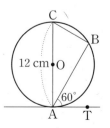

서술형

16 오른쪽 그림에서 직선 PT는 원 O의 접선이고 점 T는 접점이다. $\overline{PB}$가 원 O의 중심을 지나고 ∠APT=36°일 때, ∠x의 크기를 구하시오.

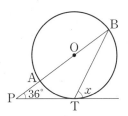

UP

17 오른쪽 그림에서 원 O는 △ABC의 내접원이면서 △DEF의 외접원이다. ∠EDF=60°, ∠DEF=50° 일 때, ∠DBE의 크기를 구하시오.

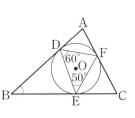

18 오른쪽 그림에서 직선 PQ가 두 원의 공통인 접선이고 점 T는 접점일 때, 다음 중 옳지 <u>않은</u> 것은?

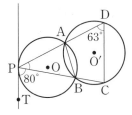

① $\overline{AB}$∥$\overline{CD}$
② ∠BAT=∠BTQ
③ ∠ABT=∠CDT
④ △ABT∽△DCT
⑤ $\overline{TA}$: $\overline{TD}$=$\overline{AB}$: $\overline{DC}$

19 오른쪽 그림에서 직선 PT는 원 O의 접선이고 점 P는 접점이다. ∠ADC=63°, ∠BPT=80°일 때, ∠APB의 크기를 구하시오.

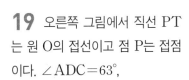

창의·융합 문제

오른쪽 그림과 같이 $\overline{AB}$를 한 변으로 하는 무대 주위에 원 모양의 레일을 설치하려고 한다. 카메라 C에서 무대의 양 끝 A, B를 바라본 각의 크기가 45°이고 $\overline{AB}$=10 m일 때, 안쪽 레일의 반지름의 길이를 구하시오.

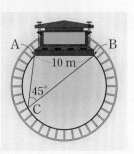

해결의 길잡이

❶ 안쪽 레일인 원의 중심을 O라 하고 $\overline{OB}$의 연장선이 원 O와 만나는 점을 D라 할 때, ∠ADB의 크기를 구한다.

❷ ∠DAB의 크기를 구한다.

❸ 삼각비를 이용하여 $\overline{BD}$의 길이를 구한다.

❹ 안쪽 레일의 반지름의 길이를 구한다.

교과서 속 서술형 문제

1 다음 그림과 같이 원에 내접하는 □ABCD에서 $\overline{BA}$, $\overline{CD}$의 연장선의 교점을 P, $\overline{CB}$, $\overline{DA}$의 연장선의 교점을 Q라 하자. ∠APD=30°, ∠BCD=55°일 때, ∠AQB의 크기를 구하시오.

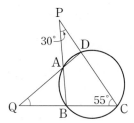

❶ ∠QAB의 크기는?
□ABCD가 원에 내접하므로
∠QAB = ∠BCD = ☐° ⋯ 30 %

❷ ∠ABQ의 크기는?
△PBC에서
∠ABQ = ∠BPC + ∠BCP
= ☐° + ☐° = ☐° ⋯ 30 %

❸ ∠AQB의 크기는?
△AQB에서
∠AQB = 180° − (∠QAB + ∠ABQ)
= 180° − (☐° + ☐°)
= ☐° ⋯ 40 %

2 다음 그림과 같이 원에 내접하는 □ABCD에서 $\overline{BA}$, $\overline{CD}$의 연장선의 교점을 P, $\overline{AD}$, $\overline{BC}$의 연장선의 교점을 Q라 하자. ∠APD=46°, ∠CQD=34°일 때, ∠ABC의 크기를 구하시오.

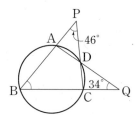

❶ ∠ABC의 크기를 ∠x라 할 때, ∠CDQ의 크기를 ∠x를 이용하여 나타내면?

❷ ∠DCQ의 크기를 ∠x를 이용하여 나타내면?

❸ ∠ABC의 크기는?

바른답·알찬풀이 42쪽

3 오른쪽 그림에서 $\overline{AB}$는 반원 O의 지름이고 점 P는 $\overline{AC}$, $\overline{BD}$의 연장선의 교점이다. $\angle CPD=70°$일 때, $\angle x$의 크기를 구하시오.

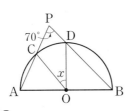

✎ 풀이 과정

답 _____

5 오른쪽 그림에서 원 O는 △ABC의 외접원이고 $\overset{\frown}{AB}:\overset{\frown}{BC}:\overset{\frown}{CA}=3:5:4$이다. 직선 BT는 원 O의 접선이고 점 B는 접점일 때, $\angle CBT$의 크기를 구하시오.

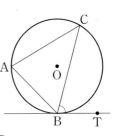

✎ 풀이 과정

답 _____

4 오른쪽 그림에서 □ABCD는 원 O에 내접하고 $\overset{\frown}{AB}=\overset{\frown}{AD}$일 때, 다음을 구하시오.

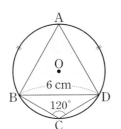

(1) $\angle BAD$의 크기

(2) △ABD의 넓이

✎ 풀이 과정

답 _____

6 오른쪽 그림에서 직선 BT는 원 O의 접선이고 점 B는 접점이다.
$\angle CBT=50°$,
$\angle ADC=110°$일 때,
$\angle ACB$의 크기를 구하시오.

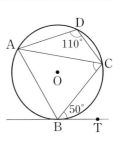

✎ 풀이 과정

답 _____

남자 색깔, 여자 색깔

어렸을 적, 친구들은
크레파스 색깔을
남자 색깔과 여자 색깔로
나누고는 했다.

난색 계열은 여자 색깔,
한색 계열은 남자 색깔.

그 와중에 빨간색은
의견이 분분했는데,
파워레인저같은
히어로 만화의 주인공은
항상 레드였기 때문.

어떻게 색깔에 성별이
있을 수 있었을까?
무엇이 우리에게 그런 구분을
짓게 만들었을까..?

글 / 그림 우쿠쥐

05

대푯값과
산포도

배운내용 Check

1 오른쪽 줄기와 잎 그림은 상자 안
  에 들어 있는 공 10개의 무게를
  조사하여 나타낸 것이다. 다음 물
  음에 답하시오.

  (1) 무게가 4번째로 가벼운 공
      의 무게를 구하시오.
  (2) 무게가 30 g 이상인 공은 몇
      개인지 구하시오.

공의 무게   (1|5는 15 g)

줄기	잎
1	5 8 9
2	0 2 2 6
3	3 5
4	0

정답 **1** (1) 20 g   (2) 3개

대푯값과 평균

개념 알아보기

1 대푯값

자료의 중심적인 경향이나 특징을 대표적으로 나타내는 값

2 평균

변량의 총합을 변량의 개수로 나눈 값 ←자료를 수량으로 나타낸 것

➡ $(평균) = \dfrac{(변량의\ 총합)}{(변량의\ 개수)}$

(예) 자료가 1, 2, 3, 4, 5인 경우에 평균은

$$\dfrac{1+2+3+4+5}{5} = 3$$

(참고) 일반적으로 평균이 대푯값으로 가장 많이 사용되지만 자료의 값 중에서 매우 크거나 매우 작은 값, 즉 극단적인 값이 있는 경우에는 평균보다 다른 대푯값이 자료의 중심적인 경향을 더 잘 나타낸다.

개념 자세히 보기 **평균 구하기**

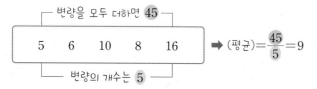

┌── 변량을 모두 더하면 **45** ──┐

| 5 | 6 | 10 | 8 | 16 | ➡ $(평균) = \dfrac{45}{5} = 9$

└── 변량의 개수는 **5** ──┘

≫ 익힘교재 42쪽

바른답·알찬풀이 44쪽

개념 확인하기 **1** 다음은 주어진 자료의 평균을 구하는 과정이다. ☐ 안에 알맞은 수를 써넣으시오.

(1)

| 5 | 8 | 4 | 7 | 6 |

➡ $(평균) = \dfrac{5+8+4+7+6}{\Box} = \dfrac{30}{\Box} = \Box$

(2)

| 10 | 13 | 11 | 9 | 10 | 13 |

➡ $(평균) = \dfrac{10+13+11+9+10+13}{\Box} = \dfrac{66}{\Box} = \Box$

평균

01 다음 자료의 평균을 구하시오.

| 13 | 14 | 15 | 16 | 17 |

02 다음 표는 소라가 1월부터 6월까지 매달 읽은 책의 수를 조사하여 나타낸 것이다. 소라가 매달 읽은 책의 수의 평균을 구하시오.

책의 수 (단위: 권)

월	1	2	3	4	5	6
책의 수	3	4	2	4	3	2

03 오른쪽 줄기와 잎 그림은 학생 8명의 영어 듣기 평가 점수를 조사하여 나타낸 것이다. 이 자료의 평균을 구하시오.

영어 듣기 평가 점수 (0 | 4는 4점)

줄기	잎
0	4 8 9
1	1 2 5 7
2	0

04 다음 표는 은비네 반 학생들이 가지고 있는 공책의 수를 조사하여 나타낸 것이다. 이 자료의 평균을 구하시오.

공책의 수(권)	3	4	5
학생 수(명)	2	6	2

평균이 주어질 때 변량 구하기

05 다음 자료의 평균이 [ ] 안의 수와 같을 때, x의 값을 구하시오.

(1) 15, 20, 19, x [20]

$$\Rightarrow \frac{15+20+19+x}{\boxed{}}=20$$

$$54+x=\boxed{} \qquad \therefore x=\boxed{}$$

(2) 86, 90, 94, x, 84 [90]

06 다음 표는 학생 5명의 키를 조사하여 나타낸 것이다. 학생 5명의 키의 평균이 170 cm일 때, x의 값을 구하시오.

키 (단위: cm)

학생	A	B	C	D	E
키	168	158	x	171	174

07 3개의 변량 a, b, c의 평균이 4일 때, 5개의 변량 a, b, c, 5, 8의 평균을 구하시오.

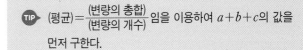

TIP (평균)$=\dfrac{(변량의\ 총합)}{(변량의\ 개수)}$ 임을 이용하여 $a+b+c$의 값을 먼저 구한다.

익힘교재 43쪽

26 중앙값과 최빈값

개념 알아보기

1 중앙값

(1) **중앙값**: 자료의 변량을 작은 값부터 순서대로 나열할 때, 중앙에 위치하는 값

(2) 자료의 변량을 작은 값부터 순서대로 나열할 때

　① 변량의 개수가 홀수이면 중앙에 위치하는 하나의 값이 중앙값이다.

　② 변량의 개수가 짝수이면 중앙에 위치하는 두 값의 평균이 중앙값이다. ← 중앙값은 주어진 자료의 변량 중에서 없을 수도 있다.

　예　① 자료 1, 2, 3, 4, 5의 변량은 5개이므로 중앙값은 세 번째 값인 3이다.

　　　② 자료 2, 4, 6, 8의 변량은 4개이므로 중앙값은 두 번째 값 4와 세 번째 값 6의 평균인 $\dfrac{4+6}{2}=5$이다.

2 최빈값

(1) **최빈값**: 자료의 변량 중에서 가장 많이 나타나는 값

(2) 자료의 변량 중에서 가장 많이 나타나는 값이 한 개 이상 있으면 그 값이 모두 최빈값이다.

　　　└ 최빈값은 두 개 이상일 수도 있다.

　예　① 자료 1, 2, 2, 2, 3에서 2가 세 번으로 가장 많이 나타나므로 최빈값은 2이다.

　　　② 자료 1, 2, 2, 3, 3, 4에서 2와 3이 각각 두 번씩 가장 많이 나타나므로 최빈값은 2, 3이다.

개념 자세히 보기　자료의 특성에 따른 적절한 대푯값

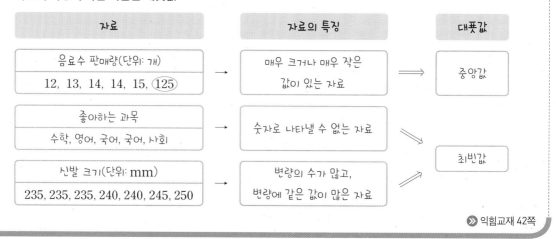

자료	자료의 특징	대푯값
음료수 판매량(단위: 개) 12, 13, 14, 14, 15, ⑫⑤	매우 크거나 매우 작은 값이 있는 자료	중앙값
좋아하는 과목 수학, 영어, 국어, 국어, 사회	숫자로 나타낼 수 없는 자료	최빈값
신발 크기(단위: mm) 235, 235, 235, 240, 240, 245, 250	변량의 수가 많고, 변량에 같은 값이 많은 자료	

≫ 익힘교재 42쪽

바른답·알찬풀이 44쪽

개념 확인하기

1 오른쪽 자료의 중앙값과 최빈값을 각각 구하려고 한다.
□ 안에 알맞은 수를 써넣으시오.

1	3	2	5	7	5

(1) 자료의 변량이 □개이고 변량을 작은 값부터 순서대로 나열하면

　1, 2, □, □, 5, 7이므로 중앙값은 $\dfrac{□+5}{2}=$□이다.

(2) 자료의 변량 중에서 □가 가장 많이 나타나므로 최빈값은 □이다.

중앙값과 최빈값

01 다음 자료의 중앙값을 구하시오.

(1) 5, 6, 9, 10, 7

(2) 7, 9, 15, 16, 18, 6

> **TIP** n개의 자료의 변량을 작은 값부터 순서대로 나열할 때,
> 중앙값은 다음과 같다.
> ① n이 홀수 ⇨ $\dfrac{n+1}{2}$ 번째의 값
> ② n이 짝수 ⇨ $\dfrac{n}{2}$ 번째와 $\left(\dfrac{n}{2}+1\right)$번째의 값의 평균

02 다음 자료의 최빈값을 구하시오.

(1) 7, 4, 6, 7, 5, 8

(2) 1, 3, 5, 2, 6, 5, 3

(3) 사과, 배, 귤, 배, 사과, 배, 귤

03 다음 표는 은정이네 반 학생 30명의 뜀틀 뛰어넘기 기록을 조사하여 나타낸 것이다. 이 자료의 최빈값을 구하시오.

기록(단)	4	5	6	7	8
도수(명)	5	4	12	7	2

04 아래 줄기와 잎 그림은 어느 반 학생 14명의 사회 수행평가 점수를 조사하여 나타낸 것이다. 다음 물음에 답하시오.

사회 수행평가 점수					(1|3은 13점)
줄기	잎				
1	3	5	7	8	
2	1	3	5	7	7	9
3	4	4	4	6	

(1) 중앙값을 구하시오.

(2) 최빈값을 구하시오.

중앙값 또는 최빈값이 주어질 때 변량 구하기

05 다음은 자료의 변량을 작은 값부터 순서대로 나열한 것이다. 이 자료의 중앙값이 [   ] 안의 수와 같을 때, x의 값을 구하시오.

(1) 10, 12, x, 20   [15]

   ⇨ 자료의 변량은 4개이므로 중앙값은
   $\dfrac{12+x}{\square}=15$ ∴ $x=\boxed{}$

(2) 3, 5, x, 9, 11, 12   [8]

06 다음 자료는 학생 7명의 1년 동안의 영화 관람 횟수를 조사하여 나타낸 것이다. 이 자료의 최빈값이 8회일 때, 중앙값을 구하시오.

영화 관람 횟수						(단위: 회)
7	6	8	x	8	7	5

≫ 익힘교재 44쪽

01 3개의 변량 a, b, c의 평균이 2일 때, $a+1, b+2, c+3$의 평균을 구하시오.

02 다음 자료는 10일 동안의 지민이의 수면 시간을 조사하여 나타낸 것이다. 이 자료의 평균, 중앙값, 최빈값을 각각 구하시오.

수면 시간 (단위: 시간)

7	8	9	8	6	7	7	8	10	9

03 다음 **보기**의 설명 중 옳은 것을 모두 고르시오.

┌ 보기 ├
ㄱ. 대푯값에는 평균, 중앙값, 최빈값 등이 있다.
ㄴ. 중앙값은 반드시 자료 안에 있는 값이어야 한다.
ㄷ. 최빈값이 여러 개일 수도 있다.

04 오른쪽 막대그래프는 은우네 반 학생 15명이 일주일 동안 대중교통을 이용한 횟수를 조사하여 나타낸 것이다. 이 자료의 중앙값을 a회, 최빈값을 b회라 할 때, $a+b$의 값을 구하시오.

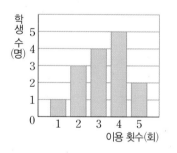

05 오른쪽 자료는 학생 6명이 30초 동안 실시한 윗몸일으키기 기록을 조사하여 나타낸 것이다. 이 자료의 평균이 19회일 때, x의 값과 중앙값을 각각 구하시오.

윗몸일으키기 기록 (단위: 회)

9	15	18	x	16	25

>> 익힘교재 45쪽

개념 REVIEW

▶ 평균
$$(평균) = \frac{(변량의 총합)}{(변량의 ❶\,\square\square)}$$

▶ 중앙값과 최빈값
• 자료의 변량을 작은 값부터 순서대로 나열할 때, 중앙에 위치하는 값은 ❷$\square\square\square$이다.
• 자료의 변량 중에서 가장 많이 나타나는 값은 ❸$\square\square\square$이다.

▶ 대푯값
자료의 중심적인 경향이나 특징을 대표적으로 나타내는 값을 ❹$\square\square\square$이라 한다.

▶ 막대그래프에서의 중앙값, 최빈값 구하기

▶ 평균이 주어질 때 변량 구하기

답 ❶ 개수 ❷ 중앙값 ❸ 최빈값
❹ 대푯값

산포도와 편차

개념 알아보기 **1 산포도**

(1) **산포도**: 자료의 분포 상태를 알아보기 위하여 변량들이 대푯값을 중심으로 흩어져 있는 정도를 하나의 수로 나타낸 값

(2) 자료의 변량이 대푯값에 모여 있을수록 산포도는 작아지고, 대푯값으로부터 흩어져 있을수록 산포도는 커진다.

2 편차

(1) **편차**: 각 변량에서 평균을 뺀 값

➡ (편차) = (변량) - (평균) → 편차를 구하려면 평균을 먼저 알아야 한다.

(2) **편차의 성질**

① 편차의 총합은 항상 0이다.

② 변량이 평균보다 크면 편차는 양수, 즉 (편차) > 0이다.

변량이 평균보다 작으면 편차는 음수, 즉 (편차) < 0이다.

③ 편차의 절댓값이 클수록 그 변량은 평균에서 멀리 떨어져 있고, 편차의 절댓값이 작을수록 그 변량은 평균에 가까이 있다.

예 자료 15, 17, 14, 16, 18의 평균이 16이므로 각 변량의 편차를 순서대로 구하면

$-1, 1, -2, 0, 2$

➡ (편차의 총합) = $-1 + 1 + (-2) + 0 + 2 = 0$

개념 자세히 보기   **산포도**

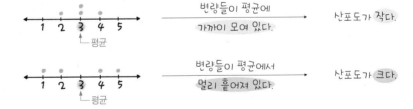

≫ 익힘교재 42쪽

바른답·알찬풀이 45쪽

 1 주어진 자료의 평균이 [ ] 안의 수와 같을 때, 다음 표를 완성하시오.

(1) [6]

변량	4	6	7	3	10
편차					

(2) [13]

변량	12	13	11	9	18	15
편차						

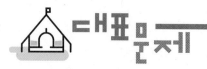

바른답·알찬풀이 45쪽

편차

01 아래 자료는 학생 5명의 일주일 동안의 TV 시청 시간을 조사하여 나타낸 것이다. 다음을 구하시오.

TV 시청 시간 (단위: 시간)

5 3 6 4 7

(1) TV 시청 시간의 평균

(2) 각 변량의 편차

02 다음 물음에 답하시오.

변량	8	12	14	10	11
편차					

(1) 위의 자료의 평균을 구하고, 표를 완성하시오.

(2) 편차의 총합을 구하시오.

편차의 성질

03 어떤 자료의 편차가 다음과 같을 때, x의 값을 구하시오.

(1) -3, -1, x, 2

(2) 11, -8, -1, 7, x

편차를 이용하여 변량 구하기

04 희연이네 반 학생들의 몸무게의 평균은 54 kg이다. 희연이의 몸무게의 편차가 -2 kg일 때, 희연이의 몸무게를 구하시오.

> **TIP** (편차)$=$(변량)$-$(평균) $\Rightarrow$ (변량)$=$(편차)$+$(평균)

05 아래 표는 학생 4명의 일주일 동안의 독서 시간에 대한 편차를 조사하여 나타낸 것이다. 다음 물음에 답하시오.

독서 시간 (단위: 시간)

학생	A	B	C	D
편차	4	x	1	-3

(1) x의 값을 구하시오.

(2) 독서 시간의 평균이 5시간일 때, 학생 B의 일주일 동안의 독서 시간을 구하시오.

06 다음 표는 수연이의 5회에 걸친 과학 점수에 대한 편차를 조사하여 나타낸 것이다. 5회까지의 평균이 85점일 때, 3회의 과학 점수를 구하시오.

과학 점수 (단위: 점)

회	1	2	3	4	5
편차	-3	1		-1	2

> **TIP** 편차를 이용하여 변량은 다음 순서대로 구한다.
> ❶ 편차의 총합이 0임을 이용하여 자료의 편차를 구한다.
> ❷ (변량)$=$(편차)$+$(평균)임을 이용하여 변량을 구한다.

익힘교재 46쪽

28 분산과 표준편차

개념 알아보기

1 분산

편차를 제곱한 값의 평균, 즉 편차의 제곱의 총합을 변량의 개수로 나눈 값

➡ $(분산) = \dfrac{\{(편차)^2의\ 총합\}}{(변량의\ 개수)} = \dfrac{[\{(변량)-(평균)\}^2의\ 총합]}{(변량의\ 개수)}$

2 표준편차

분산의 양의 제곱근

➡ $(표준편차) = \sqrt{(분산)}$

(예) 자료 14, 15, 16, 17, 18의 평균은 $\dfrac{14+15+16+17+18}{5}=16$이므로

각 변량의 편차 ➡ $-2, -1, 0, 1, 2$

$(편차)^2$의 총합 ➡ $(-2)^2+(-1)^2+0^2+1^2+2^2=10$

분산 ➡ $\dfrac{10}{5}=2$, 표준편차 ➡ $\sqrt{2}$

(참고) ① 분산(표준편차)이 작을수록 자료의 변량들이 평균에 가까이 모여 있다. 즉, 자료의 분포가 고르다.
② 분산(표준편차)이 클수록 자료의 변량들이 평균에서 멀리 흩어져 있다. 즉, 자료의 분포가 고르지 않다.

(주의) 분산에는 단위를 붙이지 않으며, 표준편차의 단위는 변량의 단위와 같다.

개념 자세히 보기 표준편차를 구하는 순서

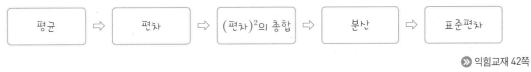

≫ 익힘교재 42쪽

⁂ 바른답 · 알찬풀이 46쪽

개념 확인하기

1 오른쪽 자료에 대하여 다음을 구하시오.

12	11	9	15	13

(1) 평균

(2)

변량	12	11	9	15	13
편차					
$(편차)^2$					

(3) $(편차)^2$의 총합

(4) 분산

(5) 표준편차

바른답·알찬풀이 46쪽

분산과 표준편차

01 어떤 자료의 편차가 다음과 같을 때, 이 자료의 분산과 표준편차를 각각 구하시오.

0	2	-1	-3	0	2

02 다음 표는 학생 5명의 몸무게에 대한 편차를 나타낸 것이다. 이때 x의 값과 학생 5명의 몸무게의 분산을 구하시오.

학생	A	B	C	D	E
편차(kg)	4	x	0	-2	1

03 다음 자료의 평균, 분산, 표준편차를 각각 구하시오.

(1) 4, 7, 3, 2

(2) 64, 58, 60, 62, 56

04 5개의 변량 3, 8, x, 12, 7의 평균이 8일 때, 다음을 구하시오.

(1) x의 값

(2) 분산과 표준편차

> **TIP** 평균을 이용하여 변량 x의 값을 먼저 구한다.

분산과 표준편차의 이해

05 아래 표는 학생 4명의 수면 시간의 평균과 표준편차를 나타낸 것이다. 다음을 구하시오.

학생	보라	현우	정우	보영
평균(시간)	6	7	9	8
표준편차(시간)	1.4	0.5	1.8	0.9

(1) 수면 시간이 가장 고른 학생

(2) 수면 시간이 가장 불규칙한 학생

> **TIP** 산포도(분산, 표준편차)가 작을수록
> ① 각 자료의 변량들이 평균에 가까이 모여 있다.
> ② 자료의 분포가 고르다.

06 아래 표는 A, B 두 반의 영어 성적의 평균과 표준편차를 나타낸 것이다. 다음 중 옳은 것은 ○표, 옳지 않은 것은 ×표를 하시오.

반	A	B
평균(점)	60	60
표준편차(점)	$2\sqrt{2}$	$4\sqrt{3}$

(1) A반의 영어 성적이 B반의 영어 성적보다 우수하다. ( )

(2) A반의 영어 성적이 B반의 영어 성적보다 더 고르게 분포되어 있다. ( )

(3) A반의 영어 성적의 산포도가 B반의 영어 성적의 산포도보다 작다. ( )

익힘교재 47쪽

● 개념 REVIEW

01 성민이네 반 학생들의 수학 점수의 평균은 72점이다. 성민이의 수학 점수의 편차가 3점일 때, 성민이의 수학 점수를 구하시오.

> 편차
> (편차) = (변량) − (❶□□)

02 오른쪽 표는 학생 5명의 윗몸일으키기 횟수에 대한 편차를 조사하여 나타낸 것이다. 학생 5명의 윗몸일으키기 횟수의 평균이 23회일 때, 학생 C의 윗몸일으키기 횟수를 구하시오.

윗몸일으키기 횟수 　　(단위: 회)

학생	A	B	C	D	E
편차	1	−8		5	4

> 편차를 이용하여 변량 구하기
> 편차의 총합은 항상 ❷□이다.

03 다음 설명 중 옳지 <u>않은</u> 것은?

① (편차) = (변량) − (평균)이다.
② 각 변량의 편차의 총합은 항상 0이다.
③ 편차를 제곱한 값의 평균은 분산이다.
④ 표준편차는 분산의 양의 제곱근이다.
⑤ 분산이 클수록 자료는 고르게 분포되어 있다.

> 산포도
> 자료의 분포 상태를 알아보기 위하여 변량들이 대푯값을 중심으로 흩어져 있는 정도를 하나의 수로 나타낸 값을 ❸□□□□라 한다.

04 오른쪽 자료는 재석이의 5회에 걸친 제기차기 횟수에 대한 편차를 조사하여 나타낸 것이다. 제기차기 횟수의 분산을 구하시오.

제기차기 횟수 　　(단위: 회)

−5	2	1	x	3

> 분산
> $$(분산) = \frac{\{(❹□□)^2의\ 총합\}}{(변량의\ 개수)}$$

05 다음 자료에 대한 보기 설명 중 옳은 것을 모두 고르시오.

10	8	7	5	13	14	9	11	6	7

┤ 보기 ├
ㄱ. 평균은 9이다.
ㄴ. 평균보다 큰 값의 변량은 3개이다.
ㄷ. 각 변량들의 편차의 제곱의 합은 60이다.
ㄹ. 표준편차는 $2\sqrt{2}$이다.

> 분산과 표준편차
> • (❺□□)
> $$= \frac{[\{(변량) − (평균)\}^2의\ 총합]}{(변량의\ 개수)}$$
> • (❻□□□□) = $\sqrt{(분산)^2}$

답 ❶ 평균 ❷ 0 ❸ 산포도
❹ 편차 ❺ 분산 ❻ 표준편차

06 5개의 변량 10, 7, 4, 6, x의 평균이 6일 때, 표준편차는?

① $\sqrt{3}$ ② 2   ③ $\sqrt{5}$
④ $\sqrt{6}$ ⑤ 3

▶ 분산과 표준편차

07 오른쪽 자료의 분산이 8일 때, a의 값을 구하시오. (단, $a>0$)

| a | $a+4$ | 8 | $a+6$ | $2a+2$ |

▶ 분산과 표준편차

08 5개의 변량 7, x, 9, y, 11의 평균이 10이고 표준편차가 2일 때, x^2+y^2의 값을 구하시오.

▶ 평균과 분산을 이용한 식의 값 구하기

09 다음 자료 중에서 표준편차가 가장 큰 것은?

① 2, 6, 2, 6, 2, 6   ② 1, 7, 1, 7, 1, 7   ③ 3, 5, 4, 4, 4, 4
④ 3, 5, 3, 5, 4, 4   ⑤ 4, 4, 4, 4, 4, 4

▶ 분산과 표준편차의 이해

표준편차가 크다.
⇨ 변량들이 ❶ ☐☐에서 멀리 흩어져 있다.
⇨ 자료의 분포가 고르지 않다.

10 다음 표는 명훈이네 반 학생 4명의 공부 시간에 대한 평균과 표준편차를 나타낸 것이다. 공부 시간이 가장 고른 학생을 고르시오.

학생	명훈	병주	주희	찬일
평균(시간)	7	4	6	5
표준편차(시간)	2	1.2	0.5	1.5

▶ 분산과 표준편차의 이해

자료의 분포가 고르다.
⇨ 변량들이 ❷ ☐☐에 가까이 모여 있다.
⇨ 표준편차가 ❸ ☐☐.

≫ 익힘교재 48~49쪽

답 ❶ 평균 ❷ 평균 ❸ 작다

01 나윤이의 4회에 걸친 국어 시험 점수가 83점, 94점, 88점, 90점이었다. 5회까지의 평균이 90점이 되려면 5회의 시험에서 몇 점을 받아야 하는지 구하시오.

서술형
02 다음 자료는 인정이네 반 학생 10명의 1분 동안의 맥박 수를 조사하여 나타낸 것이다. 맥박 수의 중앙값을 a회, 최빈값을 b회라 할 때, $a-b$의 값을 구하시오.

맥박 수 (단위: 회)

92	90	94	90	89
94	93	91	89	90

03 다음 중 대푯값에 대한 설명으로 옳은 것은?

① 1, 2, 4, 6, 3의 중앙값은 4이다.
② 1, 3, 5, 6, 9, 6, 5의 최빈값은 5이다.
③ 대푯값은 항상 평균을 의미한다.
④ 최빈값은 자료의 변량 중에서 가장 많이 나타나는 값이다.
⑤ 자료에서 매우 작거나 매우 큰 값이 있는 경우에는 대푯값으로 평균이 주로 쓰인다.

04 오른쪽 표는 수찬이네 반 학생 20명이 좋아하는 운동을 조사하여 나타낸 것이다. 이 자료의 최빈값을 구하시오.

좋아하는 운동 (단위: 명)

운동	학생 수
야구	4
축구	7
농구	6
탁구	3

05 6개의 변량 46, 52, 59, 71, 78, x의 중앙값이 63일 때, x의 값을 구하시오.

06 다음 자료는 학생 7명이 가지고 있는 필기구 수를 조사하여 나타낸 것이다. 이 자료의 평균과 최빈값이 같다고 할 때, 중앙값을 구하시오.

필기구 수 (단위: 자루)

5	7	x	8	9	8	8

UP
07 다음 두 조건을 모두 만족하는 a, b에 대하여 $b-a$의 값을 구하시오.

(개) 6, 8, 13, 14, a의 중앙값은 8이다.
(내) 5, 12, a, b, 15의 중앙값은 10이고 평균은 9이다.

08 다음 **보기**의 설명 중 옳은 것을 모두 고르시오.

┤보기├

ㄱ. 변량이 평균보다 크면 편차는 양수이다.
ㄴ. 편차의 제곱이 작을수록 변량은 평균에서 멀리 떨어져 있다.
ㄷ. 분산과 표준편차는 평균을 대푯값으로 이용하여 구하는 산포도이다.
ㄹ. 편차를 제곱한 값의 평균을 분산이라 하고, 분산의 양의 제곱근을 표준편차라 한다.

09 아래 자료는 윤희의 지난 5일 동안의 통학 시간을 조사하여 나타낸 것이다. 다음 중 이 자료의 편차가 될 수 <u>없는</u> 것은?

통학 시간				(단위: 분)
16	15	17	19	18

① −1분 ② 0분 ③ 1분
④ 2분 ⑤ 3분

10 다음 표는 학생 5명의 키와 편차를 조사하여 나타낸 것이다. $a+b$의 값을 구하시오.

학생	A	B	C	D	E
키(cm)	159	158	a	167	161
편차(cm)	−3	−4	3	5	b

11 다음 자료는 수지의 일주일 동안의 컴퓨터 사용 시간을 조사하여 나타낸 것이다. 이 자료의 표준편차를 구하시오.

컴퓨터 사용 시간						(단위: 시간)
5	4	7	6	3	2	8

서술형

12 오른쪽 꺾은선 그래프는 어느 농구 선수의 최근 6 경기의 득점을 조사하여 나타낸 것인데 일부가 찢어져 보이지 않는다. 이 선수의 득점의 평균이 10점일 때, 이 자료의 분산을 구하시오.

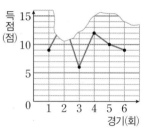

13 5개의 변량 $a+2$, $a-1$, $a+5$, $a-2$, $a+1$의 표준편차를 구하시오.

UP 서술형

14 다음 자료는 학생 6명의 팔굽혀펴기 기록에 대한 편차를 조사하여 나타낸 것이다. 분산이 4일 때, xy의 값을 구하시오.

팔굽혀펴기 기록					(단위: 회)
−3	2	x	−1	y	−1

15 4개의 변량 a, b, c, d의 평균이 6이고 분산이 9일 때, 4개의 변량 $a+2$, $b+2$, $c+2$, $d+2$의 평균과 분산을 각각 구하시오.

16 아래 표는 어느 중학교 3학년 5개 반의 수학 점수의 평균과 표준편차를 나타낸 것이다. 다음 설명 중 옳은 것은?

반	A	B	C	D	E
평균(점)	65	73	62	78	70
표준편차(점)	7.2	4.1	8.7	9.3	6.4

① D반의 학생 수가 가장 많다.
② 편차의 총합은 C반이 가장 크다.
③ 수학 점수가 가장 높은 학생은 D반에 있다.
④ 표준편차만으로는 분산이 가장 큰 반을 알 수 없다.
⑤ 수학 점수가 가장 고른 반은 B반이다.

UP
17 다음 표는 A, B 두 반의 학생 수와 음악 실기 점수의 평균, 표준편차를 나타낸 것이다. 두 반 전체의 음악 실기 점수의 표준편차를 구하시오.

반	학생 수(명)	평균(점)	표준편차(점)
A	30	8	2
B	20	8	$\sqrt{2}$

창의·융합 문제

다음 그림은 어느 중학교의 양궁 대표 선발 경기에서 두 선수 A, B가 각각 화살을 5발씩 쏜 표적이다.

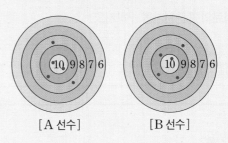

[A 선수]　　　[B 선수]

다음 세 학생의 대화에서 잘못된 것을 찾아 바르게 고치시오.

지수 — 두 선수의 점수의 평균은 같아.

A 선수의 점수의 분산이 B 선수의 점수의 분산보다 크구나. — 윤미

성준 — A 선수와 B 선수 중 기록이 더 고른 선수는 A야.

해결의 길잡이

❶ 두 선수 A, B의 점수의 평균을 각각 구한다.

❷ 두 선수 A, B의 점수의 분산을 각각 구한다.

❸ 지수, 윤미, 성준이의 대화에서 잘못된 것을 찾아 바르게 고친다.

서술형 문제

1 다음 표는 철민이네 반 학생들의 일주일 동안의 독서 시간에 대한 편차를 조사하여 나타낸 것이다. 이 자료의 표준편차를 구하시오.

편차(시간)	-2	-1	2	3
학생 수(명)	3	3	a	1

① a의 값은?

편차의 총합은 항상 $\square$이므로

$(-2) \times 3 + (-1) \times \square + 2 \times a + 3 \times \square = 0$

$2a - \square = 0$ $\qquad \therefore a = \square$ ⋯ 40 %

② 이 자료의 분산을 구하면?

$$(\text{분산}) = \frac{(-2)^2 \times 3 + (-1)^2 \times 3 + 2^2 \times \square + 3^2 \times 1}{3 + 3 + \square + 1}$$

$$= \frac{\square}{\square} = \square$$ ⋯ 40 %

③ 이 자료의 표준편차를 구하면?

$(\text{표준편차}) = \sqrt{(\text{분산})} = \sqrt{\square}$ ⋯ 20 %

2 다음 표는 윤주네 반 학생들의 몸무게에 대한 편차를 조사하여 나타낸 것이다. 이 자료의 표준편차를 구하시오.

편차(kg)	-3	-2	a	1	3
학생 수(명)	1	4	3	5	2

① a의 값은?

② 이 자료의 분산을 구하면?

③ 이 자료의 표준편차를 구하면?

바른답·알찬풀이 50쪽

3 아래 자료는 학생 8명의 한 학기 동안 읽은 책의 수를 조사하여 나타낸 것이다. 다음 물음에 답하시오.

읽은 책의 수 (단위: 권)

2	5	8	40	12	9	7	5

(1) 이 자료의 평균과 중앙값을 각각 구하시오.

(2) (1)에서 구한 두 값 중 어떤 값이 이 자료의 대푯값으로 적절한지 말하고, 그 이유를 설명하시오.

풀이 과정

답 ______

4 다음 자료의 평균이 5이고 $b-a=6$일 때, 이 자료의 최빈값을 구하시오.

3	5	2	a	b	8

풀이 과정

답 ______

5 다음 표는 학생 5명 A, B, C, D, E의 미술 실기 점수에 대한 편차를 조사하여 나타낸 것이다. 다음 물음에 답하시오.

미술 실기 점수 (단위: 점)

학생	A	B	C	D	E
편차	-3	x	$x+1$	$x-2$	1

(1) 학생 5명의 점수의 평균이 82점일 때, 학생 C의 점수를 구하시오.

(2) 이 자료의 분산을 구하시오.

풀이 과정

답 ______

6 A 모둠의 학생 5명의 턱걸이 횟수의 평균은 10회이고 분산은 2이다. 5명 중에서 턱걸이 횟수가 10회인 학생 한 명이 다른 모둠으로 갔을 때, 나머지 학생 4명의 턱걸이 횟수의 표준편차를 구하시오.

풀이 과정

답 ______

새로운 도전

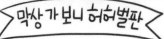

06

상관관계

배운내용 Check

1　오른쪽 좌표평면 위의 네 점 A, B, C,
　D의 좌표를 각각 기호로 나타내시오.

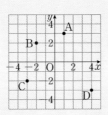

정답　1　$A(1, 3), B(-2, 2), C(-3, -2), D(4, -3)$

29 산점도

개념 알아보기 **1 산점도**

어떤 자료에서 두 변량 x와 y에 대하여 순서쌍 (x, y)를 좌표평면 위에 점으로 나타낸 그래프를 x와 y의 **산점도**라 한다.

예 수학 점수를 x점, 과학 점수를 y점이라 할 때, 두 변량 x와 y의 순서쌍 (x, y)를 좌표평면 위에 나타내면 오른쪽 그림과 같고, 이 그래프를 수학 점수와 과학 점수의 산점도라 한다.
이때 수학 점수는 80점이고 과학 점수는 70점인 학생 A의 두 과목의 점수를 순서쌍 A$(80, 70)$으로 나타낼 수 있다.

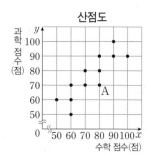

산점도

개념 자세히 보기 **산점도 그리기**

키 (cm)	발 크기 (mm)
165	250
160	240
175	260
170	245
155	240
170	255

➡

❶ 키를 x cm, 발 크기를 y mm로 두 변량 x, y를 정하여 순서쌍 (x, y)로 나타낸다. 즉,
$(165, 250)$, $(160, 240)$, $(175, 260)$, $(170, 245)$, $(155, 240)$, $(170, 255)$

➡

❷ 점 (x, y)를 좌표평면 위에 나타낸다.

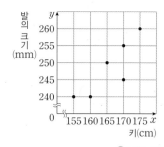

▶ 익힘교재 50쪽

▷ 바른답 · 알찬풀이 52쪽

개념 확인하기 **1** 다음 표는 이준이네 반 학생 10명의 하루 평균 공부 시간과 수학 점수를 조사하여 나타낸 것이다. 하루 평균 공부 시간을 x시간, 수학 점수를 y점이라 할 때, x와 y의 산점도를 오른쪽 좌표평면 위에 그리시오.

하루 평균 공부 시간과 수학 점수

공부 시간(시간)	2.5	3.5	2	1.5	3
수학 점수(점)	85	95	90	70	90
공부 시간(시간)	3	2.5	3.5	4	2
수학 점수(점)	85	80	85	100	80

⇨

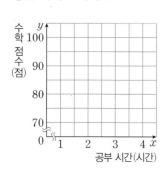

산점도

01 아래 표는 학생 10명의 국어 점수와 영어 점수를 조사하여 나타낸 것이다. 다음 물음에 답하시오.

국어 점수와 영어 점수 (단위: 점)

국어	영어	국어	영어
70	75	95	100
85	85	75	80
95	95	85	75
90	85	90	90
80	90	80	75

(1) 국어 점수와 영어 점수의 산점도를 오른쪽 좌표평면 위에 그리시오.

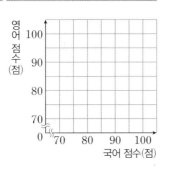

(2) 국어 점수가 80점 미만인 학생 수를 구하시오.

(3) 국어 점수와 영어 점수가 모두 90점 이상인 학생 수는 전체의 몇 % 인지 구하시오.

$\Rightarrow \dfrac{(\text{두 과목 모두 90점 이상인 학생 수})}{(\text{전체 학생 수})} \times 100$

$= \dfrac{\square}{10} \times 100 = \square \, (\%)$

02 오른쪽 산점도는 학생 15명의 몸무게와 팔굽혀펴기 횟수를 조사하여 나타낸 것이다. 다음 물음에 답하시오.

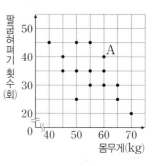

(1) 학생 A의 몸무게를 구하시오.

(2) 학생 A보다 팔굽혀펴기를 많이 한 학생 수를 구하시오.

(3) 학생 A를 포함하여 학생 A와 몸무게가 같은 학생들의 팔굽혀펴기 횟수의 평균을 구하시오.

산점도 분석하기

03 오른쪽 산점도는 야구 선수 15명의 작년과 올해 친 홈런의 개수를 조사하여 나타낸 것이다. 다음을 구하시오.

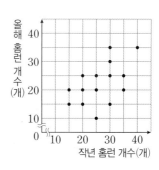

(1) 작년과 올해 친 홈런의 개수가 같은 선수의 수

(2) 작년보다 올해 친 홈런의 개수가 많은 선수의 수

TIP 산점도에서 두 변량을 비교할 때는 대각선을 기준선으로 그은 후 조건에 해당하는 부분을 찾는다.

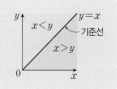

익힘교재 51쪽

상관관계

개념 알아보기 **1 상관관계**

두 변량 x와 y 사이에 어떤 관계가 있을 때, 이 관계를 **상관관계**라 하고, 두 변량 x와 y 사이에 상관관계가 있다고 한다.

2 상관관계의 종류

두 변량 x와 y에 대하여

① **양의 상관관계**: x의 값이 커짐에 따라 y의 값도 대체로 커지는 관계 ◀ 산점도의 점들이 대체로 오른쪽 위로 향하는 직선 주위에 분포

　　예 키와 몸무게, 인구 수와 교통량

② **음의 상관관계**: x의 값이 커짐에 따라 y의 값이 대체로 작아지는 관계 ◀ 산점도의 점들이 대체로 오른쪽 아래로 향하는 직선 주위에 분포

　　예 산의 높이와 기온, 물건의 가격과 판매량

③ **상관관계가 없다**: x의 값이 커짐에 따라 y의 값이 커지는지 또는 작아지는지 분명하지 않은 관계　예 몸무게와 지능 지수, 키와 수학 성적

참고 양의 상관관계 또는 음의 상관관계가 있는 산점도에서 점들이 한 직선에 가까이 분포되어 있을수록 '상관관계가 강하다'고 하고, 흩어져 있을수록 '상관관계가 약하다'고 한다.

개념 자세히 보기 **산점도와 상관관계**

① 양의 상관관계　　　② 음의 상관관계　　　③ 상관관계가 없는 경우

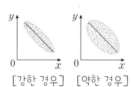
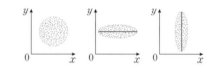

[강한 경우]　[약한 경우]　　[강한 경우]　[약한 경우]

▶▶ 익힘교재 50쪽

🔖 바른답 · 알찬풀이 52쪽

개념 확인하기 **1** 다음 보기의 산점도에 대하여 □ 안에 알맞은 것을 써넣으시오.

보기

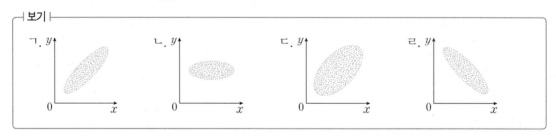

(1) 음의 상관관계를 나타내는 것은 □이다.

(2) 상관관계가 없는 것은 □이다.

(3) 양의 상관관계를 나타내는 것 중에서 □이 □보다 강한 양의 상관관계를 나타낸다.

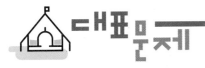

바른답·알찬풀이 52쪽

상관관계

01 아래 표는 하루 최고 기온과 어느 편의점에서 그날 판매된 아이스크림의 개수를 조사하여 나타낸 것이다. 다음 물음에 답하시오.

하루 최고 기온과 판매된 아이스크림의 개수

최고 기온($°C$)	26	28	24	34	24	32
개수(개)	70	85	65	90	70	85
최고 기온($°C$)	22	26	28	30	28	30
개수(개)	60	80	75	80	70	75

(1) 하루 최고 기온과 그날 판매된 아이스크림의 개수의 산점도를 오른쪽 좌표평면 위에 그리시오.

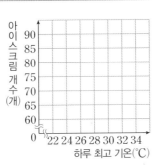

(2) 하루 최고 기온과 그날 판매된 아이스크림의 개수 사이에 어떤 상관관계가 있는지 말하시오.

02 아래 **보기** 중 다음 두 변량 사이의 상관관계를 나타낸 산점도로 알맞은 것을 고르시오.

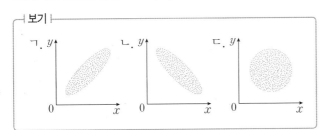

보기

ㄱ. y ㄴ. y ㄷ. y

(1) 머리 둘레와 수학 성적

(2) 통학 거리와 통학 시간

(3) 겨울철 기온과 난방비

상관관계 해석하기

03 오른쪽 산점도는 학생들의 하루 평균 게임 시간과 수면 시간을 조사하여 나타낸 것이다. 다음 설명 중 옳은 것은 ○표, 옳지 않은 것은 ×표를 하시오.

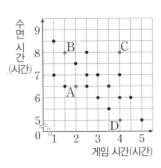

(1) 하루 평균 게임 시간과 수면 시간 사이에는 음의 상관관계가 있다. ( )

(2) 하루 평균 게임 시간이 짧은 학생이 수면 시간도 대체로 짧은 편이다. ( )

(3) 학생 A, B, C, D 중 하루 평균 게임 시간에 비하여 수면 시간이 가장 긴 학생은 C이다. ( )

04 오른쪽 산점도는 학생들의 키와 몸무게를 조사하여 나타낸 것이다. 다음 **보기**의 설명 중 옳은 것을 모두 고르시오.

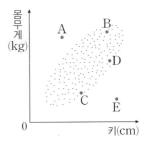

보기

ㄱ. 키와 몸무게 사이에는 양의 상관관계가 있다.

ㄴ. 학생 A는 학생 D보다 키가 크다.

ㄷ. 학생 A, B, C, D, E 중 키에 비하여 몸무게가 가장 적게 나가는 학생은 E이다.

ㄹ. 비만 위험이 가장 큰 학생은 B이다.

익힘교재 52쪽

● 개념 REVIEW

01 아래 표는 진영이네 반 학생 10명의 키와 몸무게를 조사하여 나타낸 것이다. 키와 몸무게의 산점도를 오른쪽 좌표평면 위에 그리고, 다음 물음에 답하시오.

키와 몸무게

키 (cm)	몸무게 (kg)	키 (cm)	몸무게 (kg)
160	45	165	55
155	50	150	45
160	60	175	70
170	60	175	65
150	55	180	60

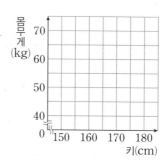

(1) 키가 170 cm 이상이면서 몸무게가 60 kg 이상인 학생 수를 구하시오.

(2) 키가 155 cm 이하인 학생들의 몸무게의 평균을 구하시오.

> **산점도**
> 어떤 자료에서 두 변량 x와 y에 대하여 순서쌍 (x, y)를 좌표평면 위에 점으로 나타낸 그래프를 x와 y의 **❶**☐☐☐라 한다.

02 오른쪽 산점도는 학생 15명의 수학 점수와 과학 점수를 조사하여 나타낸 것이다. 다음 물음에 답하시오.

(1) 수학 점수가 과학 점수보다 높은 학생 수를 구하시오.

(2) 학생 A, B, C, D 중 두 과목의 점수의 차가 가장 큰 학생을 말하고, 이 학생의 두 과목의 점수의 차를 구하시오.

> **산점도 분석하기**
> 산점도에서 두 변량에 대하여 '높은', '낮은', '같은' 등의 비교 문제가 나오면 먼저 **❷**☐☐☐을 긋는다.

03 오른쪽 산점도는 학생 15명의 1차, 2차 두 번에 걸쳐 시행한 영어 듣기 평가 점수를 조사하여 나타낸 것이다. 1차 점수와 2차 점수의 합이 30점 미만인 학생은 전체의 몇 %인지 구하시오.

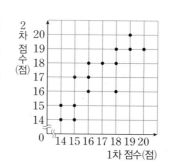

> **산점도 분석하기**
>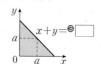
> 산점도에서 두 변량의 합이 $2a$ 또는 평균이 a 미만인 변량의 개수는 위의 그림에서 색칠한 부분에 속하는 점의 개수와 같다.

● 개념 REVIEW

04 오른쪽 산점도는 학생들의 하루 평균 운동 시간과 한 해 동안 감기에 걸린 횟수를 조사하여 나타낸 것이다. 다음 물음에 답하시오.

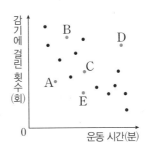

(1) 하루 평균 운동 시간과 한 해 동안 감기에 걸린 횟수 사이에 어떤 상관관계가 있는지 말하시오.

(2) 학생 A~E 중 하루 평균 운동 시간에 비하여 한 해 동안 감기에 걸린 횟수가 가장 많은 학생을 말하시오.

▶ 상관관계

두 변량 x, y에 대하여
① ❶□의 상관관계: x의 값이 커짐에 따라 y의 값도 대체로 커지는 관계
② ❷□의 상관관계: x의 값이 커짐에 따라 y의 값이 대체로 작아지는 관계
③ 상관관계가 없다: x의 값이 커짐에 따라 y의 값이 커지는지 작아지는지 분명하지 않은 관계

05 다음 **보기** 중 두 변량 사이의 산점도가 대체로 오른쪽 그림과 같은 모양이 되는 것을 고르시오.

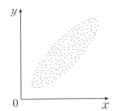

┤보기├

ㄱ. 몸무게와 지능 지수
ㄴ. 근로 시간과 여가 시간
ㄷ. 팔 길이와 다리 길이
ㄹ. 지면으로부터의 높이와 기온

▶ 상관관계

06 오른쪽 산점도는 학생 15명의 오른쪽 시력과 왼쪽 시력을 조사하여 나타낸 것이다. 다음 설명 중 옳지 않은 것은?

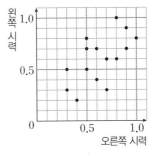

① 오른쪽 시력과 왼쪽 시력 사이에는 양의 상관관계가 있다.

② 오른쪽 시력이 1.0인 학생의 왼쪽 시력은 0.8이다.

③ 오른쪽 시력과 왼쪽 시력이 서로 같은 학생은 3명이다.

④ 왼쪽 시력이 오른쪽 시력보다 더 좋은 학생은 5명이다.

⑤ 두 눈의 시력이 모두 0.5 이하인 학생은 전체의 20 %이다.

▶ 상관관계 해석하기

>> 익힘교재 53쪽

답 ❶ 양 ❷ 음

01 오른쪽 산점도는 한 경기에서 농구 선수 10명이 넣은 2점 슛의 개수와 3점 슛의 개수를 조사하여 나타낸 것이다. □ 안에 알맞은 수의 합을 구하시오.

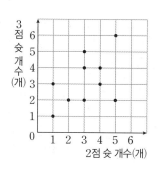

(개) 2점 슛의 개수와 3점 슛의 개수가 같은 선수의 수는 □명이다.

(내) 2점 슛보다 3점 슛을 더 많이 넣은 선수의 수는 □명이다.

[02~03] 오른쪽 산점도는 학생 20명의 수학 점수와 영어 점수를 조사하여 나타낸 것이다. 다음 물음에 답하시오.

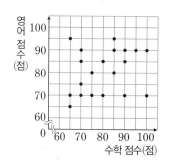

02 두 과목의 점수의 차가 30점인 학생 수를 구하시오.

03 두 과목 중 적어도 한 과목의 점수가 80점 이하인 학생은 전체의 몇 %인지 구하시오.

04 오른쪽 산점도는 어느 자동차 대리점 영업 사원 15명의 한 달 동안의 자동차 판매 실적과 지급된 상여금을 조사하여 나타낸 것이다. 판매 실적이 상위 20 % 이내에 드는 사원들의 상여금의 평균을 구하시오.

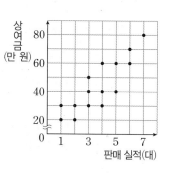

05 다음 **보기**의 산점도 중 두 변량 x, y 사이에 상관관계가 없는 것을 모두 고르시오.

보기

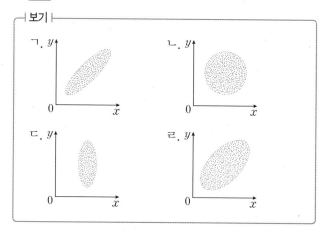

06 오른쪽 산점도는 학생들의 독서량과 국어 성적을 조사하여 나타낸 것이다. 학생 A~E 중 독서량에 비하여 국어 성적이 가장 좋은 학생은?

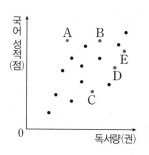

① A   ② B
③ C   ④ D
⑤ E

07 다음 중 물건의 공급량과 가격 사이의 상관관계와 가장 유사한 상관관계를 갖는 것은?

① 키와 앉은키
② 도시의 인구 수와 교통량
③ 자동차의 이동 거리와 남은 휘발유의 양
④ 시력과 몸무게
⑤ 운동량과 칼로리 소비량

[08~09] 오른쪽 산점도는 학생 15명이 1차, 2차 두 차례에 걸쳐 활을 쏘아 얻은 점수를 조사하여 나타낸 것이다. 다음 물음에 답하시오.

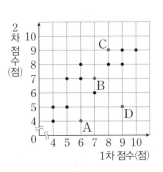

08 다음 설명 중 옳은 것을 모두 고르면? (정답 2개)

① 1차 점수와 2차 점수 사이에는 양의 상관관계가 있다.
② 2차 점수가 1차 점수보다 좋은 학생 수는 4명이다.
③ 1차 점수와 2차 점수가 모두 6점 미만인 학생은 전체의 10 %이다.
④ 학생 A, B, C, D 중 점수의 변화가 없는 학생은 B이다.
⑤ 학생 A, B, C, D 중 두 차례의 점수의 차가 가장 큰 학생은 C이다.

서술형
09 두 차례에 걸쳐 활을 쏘아 얻은 점수의 합이 5번째로 큰 학생의 1차 점수와 2차 점수의 합을 구하시오.

창의·융합 문제

오른쪽 산점도는 학생 20명의 하루 평균 스마트폰 사용 시간과 수학 성적을 조사하여 나타낸 것이다. 다음 물음에 답하시오.

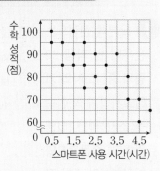

(1) 하루 평균 스마트폰 사용 시간이 4시간 이상이면 스마트폰 중독 위험군에 속한다고 할 때, 스마트폰 중독 위험군에 속하는 학생은 전체의 몇 %인지 구하시오.

(2) 스마트폰 중독 위험군에 속하는 학생들의 수학 성적의 평균을 구하시오.

해결의 길잡이

❶ 주어진 산점도에 스마트폰 사용 시간이 4시간 이상에 해당하는 부분을 나타낸 후 학생 수를 구한다.

❷ ❶에서 구한 학생 수를 이용하여 스마트폰 중독 위험군에 속하는 학생은 전체의 몇 %인지 구한다.

❸ 스마트폰 중독 위험군에 속하는 학생들의 수학 성적의 평균을 구한다.

1 오른쪽 산점도는 은우네 반 학생 20명의 중간고사와 기말고사의 수학 점수를 조사하여 나타낸 것이다. 중간고사와 기말고사의 수학 점수의 평균이 70점 이상인 학생은 전체의 몇 %인지 구하시오.

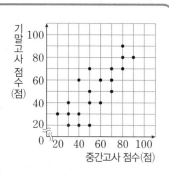

2 오른쪽 산점도는 정희네 반 학생 15명의 1차, 2차 두 차례에 걸친 50 m 달리기 기록을 조사하여 나타낸 것이다. 1차 기록과 2차 기록의 평균이 6초 미만인 학생은 전체의 몇 %인지 구하시오.

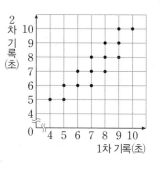

① 중간고사와 기말고사의 수학 점수의 평균이 70점 이상이려면 두 점수의 합이 몇 점 이상이어야 하는가?
중간고사와 기말고사의 수학 점수의 평균이 70점 이상이려면 두 점수의 합은
$70 \times \square = \square$(점)
이상이어야 한다. ··· 20 %

① 1차 기록과 2차 기록의 평균이 6초 미만이려면 두 기록의 합이 몇 초 미만이어야 하는가?

② 중간고사와 기말고사의 수학 점수의 합이 140점 이상인 학생 수를 구하면?
중간고사와 기말고사의 수학 점수의 합이 140점 이상인 학생 수는 오른쪽 산점도에서 색칠한 부분에 속하는 점의 개수와 기준선 위의 점의 개수의 합과 같으므로 $\square$명이다. ··· 40 %

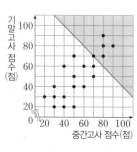

② 1차 기록과 2차 기록의 합이 12초 미만인 학생 수를 구하면?

③ 중간고사와 기말고사의 수학 점수의 평균이 70점 이상인 학생은 전체의 몇 %인지 구하면?

$$\frac{(\text{두 수학 점수의 평균이 70점 이상인 학생 수})}{(\text{전체 학생 수})} \times 100$$

$$= \frac{\square}{20} \times 100 = \square (\%)$$ ··· 40 %

③ 1차 기록과 2차 기록의 평균이 6초 미만인 학생은 전체의 몇 %인지 구하면?

3 아래 그림은 두 변량 x, y에 대한 산점도이다. 다음 물음에 답하시오.

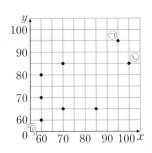

(1) 위의 산점도에서 두 점 ㉠, ㉡을 지웠을 때, 두 변량 x, y 사이에 어떤 상관관계가 있는지 말하시오.

(2) 위의 산점도에서 다음 6개의 자료를 추가하였을 때, 두 변량 x, y 사이에 어떤 상관관계가 있는지 말하시오.

x	80	75	85	95	80	90
y	75	80	90	90	85	85

✎ 풀이 과정

답 _____

4 오른쪽 산점도는 학생 15명의 사회 점수와 과학 점수를 조사하여 나타낸 것이다. 다음 조건을 모두 만족하는 학생 수를 구하시오.

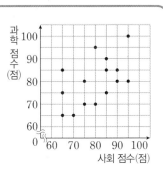

(가) 과학 점수가 사회 점수보다 높다.
(나) 두 과목의 점수 차가 10점 미만이다.

✎ 풀이 과정

답 _____

5 오른쪽 산점도는 학생 20명의 영어 듣기 점수와 말하기 점수를 조사하여 나타낸 것이다. 영어 듣기 점수와 말하기 점수의 총점이 높은 순으로 5명의 학생을 선발하여 경시 대회에 출전시키려고 한다. 이때 선발된 학생들의 영어 듣기 점수와 말하기 점수의 총점의 평균을 구하시오.

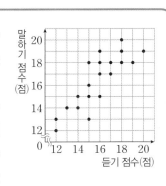

✎ 풀이 과정

답 _____

Memo

수능 국어에서 자신감을 갖는 방법?
깨독으로 시작하자!

고등 내신과 수능 국어에서 1등급이 되는 비결 -
중등에서 미리 깨운 독해력, 어휘력으로 승부하자!

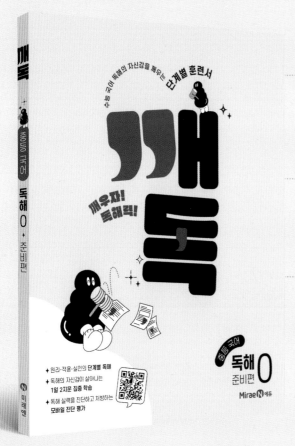

단계별 훈련
독해 원리 → 적용 문제 → 실전 문제로
단계별 독해 훈련

교과·수능 연계
중학교 교과서와 수능 연계 지문으로
수준별 독해 훈련

독해력 진단
모바일 진단 평가를 통한
개인별 독해 전략 처방

| 추천 대상 |

· 중등 학습의 기본이 되는 문해력을 기르고 싶은 초등 5~6학년
· 중등 전 교과 연계 지문을 바탕으로 독해의 기본기를 습득하고 싶은 중학생
· 고등 국어의 내신과 수능에서 1등급을 목표로 훈련하고 싶은 중학생

중등 국어 교과 필수 개념 및 어휘를 '종합편'으로,
수능 국어 기초 어휘를 '수능편'으로 대비하자.

수능 국어 독해의 자신감을 깨우는
단계별 독해 훈련서

깨독 시리즈 (전6책)

[독해] 0_준비편, 1_기본편, 2_실력편, 3_수능편
[어휘] 1_종합편, 2_수능편

독해의 시작은
어휘력에서!

중등 도서안내

올리드

개념 잡고 성적 올리는 필수 개념서

익힘교재편 중등 **수학 3**(하)

올리드 100점 전략

개념을 꼭
잡아라!

문제를 싹
잡아라!

시험을 확
잡아라!

오답을 꼭
잡아라!

Mirae **N** 에듀

올리드 100점 전략

1 교과서 개념을 알차게 정리한 30개의 개념 꼭 잡기 .... 개념교재편

2 개념별 대표 문제부터 실전 문제까지 **체계적인 유형 학습으로 문제 싹 잡기** .... 익힘교재편

3 핵심 문제부터 기출 문제까지 **완벽한 반복 학습으로 시험 확 잡기**

4 문제별 특성에 맞춘 자세하고 친절한 풀이로 오답 꼭 잡기 .... 바른답·알찬풀이

익힘 교재편

중등 수학 3 (하)

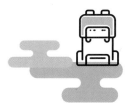

01 삼각비

바른답·알찬풀이 57쪽

❶ 삼각비

01 삼각비의 뜻

(1) 삼각비: 직각삼각형에서 두 변의 길이의 비

(2) $\angle B = 90°$인 직각삼각형 ABC에서

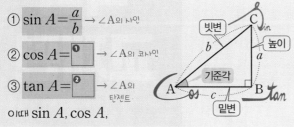

① $\sin A = \dfrac{a}{b}$ → ∠A의 사인

② $\cos A = \boxed{①}$ → ∠A의 코사인

③ $\tan A = \boxed{②}$ → ∠A의 탄젠트

이때 $\sin A$, $\cos A$, $\tan A$를 통틀어 ∠A의 삼각비라 한다.

02 직각삼각형의 닮음과 삼각비의 값

직각삼각형의 닮음을 이용하여 삼각비의 값을 구할 때는 다음과 같은 순서로 구한다.

❶ 닮은 직각삼각형을 찾는다.

❷ 크기가 같은 각(대응각)을 찾는다.

❸ 삼각비의 값을 구한다.

참고 닮은 직각삼각형에서 대응각에 대한 삼각비의 값은 일정하다.

❷ 삼각비의 값

01 30°, 45°, 60°의 삼각비의 값

삼각비＼A	30°	45°	60°
$\sin A$	$\dfrac{1}{2}$	$\boxed{③}$	$\dfrac{\sqrt{3}}{2}$
$\cos A$	$\boxed{④}$	$\dfrac{\sqrt{2}}{2}$	$\dfrac{1}{2}$
$\tan A$	$\dfrac{\sqrt{3}}{3}$	$\boxed{⑤}$	$\boxed{⑥}$

 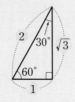

02 예각의 삼각비의 값

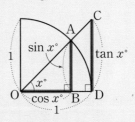

반지름의 길이가 1인 사분원에서 예각 $x°$에 대하여 → $0° < x° < 90°$

(1) $\sin x° = \dfrac{\overline{AB}}{\overline{OA}} = \dfrac{\overline{AB}}{\boxed{⑦}} = \overline{AB}$

(2) $\cos x° = \dfrac{\overline{OB}}{\overline{OA}} = \dfrac{\overline{OB}}{1} = \boxed{⑧}$

(3) $\tan x° = \dfrac{\overline{CD}}{\boxed{⑨}} = \dfrac{\overline{CD}}{1} = \overline{CD}$

03 0°, 90°의 삼각비의 값

(1) $\sin 0° = 0$, $\cos 0° = 1$, $\tan 0° = \boxed{⑩}$

(2) $\sin 90° = \boxed{⑪}$, $\cos 90° = 0$, $\tan 90°$의 값은 정할 수 없다.

참고 ∠A의 크기가 0°에서 90°로 증가하면

① $\sin A$ ➡ 0에서 1까지 증가

② $\cos A$ ➡ 1에서 0까지 감소

③ $\tan A$ ➡ 0에서 무한히 증가

04 삼각비의 표

삼각비의 표에서 삼각비의 값은 구하려는 각도의 가로줄과 sin, cos, tan의 세로줄이 만나는 곳의 수이다.

각도	사인(sin)	코사인(cos)	탄젠트(tan)
⋮	⋮	⋮	⋮
15°	0.2588	0.9659	0.2679
16°	0.2756	0.9613	0.2867
17°	0.2924	0.9563	0.3057
⋮	⋮	⋮	⋮

예 위의 삼각비의 표에서 16°의 삼각비의 값은 16°의 가로줄과 sin, cos, tan의 세로줄이 만나는 곳의 수이다.

➡ $\sin 16° = 0.2756$, $\cos 16° = \boxed{⑫}$, $\tan 16° = \boxed{⑬}$

참고 삼각비의 표에 있는 값은 어림한 값이지만 등호 ＝을 사용하여 나타낸다.

01 아래 그림과 같은 직각삼각형 ABC에서 다음 삼각비의 값을 구하시오.

(1)
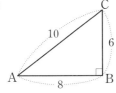

답 sin $A=$ _____

cos $A=$ _____

tan $A=$ _____

(2)

답 sin $C=$ _____

cos $C=$ _____

tan $C=$ _____

02 아래 그림과 같은 직각삼각형 ABC에서 다음 삼각비의 값을 구하시오.

(1)
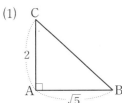

답 sin $C=$ _____

cos $C=$ _____

tan $C=$ _____

(2)
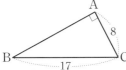

답 sin $B=$ _____

cos $B=$ _____

tan $B=$ _____

03 오른쪽 그림과 같은 직각삼각형 ABC에서 $\sin A=\dfrac{5}{6}$일 때, 다음을 구하시오.

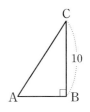

(1) $\overline{AC}$의 길이

답 _____

(2) $\overline{AB}$의 길이

답 _____

(3) $\cos A$의 값

답 _____

04 주어진 삼각비의 값을 만족하는 가장 간단한 직각삼각형 ABC를 그리고, 다음 삼각비의 값을 구하시오.

(단, $\angle B=90°$)

(1) $\sin A=\dfrac{1}{2}$

답

$\cos A=$ ____ , $\tan A=$ ____

(2) $\cos A=\dfrac{3}{5}$

답

$\sin A=$ ____ , $\tan A=$ ____

바른답·알찬풀이 57쪽

01 아래 그림과 같은 직각삼각형 ABC에서 $\overline{DE} \perp \overline{BC}$ 일 때, 다음 삼각비의 값을 구하시오.

(1)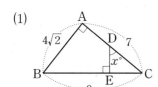

답 $\sin x° = $ _____

$\cos x° = $ _____

$\tan x° = $ _____

(2)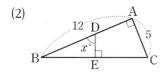

답 $\sin x° = $ _____

$\cos x° = $ _____

$\tan x° = $ _____

(3)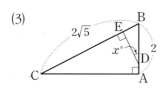

답 $\sin x° = $ _____

$\cos x° = $ _____

$\tan x° = $ _____

02 오른쪽 그림과 같은 직각삼각형 ABC에서 $\overline{DE} \perp \overline{BC}$ 일 때, $\sin x° - \cos x°$의 값을 구하시오.

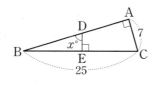

답 _____

03 아래 그림과 같은 직각삼각형 ABC에서 $\overline{AD} \perp \overline{BC}$ 일 때, 다음 삼각비의 값을 구하시오.

(1)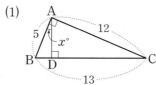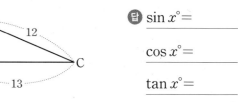

답 $\sin x° = $ _____

$\cos x° = $ _____

$\tan x° = $ _____

(2)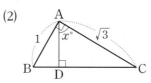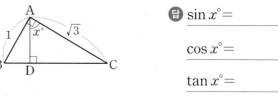

답 $\sin x° = $ _____

$\cos x° = $ _____

$\tan x° = $ _____

(3)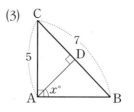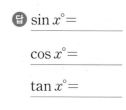

답 $\sin x° = $ _____

$\cos x° = $ _____

$\tan x° = $ _____

04 오른쪽 그림과 같은 직사각형 ABCD에서 $\overline{AH} \perp \overline{BD}$일 때, $\sin x° + \sin y°$의 값을 구하시오.

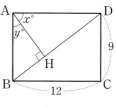

답 _____

01 오른쪽 그림과 같은 직각 삼각형 ABC에서 $\cos A \times \tan C$의 값을 구하시오.

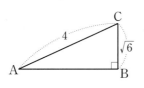

02 오른쪽 그림과 같은 직각삼 각형 ABC에서 점 D는 $\overline{BC}$의 중 점이고 $\overline{AB}=2$, $\overline{AC}=4$일 때, $\sin x°$의 값을 구하시오.

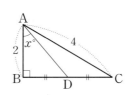

03 오른쪽 그림과 같은 직각삼 각형 ABC에서 $\sin A = \dfrac{\sqrt{5}}{5}$일 때, $x+y$의 값을 구하시오.

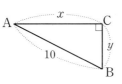

04 $\angle B=90°$인 직각삼각형 ABC에서 $3\cos A - \sqrt{3} = 0$일 때, $\tan A \div \sin A$의 값을 구하시오.

05 오른쪽 그림과 같은 직각 삼각형 ABC에서 $\overline{AB}\perp\overline{DE}$이 고 $\overline{BD}=12$, $\overline{BE}=13$일 때, $\sin x° + \cos y°$의 값을 구하시 오.

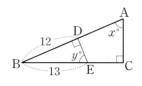

06 오른쪽 그림과 같은 직각 삼각형 ABC에서 $\overline{AD}\perp\overline{BC}$이 고 $\tan x° = 2$일 때, $\overline{BC}$의 길이 를 구하시오.

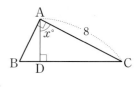

07 오른쪽 그림과 같이 직선 $2x-3y+6=0$이 x축의 양의 방향 과 이루는 예각의 크기를 $a°$라 할 때, $\tan a°$의 값을 구하시오.

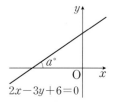

08 오른쪽 그림과 같이 한 모서리 의 길이가 1 cm인 정육면체에서 $\angle CEG = x°$라 할 때, $\cos x°$의 값을 구하시오.

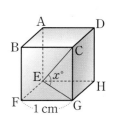

01 다음을 계산하시오.

(1) $\sin 60° + \cos 30°$ 답 _____

(2) $\sin 45° + \cos 45°$ 답 _____

(3) $\sin 60° \times \tan 60°$ 답 _____

(4) $\sin 30° + \cos 60° - \tan 45°$ 답 _____

02 다음을 만족하는 x의 값을 구하시오.

(단, $0° < x° < 90°$)

(1) $\sin x° = \dfrac{\sqrt{3}}{2}$ 답 _____

(2) $\cos x° = \dfrac{1}{2}$ 답 _____

(3) $\tan x° = \dfrac{\sqrt{3}}{3}$ 답 _____

(4) $\cos x° = \dfrac{\sqrt{2}}{2}$ 답 _____

03 다음 그림과 같은 직각삼각형 ABC에서 x, y의 값을 각각 구하시오.

(1)

답 _____

(2)

답 _____

(3)

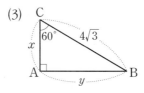

답 _____

04 다음 그림에서 x, y의 값을 각각 구하시오.

(1)

답 _____

(2)

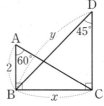

답 _____

개념 04 예각의 삼각비의 값

01 오른쪽 그림과 같이 점 O를 중심으로 하고 반지름의 길이가 1인 사분원에서 다음 삼각비의 값과 길이가 같은 선분을 찾으시오.

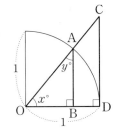

(1) $\sin x°$ **답** _____

(2) $\cos x°$ **답** _____

(3) $\tan x°$ **답** _____

(4) $\sin y°$ **답** _____

(5) $\cos y°$ **답** _____

02 오른쪽 그림과 같이 점 O를 중심으로 하고 반지름의 길이가 1인 사분원에서 다음 삼각비의 값 중 $\overline{AB}$의 길이와 같은 것을 모두 고르면? (정답 2개)

① $\sin x°$　　② $\tan x°$

③ $\sin y°$　　④ $\cos z°$

⑤ $\tan z°$

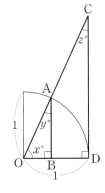

03 오른쪽 그림과 같이 좌표평면 위의 원점 O를 중심으로 하고 반지름의 길이가 1인 사분원에서 다음 삼각비의 값을 구하시오.

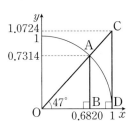

(1) $\sin 47°$ **답** _____

(2) $\cos 47°$ **답** _____

(3) $\tan 47°$ **답** _____

(4) $\sin 43°$ **답** _____

(5) $\cos 43°$ **답** _____

04 오른쪽 그림과 같이 좌표평면 위의 원점 O를 중심으로 하고 반지름의 길이가 1인 사분원에서 다음 중 옳지 않은 것은?

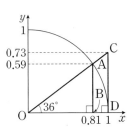

① $\sin 36° = 0.59$

② $\cos 36° = 0.81$

③ $\tan 36° = 0.73$

④ $\sin 54° = 0.59$

⑤ $\cos 54° = 0.59$

바른답·알찬풀이 60쪽

01 다음을 계산하시오.

(1) $\sin 90° + \cos 0°$ 답 ____________

(2) $\tan 0° + \cos 0° \times \sin 45°$ 답 ____________

(3) $(1+\sin 0°)(1-\cos 90°)$ 답 ____________

02 다음 ◯ 안에 부등호 >, < 중 알맞은 것을 써넣으시오.

(1) $\sin 20°$ ◯ $\sin 30°$

(2) $\cos 50°$ ◯ $\cos 55°$

(3) $\tan 10°$ ◯ $\tan 20°$

(4) $\sin 32°$ ◯ $\cos 42°$

(5) $\sin 70°$ ◯ $\cos 70°$

(6) $\tan 65°$ ◯ $\sin 65°$

03 $45° < A < 90°$일 때, 다음 중 $\sin A$, $\cos A$, $\tan A$의 대소 관계를 바르게 나타낸 것은?

① $\sin A < \cos A < \tan A$
② $\sin A < \tan A < \cos A$
③ $\cos A < \sin A < \tan A$
④ $\cos A < \tan A < \sin A$
⑤ $\tan A < \cos A < \sin A$

04 다음 중 삼각비의 값이 가장 작은 것은?

① $\sin 30°$ ② $\cos 45°$ ③ $\tan 65°$
④ $\cos 70°$ ⑤ $\sin 90°$

05 다음 삼각비의 값을 작은 것부터 차례대로 나열하시오.

(1) $\cos 0°$, $\sin 45°$, $\tan 60°$, $\cos 90°$

답 ____________

(2) $\sin 15°$, $\tan 45°$, $\sin 60°$, $\cos 40°$

답 ____________

(3) $\tan 20°$, $\cos 25°$, $\tan 75°$, $\sin 90°$

답 ____________

01 아래 삼각비의 표를 이용하여 다음 삼각비의 값을 구하시오.

각도	사인(sin)	코사인(cos)	탄젠트(tan)
14°	0.2419	0.9703	0.2493
15°	0.2588	0.9659	0.2679
16°	0.2756	0.9613	0.2867
17°	0.2924	0.9563	0.3057

(1) $\sin 14°$ 답 _____

(2) $\cos 17°$ 답 _____

(3) $\tan 16°$ 답 _____

02 아래 삼각비의 표를 이용하여 다음을 만족하는 x의 값을 구하시오.

각도	사인(sin)	코사인(cos)	탄젠트(tan)
40°	0.6428	0.7660	0.8391
41°	0.6561	0.7547	0.8693
42°	0.6691	0.7431	0.9004
43°	0.6820	0.7314	0.9325

(1) $\sin x° = 0.6820$ 답 _____

(2) $\cos x° = 0.7547$ 답 _____

(3) $\tan x° = 0.8391$ 답 _____

03 아래 삼각비의 표를 이용하여 다음 그림과 같은 직각삼각형 ABC에서 x, y의 값을 각각 구하시오.

각도	사인(sin)	코사인(cos)	탄젠트(tan)
56°	0.8290	0.5592	1.4826
57°	0.8387	0.5446	1.5399
58°	0.8480	0.5299	1.6003
59°	0.8572	0.5150	1.6643

(1)
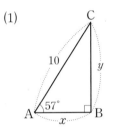
답 _____

(2)
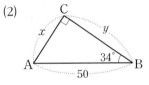
답 _____

04 다음 삼각비의 표를 이용하여 오른쪽 그림과 같은 직각삼각형 ABC에서 x의 값을 구하시오.

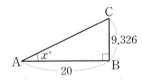

각도	사인(sin)	코사인(cos)	탄젠트(tan)
23°	0.3907	0.9205	0.4245
24°	0.4067	0.9135	0.4452
25°	0.4226	0.9063	0.4663
26°	0.4384	0.8988	0.4877

답 _____

01 다음 중 옳지 않은 것은?

① $\sin 30° + \cos 60° = 1$

② $\cos 0° - \tan 45° = 0$

③ $\sin 60° \div \tan 30° = \dfrac{3}{2}$

④ $\tan 60° \times \sin 90° = \sqrt{3}$

⑤ $\cos 90° \times \sin 45° - \tan 0° = 1$

02 다음 물음에 답하시오.

(1) $\sin(x° + 20°) = \dfrac{1}{2}$을 만족하는 x의 값을 구하시오. (단, $0° \le x° \le 70°$)

(2) $\tan(3x° - 15°) = \sqrt{3}$일 때, $\sin(2x° - 5°)$의 값을 구하시오. (단, $5° \le x° \le 35°$)

03 오른쪽 그림에서 $\angle BAC = \angle D = 90°$, $\angle ACB = 30°$, $\angle DAC = 45°$ 이고 $\overline{CD} = 6$ cm일 때, $\overline{BC}$의 길이를 구하시오.

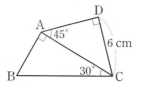

04 오른쪽 그림과 같이 x절편이 -2이고 x축의 양의 방향과 이루는 각의 크기가 $45°$인 직선의 방정식이 $y = ax + b$일 때, 수 a, b에 대하여 $a + b$의 값을 구하시오.

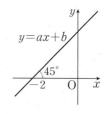

05 오른쪽 그림과 같이 점 O를 중심으로 하고 반지름의 길이가 1인 사분원에서 다음 중 옳지 않은 것은?

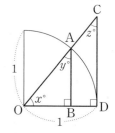

① $\cos x° = \overline{OB}$

② $\tan x° = \overline{CD}$

③ $\cos y° = \overline{AB}$

④ $\sin z° = \overline{OD}$

⑤ $\cos z° = \overline{AB}$

06 오른쪽 그림과 같이 좌표평면 위의 원점 O를 중심으로 하고 반지름의 길이가 1인 사분원에서 $\cos 35° + \tan 55°$의 값은?

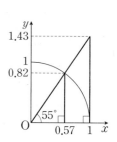

① 1.39 ② 2

③ 2.25 ④ 2.53

⑤ 2.86

07 $\sin x° = 1$일 때, $\cos x° + \tan(90° - x°)$의 값을 구하시오. (단, $0° \le x° \le 90°$)

08 다음 삼각비의 값의 대소 관계 중 옳지 <u>않은</u> 것은?

① $\cos 0° > \cos 70°$　　② $\sin 80° > \sin 30°$

③ $\sin 90° > \tan 60°$　　④ $\tan 45° > \tan 20°$

⑤ $\sin 45° = \cos 45°$

09 $0° \le x° \le 90°$일 때, 다음 **보기** 중 옳은 것을 모두 고르시오.

─┤ 보기 ├─

ㄱ. $\cos 0° = \tan 45°$

ㄴ. $\sin x° < \cos x°$

ㄷ. $\cos x°$의 값은 x의 값이 커질수록 커진다.

ㄹ. $\tan x°$의 최댓값은 정할 수 없다.

10 $0° < A < 45°$일 때, 다음을 간단히 하시오.

$$\sqrt{(1 - \tan A)^2} - \sqrt{(\tan A - 1)^2}$$

[11~12] 아래 삼각비의 표를 이용하여 다음 물음에 답하시오.

각도	사인(sin)	코사인(cos)	탄젠트(tan)
63°	0.8910	0.4540	1.9626
64°	0.8988	0.4384	2.0503
65°	0.9063	0.4226	2.1445

11 $\sin x° = 0.8988$, $1 - \cos y° = 0.5460$일 때 $x + y$의 값을 구하시오.

12 오른쪽 그림과 같은 직각삼각형 ABC에서 $y - x$의 값을 구하시오.

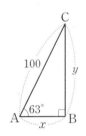

13 다음 삼각비의 표를 이용하여 오른쪽 그림과 같은 직각삼각형 ABC에서 x의 값을 구하시오.

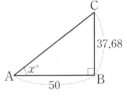

각도	사인(sin)	코사인(cos)	탄젠트(tan)
36°	0.5878	0.8090	0.7265
37°	0.6018	0.7986	0.7536
38°	0.6157	0.7880	0.7813

02 삼각비의 활용

바른답·알찬풀이 62쪽

❶ 길이 구하기

01 직각삼각형의 변의 길이

∠B=90°인 직각삼각형 ABC에서

(1) ∠A의 크기와 빗변의 길이 b를 알 때

➡ $a=b\sin A$, $c=b$

(2) ∠A의 크기와 밑변의 길이 c를 알 때

➡ $a=c$ 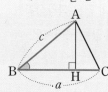 , $b=\dfrac{c}{\cos A}$

(3) ∠A의 크기와 높이 a를 알 때

➡ $b=\dfrac{a}{\sin A}$, $c=\dfrac{a}{\boxed{③}}$

02 일반 삼각형의 변의 길이

(1) 두 변의 길이와 그 끼인각의 크기를 알 때

$\overline{AC}=\sqrt{\overline{AH}^2+\overline{CH}^2}$

$\quad\ =\sqrt{(\boxed{④}\ )^2+(a-c\cos B)^2}$

(2) 한 변의 길이와 그 양 끝 각의 크기를 알 때

① $\overline{AB}=\dfrac{\overline{BH}}{\sin A}=\dfrac{a\boxed{⑤}}{\sin A}$

② $\overline{AC}=\dfrac{\overline{CH'}}{\sin A}=\dfrac{a\sin B}{\sin A}$

03 삼각형의 높이

(1) 예각삼각형의 높이

$h=\dfrac{a}{\tan x°\boxed{⑥}\tan y°}$

(2) 둔각삼각형의 높이

$h=\dfrac{a}{\tan x°\boxed{⑦}\tan y°}$

❷ 넓이 구하기

01 삼각형의 넓이

두 변의 길이와 그 끼인각의 크기를 알 때, 끼인각이

(1) 예각인 경우

➡ $\triangle ABC=\dfrac{1}{2}ac\sin B$

(2) 둔각인 경우

➡ $\triangle ABC=\dfrac{1}{2}ac\sin (\boxed{⑧}°-B)$

참고 ∠B=90°인 경우 $\sin B=1$이므로

$\triangle ABC=\dfrac{1}{2}ac\sin B=\dfrac{1}{2}ac$

예 $\triangle ABC$

$=\dfrac{1}{2}\times8\times6\times\sin(180°-120°)$

$=\dfrac{1}{2}\times8\times6\times\dfrac{\sqrt{3}}{2}$

$=12\sqrt{3}$

02 사각형의 넓이

(1) 평행사변형의 넓이

이웃하는 두 변의 길이와 그 끼인각의 크기를 알 때, 끼인각이

① 예각인 경우

➡ $\square ABCD=ab\sin\boxed{⑨}°$

② 둔각인 경우

➡ $\square ABCD=ab\sin(\boxed{⑩}°-x°)$

(2) 사각형의 넓이

두 대각선의 길이와 두 대각선이 이루는 각의 크기를 알 때, 두 대각선이 이루는 각이

① 예각인 경우

➡ $\square ABCD=\boxed{⑪}ab\sin x°$

② 둔각인 경우

➡ $\square ABCD=\dfrac{1}{2}ab\sin(\boxed{⑫}°-x°)$

01 다음 그림의 직각삼각형 ABC에서 주어진 삼각비의 값을 이용하여 x의 값을 구하시오.

(1)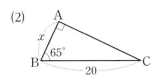

$\sin 20°=0.34$
$\cos 20°=0.94$
$\tan 20°=0.36$

답 _____

(2)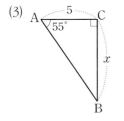

$\sin 65°=0.91$
$\cos 65°=0.42$
$\tan 65°=2.14$

답 _____

(3)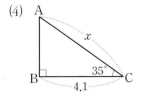

$\sin 55°=0.82$
$\cos 55°=0.57$
$\tan 55°=1.43$

답 _____

(4)

$\sin 35°=0.57$
$\cos 35°=0.82$
$\tan 35°=0.70$

답 _____

02 오른쪽 그림과 같은 직각삼각형 ABC에서 다음 **보기** 중 x의 값을 나타내는 것을 모두 고르시오.

┤보기├

ㄱ. $8\sin 40°$ ㄴ. $8\cos 40°$ ㄷ. $8\tan 40°$

ㄹ. $8\sin 50°$ ㅁ. $8\cos 50°$ ㅂ. $\dfrac{8}{\tan 50°}$

답 _____

03 오른쪽 그림과 같이 탑으로부터 5 m 떨어진 지점에서 탑의 꼭대기를 올려본각의 크기가 32°일 때, 이 탑의 높이를 구하시오.

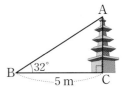

(단, $\sin 32°=0.53$, $\cos 32°=0.85$, $\tan 32°=0.62$로 계산한다.)

답 _____

04 오른쪽 그림과 같이 30 m 떨어져 있는 두 건물이 있다. 낮은 건물 옥상에서 높은 건물의 꼭대기를 올려본각의 크기가 60°이고, 바닥 부분을 내려본각의 크기가 45°일 때, 다음을 구하시오.

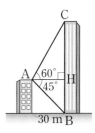

(1) $\overline{BH}$의 길이   답 _____

(2) $\overline{CH}$의 길이   답 _____

(3) 높은 건물의 높이   답 _____

01 아래 그림과 같이 △ABC에서 $\overline{AC}$의 길이를 구하기 위하여 꼭짓점 A에서 $\overline{BC}$에 수선을 그었을 때, 다음을 구하시오.

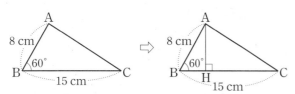

(1) $\overline{AH}$의 길이　　　　답 _____

(2) $\overline{CH}$의 길이　　　　답 _____

(3) $\overline{AC}$의 길이　　　　답 _____

02 다음 그림과 같은 △ABC에서 x의 값을 구하시오.

(1)

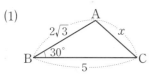

답 _____

(2)

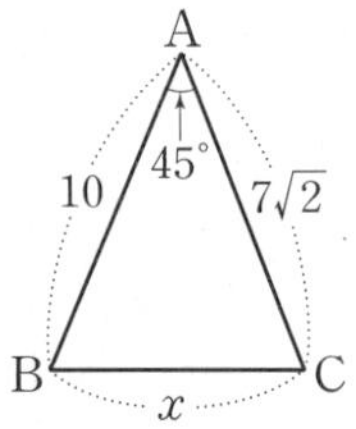

답 _____

(3)

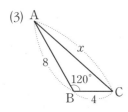

답 _____

03 아래 그림과 같이 △ABC에서 $\overline{AC}$의 길이를 구하기 위하여 꼭짓점 C에서 $\overline{AB}$에 수선을 그었을 때, 다음을 구하시오.

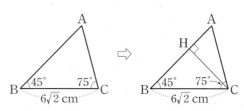

(1) ∠A의 크기　　　　답 _____

(2) $\overline{CH}$의 길이　　　　답 _____

(3) $\overline{AC}$의 길이　　　　답 _____

04 다음 그림과 같은 △ABC에서 $\overline{AC}$의 길이를 구하시오.

(1)

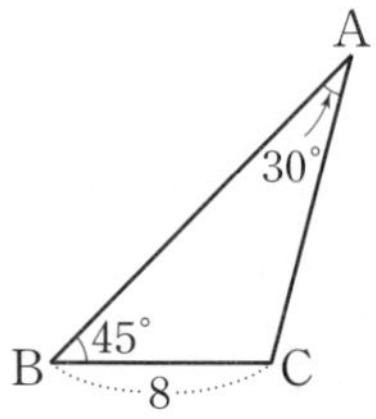

답 _____

(2)

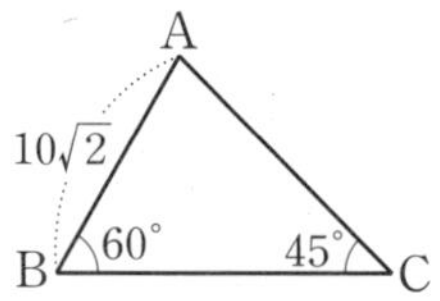

답 _____

(3)

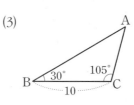

답 _____

01 다음은 오른쪽 그림과 같은 △ABC에서 높이 h를 구하는 과정이다. □ 안에 알맞은 수를 써넣으시오.

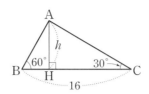

직각삼각형 ABH에서 $\overline{BH} = h \tan 30° = \dfrac{\sqrt{3}}{3} h$

직각삼각형 AHC에서 $\overline{CH} = h \tan \boxed{}° = \boxed{} h$

$\overline{BC} = \overline{BH} + \overline{CH}$이므로 $16 = \dfrac{\sqrt{3}}{3} h + \boxed{} h$

$\dfrac{\boxed{}}{3} h = 16$ ∴ $h = \boxed{}$

02 다음 그림과 같은 △ABC에서 h의 값을 구하시오.

(1)

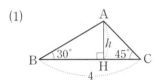

답 _____

(2)

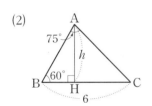

답 _____

03 오른쪽 그림과 같은 △ABC의 넓이를 구하시오.

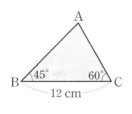

답 _____

04 다음은 오른쪽 그림과 같은 △ABC에서 높이 h를 구하는 과정이다. □ 안에 알맞은 수를 써넣으시오.

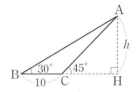

직각삼각형 ABH에서 $\overline{BH} = h \tan \boxed{}° = \boxed{} h$

직각삼각형 ACH에서 $\overline{CH} = h \tan \boxed{}° = h$

$\overline{BC} = \overline{BH} - \overline{CH}$이므로 $10 = \boxed{} h - h$

$(\boxed{} - 1) h = 10$ ∴ $h = \boxed{}$

05 다음 그림과 같은 △ABC에서 h의 값을 구하시오.

(1)

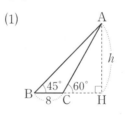

답 _____

(2)

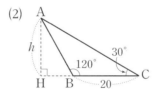

답 _____

06 오른쪽 그림과 같이 4 m 떨어져 있는 두 지점 A, B에서 굴뚝 꼭대기 D 지점을 올려본각의 크기가 각각 30°, 45°일 때, 굴뚝의 높이를 구하시오.

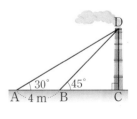

답 _____

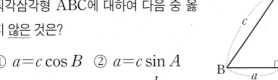
01 오른쪽 그림과 같이 ∠C=90°인
직각삼각형 ABC에 대하여 다음 중 옳
지 <u>않은</u> 것은?

① $a=c\cos B$ ② $a=c\sin A$

③ $c=b\sin B$ ④ $a=\dfrac{b}{\tan B}$

⑤ $b=\dfrac{a}{\tan A}$

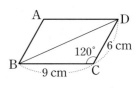

02 오른쪽 그림과 같이 눈
높이가 1.6 m인 학생이 나무
로부터 10 m 떨어진 곳에서
나무의 꼭대기를 올려본각의
크기가 26°일 때, 나무의 높이
를 구하시오. (단, sin 26°=0.44, cos 26°=0.90,
tan 26°=0.49로 계산한다.)

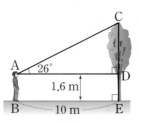

03 오른쪽 그림과 같은 직육면
체에서 $\overline{DH}=2$ cm, $\overline{GH}=2$ cm,
∠DAG=60°일 때, $\overline{AD}$의 길이
를 구하시오.

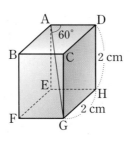

04 오른쪽 그림과 같은
△ABC에서 $\overline{BC}$의 길이를 구하
시오.

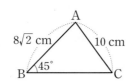

05 오른쪽 그림과 같은 평행
사변형 ABCD에서
$\overline{BC}=9$ cm, $\overline{CD}=6$ cm,
∠C=120°일 때, 대각선 BD
의 길이를 구하시오.

06 오른쪽 그림은 연못의 두 지점
A, B 사이의 거리를 구하기 위하여 C
지점에서 거리와 각도를 측정하여 나
타낸 것이다. $\overline{BC}=4$ m, ∠B=75°,
∠C=60°일 때, 두 지점 A, B 사이의
거리를 구하시오.

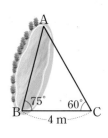

07 오른쪽 그림과 같은
△ABC에서 $\overline{AH}\perp\overline{BC}$이고
$\overline{BC}=8$ cm, ∠B=60°,
∠C=30°일 때, $\overline{AH}$의 길이를
구하시오.

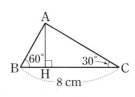

08 오른쪽 그림과 같은
△ABC에서 $\overline{BC}=6$ cm,
∠B=30°, ∠ACH=45°일 때,
△ABC의 넓이를 구하시오.

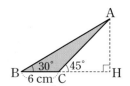

01 다음 그림과 같은 △ABC의 넓이를 구하시오.

(1)
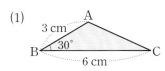

답 _____

(2)
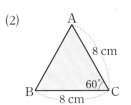

답 _____

(3)
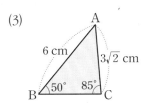

답 _____

02 오른쪽 그림과 같은 △ABC의 넓이가 $6\sqrt{2}$ cm²일 때, $\overline{AB}$의 길이를 구하시오.

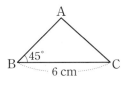

답 _____

03 오른쪽 그림과 같은 △ABC의 넓이가 15 cm²일 때, ∠B의 크기를 구하시오.
(단, ∠B는 예각이다.)

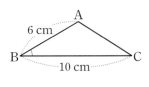

답 _____

04 다음 그림과 같은 △ABC의 넓이를 구하시오.

(1)
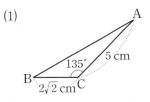

답 _____

(2)
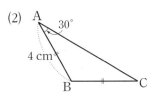

답 _____

05 오른쪽 그림과 같은 △ABC의 넓이가 $3\sqrt{3}$ cm²일 때, $\overline{AC}$의 길이를 구하시오.

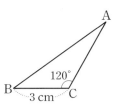

답 _____

06 다음 그림과 같은 □ABCD의 넓이를 구하시오.

(1)
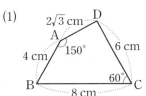

답 _____

(2)
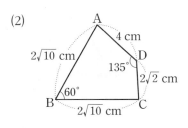

답 _____

01 다음 그림과 같은 평행사변형 ABCD의 넓이를 구하시오.

(1)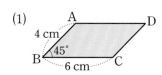

답 _____

(2)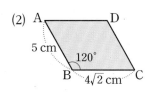

답 _____

(3)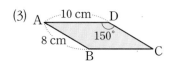

답 _____

02 오른쪽 그림과 같이 한 변의 길이가 2 cm인 마름모 ABCD의 넓이를 구하시오.

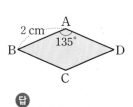

답 _____

03 오른쪽 그림과 같은 평행사변형 ABCD의 넓이가 42 cm²일 때, $\overline{BC}$의 길이를 구하시오.

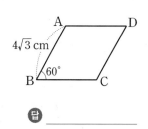

답 _____

04 다음 그림과 같은 □ABCD의 넓이를 구하시오.

(1)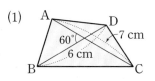

답 _____

(2)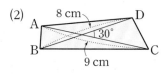

답 _____

(3)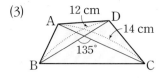

답 _____

05 오른쪽 그림과 같은 등변사다리꼴 ABCD의 넓이를 구하시오.

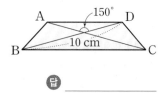

답 _____

06 오른쪽 그림과 같은 사각형 ABCD의 넓이가 $6\sqrt{3}$ cm²이다. 두 대각선이 이루는 예각의 크기를 $x°$라 할 때, x의 값을 구하시오.

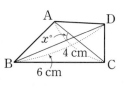

답 _____

01 오른쪽 그림과 같이 $\overline{AB}=\overline{BC}$이고 ∠A=75°인 이등 변삼각형 ABC의 넓이를 구하시오.

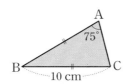

02 오른쪽 그림과 같은 △ABC의 넓이가 27 cm² 일 때, ∠B의 크기를 구하시 오. (단, ∠B는 둔각이다.)

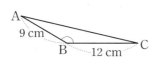

03 오른쪽 그림에서 □BDEC는 한 변의 길이가 $4\sqrt{2}$ cm인 정사각형이 고 △ABC는 $\overline{BC}$를 빗변으로 하는 직 각삼각형일 때, △ABD의 넓이를 구 하시오.

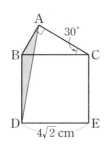

04 오른쪽 그림에서 $\overline{AE}$∥$\overline{DC}$이고 $\overline{AB}$=10 cm, $\overline{BC}$=12 cm, ∠B=60°일 때, □ABED의 넓이를 구하시오.

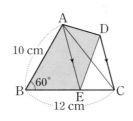

05 오른쪽 그림에서 원 O의 넓이 가 4π cm²일 때, 이 원에 내접하는 정 육각형 ABCDEF의 넓이는?

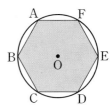

① 6 cm²　　② $6\sqrt{2}$ cm²

③ $6\sqrt{3}$ cm²　　④ 12 cm²

⑤ $12\sqrt{2}$ cm²

06 오른쪽 그림과 같은 평 행사변형 ABCD에서 점 E는 $\overline{BC}$ 위의 점이고 $\overline{BC}$=10 cm, $\overline{CD}$=$6\sqrt{2}$ cm, ∠B=45°일 때, △AED의 넓이를 구하시오.

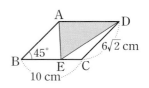

07 오른쪽 그림과 같이 ∠A=60°인 마름모 ABCD의 둘레의 길이가 24 cm 일 때, 이 마름모의 넓이를 구하시오.

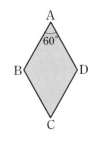

08 오른쪽 그림과 같이 $\overline{AD}$∥$\overline{BC}$인 등변사다리꼴 ABCD에서 두 대각선이 이루는 각의 크기가 120°이고, 그 넓이가 $8\sqrt{3}$ cm²일 때, $\overline{AC}$의 길 이를 구하시오.

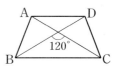

03 원과 직선

바른답·알찬풀이 68쪽

❶ 원의 현

01 중심각의 크기와 호, 현의 길이

한 원에서

(1) 크기가 같은 두 중심각에 대한 호의 길이와 현의 길이는 각각 같다.

➡ $\angle AOB = \angle COD$이면
$\widehat{AB} = $ ❶ , $\overline{AB} = $ ❷

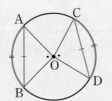

(2) 길이가 같은 두 호 또는 두 현에 대한 중심각의 크기는 같다.

➡ $\widehat{AB} = \widehat{CD}$ 또는 $\overline{AB} = \overline{CD}$이면
$\angle AOB = $ ❸

(3) 중심각의 크기와 호의 길이는 정비례한다.

(4) 중심각의 크기와 현의 길이는 정비례하지 않는다.

02 원의 중심과 현의 수직이등분선

(1) 원에서 현의 수직이등분선은 그 원의 ❹ 을 지난다.

(2) 원의 중심에서 현에 내린 수선은 그 현을 이등분한다.

➡ $\overline{AB} \perp \overline{OM}$이면 $\overline{AM} = $ ❺

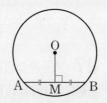

참고 오른쪽 그림에서 다음을 알 수 있다.
① $\triangle OAB$는 $\overline{OA} = \overline{OB}$인 이등변삼각형이다.
② $\triangle OAM$, $\triangle OBM$은 직각삼각형이다.

03 현의 길이

한 원에서

(1) 중심으로부터 같은 거리에 있는 두 현의 길이는 같다.

➡ $\overline{OM} = \overline{ON}$이면 $\overline{AB} = $ ❻

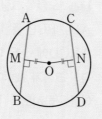

(2) 길이가 같은 두 현은 원의 중심으로부터 같은 거리에 있다.

➡ $\overline{AB} = \overline{CD}$이면 $\overline{OM} = $ ❼

❷ 원의 접선 ⑴

01 원의 접선과 반지름

(1) 직선이 원과 한 점에서 만날 때, 직선은 원에 접한다고 한다.

(2) 원의 접선은 그 접점을 지나는 원의 반지름과 ❽ 이다.

➡ $\overline{OT} \perp l$

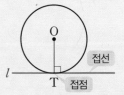

02 원의 접선의 길이

(1) 원 O 밖의 한 점 P에서 원 O에 그을 수 있는 접선은 ❾ 개이다.

(2) 원 밖의 한 점에서 그 원에 그은 두 접선의 길이는 서로 같다.

➡ $\overline{PA} = $ ❿

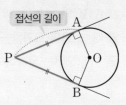

❸ 원의 접선 ⑵

01 삼각형의 내접원

반지름의 길이가 r인 원 O가 $\triangle ABC$의 내접원이고 세 점 D, E, F가 접점일 때

(1) $\overline{AD} = \overline{AF}$, $\overline{BD} = \overline{BE}$,
$\overline{CE} = \overline{CF}$

(2) ($\triangle ABC$의 둘레의 길이)
$= a + b + c$
$= ⑪ (x + y + z)$

(3) ($\triangle ABC$의 넓이) $= ⑫ r(a+b+c)$

→ $\triangle ABC$의 둘레의 길이

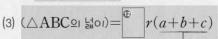

02 원의 외접사각형

(1) 원에 외접하는 사각형의 두 쌍의 대변의 길이의 합은 서로 같다.

➡ $\overline{AB} + \overline{CD} = \overline{AD} + ⑬$

(2) 두 쌍의 대변의 길이의 합이 서로 같은 사각형은 원에 외접한다.

주의 $\overline{AB} + \overline{BC} \neq \overline{AD} + \overline{CD}$, $\overline{AB} + \overline{AD} \neq \overline{BC} + \overline{CD}$

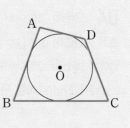

01 다음 그림의 원 O에서 x의 값을 구하시오.

(1)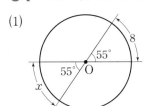

답 _____

(2)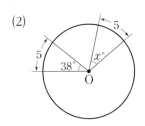

답 _____

02 다음 그림의 원 O에서 x의 값을 구하시오.

(1)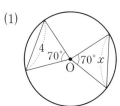

답 _____

(2)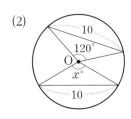

답 _____

(3)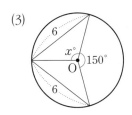

답 _____

03 다음 그림의 원 O에서 x의 값을 구하시오.

(1)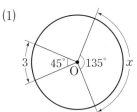

답 _____

(2)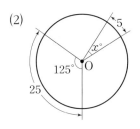

답 _____

04 오른쪽 그림의 원 O에서 $\angle AOB = 25°$, $\angle COD = 100°$일 때, 다음 중 옳은 것은 ○표, 옳지 않은 것은 ×표를 하시오.

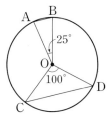

(1) $\widehat{AB} = \dfrac{1}{4}\widehat{CD}$ (   )

(2) $\overline{CD} = 4\overline{AB}$ (   )

(3) $\overline{OD} = \overline{CD}$ (   )

(4) $\triangle AOB = \dfrac{1}{4}\triangle COD$ (   )

01 다음 그림의 원 O에서 x의 값을 구하시오.

(1)
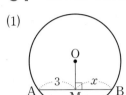

답 _____

(2)
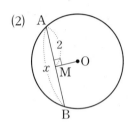

답 _____

02 다음 그림의 원 O에서 x의 값을 구하시오.

(1)
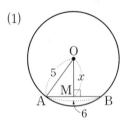

답 _____

(2)
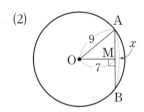

답 _____

(3)
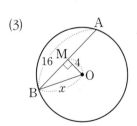

답 _____

03 오른쪽 그림과 같이 반지름의 길이가 6 cm인 원 O에서 $\overline{AB} \perp \overline{OM}$, $\overline{OM} = \overline{CM}$일 때, 다음을 구하시오.

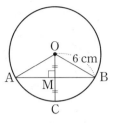

(1) $\overline{OM}$의 길이

답 _____

(2) $\overline{AB}$의 길이

답 _____

04 다음 그림의 원 O에서 x의 값을 구하시오.

(1)
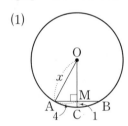

답 _____

(2)
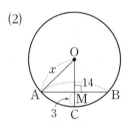

답 _____

(3)
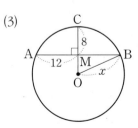

답 _____

익힘문제

01 다음 그림의 원 O에서 x의 값을 구하시오.

(1)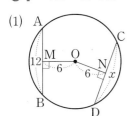

답 _____

(2)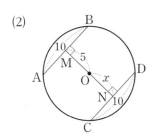

답 _____

(3)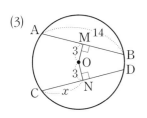

답 _____

02 다음 그림의 원 O에서 x의 값을 구하시오.

(1)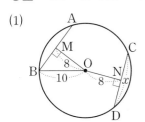

답 _____

(2)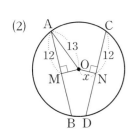

답 _____

03 오른쪽 그림의 원 O에서 $\overline{AB}\perp\overline{OM}$, $\overline{CD}\perp\overline{ON}$, $\overline{AB}=\overline{CD}$이고 $\overline{OA}=4$ cm, $\overline{ON}=3$ cm일 때, 다음을 구하시오.

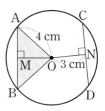

(1) $\overline{OM}$의 길이

답 _____

(2) $\overline{AB}$의 길이

답 _____

(3) $\triangle OAB$의 넓이

답 _____

04 다음 그림의 원 O에서 $\angle x$의 크기를 구하시오.

(1)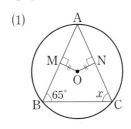

답 _____

(2)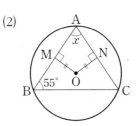

답 _____

(2)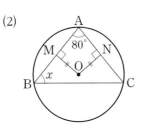

답 _____

03
원과 직선

01 오른쪽 그림의 원 O에서 $\overline{AB} \perp \overline{OM}$이고 $\overline{OA}=7$ cm, $\overline{OM}=5$ cm일 때, $\overline{AB}$의 길이를 구하시오.

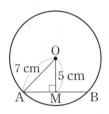

02 오른쪽 그림과 같은 원 O에서 $\overline{AB} \perp \overline{OM}$이고 $\overline{BM}=2$ cm, $\overline{CM}=1$ cm일 때, 원 O의 둘레의 길이를 구하시오.

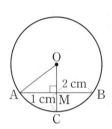

03 오른쪽 그림과 같이 원 O를 $\overline{AB}$를 접는 선으로 하여 원주 위의 한 점이 원의 중심 O에 겹쳐지도록 접었다. $\overline{AB}=6$ cm일 때, 원 O의 반지름의 길이를 구하시오.

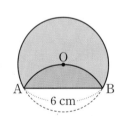

04 오른쪽 그림과 같이 중심이 같은 두 원에서 작은 원과 점 M에서 접하는 직선이 큰 원과 만나는 두 점을 각각 A, B라 하자. $\overline{AB}=8$ cm일 때, 색칠한 부분의 넓이를 구하시오.

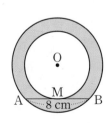

05 오른쪽 그림과 같은 원 O에서 $\overline{AB} \perp \overline{OM}$, $\overline{CD} \perp \overline{ON}$이고 $\overline{AM}=\overline{CN}$일 때, 다음 중 옳지 <u>않은</u> 것은?

① $\overline{BM}=\overline{DN}$ ② $\overline{AB}=\overline{CD}$
③ $\overline{OM}=\overline{ON}$ ④ $\overset{\frown}{AB}=\overset{\frown}{BD}$
⑤ $\angle AOB = \angle COD$

06 오른쪽 그림의 원 O에서 $\overline{AB}=16$, $\overline{OD}=10$, $\overline{ON}=6$일 때, x, y의 값을 각각 구하시오.

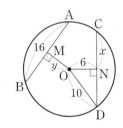

07 오른쪽 그림과 같이 두 현 AB와 AC가 원 O의 중심으로부터 같은 거리에 있다. $\angle MON=130°$일 때, $\angle B$의 크기를 구하시오.

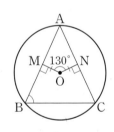

08 오른쪽 그림의 원 O에서 $\overline{AD}=3$ cm일 때, $\triangle ABC$의 둘레의 길이를 구하시오.

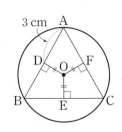

01 다음 그림에서 점 A는 점 P에서 원 O에 그은 접선의 접점일 때, ∠x의 크기를 구하시오.

(1)

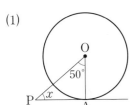

답 _____

(2)

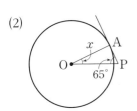

답 _____

(3)

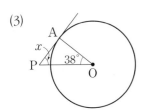

답 _____

02 다음 그림에서 두 점 A, B는 점 P에서 원 O에 그은 두 접선의 접점일 때, ∠x의 크기를 구하시오.

(1)

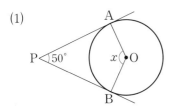

답 _____

(2)

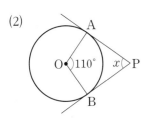

답 _____

03 오른쪽 그림에서 두 점 A, B는 점 P에서 원 O에 그은 두 접선의 접점이다. $\overline{OA}=4$ cm, ∠APB=60°일 때, 다음을 구하시오.

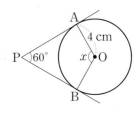

(1) ∠x의 크기

답 _____

(2) $\widehat{AB}$의 길이

답 _____

04 다음 그림에서 점 A는 점 P에서 원 O에 그은 접선의 접점이고 점 B는 원 O와 $\overline{OP}$의 교점일 때, x의 값을 구하시오.

(1)

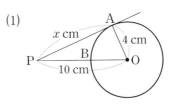

답 _____

(2)

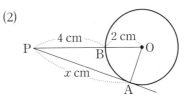

답 _____

(3)

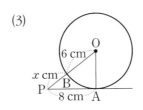

답 _____

01 다음 그림에서 두 점 A, B는 점 P에서 원 O에 그은 두 접선의 접점일 때, x, y의 값을 각각 구하시오.

(1)

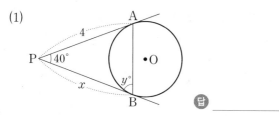

답 _____

(2)

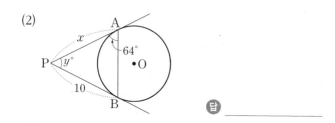

답 _____

02 다음 그림에서 두 점 A, B는 점 P에서 원 O에 그은 두 접선의 접점일 때, x의 값을 구하시오.

(1)

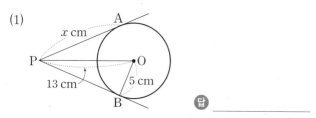

답 _____

(2)

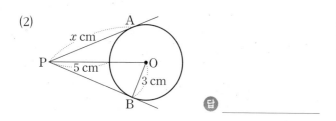

답 _____

(3)

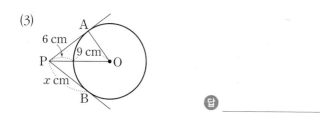

답 _____

03 오른쪽 그림에서 두 점 A, B는 점 P에서 원 O에 그은 두 접선의 접점이다. ∠AOB=120°, $\overline{PA}$=9 cm일 때, 다음을 구하시오.

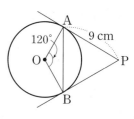

(1) $\overline{AB}$의 길이

답 _____

(2) $\overline{OA}$의 길이

답 _____

04 오른쪽 그림에서 $\overline{AD}$, $\overline{BC}$, $\overline{AF}$는 각각 점 D, E, F에서 원 O에 접한다. 다음 **보기** 중 옳은 것을 모두 고르시오.

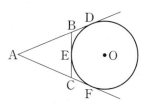

┤ 보기 ├
ㄱ. $\overline{AD}=\overline{AF}$ 　　ㄴ. $\overline{AB}=\overline{BC}$
ㄷ. $\overline{CE}=\overline{CF}$ 　　ㄹ. $\overline{BE}=\overline{CE}$

답 _____

05 다음 그림에서 $\overline{AD}$, $\overline{BC}$, $\overline{AF}$는 각각 점 D, E, F에서 원 O에 접한다. x의 값을 구하시오.

(1)

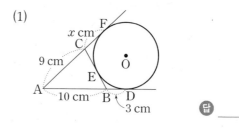

답 _____

(2)

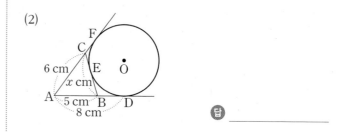

답 _____

01 오른쪽 그림에서 점 A는 점 P에서 원 O에 그은 접선의 접점일 때, $\overline{AP}$의 길이를 구하시오.

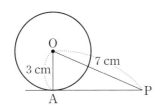

02 오른쪽 그림에서 점 A는 점 P에서 원 O에 그은 접선의 접점이고, 점 B는 원 O와 $\overline{OP}$의 교점일 때, 원 O의 넓이를 구하시오.

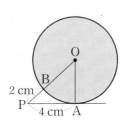

03 오른쪽 그림에서 두 점 A, B는 점 P에서 원 O에 그은 두 접선의 접점일 때, 다음 중 옳지 않은 것은?

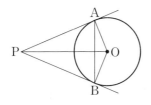

① $\overline{OA}=\overline{OB}$
② $\angle PAO=90°$
③ $\overline{PA}=\overline{PB}=\overline{AB}$
④ $\triangle PAO \equiv \triangle PBO$
⑤ $\angle APB+\angle AOB=180°$

04 오른쪽 그림에서 두 점 A, B는 점 P에서 원 O에 그은 두 접선의 접점이다. $\overline{AC}$는 원 O의 지름이고 $\angle CAB=23°$일 때, $\angle APB$의 크기를 구하시오.

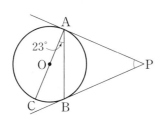

05 오른쪽 그림에서 $\overline{PA}$, $\overline{PB}$는 두 점 A, B에서 원 O에 접할 때, □APBO의 둘레의 길이를 구하시오.

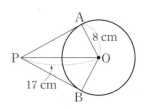

06 오른쪽 그림에서 두 점 A, B는 점 P에서 원 O에 그은 두 접선의 접점일 때, $\overline{AB}$의 길이를 구하시오.

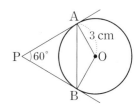

07 오른쪽 그림과 같이 $\overline{AD}$, $\overline{BC}$, $\overline{AF}$는 각각 점 D, E, F에서 원 O에 접할 때, $\overline{AF}$의 길이를 구하시오.

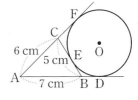

08 오른쪽 그림에서 $\overline{AD}$, $\overline{BC}$, $\overline{CD}$는 각각 점 A, B, E에서 반원 O에 접한다. $\overline{AB}$는 반원 O의 지름이고 $\overline{AD}=4$ cm, $\overline{BC}=2$ cm일 때, 반원 O의 넓이를 구하시오.

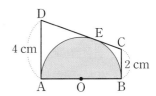

01 다음 그림에서 원 O는 △ABC의 내접원이고 세 점 D, E, F는 접점이다. ☐ 안에 알맞은 수를 써넣고, $\overline{BC}$의 길이를 구하시오.

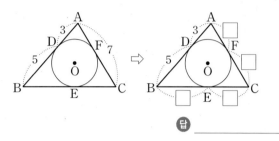

답 _____

02 다음 그림에서 원 O는 △ABC의 내접원이고 세 점 D, E, F는 접점일 때, x의 값을 구하시오.

(1)

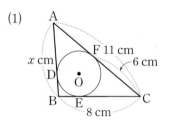

답 _____

(2)

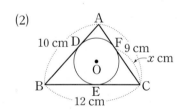

답 _____

03 오른쪽 그림에서 원 O는 △ABC의 내접원이고 세 점 D, E, F는 접점일 때, △ABC의 둘레의 길이를 구하시오.

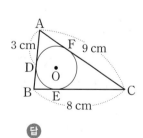

답 _____

04 다음 그림에서 원 O는 직각삼각형 ABC의 내접원이고 세 점 D, E, F는 접점이다. 원 O의 반지름의 길이를 r라 할 때, ☐ 안에 알맞은 것을 써넣고 r의 값을 구하시오.

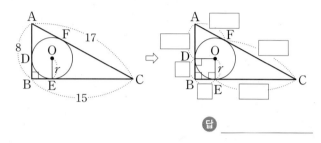

답 _____

05 다음 그림에서 원 O는 직각삼각형 ABC의 내접원이고 세 점 D, E, F는 접점이다. 원 O의 반지름의 길이를 r cm라 할 때, r의 값을 구하시오.

(1)

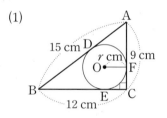

답 _____

(2)

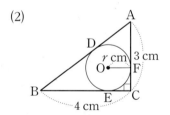

답 _____

06 오른쪽 그림에서 원 O는 직각삼각형 ABC의 내접원이고 세 점 D, E, F는 접점일 때, 원 O의 반지름의 길이를 구하시오.

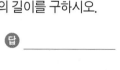 답 _____

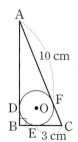

01 다음 그림에서 □ABCD가 원 O에 외접할 때, x의 값을 구하시오.

(1)
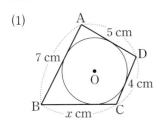

답 _____

(2)
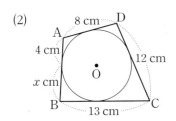

답 _____

(3)
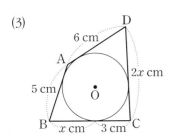

답 _____

02 오른쪽 그림에서 ∠C=90°인 □ABCD는 원 O에 외접하고 네 점 E, F, G, H는 접점이다. 이때 원 O의 둘레의 길이를 구하시오.

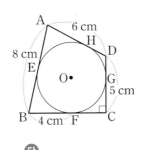

답 _____

03 다음 그림에서 □ABCD는 원 O에 외접하고 네 점 E, F, G, H는 접점일 때, x의 값을 구하시오.

(1)
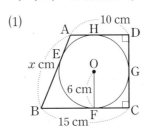

답 _____

(2)
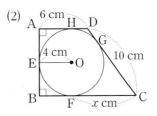

답 _____

(3)
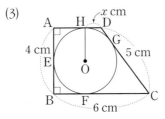

답 _____

04 오른쪽 그림에서 원 O는 직사각형 ABCD의 세 변과 $\overline{DE}$에 접한다.
$\overline{CD}=8$ cm, $\overline{DE}=10$ cm 일 때, 다음 물음에 답하시오.

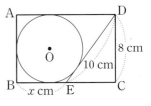

(1) $\overline{CE}$의 길이를 구하시오.

답 _____

(2) $\overline{AD}$의 길이를 x를 사용하여 나타내시오.

답 _____

(3) x의 값을 구하시오.

답 _____

01 오른쪽 그림에서 원 O는 △ABC의 내접원이고 세 점 D, E, F는 접점이다. $\overline{AD}=3$ cm, $\overline{BE}=4$ cm이고 △ABC의 둘레의 길이가 28 cm일 때, $\overline{CE}$의 길이를 구하시오.

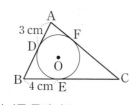

02 오른쪽 그림에서 원 O는 직각삼각형 ABC의 내접원이고 세 점 D, E, F는 접점이다. $\overline{AF}=5$ cm, $\overline{CF}=12$ cm일 때, 원 O의 넓이를 구하시오.

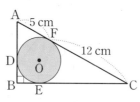

03 오른쪽 그림에서 원 O는 △ABC의 내접원이고 $\overline{DE}$는 원 O에 접한다. $\overline{AB}=10$ cm, $\overline{AC}=7$ cm, $\overline{BC}=8$ cm일 때, △BED의 둘레의 길이를 구하시오.

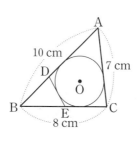

04 오른쪽 그림에서 □ABCD가 원 O에 외접할 때, x의 값을 구하시오.

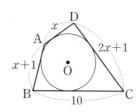

05 오른쪽 그림에서 □ABCD는 원 O에 외접하고 네 점 E, F, G, H는 접점일 때, $x-y$의 값을 구하시오.

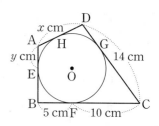

06 오른쪽 그림과 같이 ∠B=90°인 □ABCD가 원에 외접한다. $\overline{AC}=10$ cm, $\overline{BC}=8$ cm, $\overline{CD}=7$ cm일 때, $\overline{AD}$의 길이를 구하시오.

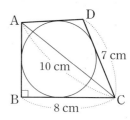

07 오른쪽 그림에서 ∠A=∠B=90°인 사다리꼴 ABCD는 원 O에 외접하고 네 점 E, F, G, H는 접점이다. $\overline{OF}=4$ cm, $\overline{CD}=11$ cm일 때, □ABCD의 넓이를 구하시오.

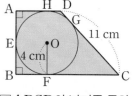

08 오른쪽 그림과 같이 원 O가 직사각형 ABCD의 세 변과 $\overline{DE}$에 접하고 $\overline{AD}=15$ cm, $\overline{CD}=12$ cm일 때, $\overline{DE}$의 길이를 구하시오.

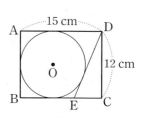

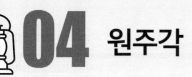

04 원주각

❶ 원주각의 성질

01 원주각과 중심각의 크기

(1) 원 O에서 호 AB 위에 있지 않은 원 위의 점 P에 대하여 ∠APB를 호 AB에 대한 ① ⬚ 이라 하고, 호 AB를 원주각 ∠APB에 대한 호라 한다.

참고 호 AB에 대한 중심각은 하나이지만 원주각은 무수히 많다.

(2) 한 호에 대한 원주각의 크기는 그 호에 대한 중심각의 크기의 ② ⬚ 이다.

➡ $\angle APB = \dfrac{1}{2} \angle$ ③ ⬚

02 원주각의 성질

(1) 한 호에 대한 원주각의 크기는 모두 같다.

➡ ∠APB = ∠AQB = ∠ARB

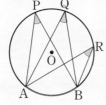

(2) 원에서 호가 반원일 때, 반원에 대한 원주각의 크기는 ④ ⬚ °이다.

➡ $\overline{AB}$가 원 O의 지름이면 ∠APB = ⑤ ⬚ °

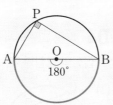

03 원주각의 크기와 호의 길이

한 원에서

(1) 길이가 같은 호에 대한 원주각의 크기는 같다.

➡ $\overarc{AB} = \overarc{CD}$이면 ∠APB = ∠ ⑥ ⬚

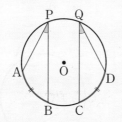

(2) 크기가 같은 원주각에 대한 호의 길이는 같다.

➡ ∠APB = ∠CQD이면 $\overarc{AB} =$ ⑦ ⬚

(3) 호의 길이는 그 호에 대한 원주각의 크기에 ⑧ ⬚ 한다.

❷ 원주각의 활용

01 네 점이 한 원 위에 있을 조건

두 점 C, D가 직선 AB에 대하여 같은 쪽에 있을 때,

∠ACB = ∠ADB

이면 네 점 A, B, C, D는 한 원 위에 있다.

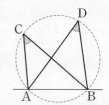

02 원에 내접하는 사각형의 성질

(1) 원에 내접하는 사각형의 성질

① 원에 내접하는 사각형에서 한 쌍의 대각의 크기의 합은 ⑨ ⬚ °이다.

➡ ∠A + ∠C = 180°,
∠B + ∠D = ⑩ ⬚ °

② 원에 내접하는 사각형에서 한 외각의 크기는 그 외각에 이웃한 내각에 대한 대각의 크기와 같다.

➡ ∠DCE = ∠ ⑪ ⬚

(2) 사각형이 원에 내접하기 위한 조건

① 한 쌍의 대각의 크기의 합이 180°인 사각형은 원에 내접한다.

② 한 외각의 크기가 그 외각에 이웃한 내각에 대한 대각의 크기와 같은 사각형은 원에 내접한다.

❸ 원의 접선과 현이 이루는 각

01 원의 접선과 현이 이루는 각

(1) 원의 접선과 그 접점을 지나는 현이 이루는 각의 크기는 그 각의 내부에 있는 호에 대한 ⑫ ⬚ 의 크기와 같다.

➡ ∠BAT = ∠ ⑬ ⬚

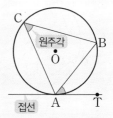

(2) 원 O에서 ∠BAT = ∠BCA이면 직선 AT는 원 O의 접선이다.

01 다음 그림의 원 O에서 ∠x의 크기를 구하시오.

(1)

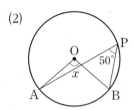

답 _____

(2)

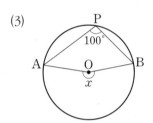

답 _____

(3)

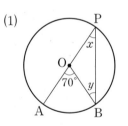

답 _____

02 다음 그림의 원 O에서 ∠x, ∠y의 크기를 각각 구하시오.

(1)

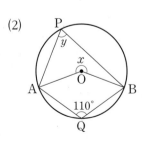

답 _____

(2)

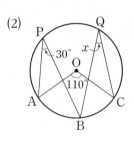

답 _____

03 다음 그림의 원 O에서 ∠x의 크기를 구하시오.

(1)

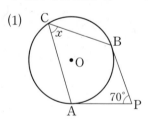

답 _____

(2)

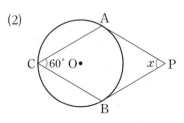

답 _____

04 다음 그림에서 두 점 A, B는 점 P에서 원 O에 그은 두 접선의 접점일 때, ∠x의 크기를 구하시오.

(1)

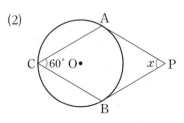

답 _____

(2)

답 _____

01 다음 그림의 원 O에서 $\angle x$, $\angle y$의 크기를 각각 구하시오.

(1)
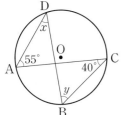

답 _____

(2)
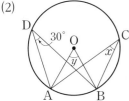

답 _____

(3)
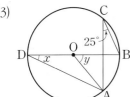

답 _____

02 다음 그림의 원에서 $\angle x$의 크기를 구하시오.

(1)
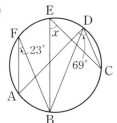

답 _____

(2)
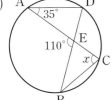

답 _____

03 다음 그림에서 $\overline{AB}$가 원 O의 지름일 때, $\angle x$의 크기를 구하시오.

(1)
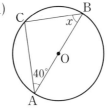

답 _____

(2)
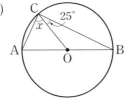

답 _____

(3)
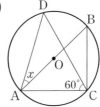

답 _____

04 다음은 오른쪽 그림에서 $\overline{AB}$가 원 O의 지름일 때, $\angle x$의 크기를 구하는 과정이다. ☐ 안에 알맞은 것을 써넣으시오.

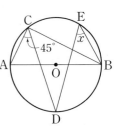

> $\overline{AB}$는 원 O의 지름이므로
>
> $\angle ACB = \boxed{}°$
>
> $\angle DCB = \boxed{}° - 45° = \boxed{}°$이므로
>
> $\angle x = \angle DCB = \boxed{}°$ ($\boxed{}$에 대한 원주각)

바른답·알찬풀이 76쪽

01 다음 그림의 원에서 x의 값을 구하시오.

(1)
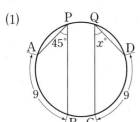

답 _____

(2)
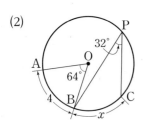

답 _____

02 다음 그림의 원에서 x의 값을 구하시오.

(1)
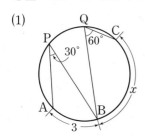

답 _____

(2)
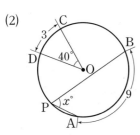

답 _____

03 오른쪽 그림의 원에서 점 P 는 두 현 AC, BD의 교점이고 $\widehat{AB}=\widehat{CD}$일 때, ∠APB의 크기 를 구하시오.

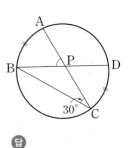

답 _____

04 오른쪽 그림에서 $\overline{BD}$는 원 O 의 지름일 때, x의 값을 구하시오.

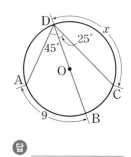

답 _____

05 오른쪽 그림에서 원 O는 △ABC의 외접원이고 $\widehat{AB}:\widehat{BC}:\widehat{CA}=4:3:5$일 때, 다음 각의 크기를 구하시오.

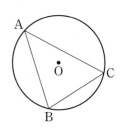

(1) ∠A

답 _____

(2) ∠B

답 _____

(3) ∠C

답 _____

01 오른쪽 그림의 원 O에서 ∠x, ∠y의 크기를 각각 구하시오.

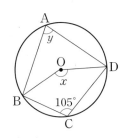

05 오른쪽 그림의 원 O에서 ∠ADC=84°, ∠BOC=100° 일 때, ∠AEB의 크기를 구하시오.

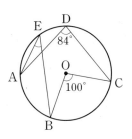

02 오른쪽 그림의 원 O에서 ∠ACB=70°일 때, ∠OAB의 크기를 구하시오.

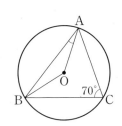

06 오른쪽 그림과 같이 두 현 AB, CD의 연장선의 교점을 P라 하자. ∠BPD=35°, ∠BCD=28°일 때, ∠x의 크기를 구하시오.

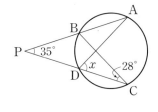

03 오른쪽 그림에서 두 점 A, B는 점 P에서 원 O에 그은 두 접선의 접점이다. ∠ACB=50°일 때, ∠x의 크기를 구하시오.

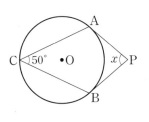

07 오른쪽 그림에서 $\overline{AC}$는 원 O의 지름이고 ∠ADB=46°일 때, ∠x의 크기를 구하시오.

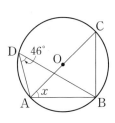

04 오른쪽 그림의 원에서 ∠ACB=55°, ∠CAD=35°일 때, ∠x − ∠y의 크기를 구하시오.

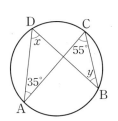

08 오른쪽 그림과 같이 반지름의 길이가 5 cm인 원 O에 내접하는 △ABC에서 $\overline{BC}$=6 cm일 때, cos A의 값을 구하시오.

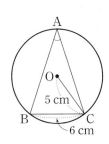

09 오른쪽 그림에서 $\overline{AB}$는 반원 O의 지름이고 점 P는 $\overline{AC}$, $\overline{BD}$의 연장선의 교점이다. $\angle COD=36°$일 때, $\angle P$의 크기를 구하시오.

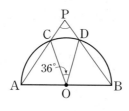

13 오른쪽 그림의 원에서 점 P는 두 현 AC, BD의 교점이다. $\angle ABP=25°$, $\angle BPC=75°$, $\overparen{BC}=8$ cm일 때, $\overparen{AD}$의 길이를 구하시오.

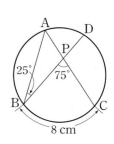

10 오른쪽 그림에서 $\overline{AD}$는 원 O의 지름이고 $\overparen{AB}=\overparen{BC}=\overparen{CD}$일 때, $\angle x$의 크기를 구하시오.

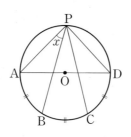

14 오른쪽 그림에서 원 O는 △ABC의 외접원이고 $\overparen{AB}:\overparen{BC}:\overparen{CA}=2:2:1$일 때, $\angle B$의 크기를 구하시오.

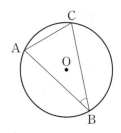

11 오른쪽 그림에서 $\overline{AB}$는 원 O의 지름이고 $\overparen{AD}=\overparen{CD}$, $\angle ABD=33°$일 때, $\angle x$의 크기를 구하시오.

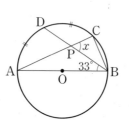

15 오른쪽 그림에서 두 현 AB, CD의 교점을 P라 하자. $\overparen{AC}$, $\overparen{BD}$의 길이가 각각 원주의 $\frac{1}{6}$, $\frac{1}{10}$일 때, $\angle BPD$의 크기를 구하시오.

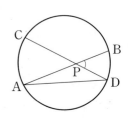

12 오른쪽 그림에서 $\overline{AB}$와 $\overline{CD}$는 원 O의 지름이고 $\angle ABC=30°$, $\overparen{AC}=7$ cm일 때, $\overparen{AD}$의 길이를 구하시오.

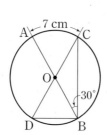

16 오른쪽 그림에서 $\overline{CD}$는 원 O의 지름이고 점 P는 $\overline{BA}$, $\overline{CD}$의 연장선의 교점이다. $\overline{AO}=\overline{AP}$이고 $\overparen{AD}=2$ cm일 때, $\overparen{BC}$의 길이를 구하시오.

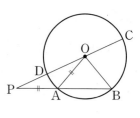

01 다음 그림에서 네 점 A, B, C, D가 한 원 위에 있으면 ○표, 한 원 위에 있지 않으면 ×표를 하시오.

(1)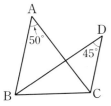

(   )

(2)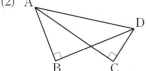

(   )

(3)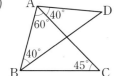

(   )

(4)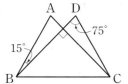

(   )

(5)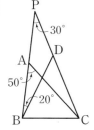

(   )

02 다음 그림에서 네 점 A, B, C, D가 한 원 위에 있을 때, ∠x, ∠y의 크기를 각각 구하시오.

(1)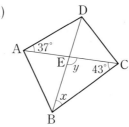

답 _____

(2)

답 _____

(3)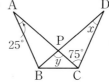

답 _____

03 오른쪽 그림의 □ABCD에서 ∠x의 크기를 구하시오.

답 _____

바른답·알찬풀이 78쪽

01 다음 그림에서 ∠x, ∠y의 크기를 각각 구하시오.

(1)

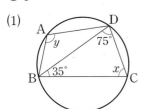

답 _____

(2)

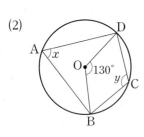

답 _____

02 다음 그림에서 □ABCD가 원에 내접할 때, ∠x, ∠y의 크기를 각각 구하시오.

(1)

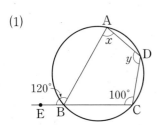

답 _____

(2)

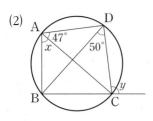

답 _____

03 다음 보기에서 □ABCD가 원에 내접하는 것을 모두 고르시오.

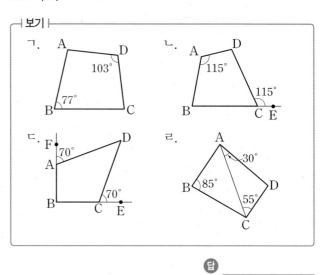

답 _____

04 다음 그림에서 □ABCD가 원에 내접할 때, ∠x, ∠y의 크기를 각각 구하시오.

(1)

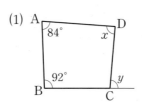

답 _____

(2)

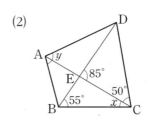

답 _____

01 다음 중 네 점 A, B, C, D가 한 원 위에 있는 것을 모두 고르면? (정답 2개)

①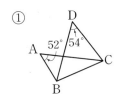

②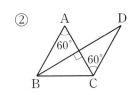

③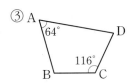

④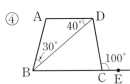

⑤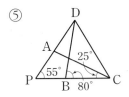

02 오른쪽 그림에서 네 점 A, B, C, D가 한 원 위에 있을 때, ∠x의 크기를 구하시오.

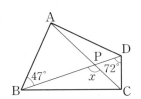

03 오른쪽 그림에서 □ABCD 와 □ABCE가 원에 내접할 때, ∠x− ∠y의 크기를 구하시오.

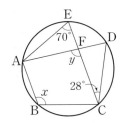

04 오른쪽 그림에서 □ABCD가 원에 내접하고 ∠P=30°, ∠C=80°일 때, ∠x의 크기를 구하시오.

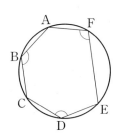

05 오른쪽 그림과 같이 원에 내접하는 육각형 ABCDEF에서 ∠B+ ∠D+ ∠F의 크기를 구하시오.

06 오른쪽 그림에서 □ABCD가 원에 내접하고 ∠APB=40°, ∠BQC=30°일 때, ∠x의 크기를 구하시오.

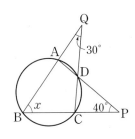

07 다음 **보기**에서 항상 원에 내접하는 사각형을 모두 고르시오.

┌─보기├─
ㄱ. 사다리꼴   ㄴ. 등변사다리꼴

ㄷ. 평행사변형   ㄹ. 마름모

ㅁ. 직사각형   ㅂ. 정사각형
└────

01 다음 그림에서 직선 AT는 원의 접선이고 점 A는 접점일 때, ∠x의 크기를 구하시오.

(1)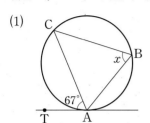

답 _____

(2)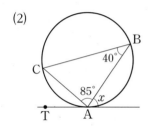

답 _____

(3)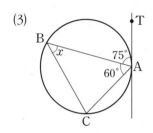

답 _____

02 오른쪽 그림에서 직선 PA는 원의 접선이고 점 A는 접점일 때, ∠x, ∠y의 크기를 각각 구하시오.

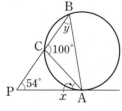

답 _____

03 오른쪽 그림에서 직선 AT는 원의 접선이고 점 A는 접점이다. ∠BAT=70°, ∠BCD=100°일 때, 다음을 구하시오.

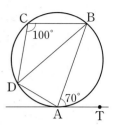

(1) ∠DAB의 크기

답 _____

(2) ∠DBA의 크기

답 _____

04 오른쪽 그림에서 직선 AT는 원 O의 접선이고 점 A는 접점이다. BC가 원 O의 지름일 때, ∠x의 크기를 구하시오.

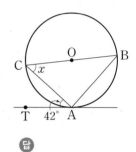

답 _____

05 다음 그림에서 직선 PQ는 두 원의 공통인 접선이고 점 T는 접점일 때, ∠x의 크기를 구하시오.

(1)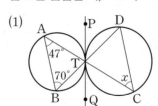

답 _____

(2)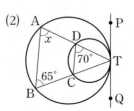

답 _____

01 오른쪽 그림에서 직선 AT는 원의 접선이고 점 A는 접점이다. $\overline{CA} = \overline{CB}$, $\angle BAT = 38°$일 때, $\angle x$의 크기를 구하시오.

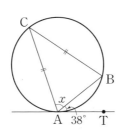

05 오른쪽 그림에서 직선 PT는 원 O의 접선이고 점 A는 접점이다. $\overline{BC}$는 원 O의 지름이고 $\overline{BC} = 18$ cm, $\angle BAT = 60°$일 때, 다음 중 옳지 <u>않은</u> 것은?

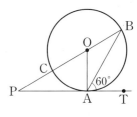

① $\angle ABC = 30°$ ② $\angle BPA = 30°$
③ $\angle AOB = 120°$ ④ $\overset{\frown}{AC} = 4$ cm
⑤ $\overset{\frown}{AC} : \overset{\frown}{AB} = 1 : 2$

02 오른쪽 그림에서 직선 AT는 원 O의 접선이고 점 A는 접점이다. $\angle BAT = 55°$일 때, $\angle x$의 크기를 구하시오.

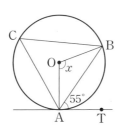

06 오른쪽 그림에서 원 O는 $\triangle ABC$의 내접원이면서 $\triangle DEF$의 외접원이다. $\angle DBE = 50°$, $\angle DEF = 62°$일 때, $\angle FDE$의 크기를 구하시오.

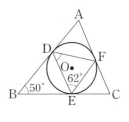

03 오른쪽 그림에서 직선 AT는 원 O의 접선이고 점 A는 접점일 때, $\angle x$의 크기를 구하시오.

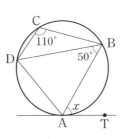

07 다음 그림에서 직선 PQ는 두 원의 공통인 접선이고 점 T는 접점일 때, $\angle x$의 크기를 구하시오.

(1)
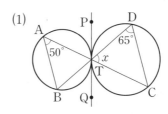

04 오른쪽 그림에서 직선 AT는 원 O의 접선이고 점 A는 접점이다. $\overline{BD}$가 원 O의 지름이고 $\angle ACB = 45°$, $\angle CAT = 60°$일 때, $\angle x - \angle y$의 크기를 구하시오.

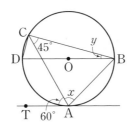

(2)
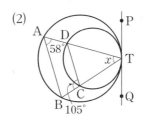

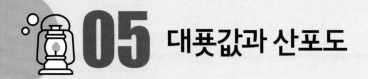

05 대푯값과 산포도

꿀벌 바른답·알찬풀이 81쪽

① 대푯값

01 대푯값과 평균

(1) 대푯값

　자료의 중심적인 경향이나 특징을 대표적으로 나타내는 값

(2) 평균

　변량의 총합을 변량의 개수로 나눈 값

　➡ $(평균) = \dfrac{(변량의\ 총합)}{(변량의\ 개수)}$

　예 자료가 2, 4, 6, 8인 경우에 평균은 $\dfrac{2+4+6+8}{4} = 5$

02 중앙값과 최빈값

(1) 중앙값

　자료의 변량을 작은 값부터 순서대로 나열할 때, 중앙에 위치하는 값

　① 변량의 개수가 ❶□이면 중앙에 위치하는 하나의 값이 중앙값이다.

　② 변량의 개수가 ❷□이면 중앙에 위치하는 두 값의 평균이 중앙값이다. ← 중앙값은 주어진 자료의 변량 중에서 없을 수도 있다.

　참고 n개의 자료의 변량을 작은 값부터 순서대로 나열할 때, 중앙값은 다음과 같다.

　　① n이 홀수이면 ➡ $\dfrac{n+1}{2}$번째의 값

　　② n이 짝수이면 ➡ $\dfrac{n}{2}$번째와 $\left(\dfrac{n}{2}+1\right)$번째의 값의 평균

　예 ① 자료 1, 3, 5, 7, 9의 변량은 5개이므로 중앙값은 세 번째 값인 5이다.

　　② 자료 1, 2, 4, 6, 8, 10의 변량은 6개이므로 중앙값은 세 번째 값 4와 네 번째 값 6의 평균인 $\dfrac{4+6}{2} = 5$이다.

(2) 최빈값

　① 자료의 변량 중에서 가장 많이 나타나는 값을 ❸□이라 한다.

　② 자료의 변량 중에서 가장 많이 나타나는 값이 한 개 이상 있으면 그 값이 모두 최빈값이다. ← 최빈값은 두 개 이상일 수도 있다.

　예 ① 자료 1, 2, 3, 5, 5에서 5가 두 번으로 가장 많이 나타나므로 최빈값은 5이다.

　　② 자료 1, 2, 2, 3, 4, 4에서 2와 4가 각각 두 번씩 가장 많이 나타나므로 최빈값은 2, 4이다.

② 산포도

01 산포도와 편차

(1) 산포도

　① 자료의 분포 상태를 알아보기 위하여 변량들이 대푯값을 중심으로 흩어져 있는 정도를 하나의 수로 나타낸 값을 산포도라 한다.

　② 자료의 변량이 대푯값에 모여 있을수록 산포도는 작아지고, 대푯값으로부터 흩어져 있을수록 산포도는 커진다.

(2) 편차

　① 편차: 각 변량에서 평균을 뺀 값

　➡ $(편차) = (변량) - (평균)$ ← 편차를 구하려면 평균을 먼저 알아야 한다.

　② 편차의 성질

　　(ⅰ) 편차의 총합은 항상 ❹□이다.

　　(ⅱ) 변량이 평균보다 크면 (편차) ❺□ 0이고, 변량이 평균보다 작으면 (편차) ❻□ 0이다.

　　(ⅲ) 편차의 절댓값이 클수록 그 변량은 평균에서 멀리 떨어져 있고, 편차의 절댓값이 작을수록 그 변량은 평균에 가까이 있다.

02 분산과 표준편차

(1) 분산: 편차를 제곱한 값의 평균, 즉 편차의 제곱의 총합을 변량의 개수로 나눈 값

　➡ $(분산) = \dfrac{\{(❼\square)^2의\ 총합\}}{(변량의\ 개수)}$

　　$= \dfrac{[\{(변량)-(평균)\}^2의\ 총합]}{(변량의\ 개수)}$

(2) 표준편차: 분산의 양의 제곱근

　➡ $(표준편차) = \sqrt{(❽\square)}$

　예 자료 1, 2, 3, 4, 5의 평균은 $\dfrac{1+2+3+4+5}{5} = 3$이므로

　　① 각 변량의 편차 ➡ $-2, -1, 0, 1, 2$

　　② (편차)^{2}의 총합 ➡ $(-2)^2+(-1)^2+0^2+1^2+2^2 = 10$

　　③ 분산 ➡ $\dfrac{10}{5} = 2$　④ 표준편차 ➡ $\sqrt{2}$

　참고 ① 분산(표준편차)이 작을수록 자료의 변량들이 평균에 가까이 모여 있다. 즉, 자료의 분포가 고르다.

　　② 분산(표준편차)이 클수록 자료의 변량들이 평균에서 멀리 흩어져 있다. 즉, 자료의 분포가 고르지 않다.

01 다음 자료의 평균을 구하시오.

(1) 5, 8, 10, 17 답 _____

(2) 84, 91, 92, 89, 94 답 _____

(3) 10, 4, 10, 8, 9, 7 답 _____

02 다음 표는 학생 5명의 몸무게를 조사하여 나타낸 것이다. 이 자료의 평균을 구하시오.

몸무게 (단위: kg)

학생	A	B	C	D	E
몸무게	49	52	56	50	53

답 _____

03 다음 줄기와 잎 그림은 지성이네 반 학생 10명의 일주일 동안의 컴퓨터 사용 시간을 조사하여 나타낸 것이다. 이 자료의 평균을 구하시오.

컴퓨터 사용 시간 (0 | 2는 2시간)

줄기	잎
0	2 3 6 7 7
1	0 1 2 2
2	0

답 _____

04 다음 자료의 평균이 [ ] 안의 수와 같을 때, x의 값을 구하시오.

(1) 25, x, 80, 75 [58]

답 _____

(2) x, 4, 7, 3, 11, 9 [7]

답 _____

05 다음 표는 어느 중학교에서 봉사 활동에 참여한 3학년 학생 수를 반별로 조사하여 나타낸 것이다. 학생 수의 평균이 25명일 때, x의 값을 구하시오.

봉사 활동에 참여한 학생 수 (단위: 명)

반	1	2	3	4	5
학생 수	27	26	21	x	23

답 _____

06 다음은 3개의 변량 a, b, c의 평균이 7일 때, a, $b+1$, $c+2$의 평균을 구하는 과정이다. □ 안에 알맞은 수를 써넣으시오.

3개의 변량 a, b, c의 평균이 7이므로

$$\frac{a+b+c}{3}=\boxed{} \qquad \therefore a+b+c=\boxed{}$$

따라서 a, $b+1$, $c+2$의 평균은

$$\frac{a+(b+1)+(c+2)}{\boxed{}}=\frac{a+b+c+3}{\boxed{}}$$

$$=\frac{\boxed{}}{3}=\boxed{}$$

01 다음 자료의 중앙값을 구하시오.

(1) 5, 14, 21, 28, 37   답 _____

(2) 1, 2, 5, 4, 8, 4, 9, 3, 2
   답 _____

(3) 7, 13, 5, 10, 15, 8   답 _____

(4) 15, 14, 18, 20, 14, 23, 14, 19
   답 _____

02 다음 자료의 최빈값을 구하시오.

(1) 1, 2, 3, 5, 3   답 _____

(2) 4, 8, 12, 8, 12, 14, 15
   답 _____

(3) 20, 25, 7, 13, 13, 20, 16
   답 _____

(4) 국어, 영어, 국어, 수학, 영어, 수학, 국어
   답 _____

03 아래 줄기와 잎 그림은 학생 15명의 윗몸일으키기 기록을 조사하여 나타낸 것이다. 다음 물음에 답하시오.

윗몸일으키기 기록   (2|7은 27회)

줄기	잎
2	7 9
3	2 4 8 8 9
4	1 5 5 5 7
5	0 2 3

(1) 중앙값을 구하시오.   답 _____

(2) 최빈값을 구하시오.   답 _____

04 다음은 자료의 변량을 작은 값부터 순서대로 나열한 것이다. 이 자료의 중앙값이 18일 때, x의 값을 구하시오.

12	16	17	x	23	29

답 _____

05 아래 자료는 학생 5명의 과학 점수를 조사하여 나타낸 것이다. 이 자료의 최빈값이 82점일 때, 다음 물음에 답하시오.

과학 점수   (단위: 점)

73	x	80	76	82

(1) x의 값을 구하시오.   답 _____

(2) 중앙값을 구하시오.   답 _____

01 3개의 변량 a, b, c의 평균이 10일 때, 5개의 변량 2, a, b, c, 8의 평균을 구하시오.

02 다음 자료 중 평균보다 중앙값을 대푯값으로 하기에 가장 적절한 것은?

① 3, 3, 3, 3, 3
② 3, 4, 5, 6, 7
③ 11, 13, 15, 17, 19
④ 20, 21, 26, 27, 120
⑤ 230, 241, 244, 250, 251

03 다음 줄기와 잎 그림은 학생 10명의 오래매달리기 기록을 조사하여 나타낸 것이다. 이 자료의 평균이 x초, 중앙값이 y초일 때, $y-x$의 값을 구하시오.

오래매달리기 기록 (0 | 2는 2초)

줄기			잎	
0	2	6	8	
1	4	4	8	9
2	0	4	5	

04 다음 표는 형우네 학교 학생 60명의 좋아하는 음식을 조사하여 나타낸 것이다. 이 자료의 최빈값을 구하시오.

좋아하는 음식 (단위: 명)

음식	피자	햄버거	라면	떡볶이	순대
학생 수	17	13	11	9	10

05 다음 설명 중 옳은 것을 모두 고르면? (정답 2개)

① 평균은 변량의 총합을 변량의 개수로 나눈 값이다.
② 중앙값이 존재하지 않는 경우도 있다.
③ 평균, 중앙값, 최빈값이 모두 같은 경우는 없다.
④ 최빈값은 반드시 한 개이다.
⑤ 자료의 변량을 작은 값부터 순서대로 나열하였을 때, 변량의 개수가 짝수이면 중앙에 위치하는 두 값의 평균이 중앙값이다.

06 자료의 변량을 작은 값부터 순서대로 나열하였더니 5, 8, 10, 14, 16, x이었다. 이 자료의 평균과 중앙값이 같을 때, x의 값은?

① 17
② 18
③ 19
④ 20
⑤ 21

07 다음 자료는 유진이네 반 학생 7명의 1년 동안의 도서관 방문 횟수를 조사하여 나타낸 것이다. 이 자료의 평균이 23회일 때, 최빈값을 구하시오.

도서관 방문 횟수 (단위: 회)

19	23	25	x	16	30	25

01 다음 자료의 평균이 5일 때, 표를 완성하시오.

변량	3	7	5	9	1
편차					

02 다음 물음에 답하시오.

변량	13	2	11	8	6
편차					

(1) 위의 자료의 평균을 구하고, 표를 완성하시오.

답 평균: _____

(2) 편차의 총합을 구하시오. 답 _____

03 어떤 자료의 편차가 다음과 같을 때, x의 값을 구하시오.

(1) -4, -1, 2, x

답 _____

(2) 7, -3, 4, -6, x, 2

답 _____

04 다음 표는 학생 5명의 1분 동안의 줄넘기 횟수에 대한 편차를 조사하여 나타낸 것이다. 줄넘기 횟수의 평균이 32회일 때, 표를 완성하시오.

학생	A	B	C	D	E
편차(회)	3	-1	-4	5	-3
줄넘기 횟수(회)					

05 준현이네 반 학생들의 통학 시간의 평균은 15분이다. 준현이의 통학 시간의 편차가 -3분일 때, 준현이의 통학 시간을 구하시오.

답 _____

06 아래 표는 학생 5명의 키에 대한 편차를 조사하여 나타낸 것이다. 다음 물음에 답하시오.

	키			(단위: cm)	
학생	A	B	C	D	E
편차	-5	x	0	-1	3

(1) x의 값을 구하시오. 답 _____

(2) 키의 평균이 163 cm일 때, 학생 B의 키를 구하시오.

답 _____

07 다음 표는 학생 6명의 영어 점수에 대한 편차를 조사하여 나타낸 것이다. 영어 점수의 평균이 71점일 때, 학생 C의 영어 점수를 구하시오.

	영어 점수				(단위: 점)
학생	A	B	C	D	E	F
편차	10	-1		3	-6	-2

답 _____

01 다음 물음에 답하시오.

변량	7	9	6	10	3
편차					
(편차)^2					

(1) 위의 자료의 평균을 구하고, 표를 완성하시오.

답 평균:

(2) 분산을 구하시오. 답 _____

(3) 표준편차를 구하시오. 답 _____

02 어떤 자료의 편차가 다음과 같을 때, x의 값과 분산, 표준편차를 각각 구하시오.

$$-5 \quad 0 \quad x \quad 4 \quad -3 \quad 1$$

답 $x=$ _____ , 분산: _____ , 표준편차: _____

03 다음 자료의 평균, 분산, 표준편차를 각각 구하시오.

(1) 8, 15, 9, 6, 2

답 평균: _____ , 분산: _____ , 표준편차: _____

(2) 11, 13, 20, 17, 13, 22

답 평균: _____ , 분산: _____ , 표준편차: _____

04 다음 자료의 평균이 [ ] 안의 수와 같을 때, x의 값과 분산, 표준편차를 각각 구하시오.

(1) 10, 7, 5, 8, x [8]

답 $x=$ _____ , 분산: _____ , 표준편차: _____

(2) 15, 12, x, 9, 13, 10 [13]

답 $x=$ _____ , 분산: _____ , 표준편차: _____

05 아래 표는 A, B 두 반의 사회 성적의 평균과 표준편차를 나타낸 것이다. 다음 중 옳은 것은 ○표, 옳지 않은 것은 ✕표를 하시오.

반	A	B
평균(점)	80	80
표준편차(점)	6.2	4.7

(1) A반의 사회 성적이 B반의 사회 성적보다 우수하다. ( )

(2) B반의 사회 성적이 A반의 사회 성적보다 더 고르게 분포되어 있다. ( )

(3) 사회 성적이 가장 우수한 학생은 B반에 있다. ( )

(4) A반의 사회 성적의 산포도가 B반의 사회 성적의 산포도보다 크다. ( )

01 다음 표는 학생 5명의 수면 시간에 대한 편차를 조사하여 나타낸 것이다. $a+b$의 값을 구하시오.

수면 시간 (단위: 시간)

학생	A	B	C	D	E
편차	-2	-1	a	1	b

02 다음 표는 학생 5명의 몸무게에 대한 편차를 조사하여 나타낸 것이다. 학생 5명의 몸무게의 평균이 $54\,\mathrm{kg}$일 때, 승훈이의 몸무게를 구하시오.

몸무게 (단위: kg)

학생	진영	상민	진구	승훈	현준
편차	-5	-3	1		4

03 아래 표는 어느 학교 5개 반의 봉사 활동에 참여한 학생 수에 대한 편차를 조사하여 나타낸 것이다. 다음 설명 중 옳은 것을 모두 고르면? (정답 2개)

봉사 활동에 참여한 학생 수 (단위: 명)

반	A	B	C	D	E
편차	0	-2	x	4	1

① x의 값은 3이다.
② 봉사 활동에 참여한 학생 수의 평균은 2명이다.
③ 봉사 활동에 참여한 학생 수가 가장 적은 반은 B반이다.
④ 편차의 총합은 0이다.
⑤ 봉사 활동에 참여한 학생 수가 평균과 같은 반은 A반이다.

04 어떤 자료의 편차가 다음과 같을 때, x의 값과 분산을 각각 구하시오.

2	-3	-1	x	-2

05 아래 자료에 대한 다음 설명 중 옳지 않은 것은?

15	16	17	18	19

① 평균은 17이다.
② 편차의 총합은 0이다.
③ (편차)^{2}의 총합은 20이다.
④ 분산은 2이다.
⑤ 표준편차는 $\sqrt{2}$이다.

06 다음 자료는 유준이네 반 학생 7명이 한 달 동안 읽은 책의 수를 조사하여 나타낸 것이다. 이 자료의 표준편차는?

책의 수 (단위: 권)

3	6	11	2	4	10	6

① $\sqrt{6}$권 ② $\sqrt{7}$권 ③ $2\sqrt{2}$권
④ 3권 ⑤ $\sqrt{10}$권

07 5개의 변량 8, 9, 13, 10, x의 평균이 10일 때, 분산을 구하시오.

08 다음 자료는 학생 8명이 턱걸이를 한 횟수를 조사하여 나타낸 것이다. 이 자료의 중앙값이 11회, 최빈값이 9회일 때, 턱걸이 횟수의 표준편차를 구하시오.

턱걸이 횟수 (단위: 회)

a	b	c	9	12	15	20	12

09 5개의 변량 5, x, y, 10, 8의 평균이 9이고 분산이 6일 때, x^2+y^2의 값을 구하시오.

10 3개의 변량 x, y, z의 평균이 8이고 표준편차가 2일 때, 5개의 변량 x, y, z, 6, 10의 표준편차를 구하시오.

11 3개의 변량 a, b, c의 평균이 3, 분산이 5이다. 3개의 변량 $a+4$, $b+4$, $c+4$의 평균을 x, 분산을 y라 할 때, $x+y$의 값을 구하시오.

12 다음 막대그래프는 어느 중학교의 세 반 A, B, C의 학생들이 방학 동안 읽은 책의 수를 조사하여 나타낸 것이다. 세 반의 학생 수는 각각 30명이고, 세 반의 학생들이 읽은 책의 수의 평균이 모두 3권일 때, 세 반 중 읽은 책의 수가 가장 고른 반은 어느 반인지 말하시오.

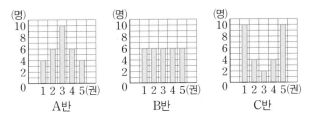

13 아래 표는 학생 4명의 일주일 동안의 인터넷 사용 시간의 평균과 표준편차를 조사하여 나타낸 것이다. 다음 **보기**의 설명 중 옳은 것을 모두 고르시오.

학생	경재	현진	정현	선길
평균(시간)	14	12	8	17
표준편차(시간)	1.2	1.4	1.7	2.3

보기

ㄱ. 인터넷 사용 시간의 (편차)^{2}의 총합은 현진이가 경재보다 더 크다.

ㄴ. 인터넷 사용 시간이 평균을 중심으로 흩어져 있는 정도가 가장 작은 학생은 정현이다.

ㄷ. 인터넷 사용 시간이 가장 불규칙한 학생은 선길이다.

06 상관관계

❶ 산점도와 상관관계

01 산점도

어떤 자료에서 두 변량 x와 y에 대하여 순서쌍 (x, y)를 좌표평면 위에 점으로 나타낸 그래프를 x와 y의 ❶⬚ 라 한다.

예 다음 표는 학생 10명의 미술 점수와 음악 점수를 조사하여 나타낸 것이다. 미술 점수와 음악 점수의 산점도를 그려 보자.

미술 점수와 음악 점수 (단위: 점)

미술	음악	미술	음악
90	90	90	80
75	75	80	85
85	90	70	75
85	80	80	80
95	95	100	95

미술 점수를 x점, 음악 점수를 y점으로 두 변량 x, y를 정하여 순서쌍 (x, y)로 나타낸 후, 점 (x, y)를 좌표평면 위에 나타내면 오른쪽 그림과 같다.

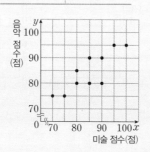

02 산점도의 이해

산점도를 분석할 때, '높은', '낮은', '같은', '좋은', '나쁜' 등과 같은 표현이 나오면 대각선 또는 가로축, 세로축과 평행한 기준선을 긋는다.

① 이상, 이하에 대한 문제

② 비교에 대한 문제

③ 두 변량의 합에 대한 문제

④ 두 변량의 차에 대한 문제

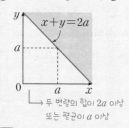
└▶ 두 변량의 합이 $2a$ 이상 또는 평균이 a 이상

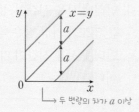
└▶ 두 변량의 차가 a 이상

참고 '초과', '미만'은 기준선을 포함하지 않는다.

03 상관관계

두 변량 x와 y 사이에 어떤 관계가 있을 때, 이 관계를 ❷⬚ 라 하고, 두 변량 x와 y 사이에 상관관계가 있다고 한다.

04 상관관계의 종류

두 변량 x, y에 대하여

(1) ❸⬚ 의 상관관계: x의 값이 커짐에 따라 y의 값도 대체로 커지는 관계

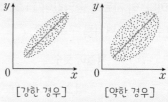

[강한 경우] [약한 경우]

예 키와 몸무게, 인구수와 교통량

(2) ❹⬚ 의 상관관계: x의 값이 커짐에 따라 y의 값이 대체로 작아지는 관계

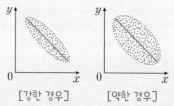

[강한 경우] [약한 경우]

예 산의 높이와 기온, 물건의 가격과 판매량

(3) 상관관계가 없다: x의 값이 커짐에 따라 y의 값이 커지는지 또는 작아지는지 분명하지 않은 관계

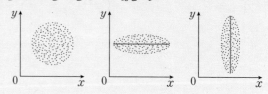

예 몸무게와 지능 지수, 머리 둘레와 수학 성적

참고 ① 양의 상관관계 또는 음의 상관관계가 있는 산점도에서 점들이 한 직선에 가까이 분포되어 있을수록 '상관관계가 강하다'고 하고, 흩어져 있을수록 '상관관계가 약하다'고 한다.
② 산점도의 점들이 대체로 오른쪽 위로 향하는 직선의 주위에 분포되어 있는 경우 양의 상관관계가 있고, 오른쪽 아래로 향하는 직선 주위에 분포되어 있는 경우 음의 상관관계가 있다.
③ 산점도에서 점들이 각 방향으로 골고루 흩어져 있거나 좌표축에 평행한 직선을 따라 분포되어 있는 경우 상관관계가 없다.

01 아래 표는 원희네 반 학생 12명의 키와 발의 크기를 조사하여 나타낸 것이다. 다음 물음에 답하시오.

키와 발의 크기

키(cm)	발 크기(mm)	키(cm)	발 크기(mm)
160	245	150	240
165	260	165	250
155	240	155	245
160	250	175	265
170	265	165	255
175	270	170	260

(1) 키와 발의 크기의 산점도를 오른쪽 좌표평면 위에 그리시오.

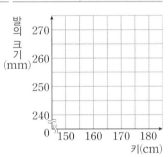

(2) 키가 160 cm 이하인 학생 수를 구하시오.

답 _____

(3) 키가 170 cm 이상이면서 발의 크기가 265 mm 이상인 학생은 전체의 몇 %인지 구하시오.

답 _____

(4) 발의 크기가 250 mm 미만인 학생들의 키의 평균을 구하시오.

답 _____

02 오른쪽 산점도는 희철이네 반 학생 20명의 국어 점수와 수학 점수를 조사하여 나타낸 것이다. 다음 물음에 답하시오.

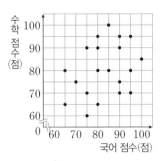

(1) 국어 점수와 수학 점수가 같은 학생 수를 구하시오.

답 _____

(2) 수학 점수가 국어 점수보다 높은 학생 수를 구하시오.

답 _____

(3) 두 과목의 점수의 차가 10점 이하인 학생은 전체의 몇 %인지 구하시오.

답 _____

03 오른쪽 산점도는 학생 15명의 1차, 2차에 걸쳐 시행한 사회 수행 평가의 점수를 조사하여 나타낸 것이다. 다음 보기 중 옳은 것을 모두 고르시오.

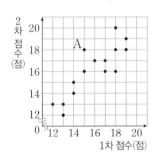

┌ 보기 ┐

ㄱ. 학생 A를 포함하여 학생 A와 2차 점수가 같은 학생 수는 3명이다.

ㄴ. 1차 점수와 2차 점수가 모두 14점 미만인 학생은 전체의 20 %이다.

ㄷ. 1차 점수와 2차 점수의 합이 36점 이상인 학생 수는 3명이다.

답 _____

01 다음 **보기**의 산점도에 대하여 □ 안에 알맞은 것을 써 넣으시오.

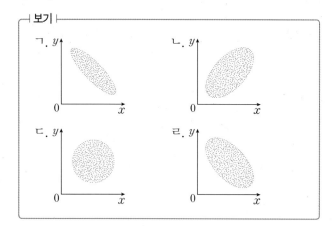

(1) 음의 상관관계를 나타내는 것 중에서 □이 □보다 강한 음의 상관관계를 나타낸다.

(2) 여름철 기온과 냉방비의 상관관계를 나타내는 산점 도는 □이다.

(3) 가방의 무게와 수학 성적의 상관관계를 나타내는 산점도는 □이다.

02 다음 두 변량 사이에 양의 상관관계가 있으면 ○표, 음의 상관관계가 있으면 △표, 상관관계가 없으면 ×표를 하시오.

(1) 키와 신발의 크기   (   )

(2) 도시의 인구수와 교통량   (   )

(3) 쌀의 생산량과 쌀값   (   )

(4) 지능 지수와 체력   (   )

03 오른쪽 산점도는 여행을 다녀온 사람들의 여행 거리와 여행 경비를 조사하여 나타낸 것이다. 다음 물음에 답하시오.

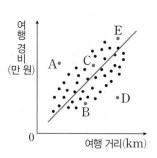

(1) 여행 거리와 여행 경비 사이에는 어떤 상관관계가 있는지 말하시오.   **답** _____

(2) A~E 중 비교적 거리가 가까운 곳으로 여행을 가서 많은 비용을 지출한 사람을 말하시오.
답 _____

04 오른쪽 산점도는 학생들의 일주일 동안의 운동 시간과 비만도를 조사하여 나타낸 것이다. 다음 설명 중 옳은 것은 ○표, 옳지 않은 것은 ×표를 하시오.

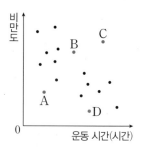

(1) 일주일 동안의 운동 시간과 비만도 사이에는 양의 상관관계가 있다.   (   )

(2) 일주일 동안의 운동 시간이 많은 학생이 비만도가 대체로 낮은 편이다.   (   )

(3) A는 C보다 일주일 동안 운동을 더 많이 한다.
(   )

(4) 일주일 운동 시간에 비하여 비만도가 높은 학생은 C 이다.   (   )

[01~02] 오른쪽 산점도는 어느 산부인과에서 태어난 신생아 15명의 몸무게와 머리 둘레를 조사하여 나타낸 것이다. 다음 물음에 답하시오.

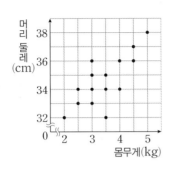

01 몸무게가 4 kg 이상이고 머리 둘레가 36 cm 이상인 신생아의 수를 구하시오.

02 머리 둘레가 33 cm 이하인 신생아들의 몸무게의 평균을 구하시오.

03 오른쪽 산점도는 학생 15명의 수학 점수와 영어 점수를 조사하여 나타낸 것이다. 다음을 만족하는 a, b, c에 대하여 $a+b+c$의 값을 구하시오.

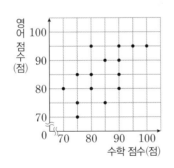

- 수학 점수와 영어 점수가 모두 80점 미만인 학생 수는 a명이다.
- 수학 점수와 영어 점수가 같은 학생 수는 b명이다.
- 수학 점수보다 영어 점수가 좋은 학생은 전체의 c %이다.

[04~06] 오른쪽 산점도는 어느 로봇 대회에 참가한 20팀의 1차 경기와 2차 경기의 점수를 조사하여 나타낸 것이다. 다음 물음에 답하시오.

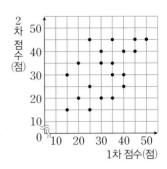

04 두 차례 경기 점수의 차가 가장 큰 팀의 점수의 차를 구하시오.

05 두 차례 경기 점수 중 적어도 한 점수가 35점 이하인 팀의 수를 구하시오.

06 두 차례 경기 점수의 평균이 40점 이상인 팀이 결선에 진출한다고 할 때, 결선에 진출하는 팀은 전체의 몇 %인지 구하시오.

07 다음 **보기**의 설명 중 옳은 것을 모두 고르시오.

┤ 보기 ├
ㄱ. 산점도는 두 변량 사이의 관계를 알아보는 그림이다.
ㄴ. 두 변량의 평균이 어떤 관계를 가지는지 산점도로 확인할 수 있다.
ㄷ. 점들이 오른쪽 아래로 향하는 직선에 가까이 분포되어 있는 산점도는 양의 상관관계를 나타낸다.
ㄹ. 강한 상관관계를 나타내는 산점도는 약한 상관관계를 나타내는 산점도보다 점들이 한 직선 주위에 밀집되어 있다.

[08~09] 오른쪽 산점도는 학생들의 하루 평균 컴퓨터 게임 시간과 수학 성적을 조사하여 나타낸 것이다. 다음 물음에 답하시오.

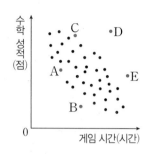

08 하루 평균 컴퓨터 게임 시간과 수학 성적 사이에는 어떤 상관관계가 있는지 말하시오.

09 다음 중 하루 평균 컴퓨터 게임 시간에 비하여 수학 성적이 좋은 학생은?

① A   ② B   ③ C
④ D   ⑤ E

10 다음 중 책의 두께와 무게 사이의 상관관계와 가장 유사한 상관관계를 갖는 것은?

① 노동 시간과 여가 시간
② 인구수와 장마 기간
③ 흡연의 양과 폐암 발생률
④ 겨울철 기온과 난방비
⑤ 하루 TV 시청 시간과 공부 시간

11 오른쪽 산점도는 어느 지역 20가구의 가구별 한 달 전기 사용량과 수도 사용량을 조사하여 나타낸 것이다. 다음 설명 중 옳지 않은 것을 모두 고르면?

(정답 2개)

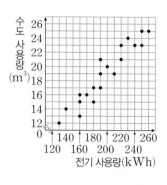

① 한 달 전기 사용량과 수도 사용량은 양의 상관관계가 있다.
② 한 달 전기 사용량이 적을수록 대체로 수도 사용량은 많다.
③ 한 달 전기 사용량이 200 kWh 이상이면서 수도 사용량이 20 m³ 이상인 가구의 수는 8가구이다.
④ 한 달 전기 사용량이 160 kWh 이하인 가구의 수도 사용량의 평균은 14 m³이다.
⑤ 한 달 전기 사용량이 250 kWh 초과인 가구에게 누진세를 적용할 때 누진세를 적용할 가구는 전체의 15 %이다.

12 오른쪽 산점도는 학생 15명의 1차, 2차의 음악 실기 평가의 점수를 조사하여 나타낸 것이다. 다음 조건을 모두 만족하는 학생은 전체의 몇 %인지 구하시오.

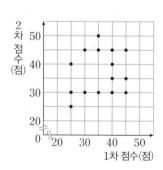

(가) 1차 점수가 2차 점수보다 높다.
(나) 두 차례 평가의 점수의 차가 10점 이상이다.

Memo

Memo

올리드

익힘교재편 중등 수학 3(하)

Contact Mirae-N
www.mirae-n.com
(우)06532 서울시 서초구 신반포로 321
1800-8890

수학 EASY 개념서

개념이 수학의 전부다! 술술 읽으며 개념 잡는 EASY 개념서

수학   0_초등 핵심 개념,
      1_1(상), 2_1(하),
      3_2(상), 4_2(하),
      5_3(상), 6_3(하)

수학 필수 유형서

 유형완성

체계적인 유형별 학습으로 실전에서 더욱 강력하게!

수학   1(상), 1(하), 2(상), 2(하), 3(상), 3(하)

미래엔 교과서 연계 도서

자습서

 자습서

핵심 정리와 적중 문제로 완벽한 자율학습!

국어	1-1, 1-2, 2-1, 2-2, 3-1, 3-2	역사	①, ②
영어	1, 2, 3	도덕	①, ②
수학	1, 2, 3	과학	1, 2, 3
사회	①, ②	기술·가정	①, ②
		생활 일본어, 생활 중국어, 한문	

평가 문제집

 평가 문제집

정확한 학습 포인트와 족집게 예상 문제로 완벽한 시험 대비!

국어	1-1, 1-2, 2-1, 2-2, 3-1, 3-2
영어	1-1, 1-2, 2-1, 2-2, 3-1, 3-2
사회	①, ②
역사	①, ②
도덕	①, ②
과학	1, 2, 3

내신 대비 문제집

 시험직보 문제집

내신 만점을 위한 시험 직전에 보는 문제집

국어   1-1, 1-2, 2-1, 2-2, 3-1, 3-2

예비 고1을 위한 고등 도서

룩 LOOK

이미지 연상으로 필수 개념을 쉽게 익히는
비주얼 개념서

국어   문법
영어   분석독해

손쉬운

작품 이해에서 문제 해결까지
손쉬운 비법을 담은 문학 입문서

현대 문학, 고전 문학

수학중심

개념과 유형을 한 번에 잡는
개념 기본서

고등 수학(상), 고등 수학(하),
수학Ⅰ, 수학Ⅱ, 확률과 통계, 미적분, 기하

유형중심

체계적인 유형별 학습으로
실전에서 더욱 강력한 문제 기본서

고등 수학(상), 고등 수학(하),
수학Ⅰ, 수학Ⅱ, 확률과 통계, 미적분

올리드

탄탄한 개념 설명, 자신있는 실전 문제

사회   통합사회, 한국사
과학   통합과학

수학 개념을 쉽게 이해하는 방법?
개념수다로 시작하자!

수학의 진짜 실력자가 되는 비결 -
나에게 딱 맞는 개념서를 술술 읽으며 시작하자!

개념 이해
친구와 수다 떨듯 쉽고 재미있게,
베테랑 선생님의 동영상 강의로 완벽하게

개념 확인·정리
깔끔하게 구조화된 문제로 개념을 확인하고,
개념 전체의 흐름을 한 번에 정리

개념 끝장
온라인을 통해 개개인별 성취도 분석과
틀린 문항에 대한 맞춤 클리닉 제공

| 추천 대상 |
• 중등 수학 과정을 예습하고 싶은 초등 5~6학년
• 중등 수학을 어려워하는 중학생

수학은 순서를 따라 학습해야 효과적이므로,
초등 수학부터 꼼꼼하게 공부해 보자.

개념이 수학의 전부다
수학 개념을 제대로 공부하는 EASY 개념서

개념수다 시리즈 (전7책)

0_초등 핵심 개념
1_중등 수학 1(상), 2_중등 수학 1(하)
3_중등 수학 2(상), 4_중등 수학 2(하)
5_중등 수학 3(상), 6_중등 수학 3(하)

초등 핵심 개념
한 권으로 빠르게 정리!

1 쉽고 체계적인
개념 설명

교과서 필수 개념을 세분화하여 구성한
도식화, 도표화한 개념 정리를 통해 쉽게
개념을 이해하고 수학의 원리를 익힙니다.

2 개념 1쪽, 문제 1쪽의
2쪽 개념 학습

교과서 개념을 학습한 후 문제를 풀며
부족한 개념을 확인하고 문제를 해결하는
데 필요한 개념과 전략을 바로 익힙니다.

3 완벽한
문제 해결력 신장

유형에 대한 반복 학습과 시험에 꼭 나오
는 적중 문제, 출제율이 높은 서술형 문제
를 공략하며 시험에 완벽하게 대비합니다.

Mirae N 에듀

신뢰받는 미래엔
미래엔은 "Better Content, Better Life" 미션 실행을 위해
탄탄한 콘텐츠의 교과서와 참고서를 발간합니다.

소통하는 미래엔
미래엔의 [도서 오류] [정답 및 해설] [도서 내용 문의] 등은
홈페이지를 통해서 확인이 가능합니다.

Contact Mirae-N
www.mirae-n.com
(우)06532 서울시 서초구 신반포로 321
1800-8890

개념 잡고 성적 올리는 필수 개념서

올리드

바른답·
알찬풀이

개념교재편과 익힘교재편의 **정답 및 풀이**를 제공합니다.

중등 **수학3**(하)

올리드 100점 전략

개념을 꽉
잡아라!
+
문제를 싹
잡아라!
+
시험을 확
잡아라!
+
오답을 꼭
잡아라!

Mirae N 에듀

올리드 100점 전략

1 교과서 개념을 알차게 정리한 **30개의 개념 꽉 잡기** ⸱⸱⸱⸱⸱⸱⸱⸱⸱⸱⸱⸱⸱⸱⸱⸱⸱⸱⸱⸱⸱⸱⸱⸱⸱⸱ **● 개념교재편**

2 개념별 대표 문제부터 실전 문제까지 **체계적인 유형 학습으로 문제 싹 잡기**

3 핵심 문제부터 기출 문제까지 **완벽한 반복 학습으로 시험 확 잡기** ⸱⸱⸱⸱⸱⸱⸱⸱⸱⸱ **● 익힘교재편**

4 문제별 특성에 맞춘 **자세하고 친절한 풀이로 오답 꼭 잡기** ⸱⸱⸱⸱⸱⸱⸱⸱⸱⸱⸱⸱⸱⸱⸱⸱⸱⸱⸱⸱⸱⸱⸱⸱⸱ **● 바른답·알찬풀이**

바른답·알찬풀이

중등 **수학 3**(하)

01 삼각비

❶ 삼각비

개념 01 삼각비의 뜻

개념 확인하기 8쪽

1 답 (1) $\dfrac{5}{13}$ (2) $\dfrac{12}{13}$ (3) $\dfrac{5}{12}$ (4) $\dfrac{12}{13}$ (5) $\dfrac{5}{13}$ (6) $\dfrac{12}{5}$

(1) $\sin A = \dfrac{\overline{BC}}{\overline{AC}} = \dfrac{5}{13}$　(2) $\cos A = \dfrac{\overline{AB}}{\overline{AC}} = \dfrac{12}{13}$

(3) $\tan A = \dfrac{\overline{BC}}{\overline{AB}} = \dfrac{5}{12}$　(4) $\sin C = \dfrac{\overline{AB}}{\overline{AC}} = \dfrac{12}{13}$

(5) $\cos C = \dfrac{\overline{BC}}{\overline{AC}} = \dfrac{5}{13}$　(6) $\tan C = \dfrac{\overline{AB}}{\overline{BC}} = \dfrac{12}{5}$

대표문제 9쪽

01 답 (1) 12, 15　(2) $\dfrac{4}{5}$　(3) $\dfrac{3}{5}$

(2) $\sin A = \dfrac{\overline{BC}}{\overline{AC}} = \dfrac{12}{15} = \dfrac{4}{5}$

(3) $\cos A = \dfrac{\overline{AB}}{\overline{AC}} = \dfrac{9}{15} = \dfrac{3}{5}$

이것만은 꼭!

피타고라스 정리
직각삼각형에서 직각을 낀 두 변의 길이를
각각 a, b라 하고 빗변의 길이를 c라 하면
$$a^2 + b^2 = c^2$$
이 성립한다.

⇨ $a = \sqrt{c^2 - b^2},\ b = \sqrt{c^2 - a^2},\ c = \sqrt{a^2 + b^2}$

02 답 $\sin B = \dfrac{1}{2}$, $\cos B = \dfrac{\sqrt{3}}{2}$, $\tan B = \dfrac{\sqrt{3}}{3}$

피타고라스 정리에 의하여
$\overline{AC} = \sqrt{4^2 - (2\sqrt{3})^2} = \sqrt{4} = 2$

∴ $\sin B = \dfrac{\overline{AC}}{\overline{AB}} = \dfrac{2}{4} = \dfrac{1}{2}$

　$\cos B = \dfrac{\overline{BC}}{\overline{AB}} = \dfrac{2\sqrt{3}}{4} = \dfrac{\sqrt{3}}{2}$

　$\tan B = \dfrac{\overline{AC}}{\overline{BC}} = \dfrac{2}{2\sqrt{3}} = \dfrac{\sqrt{3}}{3}$

03 답 풀이 참조

$\sin A = \dfrac{\overline{BC}}{\boxed{6}}$이므로

$\dfrac{\overline{BC}}{6} = \boxed{\dfrac{2}{3}}$　∴ $\overline{BC} = \boxed{4}$

이때 피타고라스 정리에 의하여
$\overline{AB} = \sqrt{\overline{AC}^2 - \overline{BC}^2} = \sqrt{6^2 - \boxed{4}^2} = \sqrt{20} = \boxed{2\sqrt{5}}$

04 답 (1) $\overline{BC} = 6$, $\overline{AC} = 4\sqrt{2}$　(2) $\dfrac{1}{3}$　(3) $\dfrac{2\sqrt{2}}{3}$

(1) $\cos B = \dfrac{2}{\overline{BC}}$이므로

　$\dfrac{2}{\overline{BC}} = \dfrac{1}{3}$　∴ $\overline{BC} = 6$

　이때 피타고라스 정리에 의하여
　$\overline{AC} = \sqrt{\overline{BC}^2 - \overline{AB}^2} = \sqrt{6^2 - 2^2} = \sqrt{32} = 4\sqrt{2}$

(2) $\sin C = \dfrac{\overline{AB}}{\overline{BC}} = \dfrac{2}{6} = \dfrac{1}{3}$

(3) $\cos C = \dfrac{\overline{AC}}{\overline{BC}} = \dfrac{4\sqrt{2}}{6} = \dfrac{2\sqrt{2}}{3}$

05 답 그림은 풀이 참조　(1) $\dfrac{12}{13}$　(2) $\dfrac{12}{5}$

$\cos A = \dfrac{5}{13}$이므로 오른쪽 그림과 같이

$\angle B = 90°$, $\overline{AC} = 13$, $\overline{AB} = 5$
인 직각삼각형 ABC를 생각할 수 있다.
이때 피타고라스 정리에 의하여
$\overline{BC} = \sqrt{13^2 - 5^2} = \sqrt{144} = 12$

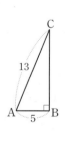

(1) $\sin A = \dfrac{\overline{BC}}{\overline{AC}} = \dfrac{12}{13}$

(2) $\tan A = \dfrac{\overline{BC}}{\overline{AB}} = \dfrac{12}{5}$

06 답 $\sin A = \dfrac{\sqrt{5}}{3}$, $\cos A = \dfrac{2}{3}$

$\tan A = \dfrac{\sqrt{5}}{2}$이므로 오른쪽 그림과 같이

$\angle B = 90°$, $\overline{AB} = 2$, $\overline{BC} = \sqrt{5}$
인 직각삼각형 ABC를 생각할 수 있다.
이때 피타고라스 정리에 의하여
$\overline{AC} = \sqrt{2^2 + (\sqrt{5})^2} = \sqrt{9} = 3$

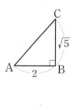

∴ $\sin A = \dfrac{\overline{BC}}{\overline{AC}} = \dfrac{\sqrt{5}}{3}$

　$\cos A = \dfrac{\overline{AB}}{\overline{AC}} = \dfrac{2}{3}$

개념 02 직각삼각형의 닮음과 삼각비의 값

개념 **확인하기** ·· 10쪽

1 답 풀이 참조

(1) $\sin A = \dfrac{\overline{BC}}{\overline{AC}} = \dfrac{\boxed{\overline{BD}}}{\overline{AB}}$

(2) $\cos A = \dfrac{\boxed{\overline{AB}}}{\overline{AC}} = \dfrac{\overline{AD}}{\boxed{\overline{AB}}}$

(3) $\tan A = \dfrac{\overline{BC}}{\boxed{\overline{AB}}} = \dfrac{\boxed{\overline{BD}}}{\overline{AD}}$

대표문제 ·· 11쪽

01 답 풀이 참조

❶ △ABC와 △EDC에서

$\boxed{\angle C}$는 공통,

$\angle BAC = \boxed{\angle DEC}$이므로

△ABC∽$\boxed{\triangle EDC}$ (AA 닮음)

❷ $x° = \angle EDC = \boxed{\angle ABC}$

❸ $\sin x° = \sin \boxed{B} = \dfrac{\overline{AC}}{\overline{BC}} = \dfrac{\boxed{15}}{17}$

02 답 (1) △EBD (2) ∠ACB

(3) $\sin x° = \dfrac{4}{5}$, $\cos x° = \dfrac{3}{5}$, $\tan x° = \dfrac{4}{3}$

(1) △ABC와 △EBD에서

∠B는 공통, ∠BAC = ∠BED이므로

△ABC∽△EBD (AA 닮음)

(2) $x° = \angle EDB = \angle ACB$이므로

$x°$와 크기가 같은 각은 ∠ACB이다.

(3) 직각삼각형 ABC에서

$\overline{AB} = \sqrt{5^2 - 3^2} = \sqrt{16} = 4$

∴ $\sin x° = \sin C = \dfrac{\overline{AB}}{\overline{BC}} = \dfrac{4}{5}$

$\cos x° = \cos C = \dfrac{\overline{AC}}{\overline{BC}} = \dfrac{3}{5}$

$\tan x° = \tan C = \dfrac{\overline{AB}}{\overline{AC}} = \dfrac{4}{3}$

03 답 2

△ABC∽△EDC (AA 닮음)이므로

$x° = \angle DEC = \angle BAC$

직각삼각형 ABC에서

$\overline{BC} = \sqrt{(\sqrt{5})^2 - 1^2} = \sqrt{4} = 2$

∴ $\tan x° = \tan A = \dfrac{\overline{BC}}{\overline{AB}} = 2$

04 답 풀이 참조

❶ △ABC와 △DBA에서

$\boxed{\angle B}$는 공통,

$\angle BAC = \boxed{\angle BDA}$이므로

△ABC∽$\boxed{\triangle DBA}$ (AA 닮음)

❷ $x° = \angle DAB = \boxed{\angle ACB}$

❸ $\cos x° = \cos \boxed{C} = \dfrac{\overline{AC}}{\boxed{\overline{BC}}} = \dfrac{2}{3}$

05 답 (1) $\dfrac{3}{5}$ (2) $\dfrac{4}{5}$ (3) $\dfrac{3}{4}$

△ABC∽△DAC (AA 닮음)이므로

$x° = \angle CAD = \angle CBA$

직각삼각형 ABC에서

$\overline{BC} = \sqrt{8^2 + 6^2} = \sqrt{100} = 10$

(1) $\sin x° = \sin B = \dfrac{\overline{AC}}{\overline{BC}} = \dfrac{6}{10} = \dfrac{3}{5}$

(2) $\cos x° = \cos B = \dfrac{\overline{AB}}{\overline{BC}} = \dfrac{8}{10} = \dfrac{4}{5}$

(3) $\tan x° = \tan B = \dfrac{\overline{AC}}{\overline{AB}} = \dfrac{6}{8} = \dfrac{3}{4}$

06 답 $\dfrac{2\sqrt{5}}{5}$

△ABD∽△HBA (AA 닮음)이므로

$x° = \angle BAH = \angle BDA$

직각삼각형 ABD에서

$\overline{BD} = \sqrt{4^2 + 2^2} = \sqrt{20} = 2\sqrt{5}$이므로

$\cos x° = \cos(\angle BDA) = \dfrac{\overline{AD}}{\overline{BD}}$

$= \dfrac{4}{2\sqrt{5}} = \dfrac{2\sqrt{5}}{5}$

소단원 핵심문제 ·· 12쪽

01 ⑤   **02** $4\sqrt{21}$ cm²   **03** $\dfrac{2\sqrt{6}}{5}$

04 (1) $\sqrt{3}$ (2) $\dfrac{16}{17}$

05 (1) $\overline{FH} = 4\sqrt{2}$ cm, $\overline{DF} = 6$ cm (2) $\dfrac{2\sqrt{2}}{3}$

01 피타고라스 정리에 의하여

$$\overline{BC}=\sqrt{6^2-5^2}=\sqrt{11}$$

① $\sin A=\dfrac{\overline{BC}}{\overline{AC}}=\dfrac{\sqrt{11}}{6}$　② $\cos A=\dfrac{\overline{AB}}{\overline{AC}}=\dfrac{5}{6}$

③ $\tan A=\dfrac{\overline{BC}}{\overline{AB}}=\dfrac{\sqrt{11}}{5}$　④ $\sin C=\dfrac{\overline{AB}}{\overline{AC}}=\dfrac{5}{6}$

⑤ $\cos C=\dfrac{\overline{BC}}{\overline{AC}}=\dfrac{\sqrt{11}}{6}$

따라서 옳지 않은 것은 ⑤이다.

02 $\sin A=\dfrac{4}{\overline{AC}}$이므로

$$\dfrac{4}{\overline{AC}}=\dfrac{2}{5}\qquad\therefore \overline{AC}=10(\text{cm})$$

이때 피타고라스 정리에 의하여

$$\overline{AB}=\sqrt{\overline{AC}^2-\overline{BC}^2}=\sqrt{10^2-4^2}$$
$$=\sqrt{84}=2\sqrt{21}\,(\text{cm})$$
$$\therefore \triangle ABC=\dfrac{1}{2}\times 2\sqrt{21}\times 4$$
$$=4\sqrt{21}\,(\text{cm}^2)$$

03 $\cos A=\dfrac{5}{7}$이므로 오른쪽 그림과 같이

$\angle B=90°$, $\overline{AC}=7$, $\overline{AB}=5$

인 직각삼각형 ABC를 생각할 수 있다.

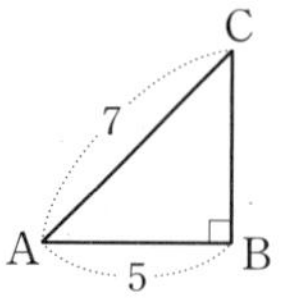

이때 피타고라스 정리에 의하여

$\overline{BC}=\sqrt{7^2-5^2}=\sqrt{24}=2\sqrt{6}$이므로

$$\tan A=\dfrac{\overline{BC}}{\overline{AB}}=\dfrac{2\sqrt{6}}{5}$$

04 (1) $\triangle ABC \sim \triangle EBD$ (AA 닮음)이므로

$x°=\angle ACB=\angle EDB$

직각삼각형 BED에서

$\overline{BE}=\sqrt{2^2-1^2}=\sqrt{3}$이므로

$$\sin x°=\sin(\angle EDB)=\dfrac{\overline{BE}}{\overline{BD}}=\dfrac{\sqrt{3}}{2}$$
$$\cos y°=\cos B=\dfrac{\overline{BE}}{\overline{BD}}=\dfrac{\sqrt{3}}{2}$$
$$\therefore \sin x°+\cos y°=\dfrac{\sqrt{3}}{2}+\dfrac{\sqrt{3}}{2}=\sqrt{3}$$

(2) $\triangle ABC \sim \triangle DAC$ (AA 닮음)이므로

$x°=\angle DAC=\angle ABC$

직각삼각형 ABC에서

$\overline{BC}=\sqrt{15^2+8^2}=\sqrt{289}=17$이므로

$$\sin x°=\sin B=\dfrac{\overline{AC}}{\overline{BC}}=\dfrac{8}{17}$$

또, $\triangle ABC \sim \triangle DBA$ (AA 닮음)이므로

$y°=\angle DAB=\angle ACB$

$$\cos y°=\cos C=\dfrac{\overline{AC}}{\overline{BC}}=\dfrac{8}{17}$$

$$\therefore \sin x°+\cos y°=\dfrac{8}{17}+\dfrac{8}{17}=\dfrac{16}{17}$$

05 (1) 직각삼각형 FGH에서

$$\overline{FH}=\sqrt{4^2+4^2}=\sqrt{32}=4\sqrt{2}\,(\text{cm})$$

직각삼각형 DFH에서

$$\overline{DF}=\sqrt{\overline{FH}^2+\overline{DH}^2}=\sqrt{(4\sqrt{2})^2+2^2}$$
$$=\sqrt{36}=6(\text{cm})$$

(2) $\cos x°=\dfrac{\overline{FH}}{\overline{DF}}=\dfrac{4\sqrt{2}}{6}=\dfrac{2\sqrt{2}}{3}$

> **이것만은 꼭!**
>
> **입체도형에서 삼각비의 값 구하기**
> 입체도형에서 삼각비의 값은 다음과 같은 순서로 구한다.
> ❶ 입체도형에서 직각삼각형을 찾는다.
> ❷ 피타고라스 정리를 이용하여 변의 길이를 구한다.
> ❸ 삼각비의 값을 구한다.

② 삼각비의 값

개념 **03** 30°, 45°, 60°의 삼각비의 값

개념 확인하기 ······································· 13쪽

1 답 (1) $\dfrac{1}{2}$, 1　(2) $\dfrac{\sqrt{2}}{2}$, 0　(3) $\dfrac{\sqrt{3}}{3}$, $\dfrac{\sqrt{3}}{2}$, $\dfrac{1}{2}$

대표문제  14쪽

01 답 (1) $-\dfrac{1}{2}$　(2) $\dfrac{3}{4}$　(3) 0

(1) $\cos 60°-\tan 45°=\dfrac{1}{2}-1=-\dfrac{1}{2}$

(2) $\sin 60°\times\cos 30°=\dfrac{\sqrt{3}}{2}\times\dfrac{\sqrt{3}}{2}=\dfrac{3}{4}$

(3) $\sin 30°-\cos 30°\div\tan 60°$
$$=\dfrac{1}{2}-\dfrac{\sqrt{3}}{2}\div\sqrt{3}$$
$$=\dfrac{1}{2}-\dfrac{\sqrt{3}}{2}\times\dfrac{1}{\sqrt{3}}=0$$

02 📘 (1) 30 (2) 30 (3) 60 (4) 45

(1) $\sin 30° = \dfrac{1}{2}$ 이므로 $x = 30$

(2) $\cos 30° = \dfrac{\sqrt{3}}{2}$ 이므로 $x = 30$

(3) $\tan 60° = \sqrt{3}$ 이므로 $x = 60$

(4) $\sin 45° = \dfrac{\sqrt{2}}{2}$ 이므로 $x = 45$

03 📘 25

$\sin 60° = \dfrac{\sqrt{3}}{2}$ 이므로 $2x° + 10° = 60°$

$2x° = 50°$ $\therefore x = 25$

04 📘 (1) 풀이 참조 (2) $x = 2$, $y = \sqrt{2}$

(1) $\cos 30° = \dfrac{x}{8}$ 이므로

$\boxed{\dfrac{\sqrt{3}}{2}} = \dfrac{x}{8}$ $\therefore x = \boxed{4\sqrt{3}}$

$\sin 30° = \dfrac{y}{8}$ 이므로

$\boxed{\dfrac{1}{2}} = \dfrac{y}{8}$ $\therefore y = \boxed{4}$

(2) $\cos 45° = \dfrac{\sqrt{2}}{x}$ 이므로

$\dfrac{\sqrt{2}}{2} = \dfrac{\sqrt{2}}{x}$ $\therefore x = 2$

$\tan 45° = \dfrac{y}{\sqrt{2}}$ 이므로

$1 = \dfrac{y}{\sqrt{2}}$ $\therefore y = \sqrt{2}$

05 📘 (1) $\sqrt{3}$ cm (2) 2 cm

(1) 직각삼각형 ABD에서

$\sin 45° = \dfrac{\overline{AD}}{\sqrt{6}}$ 이므로

$\dfrac{\sqrt{2}}{2} = \dfrac{\overline{AD}}{\sqrt{6}}$ $\therefore \overline{AD} = \sqrt{3}\,(\mathrm{cm})$

(2) 직각삼각형 ADC에서

$\sin 60° = \dfrac{\overline{AD}}{\overline{AC}}$ 이므로

$\dfrac{\sqrt{3}}{2} = \dfrac{\sqrt{3}}{\overline{AC}}$ $\therefore \overline{AC} = 2\,(\mathrm{cm})$

이것만은 꼭!
특수한 각의 삼각비의 값 이용하기
① 빗변의 길이를 알 때 높이 구하기   ⇨ sin 이용
② 빗변의 길이를 알 때 밑변의 길이 구하기 ⇨ cos 이용
③ 밑변의 길이를 알 때 높이 구하기   ⇨ tan 이용

06 📘 $\dfrac{4\sqrt{6}}{3}$ cm

직각삼각형 ABC에서

$\sin 45° = \dfrac{4}{\overline{BC}}$ 이므로

$\dfrac{\sqrt{2}}{2} = \dfrac{4}{\overline{BC}}$ $\therefore \overline{BC} = 4\sqrt{2}\,(\mathrm{cm})$

직각삼각형 BCD에서

$\tan 30° = \dfrac{\overline{CD}}{\overline{BC}}$ 이므로

$\dfrac{\sqrt{3}}{3} = \dfrac{\overline{CD}}{4\sqrt{2}}$ $\therefore \overline{CD} = \dfrac{4\sqrt{6}}{3}\,(\mathrm{cm})$

개념 04 예각의 삼각비의 값

개념 확인하기 15쪽

1 📘 풀이 참조

(1) $\sin x° = \dfrac{\overline{AB}}{\overline{OA}} = \dfrac{\overline{AB}}{1} = \boxed{\overline{AB}}$

(2) $\tan x° = \dfrac{\boxed{\overline{CD}}}{\overline{OD}} = \dfrac{\overline{CD}}{\boxed{1}} = \boxed{\overline{CD}}$

(3) $\sin y° = \dfrac{\overline{OB}}{\boxed{\overline{OA}}} = \dfrac{\overline{OB}}{1} = \boxed{\overline{OB}}$

(4) $\cos y° = \dfrac{\boxed{\overline{AB}}}{\overline{OA}} = \dfrac{\overline{AB}}{1} = \boxed{\overline{AB}}$

대표문제 16쪽

01 📘 (1) ○ (2) × (3) ○ (4) × (5) ○ (6) ×

(1) $\sin x° = \dfrac{\overline{AB}}{\overline{OA}} = \dfrac{\overline{AB}}{1} = \overline{AB}$

(2) $\cos x° = \dfrac{\overline{OB}}{\overline{OA}} = \dfrac{\overline{OB}}{1} = \overline{OB}$

(3) $\sin y° = \dfrac{\overline{OB}}{\overline{OA}} = \dfrac{\overline{OB}}{1} = \overline{OB}$

(4) $\overline{AB} /\!/ \overline{CD}$ 이므로 $\angle OAB = \angle OCD$ (동위각)

$\therefore y° = z°$

$\therefore \tan y° = \tan z° = \dfrac{\overline{OD}}{\overline{CD}} = \dfrac{1}{\overline{CD}}$

(5) $\cos z° = \cos y° = \dfrac{\overline{AB}}{\overline{OA}} = \dfrac{\overline{AB}}{1} = \overline{AB}$

(6) $\sin z° = \sin y° = \dfrac{\overline{OB}}{\overline{OA}} = \dfrac{\overline{OB}}{1} = \overline{OB}$

$\cos y° = \dfrac{\overline{AB}}{\overline{OA}} = \dfrac{\overline{AB}}{1} = \overline{AB}$

$\therefore \sin z° \neq \cos y°$

02 답 ③

$\overline{AB} /\!/ \overline{CD}$이므로 $\angle OAB = \angle OCD = y°$ (동위각)

① $\sin x° = \dfrac{\overline{AB}}{\overline{OA}} = \dfrac{\overline{AB}}{1} = \overline{AB}$

② $\cos x° = \dfrac{\overline{OB}}{\overline{OA}} = \dfrac{\overline{OB}}{1} = \overline{OB}$

③ $\sin y° = \sin (\angle OAB)$

$\quad = \dfrac{\overline{OB}}{\overline{OA}} = \dfrac{\overline{OB}}{1} = \overline{OB}$

④ $\cos y° = \cos (\angle OAB)$

$\quad = \dfrac{\overline{AB}}{\overline{OA}} = \dfrac{\overline{AB}}{1} = \overline{AB}$

⑤ $\tan y° = \dfrac{\overline{OD}}{\overline{CD}} = \dfrac{1}{\overline{CD}}$

따라서 옳은 것은 ③이다.

03 답 (1) 풀이 참조　(2) 0.5736　(3) 1.4281

(1) $\sin 55° = \dfrac{\overline{AB}}{\boxed{\overline{OA}}} = \dfrac{\overline{AB}}{1} = \boxed{\overline{AB}} = \boxed{0.8192}$

(2) $\cos 55° = \dfrac{\overline{OB}}{\overline{OA}} = \dfrac{\overline{OB}}{1} = \overline{OB} = 0.5736$

(3) $\tan 55° = \dfrac{\overline{CD}}{\overline{OD}} = \dfrac{\overline{CD}}{1} = \overline{CD} = 1.4281$

04 답 (1) 풀이 참조　(2) 0.6428

(1) $\sin 50° = \dfrac{\overline{OB}}{\boxed{\overline{OA}}} = \dfrac{\overline{OB}}{1} = \boxed{\overline{OB}} = \boxed{0.7660}$

(2) $\cos 50° = \dfrac{\overline{AB}}{\overline{OA}} = \dfrac{\overline{AB}}{1} = \overline{AB} = 0.6428$

05 답 (1) 0　(2) 1.15

직각삼각형 AOB에서

$\angle OAB = 90° - 32° = 58°$

(1) $\sin 58° = \dfrac{\overline{OB}}{\overline{OA}} = \dfrac{\overline{OB}}{1} = \overline{OB} = 0.85$

$\cos 32° = \dfrac{\overline{OB}}{\overline{OA}} = \dfrac{\overline{OB}}{1} = \overline{OB} = 0.85$

$\therefore \sin 58° - \cos 32° = 0.85 - 0.85$

$\qquad\qquad\qquad\quad = 0$

(2) $\tan 32° = \dfrac{\overline{CD}}{\overline{OD}} = \dfrac{\overline{CD}}{1} = \overline{CD} = 0.62$

$\cos 58° = \dfrac{\overline{AB}}{\overline{OA}} = \dfrac{\overline{AB}}{1} = \overline{AB} = 0.53$

$\therefore \tan 32° + \cos 58° = 0.62 + 0.53$

$\qquad\qquad\qquad\qquad = 1.15$

개념 05 $0°, 90°$의 삼각비의 값

개념 확인하기 17쪽

1 답

삼각비 \ A	$0°$	$30°$	$45°$	$60°$	$90°$
$\sin A$	0	$\dfrac{1}{2}$	$\dfrac{\sqrt{2}}{2}$	$\dfrac{\sqrt{3}}{2}$	1
$\cos A$	1	$\dfrac{\sqrt{3}}{2}$	$\dfrac{\sqrt{2}}{2}$	$\dfrac{1}{2}$	0
$\tan A$	0	$\dfrac{\sqrt{3}}{3}$	1	$\sqrt{3}$	정할 수 없다.

대표문제 18쪽

01 답 (1) 0　(2) 1　(3) -1　(4) -2

(1) $\sin 0° + \cos 90° = 0 + 0 = 0$

(2) $\sin 90° \times \cos 0° = 1 \times 1 = 1$

(3) $\cos 90° - 2\sin 30° = 0 - 2 \times \dfrac{1}{2}$

$\qquad\qquad\qquad\qquad = -1$

(4) $(\tan 0° - \cos 0°) \div \cos 60°$

$\quad = (0 - 1) \div \dfrac{1}{2} = (-1) \times 2 = -2$

02 답 1

$\tan 0° = 0$이므로 $x = 0$

$\therefore \sin x° + \cos x° = \sin 0° + \cos 0°$

$\qquad\qquad\qquad\quad = 0 + 1 = 1$

03 답 (1) ○　(2) ×　(3) ×

(1) $0° \le A \le 90°$인 범위에서 A의 크기가 커지면 $\sin A$의 값도 커진다.

(2) $0° \le A \le 90°$인 범위에서 A의 크기가 커지면 $\cos A$의 값은 작아진다.

(3) $0° \le A < 90°$인 범위에서 A의 크기가 커지면 $\tan A$의 값도 커진다.

04 📝 (1) < (2) > (3) < (4) =

(1) $0° \leq x° \leq 90°$인 범위에서 x의 값이 커지면 $\sin x°$의 값도
　커지므로 $\sin 50° < \sin 55°$

(2) $0° \leq x° \leq 90°$인 범위에서 x의 값이 커지면 $\cos x°$의 값은
　작아지므로 $\cos 20° > \cos 25°$

(3) $0° \leq x° < 90°$인 범위에서 x의 값이 커지면 $\tan x°$의 값도
　커지므로 $\tan 15° < \tan 20°$

(4) $\cos 45° = \dfrac{\sqrt{2}}{2}$, $\sin 45° = \dfrac{\sqrt{2}}{2}$이므로
　$\cos 45° = \sin 45°$

05 📝 ⑤

$0° \leq x° \leq 90°$인 범위에서
$0 \leq \sin x° \leq 1$
$0 \leq \cos x° \leq 1$
$\tan 60° = \sqrt{3} > 1$
따라서 그 값이 가장 큰 것은 ⑤ $\tan 60°$이다.

> **이런 풀이 어때요?**
>
> ① $\sin 60° = \dfrac{\sqrt{3}}{2}$　② $\sin 90° = 1$　③ $\cos 60° = \dfrac{1}{2}$
>
> ④ $\cos 90° = 0$　⑤ $\tan 60° = \sqrt{3}$
>
> 따라서 그 값이 가장 큰 것은 ⑤이다.

06 📝 $\sin 25°$, $\sin 80°$, $\cos 0°$, $\tan 50°$

$\sin 25° < \sin 80° < \sin 90° = 1$
$\cos 0° = 1$
$\tan 50° > \tan 45° = 1$
$\therefore \sin 25° < \sin 80° < \cos 0° < \tan 50°$

개념 **06** 삼각비의 표

 19쪽

1 📝 (1) 0.4384　(2) 0.9135　(3) 0.5317　(4) 1.3136

각도	사인(sin)	코사인(cos)	탄젠트(tan)
(2) 24°	0.4067	0.9135	0.4452
25°	0.4226	0.9063	0.4663
(1) 26°	0.4384	0.8988	0.4877
27°	0.4540	0.8910	0.5095
(3) 28°	0.4695	0.8829	0.5317

(4) $\sin 25° + \cos 27° = 0.4226 + 0.8910$
　　　　　　　　$= 1.3136$

대표문제 20쪽

01 📝 (1) 73　(2) 71　(3) 72

각도	사인(sin)	코사인(cos)	탄젠트(tan)
70°	0.9397	0.3420	2.7475
71°	0.9455	0.3256	2.9042
72°	0.9511	0.3090	3.0777
73°	0.9563	0.2924	3.2709

(1) $\sin 73° = 0.9563$이므로 $x = 73$

(2) $\cos 71° = 0.3256$이므로 $x = 71$

(3) $\tan 72° = 3.0777$이므로 $x = 72$

02 📝 2.2621

$\cos 72° + \tan 71° - \sin 72°$
$= 0.3090 + 2.9042 - 0.9511$
$= 2.2621$

03 📝 108

$\sin 55° = 0.8192$이므로 $x = 55$
$\cos 53° = 0.6018$이므로 $y = 53$
$\therefore x + y = 55 + 53 = 108$

04 📝 (1) 풀이 참조　(2) 73.14

(1) $\cos 47° = \dfrac{\overline{AB}}{100}$이므로

　$\boxed{0.6820} = \dfrac{\overline{AB}}{100}$　　$\therefore \overline{AB} = \boxed{68.20}$

(2) $\sin 47° = \dfrac{\overline{BC}}{100}$이므로

　$0.7314 = \dfrac{\overline{BC}}{100}$　　$\therefore \overline{BC} = 73.14$

05 📝 (1) 14.862　(2) 7.1508

(1) $\sin 48° = \dfrac{x}{20}$이므로

　$0.7431 = \dfrac{x}{20}$　　$\therefore x = 14.862$

(2) $\tan 50° = \dfrac{x}{6}$이므로

　$1.1918 = \dfrac{x}{6}$　　$\therefore x = 7.1508$

06 📝 49

$\cos x° = \dfrac{6.561}{10} = 0.6561$이므로
$x = 49$

01 ㄴ, ㄷ	02 $-\dfrac{\sqrt{3}}{12}$	03 $30°$	04 6 cm
05 60	06 2.01	07 1	08 ⑤
09 1	10 14.037		

01 ㄱ. $\sin 60° - \tan 60° = \dfrac{\sqrt{3}}{2} - \sqrt{3} = -\dfrac{\sqrt{3}}{2}$

ㄴ. $\sin 45° \times \cos 30° = \dfrac{\sqrt{2}}{2} \times \dfrac{\sqrt{3}}{2} = \dfrac{\sqrt{6}}{4}$

ㄷ. $\sin 30° = \dfrac{1}{2}$,

$\dfrac{1}{2} \tan 45° = \dfrac{1}{2} \times 1 = \dfrac{1}{2}$ 이므로

$\sin 30° = \dfrac{1}{2} \tan 45°$

ㄹ. $\tan 30° \div \sin 60° = \dfrac{\sqrt{3}}{3} \div \dfrac{\sqrt{3}}{2} = \dfrac{\sqrt{3}}{3} \times \dfrac{2}{\sqrt{3}} = \dfrac{2}{3}$

이상에서 옳은 것은 ㄴ, ㄷ이다.

02 삼각형의 세 내각의 크기의 합은 $180°$이므로

$A = \dfrac{1}{1+2+3} \times 180° = 30°$

$\therefore \sin A \times \cos A - \tan A$

$= \sin 30° \times \cos 30° - \tan 30°$

$= \dfrac{1}{2} \times \dfrac{\sqrt{3}}{2} - \dfrac{\sqrt{3}}{3}$

$= \dfrac{\sqrt{3}}{4} - \dfrac{\sqrt{3}}{3} = -\dfrac{\sqrt{3}}{12}$

03 $\cos A = \dfrac{\overline{AB}}{\overline{AC}} = \dfrac{10\sqrt{3}}{20} = \dfrac{\sqrt{3}}{2}$

$0° < \angle A < 90°$이고

$\cos 30° = \dfrac{\sqrt{3}}{2}$이므로

$\angle A = 30°$

04 직각삼각형 ABC에서

$\tan 30° = \dfrac{3\sqrt{3}}{\overline{AB}}$이므로

$\dfrac{\sqrt{3}}{3} = \dfrac{3\sqrt{3}}{\overline{AB}}$ $\therefore \overline{AB} = 9\,(cm)$

직각삼각형 DBC에서

$\tan 60° = \dfrac{3\sqrt{3}}{\overline{DB}}$이므로

$\sqrt{3} = \dfrac{3\sqrt{3}}{\overline{DB}}$ $\therefore \overline{DB} = 3\,(cm)$

$\therefore \overline{AD} = \overline{AB} - \overline{DB} = 9 - 3 = 6\,(cm)$

이런 풀이 어때요?

직각삼각형 DBC에서 $\sin 60° = \dfrac{3\sqrt{3}}{\overline{CD}}$이므로

$\dfrac{\sqrt{3}}{2} = \dfrac{3\sqrt{3}}{\overline{CD}}$ $\therefore \overline{CD} = 6\,(cm)$

$\triangle ADC$에서

$60° = 30° + \angle ACD$ $\therefore \angle ACD = 30°$

즉, $\triangle ADC$는 이등변삼각형이므로

$\overline{AD} = \overline{CD} = 6$ cm

05 $\sqrt{3}x - y + 1 = 0$에서 $y = \sqrt{3}x + 1$

일차함수 $y = \sqrt{3}x + 1$의 그래프가 x축의 양의 방향과 이루는 예각의 크기가 $a°$이므로

$\tan a° = \sqrt{3}$

이때 $\tan 60° = \sqrt{3}$이므로 $a = 60$

이것만은 꼭!

직선의 기울기와 삼각비의 값

직선 $y = mx + n$이 x축의 양의 방향과 이루는 예각의 크기를 $a°$라 할 때,

(직선의 기울기) $= m$

$= \dfrac{\overline{OB}}{\overline{OA}}$

$= \tan a°$

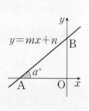

06 $\tan x° = \dfrac{\overline{CD}}{\overline{OD}} = \dfrac{\overline{CD}}{1} = \overline{CD} = 1.23$

$\cos y° = \dfrac{\overline{AB}}{\overline{OA}} = \dfrac{\overline{AB}}{1} = \overline{AB} = 0.78$

$\therefore \tan x° + \cos y° = 1.23 + 0.78 = 2.01$

07 $\cos 90° - \tan 45° \times (\sin 0° - \cos 0°)$

$= 0 - 1 \times (0 - 1)$

$= 1$

08 ① $0° \leq x° \leq 90°$인 범위에서 x의 값이 커지면 $\sin x°$의 값도 커지므로

$\sin 35° < \sin 50°$

② $0° \leq x° \leq 90°$인 범위에서 x의 값이 커지면 $\cos x°$의 값은 작아지므로

$\cos 20° > \cos 60°$

③ $0° \leq x° < 90°$인 범위에서 x의 값이 커지면 $\tan x°$의 값도 커지므로

$\tan 27° < \tan 56°$

④ $0° \leq x° < 45°$인 범위에서 $\sin x° < \cos x°$이므로

$\sin 40° < \cos 40°$

⑤ $\tan 45° = 1$이고

$\cos 90° < \cos 70° < \cos 60°$이므로

$$0 < \cos 70° < \frac{1}{2}$$

$$\therefore \tan 45° > \cos 70°$$

따라서 옳지 않은 것은 ⑤이다.

09 $0° < A < 90°$일 때 $0 < \cos A < 1$이므로

$$-1 < -\cos A < 0$$

$$\therefore 0 < 1 - \cos A < 1$$

$$\therefore \sqrt{(1-\cos A)^2} + \sqrt{\cos^2 A} = (1 - \cos A) + \cos A$$
$$= 1$$

이것만은 꼭!

삼각비의 값의 대소 관계를 이용한 식의 계산

근호 안에 삼각비를 포함한 식의 제곱의 꼴이 있으면 제곱근의 성질을 이용하여 주어진 식을 간단히 정리한다.

$$\sqrt{x^2} = \begin{cases} x \ (x \geq 0) \\ -x \ (x < 0) \end{cases}$$

10 $\cos 38° = \dfrac{x}{10}$이므로

$$0.7880 = \frac{x}{10} \qquad \therefore x = 7.880$$

$\sin 38° = \dfrac{y}{10}$이므로

$$0.6157 = \frac{y}{10} \qquad \therefore y = 6.157$$

$$\therefore x + y = 7.880 + 6.157 = 14.037$$

중단원 마무리 문제 23~25쪽

01 $2\sqrt{7}$ cm	**02** ①	**03** $\dfrac{5}{6}$	**04** $\dfrac{\sqrt{3}}{2}$
05 $-\dfrac{7}{17}$	**06** 3	**07** ②	**08** 50	**09** $\dfrac{1}{2}$
10 $8\sqrt{3}$ cm		**11** (1) $3\sqrt{3}$ cm (2) $27\sqrt{3}$ cm^2	
12 1	**13** ④	**14** 5	**15** ①, ⑤	**16** ④
17 $\cos A$	**18** 86	**19** 0.6820	

01 $\sin A = \dfrac{\overline{BC}}{8}$이므로

$$\frac{\overline{BC}}{8} = \frac{3}{4} \qquad \therefore \overline{BC} = 6 \text{(cm)}$$

따라서 피타고라스 정리에 의하여

$$\overline{AB} = \sqrt{8^2 - 6^2} = \sqrt{28} = 2\sqrt{7} \text{(cm)}$$

02 $\overline{AB} : \overline{BC} = 4 : 3$이므로

$$\overline{AB} = 4t, \ \overline{BC} = 3t \ (t > 0)$$라 하면

피타고라스 정리에 의하여

$$\overline{AC} = \sqrt{(4t)^2 + (3t)^2} = \sqrt{25t^2} = 5t$$

$$\therefore \cos C = \frac{\overline{BC}}{\overline{AC}} = \frac{3t}{5t} = \frac{3}{5}$$

03 $\sin A = \dfrac{2}{3}$이므로 오른쪽 그림과 같이

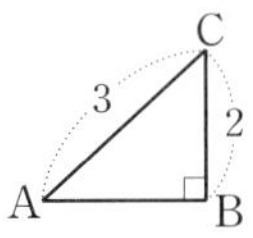

$\angle B = 90°$, $\overline{AC} = 3$, $\overline{BC} = 2$

인 직각삼각형 ABC를 생각할 수 있다.

이때 피타고라스 정리에 의하여

$$\overline{AB} = \sqrt{3^2 - 2^2} = \sqrt{5}$$이므로

$$\cos A = \frac{\overline{AB}}{\overline{AC}} = \frac{\sqrt{5}}{3}$$

$$\tan A = \frac{\overline{BC}}{\overline{AB}} = \frac{2}{\sqrt{5}} = \frac{2\sqrt{5}}{5}$$

$$\therefore \cos A \div \tan A = \frac{\sqrt{5}}{3} \div \frac{2\sqrt{5}}{5} = \frac{\sqrt{5}}{3} \times \frac{5}{2\sqrt{5}} = \frac{5}{6}$$

04 $\triangle ACB \sim \triangle ADE$ (AA 닮음)이므로

$$\angle ABC = \angle AED$$

직각삼각형 ADE에서

$$\overline{AD} = \sqrt{6^2 - 3^2} = \sqrt{27} = 3\sqrt{3} \text{(cm)}$$

$$\therefore \sin B = \sin(\angle AED) = \frac{\overline{AD}}{\overline{DE}} = \frac{3\sqrt{3}}{6} = \frac{\sqrt{3}}{2}$$

05 **전략** $\overline{BD}$를 빗변으로 하는 직각삼각형 ABD와 닮은 삼각형을 찾는다.

직각삼각형 ABD에서

$$\overline{BD} = \sqrt{15^2 + 8^2} = \sqrt{289} = 17 \text{(cm)}$$

$\triangle ABD \sim \triangle HBA$ (AA 닮음)이므로

$$x° = \angle BAH = \angle BDA$$

$$\therefore \sin x° = \sin(\angle BDA) = \frac{\overline{AB}}{\overline{BD}} = \frac{8}{17}$$

또, $\triangle ABD \sim \triangle HAD$ (AA 닮음)이므로

$$y° = \angle DAH = \angle DBA$$

$$\therefore \sin y° = \sin(\angle DBA) = \frac{\overline{AD}}{\overline{BD}} = \frac{15}{17}$$

$$\therefore \sin x° - \sin y° = \frac{8}{17} - \frac{15}{17} = -\frac{7}{17}$$

06 직각삼각형 FGH에서

$$\overline{FH} = \sqrt{3^2 + 4^2} = \sqrt{25} = 5 \text{(cm)}$$

직각삼각형 BFH에서

$$\overline{BH} = \sqrt{\overline{BF}^2 + \overline{FH}^2} = \sqrt{5^2 + 5^2}$$
$$= \sqrt{50} = 5\sqrt{2} \text{(cm)} \qquad \cdots \text{㉮}$$

$$\sin x° = \frac{\overline{BF}}{\overline{BH}} = \frac{5}{5\sqrt{2}} = \frac{\sqrt{2}}{2},$$

$$\tan x° = \frac{\overline{BF}}{\overline{FH}} = \frac{5}{5} = 1$$이므로 $\qquad \cdots \text{㉯}$

$$\sqrt{2}\sin x° + 2\tan x° = \sqrt{2} \times \frac{\sqrt{2}}{2} + 2 \times 1$$
$$= 1 + 2 = 3 \qquad \cdots \textcircled{❸}$$

단계	채점 기준	배점 비율
❼	$\overline{FH}$, $\overline{BH}$의 길이 각각 구하기	40 %
❶	$\sin x°$, $\tan x°$의 값 각각 구하기	40 %
❸	$\sqrt{2}\sin x° + 2\tan x°$의 값 구하기	20 %

07 ① $\sin 30° + \cos 60° = \dfrac{1}{2} + \dfrac{1}{2} = 1$

② $\tan 60° \div \tan 30° = \sqrt{3} \div \dfrac{\sqrt{3}}{3} = \sqrt{3} \times \dfrac{3}{\sqrt{3}} = 3$

③ $2 \sin 45° \times \cos 45° = 2 \times \dfrac{\sqrt{2}}{2} \times \dfrac{\sqrt{2}}{2} = 1$

④ $4 \sin 60° \times \tan 30° - \cos 0° = 4 \times \dfrac{\sqrt{3}}{2} \times \dfrac{\sqrt{3}}{3} - 1$
$= 2 - 1 = 1$

⑤ $(\tan 0° + \sin 90°) \div \tan 45° = (0+1) \div 1 = 1$
따라서 계산 결과가 나머지 넷과 다른 하나는 ②이다.

08 $30° < x° < 90°$에서 $10° < x° - 20° < 70°$
$\cos 60° = \dfrac{1}{2}$이므로 $\sin(x° - 20°) = \dfrac{1}{2}$

이때 $\sin 30° = \dfrac{1}{2}$이므로

$x° - 20° = 30° \qquad \therefore x = 50$

09 $\triangle ABC$가 $\overline{AB} = \overline{AC}$인 직각이등변삼각형이므로
$\angle B = \angle C = 45°$

$\sin B = \sin 45° = \dfrac{\sqrt{2}}{2}$, $\cos C = \cos 45° = \dfrac{\sqrt{2}}{2}$이므로

$\sin B \times \cos C = \dfrac{\sqrt{2}}{2} \times \dfrac{\sqrt{2}}{2} = \dfrac{1}{2}$

10 직각삼각형 ABC에서
$\tan 60° = \dfrac{\overline{BC}}{4}$이므로

$\sqrt{3} = \dfrac{\overline{BC}}{4} \qquad \therefore \overline{BC} = 4\sqrt{3}\,(\text{cm})$

또, 직각삼각형 BCD에서

$\sin 30° = \dfrac{\overline{BC}}{\overline{BD}}$이므로

$\dfrac{1}{2} = \dfrac{4\sqrt{3}}{\overline{BD}} \qquad \therefore \overline{BD} = 8\sqrt{3}\,(\text{cm})$

11 (1) 직각삼각형 ABH에서

$\sin 60° = \dfrac{\overline{AH}}{6}$이므로

$\dfrac{\sqrt{3}}{2} = \dfrac{\overline{AH}}{6} \qquad \therefore \overline{AH} = 3\sqrt{3}\,(\text{cm}) \qquad \cdots \textcircled{❼}$

(2) 오른쪽 그림과 같이 꼭짓점 D에서 $\overline{BC}$에 내린 수선의 발을 H'이라 하자.

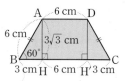

$\cos 60° = \dfrac{\overline{BH}}{6}$이므로

$\dfrac{1}{2} = \dfrac{\overline{BH}}{6} \qquad \therefore \overline{BH} = 3\,(\text{cm})$

같은 방법으로 하면 $\overline{CH'} = 3$ cm이므로

$\overline{AD} = \overline{HH'} = 12 - (3+3) = 6\,(\text{cm}) \qquad \cdots \textcircled{❶}$

$\therefore \square ABCD = \dfrac{1}{2} \times (6+12) \times 3\sqrt{3}$
$= 27\sqrt{3}\,(\text{cm}^2) \qquad \cdots \textcircled{❸}$

	단계	채점 기준	배점 비율
(1)	❼	$\overline{AH}$의 길이 구하기	30 %
(2)	❶	$\overline{AD}$의 길이 구하기	40 %
	❸	$\square ABCD$의 넓이 구하기	30 %

12 전략 기울기가 양수인 직선 $y = mx + n$이 x축과 이루는 예각의 크기를 $a°$라 할 때, $m = \tan a°$임을 이용한다.
직선 $y = ax + b$가 x축의 양의 방향과 이루는 각의 크기가 $30°$이므로

$a = \tan 30° = \dfrac{\sqrt{3}}{3}$

이때 직선 $y = \dfrac{\sqrt{3}}{3}x + b$가 점 $(-3, 0)$을 지나므로

$0 = \dfrac{\sqrt{3}}{3} \times (-3) + b \qquad \therefore b = \sqrt{3}$

$\therefore ab = \dfrac{\sqrt{3}}{3} \times \sqrt{3} = 1$

13 직각삼각형 AOB에서

$\cos 55° = \dfrac{\overline{OB}}{\overline{OA}} = \dfrac{\overline{OB}}{1} = \overline{OB}$

$\therefore \overline{BC} = \overline{OC} - \overline{OB} = 1 - \cos 55°$

14 $\dfrac{\cos 0° + \tan 45°}{\sin 30°} - 2 \sin 90° \times (\tan 0° - \cos 60°)$
$= (1+1) \div \dfrac{1}{2} - 2 \times 1 \times \left(0 - \dfrac{1}{2}\right)$
$= 4 - (-1) = 5$

15 ① $\cos x° = \dfrac{\overline{OB}}{\overline{OA}} = \dfrac{\overline{OB}}{1} = \overline{OB}$

② $\tan x° = \dfrac{\overline{CD}}{\overline{OD}} = \dfrac{\overline{CD}}{1} = \overline{CD}$

③ $\sin x° = \overline{AB}$이므로 x의 값이 커지면 $\overline{AB}$의 길이, 즉 $\sin x°$의 값도 커진다.

④ $\cos x° = \overline{OB}$이므로 x의 값이 커지면 $\overline{OB}$의 길이, 즉 $\cos x°$의 값은 작아진다.

⑤ $\tan x° = \overline{CD}$이므로 x의 값이 커지면 $\overline{CD}$의 길이, 즉 $\tan x°$의 값도 커진다.

따라서 옳지 않은 것은 ①, ⑤이다.

16 ①, ② $0° \leq x° \leq 90°$인 범위에서 x의 값이 커지면 $\sin x°$의 값은 커지고, $\cos x°$의 값은 작아진다.

③ $\sin 90° = 1$, $\cos 0° = 1$이므로 $\sin 90° = \cos 0°$

④ $0° \leq x° < 45°$인 범위에서 $\sin x° < \cos x°$이므로 $\sin 35° < \cos 35°$

⑤ $0° \leq x° < 90°$인 범위에서 x의 값이 커지면 $\tan x°$의 값도 커진다.

따라서 옳지 않은 것은 ④이다.

17 $45° < A < 90°$일 때, $0 < \cos A < \sin A < 1$이므로
$\sin A > 0$, $\cos A - \sin A < 0$ ⋯ ㉮
$\therefore \sqrt{\sin^2 A} - \sqrt{(\cos A - \sin A)^2}$
$\quad = \sin A + (\cos A - \sin A) = \cos A$ ⋯ ㉯

단계	채점 기준	배점 비율
㉮	$\sin A$, $\cos A - \sin A$의 부호 각각 정하기	60 %
㉯	주어진 식 간단히 하기	40 %

18 $\sin 42° = 0.6691$이므로 $x = 42$
$\cos 44° = 0.7193$이므로 $y = 44$
$\therefore x + y = 42 + 44 = 86$

19 $\tan x° = \dfrac{\overline{CD}}{\overline{OD}} = \dfrac{0.9325}{1} = 0.9325$
이때 $\tan 43° = 0.9325$이므로 $x = 43$
$\sin x° = \dfrac{\overline{AB}}{\overline{OA}} = \dfrac{\overline{AB}}{1} = \overline{AB}$이므로
$\overline{AB} = \sin 43° = 0.6820$

창의·융합 문제 25쪽

△ACB에서 $30° = 15° + \angle ABC$이므로
$\angle ABC = 15°$
이때 $\angle A = \angle ABC = 15°$이므로
$\overline{BC} = \overline{AC} = 40$ m ⋯ ❶
직각삼각형 BCD에서 $\sin 30° = \dfrac{\overline{BD}}{\overline{BC}}$이므로
$\dfrac{1}{2} = \dfrac{\overline{BD}}{40}$ $\therefore \overline{BD} = 20 (m)$
$\cos 30° = \dfrac{\overline{CD}}{\overline{BC}}$이므로
$\dfrac{\sqrt{3}}{2} = \dfrac{\overline{CD}}{40}$ $\therefore \overline{CD} = 20\sqrt{3} (m)$ ❷

따라서 직각삼각형 ADB에서
$\tan 15° = \dfrac{\overline{BD}}{\overline{AC} + \overline{CD}} = \dfrac{20}{40 + 20\sqrt{3}}$
$\qquad\quad = \dfrac{1}{2 + \sqrt{3}} = 2 - \sqrt{3}$ ⋯ ❸

답 $2 - \sqrt{3}$

참고 삼각형의 한 외각의 크기는 그와 이웃하지 않는 두 내각의 크기의 합과 같다.

교과서 속 서술형 문제 26~27쪽

1 ❶ $\overline{BC}$의 길이는?
직각삼각형 ABC에서
$\overline{BC} = \sqrt{3^2 + \boxed{4}^2} = \sqrt{25} = \boxed{5}$ ⋯ ㉮

❷ $\sin x°$의 값은?
△ABC∽△HBA (AA 닮음)이므로
$x° = \angle BAH = \angle BCA$
즉, $x°$와 크기가 같은 각은 $\angle \boxed{C}$이므로
$\sin x° = \sin \boxed{C} = \dfrac{\overline{AB}}{\overline{BC}} = \dfrac{3}{5}$ ⋯ ㉯

❸ $\cos y°$의 값은?
△ABC∽△HAC (AA 닮음)이므로
$y° = \angle CAH = \angle CBA$
즉, $y°$와 크기가 같은 각은 $\angle \boxed{B}$이므로
$\cos y° = \cos \boxed{B} = \dfrac{\overline{AB}}{\overline{BC}} = \dfrac{3}{5}$ ⋯ ㉰

❹ $\sin x° + \cos y°$의 값은?
$\sin x° + \cos y° = \dfrac{\boxed{3}}{\boxed{5}} + \dfrac{\boxed{3}}{\boxed{5}} = \dfrac{\boxed{6}}{\boxed{5}}$ ⋯ ㉱

단계	채점 기준	배점 비율
㉮	$\overline{BC}$의 길이 구하기	20 %
㉯	$\sin x°$의 값 구하기	30 %
㉰	$\cos y°$의 값 구하기	30 %
㉱	$\sin x° + \cos y°$의 값 구하기	20 %

2 ❶ $\overline{BC}$의 길이는?
직각삼각형 ABC에서
$\overline{BC} = \sqrt{8^2 + 4^2} = \sqrt{80} = 4\sqrt{5}$ ⋯ ㉮

❷ $\cos x°$의 값은?
△ABC∽△HBA (AA 닮음)이므로

$x°=∠BAH=∠BCA$

즉, $x°$와 크기가 같은 각은 $∠C$이므로

$\cos x° = \cos C = \dfrac{\overline{AC}}{\overline{BC}} = \dfrac{4}{4\sqrt{5}} = \dfrac{\sqrt{5}}{5}$ ⋯ ㉯

❸ $\cos y°$의 값은?

$△ABC∽△HAC$ (AA 닮음)이므로

$y°=∠CAH=∠CBA$

즉, $y°$와 크기가 같은 각은 $∠B$이므로

$\cos y° = \cos B = \dfrac{\overline{AB}}{\overline{BC}} = \dfrac{8}{4\sqrt{5}} = \dfrac{2\sqrt{5}}{5}$ ⋯ ㉰

❹ $\cos x° × \cos y°$의 값은?

$\cos x° × \cos y° = \dfrac{\sqrt{5}}{5} × \dfrac{2\sqrt{5}}{5} = \dfrac{2}{5}$ ⋯ ㉱

단계	채점 기준	배점 비율
㉮	$\overline{BC}$의 길이 구하기	20 %
㉯	$\cos x°$의 값 구하기	30 %
㉰	$\cos y°$의 값 구하기	30 %
㉱	$\cos x° × \cos y°$의 값 구하기	20 %

3 직각삼각형 ADC에서

$\overline{AC}=\sqrt{10^2-6^2}=\sqrt{64}=8$ ⋯ ㉮

직각삼각형 ABC에서

$\overline{BC}=\sqrt{\overline{AB}^2-\overline{AC}^2}=\sqrt{17^2-8^2}$
$\quad\quad=\sqrt{225}=15$ ⋯ ㉯

$∴ \tan B = \dfrac{\overline{AC}}{\overline{BC}} = \dfrac{8}{15}$ ⋯ ㉰

답 $\dfrac{8}{15}$

단계	채점 기준	배점 비율
㉮	$\overline{AC}$의 길이 구하기	40 %
㉯	$\overline{BC}$의 길이 구하기	40 %
㉰	$\tan B$의 값 구하기	20 %

4 (1) $2x^2-3x+1=0$에서

$(2x-1)(x-1)=0$

$∴ x=\dfrac{1}{2}$ 또는 $x=1$ ⋯ ㉮

$0°<a°<90°$일 때, $0<\cos a°<1$이므로

$\cos a° = \dfrac{1}{2}$

이때 $\cos 60°=\dfrac{1}{2}$이므로 $a=60$ ⋯ ㉯

(2) $\sin a° × \tan a° = \sin 60° × \tan 60°$

$\quad\quad\quad\quad\quad\quad = \dfrac{\sqrt{3}}{2} × \sqrt{3} = \dfrac{3}{2}$ ⋯ ㉰

답 (1) 60 (2) $\dfrac{3}{2}$

단계		채점 기준	배점 비율
(1)	㉮	주어진 이차방정식의 해 구하기	40 %
	㉯	a의 값 구하기	30 %
(2)	㉰	$\sin a° × \tan a°$의 값 구하기	30 %

5 $\sin 60° = \dfrac{\overline{AB}}{\overline{OA}} = \dfrac{\overline{AB}}{1} = \overline{AB}$이므로

$\overline{AB} = \dfrac{\sqrt{3}}{2}$

$\tan 60° = \dfrac{\overline{CD}}{\overline{OD}} = \dfrac{\overline{CD}}{1} = \overline{CD}$이므로

$\overline{CD} = \sqrt{3}$ ⋯ ㉮

또, $\cos 60° = \dfrac{\overline{OB}}{\overline{OA}} = \dfrac{\overline{OB}}{1} = \overline{OB}$이므로

$\overline{OB} = \dfrac{1}{2}$

$∴ \overline{BD} = \overline{OD} - \overline{OB} = 1 - \dfrac{1}{2} = \dfrac{1}{2}$ ⋯ ㉯

따라서 색칠한 부분의 넓이는

$\dfrac{1}{2} × \left(\dfrac{\sqrt{3}}{2} + \sqrt{3}\right) × \dfrac{1}{2} = \dfrac{3\sqrt{3}}{8}$ ⋯ ㉰

답 $\dfrac{3\sqrt{3}}{8}$

단계	채점 기준	배점 비율
㉮	$\overline{AB}, \overline{CD}$의 길이 각각 구하기	40 %
㉯	$\overline{BD}$의 길이 구하기	40 %
㉰	색칠한 부분의 넓이 구하기	20 %

6 ㉠ $\cos 0° = 1$ ⋯ ㉮

㉡, ㉢ $45°<x°<90°$인 범위에서 $\cos x°<\sin x°$이고

$\sin 90°=1$이므로

$\cos 48° < \sin 48° < 1$ ⋯ ㉯

㉣, ㉤ $\tan 60° = \sqrt{3}$이고

$0°≤x°<90°$인 범위에서 x의 값이 커지면 $\tan x°$의 값

도 커지므로

$\sqrt{3} = \tan 60° < \tan 75°$ ⋯ ㉰

$∴ \cos 48° < \sin 48° < \cos 0° < \tan 60° < \tan 75°$

⋯ ㉱

답 ㉢, ㉡, ㉠, ㉣, ㉤

단계	채점 기준	배점 비율
㉮	$\cos 0°$의 값 구하기	10 %
㉯	$\sin 48°, \cos 48°$의 값의 크기 비교하기	40 %
㉰	$\tan 60°, \tan 75°$의 값의 크기 비교하기	40 %
㉱	주어진 삼각비의 값을 작은 것부터 차례대로 나열하기	10 %

02 삼각비의 활용

❶ 길이 구하기

개념 07 직각삼각형의 변의 길이

개념 확인하기 ·································· 30쪽

1 **답** (1) 5, 5 (2) 5, 5 tan 33°

대표문제 ·································· 31쪽

01 **답** 풀이 참조

$\sin 41° = \dfrac{x}{10}$ 이므로

$x = 10 \sin 41° = 10 \times \boxed{0.66} = \boxed{6.6}$

$\cos 41° = \dfrac{y}{10}$ 이므로

$y = 10 \cos 41° = 10 \times \boxed{0.75} = \boxed{7.5}$

02 **답** (1) 17 (2) 10 (3) 10.8

(1) $x = 20 \sin 58° = 20 \times 0.85 = 17$

(2) $x = \dfrac{9}{\cos 26°} = \dfrac{9}{0.90} = 10$

(3) $x = 6 \tan 61° = 6 \times 1.80 = 10.8$

03 **답** $x = 20$, $y = 16$

$x = \dfrac{12}{\sin 37°} = \dfrac{12}{0.60} = 20$

$y = \dfrac{12}{\tan 37°} = \dfrac{12}{0.75} = 16$

04 **답** ㄴ, ㄷ

$x = 9 \sin 50°$

또, $\angle B = 90° - 50° = 40°$ 이므로

$x = 9 \cos 40°$

따라서 x의 값을 나타내는 것은 ㄴ, ㄷ이다.

05 **답** (1) 4.7 m (2) 6.2 m

(1) 직각삼각형 ABC에서

$\overline{AB} = 10$ m이므로

$\overline{BC} = 10 \tan 25° = 10 \times 0.47 = 4.7$ (m)

(2) 나무의 높이는

$\overline{BC} + \overline{BH} = 4.7 + 1.5 = 6.2$ (m)

개념 08 일반 삼각형의 변의 길이

개념 확인하기 ·································· 32쪽

1 **답** 풀이 참조

(1) 직각삼각형 ABH에서

$\overline{AH} = 6 \sin 60° = 6 \times \dfrac{\sqrt{3}}{2} = \boxed{3\sqrt{3}}$

$\overline{BH} = 6 \cos 60° = 6 \times \dfrac{1}{2} = \boxed{3}$

$\overline{CH} = \overline{BC} - \overline{BH} = 9 - \boxed{3} = \boxed{6}$

직각삼각형 AHC에서

$\overline{AC} = \sqrt{\overline{AH}^2 + \overline{CH}^2} = \sqrt{(3\sqrt{3})^2 + \boxed{6}^2}$

$= \sqrt{63} = \boxed{3\sqrt{7}}$

(2) $\angle A = 180° - (45° + 75°) = \boxed{60}°$

직각삼각형 BCH에서

$\overline{CH} = 5\sqrt{2} \sin 45° = 5\sqrt{2} \times \dfrac{\sqrt{2}}{2} = \boxed{5}$

직각삼각형 AHC에서

$\overline{AC} = \dfrac{\overline{CH}}{\sin 60°} = \dfrac{\boxed{5}}{\sin 60°} = 5 \div \dfrac{\sqrt{3}}{2}$

$= 5 \times \dfrac{2}{\sqrt{3}} = \dfrac{10}{\sqrt{3}} = \boxed{\dfrac{10\sqrt{3}}{3}}$

대표문제 ·································· 33쪽

01 **답** (1) $5\sqrt{2}$ (2) $10\sqrt{2}$ (3) $5\sqrt{10}$

(1) 직각삼각형 AHC에서

$\overline{AH} = 10 \sin 45° = 10 \times \dfrac{\sqrt{2}}{2} = 5\sqrt{2}$

(2) 직각삼각형 AHC에서

$\overline{CH} = 10 \cos 45° = 10 \times \dfrac{\sqrt{2}}{2} = 5\sqrt{2}$

∴ $\overline{BH} = \overline{BC} - \overline{CH} = 15\sqrt{2} - 5\sqrt{2} = 10\sqrt{2}$

(3) 직각삼각형 ABH에서

$\overline{AB} = \sqrt{\overline{AH}^2 + \overline{BH}^2} = \sqrt{(5\sqrt{2})^2 + (10\sqrt{2})^2}$

$= \sqrt{250} = 5\sqrt{10}$

02 **답** (1) $2\sqrt{7}$ (2) $2\sqrt{31}$

(1) 오른쪽 그림과 같이 꼭짓점 A에서 $\overline{BC}$에 내린 수선의 발을 H라 하면 직각삼각형 ABH에서

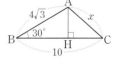

$\overline{AH} = 4\sqrt{3} \sin 30° = 4\sqrt{3} \times \dfrac{1}{2} = 2\sqrt{3}$

$\overline{BH}=4\sqrt{3}\cos 30°=4\sqrt{3}\times\dfrac{\sqrt{3}}{2}=6$

이때 $\overline{CH}=\overline{BC}-\overline{BH}=10-6=4$이므로

직각삼각형 AHC에서

$\begin{aligned}x&=\sqrt{\overline{AH}^2+\overline{CH}^2}=\sqrt{(2\sqrt{3})^2+4^2}\\&=\sqrt{28}=2\sqrt{7}\end{aligned}$

(2) 오른쪽 그림과 같이 꼭짓점 B에 서 $\overline{AC}$에 내린 수선의 발을 H라 하면 직각삼각형 ABH에서

$\begin{aligned}\overline{BH}&=12\sin 60°\\&=12\times\dfrac{\sqrt{3}}{2}=6\sqrt{3}\end{aligned}$

$\overline{AH}=12\cos 60°=12\times\dfrac{1}{2}=6$

이때 $\overline{CH}=\overline{AC}-\overline{AH}=10-6=4$이므로

직각삼각형 BCH에서

$\begin{aligned}x&=\sqrt{\overline{BH}^2+\overline{CH}^2}=\sqrt{(6\sqrt{3})^2+4^2}\\&=\sqrt{124}=2\sqrt{31}\end{aligned}$

03  (1) $45°$ (2) $5\sqrt{3}$ (3) $5\sqrt{6}$

(1) △ABC에서

$\angle A=180°-(75°+60°)=45°$

(2) 직각삼각형 BCH에서

$\overline{BH}=10\sin 60°=10\times\dfrac{\sqrt{3}}{2}=5\sqrt{3}$

(3) 직각삼각형 ABH에서

$\begin{aligned}\overline{AB}&=\dfrac{\overline{BH}}{\sin 45°}=\dfrac{5\sqrt{3}}{\sin 45°}=5\sqrt{3}\div\dfrac{\sqrt{2}}{2}\\&=5\sqrt{3}\times\dfrac{2}{\sqrt{2}}=5\sqrt{6}\end{aligned}$

04 6

△ABC에서

$\angle A=180°-(30°+105°)=45°$

오른쪽 그림과 같이 꼭짓점 C에서 $\overline{AB}$에 내린 수선의 발을 H라 하면 직각삼각형 AHC에서

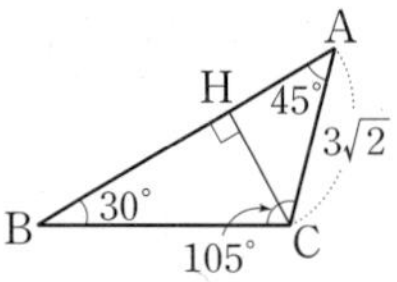

$\begin{aligned}\overline{CH}&=3\sqrt{2}\sin 45°\\&=3\sqrt{2}\times\dfrac{\sqrt{2}}{2}=3\end{aligned}$

따라서 직각삼각형 BCH에서

$\begin{aligned}\overline{BC}&=\dfrac{\overline{CH}}{\sin 30°}=\dfrac{3}{\sin 30°}=3\div\dfrac{1}{2}\\&=3\times 2=6\end{aligned}$

05 $4\sqrt{6}$ m

△ABC에서

$\angle A=180°-(75°+45°)=60°$

오른쪽 그림과 같이 꼭짓점 B에서 $\overline{AC}$에 내린 수선의 발을 H라 하면 직각삼각형 BCH에서

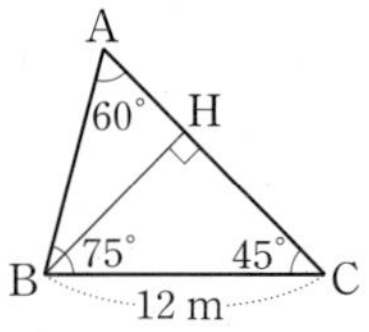

$\begin{aligned}\overline{BH}&=12\sin 45°=12\times\dfrac{\sqrt{2}}{2}\\&=6\sqrt{2}\,(m)\end{aligned}$

따라서 직각삼각형 ABH에서

$\begin{aligned}\overline{AB}&=\dfrac{\overline{BH}}{\sin 60°}=\dfrac{6\sqrt{2}}{\sin 60°}=6\sqrt{2}\div\dfrac{\sqrt{3}}{2}\\&=6\sqrt{2}\times\dfrac{2}{\sqrt{3}}=4\sqrt{6}\,(m)\end{aligned}$

따라서 두 지점 A, B 사이의 거리는 $4\sqrt{6}$ m이다.

개념 **09** 삼각형의 높이

개념 확인하기 34쪽

1 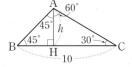 풀이 참조

직각삼각형 ABH에서

$\angle BAH=90°-45°=45°$

이므로

$\overline{BH}=h\tan\boxed{45}°=h$

직각삼각형 AHC에서

$\angle CAH=90°-30°=60°$이므로

$\overline{CH}=h\tan\boxed{60}°=\boxed{\sqrt{3}}\,h$

이때 $\overline{BC}=\overline{BH}+\overline{CH}$이므로

$\boxed{10}=h+\boxed{\sqrt{3}}\,h$

$(1+\boxed{\sqrt{3}})h=10$

$\therefore h=\dfrac{10}{1+\sqrt{3}}=5(\boxed{\sqrt{3}-1})$

대표문제 35쪽

01 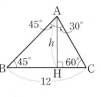 (1) $\overline{BH}=h$, $\overline{CH}=\dfrac{\sqrt{3}}{3}h$ (2) $6(3-\sqrt{3})$

(1) 직각삼각형 ABH에서

$\angle BAH=90°-45°=45°$이므로

$\overline{BH}=h\tan 45°=h$

직각삼각형 AHC에서

$\angle CAH=90°-60°=30°$이므로

$\overline{CH}=h\tan 30°=\dfrac{\sqrt{3}}{3}h$

(2) $\overline{BC}=\overline{BH}+\overline{CH}$이므로

$12=h+\dfrac{\sqrt{3}}{3}h,\ \dfrac{3+\sqrt{3}}{3}h=12$

$\therefore h=12\times\dfrac{3}{3+\sqrt{3}}=6(3-\sqrt{3})$

02 🄐 $10(\sqrt{3}-1)$

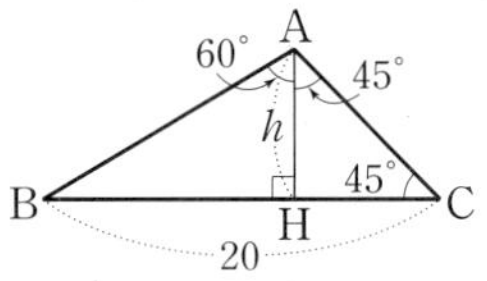

오른쪽 그림과 같이
$\overline{AH}=h$라 하면
직각삼각형 ABH에서
$\angle BAH=60°$이므로
$\overline{BH}=h\tan60°=\sqrt{3}h$
직각삼각형 AHC에서
$\angle CAH=90°-45°=45°$이므로
$\overline{CH}=h\tan45°=h$
이때 $\overline{BC}=\overline{BH}+\overline{CH}$이므로
$20=\sqrt{3}h+h,\ (\sqrt{3}+1)h=20$

$\therefore h=\dfrac{20}{\sqrt{3}+1}=10(\sqrt{3}-1)$

$\therefore \overline{AH}=10(\sqrt{3}-1)$

03 🄐 (1) $\overline{BH}=\sqrt{3}h,\ \overline{CH}=\dfrac{\sqrt{3}}{3}h$ (2) $8\sqrt{3}$

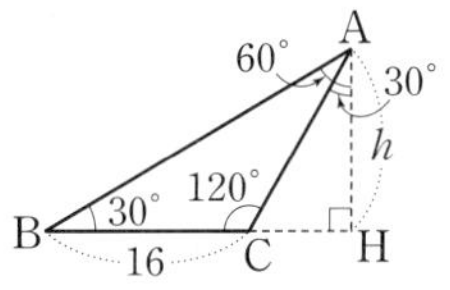

(1) 직각삼각형 ABH에서
$\angle BAH=90°-30°=60°$
이므로
$\overline{BH}=h\tan60°=\sqrt{3}h$
직각삼각형 ACH에서
$\angle CAH=120°-90°=30°$이므로
$\overline{CH}=h\tan30°=\dfrac{\sqrt{3}}{3}h$

(2) $\overline{BC}=\overline{BH}-\overline{CH}$이므로
$16=\sqrt{3}h-\dfrac{\sqrt{3}}{3}h,\ \dfrac{2\sqrt{3}}{3}h=16$

$\therefore h=16\times\dfrac{3}{2\sqrt{3}}=8\sqrt{3}$

04 🄐 $3(3+\sqrt{3})$

오른쪽 그림과 같이 $\overline{AH}=h$라 하면
직각삼각형 ABH에서
$\angle BAH=90°-45°=45°$이므로
$\overline{BH}=h\tan45°=h$
직각삼각형 ACH에서
$\angle CAH=90°-60°=30°$이므로
$\overline{CH}=h\tan30°=\dfrac{\sqrt{3}}{3}h$
이때 $\overline{BC}=\overline{BH}-\overline{CH}$이므로
$6=h-\dfrac{\sqrt{3}}{3}h,\ \dfrac{3-\sqrt{3}}{3}h=6$

$\therefore h=6\times\dfrac{3}{3-\sqrt{3}}=3(3+\sqrt{3})$

$\therefore \overline{AH}=3(3+\sqrt{3})$

05 🄐 $16(\sqrt{3}+1)\ \text{cm}^2$

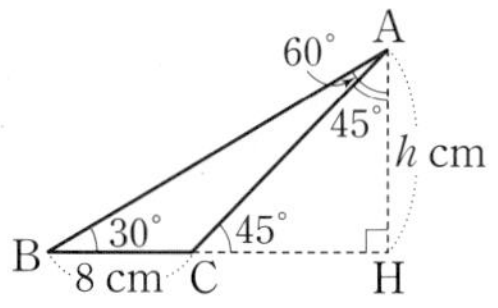

오른쪽 그림과 같이
$\overline{AH}=h$ cm라 하면
직각삼각형 ABH에서
$\angle BAH=90°-30°=60°$
이므로
$\overline{BH}=h\tan60°=\sqrt{3}h(\text{cm})$
직각삼각형 ACH에서
$\angle CAH=90°-45°=45°$이므로
$\overline{CH}=h\tan45°=h(\text{cm})$
이때 $\overline{BC}=\overline{BH}-\overline{CH}$이므로
$8=\sqrt{3}h-h,\ (\sqrt{3}-1)h=8$

$\therefore h=\dfrac{8}{\sqrt{3}-1}=4(\sqrt{3}+1)$

$\therefore \triangle ABC=\dfrac{1}{2}\times8\times4(\sqrt{3}+1)=16(\sqrt{3}+1)(\text{cm}^2)$

06 🄐 $25\sqrt{3}$ m

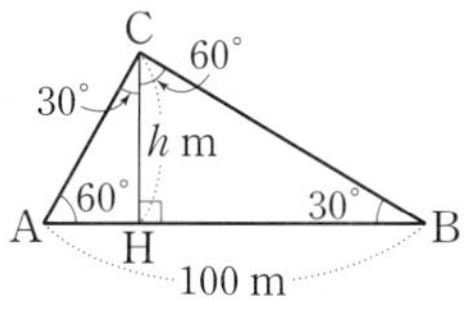

오른쪽 그림과 같이 꼭짓점 C에서 $\overline{AB}$에 내린 수선의 발을 H라 하고 $\overline{CH}=h$ m라 하면
직각삼각형 CAH에서
$\angle ACH=90°-60°=30°$이므로
$\overline{AH}=h\tan30°=\dfrac{\sqrt{3}}{3}h(\text{m})$
직각삼각형 CHB에서
$\angle BCH=90°-30°=60°$이므로
$\overline{BH}=h\tan60°=\sqrt{3}h(\text{m})$
이때 $\overline{AB}=\overline{AH}+\overline{BH}$이므로
$100=\dfrac{\sqrt{3}}{3}h+\sqrt{3}h,\ \dfrac{4\sqrt{3}}{3}h=100$

$\therefore h=100\times\dfrac{3}{4\sqrt{3}}=25\sqrt{3}$

따라서 지면에서 열기구 C까지의 높이는 $25\sqrt{3}$ m이다.

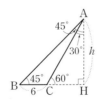

소단원 **핵심문제**　　　　36~37쪽

01 ④	02 13.9	03 ⑤
04 $9\sqrt{3}\pi\ \text{cm}^3$	05 $4\sqrt{5}$ cm	
06 $12\sqrt{2}$ cm	07 14 m	08 ⑤
09 $9(3-\sqrt{3})\ \text{cm}^2$	10 $50(3+\sqrt{3})$ m	

01 ∠B=90°−42°=48°이므로

$\overline{AB}=\dfrac{\overline{BC}}{\sin 42°}=\dfrac{6}{\sin 42°}$

$\overline{AB}=\dfrac{\overline{BC}}{\cos 48°}=\dfrac{6}{\cos 48°}$

따라서 $\overline{AB}$의 길이를 나타내는 것은 ④이다.

> **이것만은 꼭!**
> 기준각에 대하여 주어진 변과 구하는 변의 관계가
> ① 빗변, 높이이면 ⇨ sin 이용
> ② 빗변, 밑변이면 ⇨ cos 이용
> ③ 밑변, 높이이면 ⇨ tan 이용

02 $x=10 \sin 35°=10×0.57=5.7$

$y=10 \cos 35°=10×0.82=8.2$

$∴ x+y=5.7+8.2=13.9$

03 ∠ACB=90°−34°=56°이므로

$\overline{AB}=40 \tan 56°$ m

04 $\overline{AO}=6 \sin 60°=6×\dfrac{\sqrt{3}}{2}=3\sqrt{3}$ (cm)

$\overline{BO}=6 \cos 60°=6×\dfrac{1}{2}=3$ (cm)

따라서 구하는 부피는

$\dfrac{1}{3}×(π×3^2)×3\sqrt{3}=9\sqrt{3}π$ (cm³)

> **이것만은 꼭!**
> 밑면의 반지름의 길이가 r, 높이가 h인 원뿔의 부피를 V라 하면
> $V=\dfrac{1}{3}×(밑넓이)×(높이)=\dfrac{1}{3}πr^2h$

05 오른쪽 그림과 같이 꼭짓점 A에서 $\overline{BC}$에 내린 수선의 발을 H라 하면 직각삼각형 ABH에서

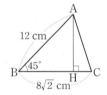

$\overline{AH}=12 \sin 45°$

$\quad =12×\dfrac{\sqrt{2}}{2}=6\sqrt{2}$ (cm)

$\overline{BH}=12 \cos 45°$

$\quad =12×\dfrac{\sqrt{2}}{2}=6\sqrt{2}$ (cm)

이때 $\overline{CH}=\overline{BC}-\overline{BH}=8\sqrt{2}-6\sqrt{2}=2\sqrt{2}$ (cm)이므로 직각삼각형 AHC에서

$\overline{AC}=\sqrt{\overline{AH}^2+\overline{CH}^2}=\sqrt{(6\sqrt{2})^2+(2\sqrt{2})^2}$

$\quad =\sqrt{80}=4\sqrt{5}$ (cm)

06 △ABC에서

∠A=180°−(45°+105°)=30°

오른쪽 그림과 같이 꼭짓점 C에서 $\overline{AB}$에 내린 수선의 발을 H라 하면 직각삼각형 BCH에서

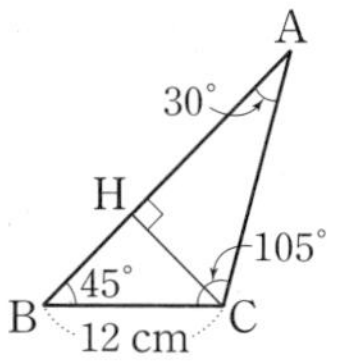

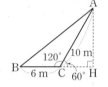

$\overline{CH}=12 \sin 45°=12×\dfrac{\sqrt{2}}{2}$

$\quad =6\sqrt{2}$ (cm)

따라서 직각삼각형 AHC에서

$\overline{AC}=\dfrac{\overline{CH}}{\sin 30°}=\dfrac{6\sqrt{2}}{\sin 30°}=6\sqrt{2}÷\dfrac{1}{2}$

$\quad =6\sqrt{2}×2=12\sqrt{2}$ (cm)

07 오른쪽 그림과 같이 꼭짓점 A에서 $\overline{BC}$의 연장선에 내린 수선의 발을 H라 하면

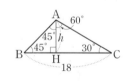

∠ACH=180°−120°=60°이므로 직각삼각형 ACH에서

$\overline{AH}=10 \sin 60°=10×\dfrac{\sqrt{3}}{2}=5\sqrt{3}$ (m)

$\overline{CH}=10 \cos 60°=10×\dfrac{1}{2}=5$ (m)

이때 $\overline{BH}=\overline{BC}+\overline{CH}=6+5=11$ (m)이므로 직각삼각형 ABH에서

$\overline{AB}=\sqrt{\overline{AH}^2+\overline{BH}^2}=\sqrt{(5\sqrt{3})^2+11^2}$

$\quad =\sqrt{196}=14$ (m)

따라서 두 지점 A, B 사이의 거리는 14 m이다.

08 ①, ③ 직각삼각형 ABH에서

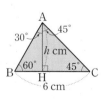

∠BAH=90°−45°=45°이므로

$\overline{BH}=h \tan 45°=h$

②, ④ 직각삼각형 AHC에서

∠CAH=90°−30°=60°이므로

$\overline{CH}=h \tan 60°=\sqrt{3}h$

⑤ $\overline{BC}=\overline{BH}+\overline{CH}$이므로

$18=h+\sqrt{3}h,\ (1+\sqrt{3})h=18$

$∴ h=\dfrac{18}{1+\sqrt{3}}=9(\sqrt{3}-1)$

09 오른쪽 그림과 같이 꼭짓점 A에서 $\overline{BC}$에 내린 수선의 발을 H라 하고 $\overline{AH}=h$ cm라 하면 직각삼각형 ABH에서

∠BAH=90°−60°=30°이므로

$\overline{BH}=h \tan 30°=\dfrac{\sqrt{3}}{3}h$ (cm)

직각삼각형 AHC에서

∠CAH=90°−45°=45°이므로

$\overline{CH} = h \tan 45° = h\,(cm)$

이때 $\overline{BC} = \overline{BH} + \overline{CH}$이므로

$6 = \dfrac{\sqrt{3}}{3}h + h,\ \dfrac{3+\sqrt{3}}{3}h = 6$

$\therefore h = 6 \times \dfrac{3}{3+\sqrt{3}} = 3(3-\sqrt{3})$

$\therefore \triangle ABC = \dfrac{1}{2} \times 6 \times 3(3-\sqrt{3})$

$\qquad\qquad = 9(3-\sqrt{3})\,(cm^2)$

10 오른쪽 그림과 같이 $\overline{CD} = h$ m라

하면 직각삼각형 DAC에서

$\angle ADC = 90° - 45° = 45°$이므로

$\overline{AC} = h \tan 45° = h\,(m)$

직각삼각형 DBC에서

$\angle BDC = 90° - 60° = 30°$이므로

$\overline{BC} = h \tan 30° = \dfrac{\sqrt{3}}{3}h\,(m)$

이때 $\overline{AB} = \overline{AC} - \overline{BC}$이므로

$100 = h - \dfrac{\sqrt{3}}{3}h,\ \dfrac{3-\sqrt{3}}{3}h = 100$

$\therefore h = 100 \times \dfrac{3}{3-\sqrt{3}} = 50(3+\sqrt{3})$

따라서 굴뚝의 높이는 $50(3+\sqrt{3})$ m이다.

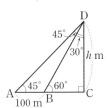

❷ 넓이 구하기

개념 10 삼각형의 넓이

개념 확인하기 38쪽

1 답 (1) $4,\ 30,\ \dfrac{1}{2},\ 5$ (2) $4,\ 120,\ \dfrac{\sqrt{3}}{2},\ 6\sqrt{3}$

대표문제 39쪽

01 답 (1) $12\sqrt{2}\ cm^2$ (2) $16\ cm^2$

(1) $\triangle ABC = \dfrac{1}{2} \times 6 \times 8 \times \sin 45°$

$\qquad\qquad = \dfrac{1}{2} \times 6 \times 8 \times \dfrac{\sqrt{2}}{2} = 12\sqrt{2}\,(cm^2)$

(2) $\angle C = \angle B = 75°$이므로

$\angle A = 180° - (75° + 75°) = 30°$

또, $\overline{AC} = \overline{AB} = 8$ cm이므로

$\triangle ABC = \dfrac{1}{2} \times 8 \times 8 \times \sin 30°$

$\qquad\qquad = \dfrac{1}{2} \times 8 \times 8 \times \dfrac{1}{2} = 16\,(cm^2)$

02 답 $9\sqrt{3}\ cm^2$

정삼각형 ABC에서 $\angle B = 60°$이고 $\overline{AB} = \overline{BC} = 6$ cm이

므로

$\triangle ABC = \dfrac{1}{2} \times 6 \times 6 \times \sin 60°$

$\qquad\qquad = \dfrac{1}{2} \times 6 \times 6 \times \dfrac{\sqrt{3}}{2} = 9\sqrt{3}\,(cm^2)$

> **이런 풀이 어때요?**
>
> 공식을 이용하여 한 변의 길이가 6 cm인 정삼각형 ABC의 넓
> 이를 구하면
>
> $\dfrac{\sqrt{3}}{4} \times 6^2 = 9\sqrt{3}\,(cm^2)$

03 답 (1) $14\sqrt{3}\ cm^2$ (2) $27\ cm^2$

(1) $\triangle ABC = \dfrac{1}{2} \times 8 \times 7 \times \sin(180° - 120°)$

$\qquad\qquad = \dfrac{1}{2} \times 8 \times 7 \times \dfrac{\sqrt{3}}{2} = 14\sqrt{3}\,(cm^2)$

(2) $\angle A = 180° - (13° + 17°) = 150°$이므로

$\triangle ABC = \dfrac{1}{2} \times 12 \times 9 \times \sin(180° - 150°)$

$\qquad\qquad = \dfrac{1}{2} \times 12 \times 9 \times \dfrac{1}{2} = 27\,(cm^2)$

04 답 $8\ cm$

$\dfrac{1}{2} \times \overline{AB} \times 6 \times \sin(180° - 135°) = 12\sqrt{2}$이므로

$\dfrac{1}{2} \times \overline{AB} \times 6 \times \dfrac{\sqrt{2}}{2} = 12\sqrt{2}$

$\dfrac{3\sqrt{2}}{2}\overline{AB} = 12\sqrt{2}$ $\therefore \overline{AB} = 8\,(cm)$

05 답 (1) $4\sqrt{3}\ cm^2$ (2) $24\ cm^2$ (3) $4(\sqrt{3}+6)\ cm^2$

(1) $\triangle ABD = \dfrac{1}{2} \times 4 \times 4 \times \sin(180° - 120°)$

$\qquad\qquad = \dfrac{1}{2} \times 4 \times 4 \times \dfrac{\sqrt{3}}{2}$

$\qquad\qquad = 4\sqrt{3}\,(cm^2)$

(2) $\triangle BCD = \dfrac{1}{2} \times 4\sqrt{6} \times 4\sqrt{3} \times \sin 45°$

$\qquad\qquad = \dfrac{1}{2} \times 4\sqrt{6} \times 4\sqrt{3} \times \dfrac{\sqrt{2}}{2}$

$\qquad\qquad = 24\,(cm^2)$

(3) $\square ABCD = \triangle ABD + \triangle BCD$

$\qquad\qquad = 4\sqrt{3} + 24$

$\qquad\qquad = 4(\sqrt{3}+6)\,(cm^2)$

06 🖎 $7\sqrt{3}$ cm²

오른쪽 그림과 같이 대각선
$\overline{AC}$를 그으면
$\square ABCD$
$= \triangle ABC + \triangle ACD$
$= \dfrac{1}{2} \times 6 \times 4 \times \sin 60°$
$$+ \dfrac{1}{2} \times 2 \times 2\sqrt{3} \times \sin(180° - 150°)$$
$= \dfrac{1}{2} \times 6 \times 4 \times \dfrac{\sqrt{3}}{2} + \dfrac{1}{2} \times 2 \times 2\sqrt{3} \times \dfrac{1}{2}$
$= 6\sqrt{3} + \sqrt{3} = 7\sqrt{3}\,(\text{cm}^2)$

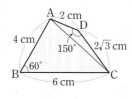

개념 11 사각형의 넓이

개념 확인하기 ························· 40쪽

1 🖎 (1) 9, 60, $\dfrac{\sqrt{3}}{2}$, $45\sqrt{3}$

(2) $\dfrac{1}{2}$, 45, $\dfrac{1}{2}$, $\dfrac{\sqrt{2}}{2}$, $18\sqrt{2}$

대표문제 ························· 41쪽

01 🖎 (1) $21\sqrt{2}$ cm² (2) $10\sqrt{3}$ cm²

(1) $\overline{AB} = \overline{DC} = 6$ cm이므로
$\square ABCD = 6 \times 7 \times \sin 45°$
$\qquad\qquad = 6 \times 7 \times \dfrac{\sqrt{2}}{2}$
$\qquad\qquad = 21\sqrt{2}\,(\text{cm}^2)$

(2) $\square ABCD = 4 \times 5 \times \sin(180° - 120°)$
$\qquad\qquad = 4 \times 5 \times \dfrac{\sqrt{3}}{2}$
$\qquad\qquad = 10\sqrt{3}\,(\text{cm}^2)$

02 🖎 60 cm²

$\angle C = \angle A = 150°$이므로
$\square ABCD = 12 \times 10 \times \sin(180° - 150°)$
$\qquad\qquad = 12 \times 10 \times \dfrac{1}{2} = 60\,(\text{cm}^2)$

이것만은 꼭!

평행사변형의 성질
① 두 쌍의 대변의 길이가 각각 같다.
② 두 쌍의 대각의 크기가 각각 같다.
③ 두 대각선은 서로를 이등분한다.

---

03 🖎 10 cm

마름모 $ABCD$의 한 변의 길이를 x cm라 하면
$x \times x \times \sin(180° - 135°) = 50\sqrt{2}$
$x \times x \times \dfrac{\sqrt{2}}{2} = 50\sqrt{2}$
$x^2 = 100 \qquad \therefore x = 10\ (\because x > 0)$
따라서 한 변의 길이는 10 cm이다.

04 🖎 (1) 60 cm² (2) $15\sqrt{3}$ cm²

(1) $\square ABCD = \dfrac{1}{2} \times 10 \times 12 \times \sin 90°$
$\qquad\qquad = \dfrac{1}{2} \times 10 \times 12 \times 1 = 60\,(\text{cm}^2)$

(2) $\square ABCD = \dfrac{1}{2} \times 10 \times 6 \times \sin(180° - 120°)$
$\qquad\qquad = \dfrac{1}{2} \times 10 \times 6 \times \dfrac{\sqrt{3}}{2} = 15\sqrt{3}\,(\text{cm}^2)$

05 🖎 36 cm²

직사각형의 두 대각선의 길이는 같으므로
$\overline{BD} = \overline{AC} = 12$ cm
$\therefore \square ABCD = \dfrac{1}{2} \times 12 \times 12 \times \sin 30°$
$\qquad\qquad = \dfrac{1}{2} \times 12 \times 12 \times \dfrac{1}{2} = 36\,(\text{cm}^2)$

06 🖎 45

$\dfrac{1}{2} \times 8 \times 10 \times \sin x° = 20\sqrt{2}$ 이므로
$40 \sin x° = 20\sqrt{2}$, $\sin x° = \dfrac{\sqrt{2}}{2}$
이때 $\sin 45° = \dfrac{\sqrt{2}}{2}$이므로 $x = 45$

소단원 핵심문제 ························· 42쪽

01 (1) $15\sqrt{2}$ cm² (2) 18 cm² **02** $60°$
03 $\dfrac{27}{2}$ cm² **04** $14\sqrt{3}$ cm²
05 (1) $20\sqrt{3}$ cm² (2) $14\sqrt{2}$ cm²

01 (1) $\triangle ABC = \dfrac{1}{2} \times 10 \times 6 \times \sin 45°$
$\qquad\qquad = \dfrac{1}{2} \times 10 \times 6 \times \dfrac{\sqrt{2}}{2} = 15\sqrt{2}\,(\text{cm}^2)$

(2) $\triangle ABC = \dfrac{1}{2} \times 8 \times 9 \times \sin(180° - 150°)$
$\qquad\qquad = \dfrac{1}{2} \times 8 \times 9 \times \dfrac{1}{2} = 18\,(\text{cm}^2)$

02 $\dfrac{1}{2} \times 12 \times 10 \times \sin B = 30\sqrt{3}$ 이므로

$60 \sin B = 30\sqrt{3}$, $\sin B = \dfrac{\sqrt{3}}{2}$

이때 $\sin 60° = \dfrac{\sqrt{3}}{2}$ 이므로 $\angle B = 60°$

03 $\overline{BC} = \overline{CE} = 6$ cm이므로

직각삼각형 ABC에서

$\overline{AB} = 6 \sin 60° = 6 \times \dfrac{\sqrt{3}}{2} = 3\sqrt{3}$ (cm)

$\angle ABC = 90° - 60° = 30°$ 이므로

$\angle ABD = 30° + 90° = 120°$

$\therefore \triangle ABD = \dfrac{1}{2} \times 3\sqrt{3} \times 6 \times \sin(180° - 120°)$

$\qquad\qquad = \dfrac{1}{2} \times 3\sqrt{3} \times 6 \times \dfrac{\sqrt{3}}{2} = \dfrac{27}{2}$ (cm²)

04 직각삼각형 BCD에서

$\overline{BD} = 8 \sin 60° = 8 \times \dfrac{\sqrt{3}}{2} = 4\sqrt{3}$ (cm),

$\overline{CD} = 8 \cos 60° = 8 \times \dfrac{1}{2} = 4$ (cm)이므로

$\triangle ABD = \dfrac{1}{2} \times 6 \times 4\sqrt{3} \times \sin 30°$

$\qquad\quad = \dfrac{1}{2} \times 6 \times 4\sqrt{3} \times \dfrac{1}{2} = 6\sqrt{3}$ (cm²)

$\triangle BCD = \dfrac{1}{2} \times 8 \times 4 \times \sin 60°$

$\qquad\quad = \dfrac{1}{2} \times 8 \times 4 \times \dfrac{\sqrt{3}}{2} = 8\sqrt{3}$ (cm²)

$\therefore \square ABCD = \triangle ABD + \triangle BCD$

$\qquad\qquad\quad = 6\sqrt{3} + 8\sqrt{3} = 14\sqrt{3}$ (cm²)

05 (1) $\square ABCD$에서

$\angle C = 360° - (120° + 60° + 60°) = 120°$

이때 두 쌍의 대각의 크기가 각각 같은 사각형은 평행사변형이므로

$\square ABCD = 5 \times 8 \times \sin 60°$

$\qquad\qquad\quad = 5 \times 8 \times \dfrac{\sqrt{3}}{2}$

$\qquad\qquad\quad = 20\sqrt{3}$ (cm²)

(2) 오른쪽 그림과 같이 두 대각선의 교점을 O라 하면 $\triangle OBC$에서

$\angle DOC = 30° + 15° = 45°$

$\therefore \square ABCD = \dfrac{1}{2} \times 7 \times 8 \times \sin 45°$

$\qquad\qquad\quad = \dfrac{1}{2} \times 7 \times 8 \times \dfrac{\sqrt{2}}{2}$

$\qquad\qquad\quad = 14\sqrt{2}$ (cm²)

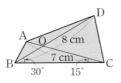

중단원 **마무리 문제**   43~45쪽

01 ③, ⑤	**02** 239 cm	**03** 12 cm	**04** 5.75 m
05 $40\sqrt{3}$ m	**06** (1) $2\sqrt{6}$ cm	(2) $\dfrac{32\sqrt{6}}{3}$ cm³	
07 $4\sqrt{10}$ cm	**08** ④	**09** $2(3+\sqrt{3})$ cm	**10** ④
11 $6(2+\sqrt{3})$ m	**12** $6\sqrt{2}$ cm²	**13** 150°	
14 $\dfrac{24}{5}$ cm		**15** $36\sqrt{3}$ cm²	**16** ⑤
17 $12\sqrt{3}$ cm²	**18** $4\sqrt{3}$ cm		

01 $\tan 20° = \dfrac{10}{\overline{AB}}$ 이므로 $\overline{AB} = \dfrac{10}{\tan 20°}$

또, $\sin 20° = \dfrac{10}{\overline{AC}}$ 이므로 $\overline{AC} = \dfrac{10}{\sin 20°}$

따라서 옳은 것은 ③, ⑤이다.

02 $\overline{AB} = 100 \cos 56° = 100 \times 0.56 = 56$ (cm)

$\overline{BC} = 100 \sin 56° = 100 \times 0.83 = 83$ (cm)

따라서 $\triangle ABC$의 둘레의 길이는

$\overline{AB} + \overline{BC} + \overline{CA} = 56 + 83 + 100 = 239$ (cm)

03 직각삼각형 ABH에서

$\overline{AH} = 8 \sin 60° = 8 \times \dfrac{\sqrt{3}}{2} = 4\sqrt{3}$ (cm)

$\overline{BH} = 8 \cos 60° = 8 \times \dfrac{1}{2} = 4$ (cm)

직각삼각형 AHC에서

$\overline{CH} = \sqrt{\overline{AC}^2 - \overline{AH}^2} = \sqrt{(4\sqrt{7})^2 - (4\sqrt{3})^2}$

$\qquad = \sqrt{64} = 8$ (cm)

$\therefore \overline{BC} = \overline{BH} + \overline{CH} = 4 + 8 = 12$ (cm)

04 $\overline{AC} = 5 \tan 49° = 5 \times 1.15 = 5.75$ (m)

따라서 가로등의 높이는 5.75 m이다.

05 $\overline{CE} = 30$ m이므로 직각삼각형 CED에서

$\overline{DE} = 30 \tan 30° = 30 \times \dfrac{\sqrt{3}}{3}$

$\qquad = 10\sqrt{3}$ (m)

직각삼각형 CFE에서

$\overline{EF} = 30 \tan 60° = 30 \times \sqrt{3}$

$\qquad = 30\sqrt{3}$ (m)

따라서 B 건물의 높이는

$\overline{DE} + \overline{EF} = 10\sqrt{3} + 30\sqrt{3} = 40\sqrt{3}$ (m)

06 (1) 직각삼각형 ABC에서

$\overline{AC} = \sqrt{4^2 + 4^2} = \sqrt{32} = 4\sqrt{2}$ (cm)

$$\therefore \overline{AH}=\frac{1}{2}\overline{AC}=\frac{1}{2}\times 4\sqrt{2}=2\sqrt{2}(cm) \quad \cdots ㉮$$

직각삼각형 OAH에서

$$\overline{OH}=\overline{AH}\tan 60°=2\sqrt{2}\tan 60°$$
$$=2\sqrt{2}\times\sqrt{3}=2\sqrt{6}(cm) \quad \cdots ㉯$$

(2) 사각뿔의 부피는

$$\frac{1}{3}\times(4\times 4)\times 2\sqrt{6}=\frac{32\sqrt{6}}{3}(cm^3) \quad \cdots ㉰$$

단계		채점 기준	배점 비율
(1)	㉮	$\overline{AH}$의 길이 구하기	40 %
	㉯	$\overline{OH}$의 길이 구하기	40 %
(2)	㉰	사각뿔의 부피 구하기	20 %

07 오른쪽 그림과 같이 꼭짓점 A
에서 $\overline{BC}$의 연장선에 내린 수
선의 발을 H라 하면

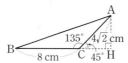

$\angle ACH=180°-135°=45°$

이므로 직각삼각형 ACH에서

$$\overline{AH}=4\sqrt{2}\sin 45°=4\sqrt{2}\times\frac{\sqrt{2}}{2}=4(cm)$$

$$\overline{CH}=4\sqrt{2}\cos 45°=4\sqrt{2}\times\frac{\sqrt{2}}{2}=4(cm)$$

이때 $\overline{BH}=\overline{BC}+\overline{CH}=8+4=12(cm)$이므로

직각삼각형 ABH에서

$$\overline{AB}=\sqrt{\overline{AH}^2+\overline{BH}^2}=\sqrt{4^2+12^2}$$
$$=\sqrt{160}=4\sqrt{10}(cm)$$

08 오른쪽 그림과 같이 꼭짓점 A에서
$\overline{BC}$에 내린 수선의 발을 H라 하면
직각삼각형 AHC에서

$$\overline{AH}=8\sin 60°$$
$$=8\times\frac{\sqrt{3}}{2}=4\sqrt{3}(m)$$

$$\overline{CH}=8\cos 60°=8\times\frac{1}{2}=4(m)$$

이때 $\overline{BH}=\overline{BC}-\overline{CH}=10-4=6(m)$이므로

직각삼각형 ABH에서

$$\overline{AB}=\sqrt{\overline{AH}^2+\overline{BH}^2}=\sqrt{(4\sqrt{3})^2+6^2}$$
$$=\sqrt{84}=2\sqrt{21}(m)$$

따라서 두 지점 A, B 사이의 거리는 $2\sqrt{21}$ m이다.

09 △ABC에서 $\angle C=180°-(45°+75°)=60°$

오른쪽 그림과 같이 꼭짓점 B에서
$\overline{AC}$에 내린 수선의 발을 H라 하면
직각삼각형 ABH에서

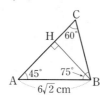

$$\overline{AH}=6\sqrt{2}\cos 45°$$
$$=6\sqrt{2}\times\frac{\sqrt{2}}{2}=6(cm)$$

$$\overline{BH}=6\sqrt{2}\sin 45°=6\sqrt{2}\times\frac{\sqrt{2}}{2}=6(cm) \quad \cdots ㉮$$

직각삼각형 BCH에서

$$\overline{CH}=\frac{\overline{BH}}{\tan 60°}=\frac{6}{\tan 60°}$$
$$=\frac{6}{\sqrt{3}}=2\sqrt{3}(cm) \quad \cdots ㉯$$

$$\therefore \overline{AC}=\overline{AH}+\overline{CH}=6+2\sqrt{3}$$
$$=2(3+\sqrt{3})(cm) \quad \cdots ㉰$$

단계	채점 기준	배점 비율
㉮	$\overline{AH}, \overline{BH}$의 길이 각각 구하기	40 %
㉯	$\overline{CH}$의 길이 구하기	40 %
㉰	$\overline{AC}$의 길이 구하기	20 %

10 오른쪽 그림과 같이 $\overline{AH}=h$라
하면 직각삼각형 ABH에서
$\angle BAH=90°-45°=45°$
이므로

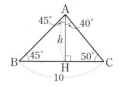

$$\overline{BH}=h\tan 45°=h$$

직각삼각형 AHC에서

$\angle CAH=90°-50°=40°$이므로

$$\overline{CH}=h\tan 40°$$

이때 $\overline{BC}=\overline{BH}+\overline{CH}$이므로

$10=h+h\tan 40°$, $(1+\tan 40°)h=10$

$$\therefore h=\frac{10}{1+\tan 40°}$$

따라서 $\overline{AH}$의 길이를 나타내는 식은 ④이다.

11 **전략** 부러지기 전 나무의 높이는 $(\overline{BC}+\overline{CH})$ m이다.

오른쪽 그림과 같이 $\overline{CH}=h$ m
라 하면 직각삼각형 AHC에서

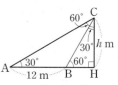

$\angle ACH=90°-30°=60°$
이므로

$$\overline{AH}=h\tan 60°=\sqrt{3}h(m)$$

직각삼각형 BHC에서

$\angle BCH=90°-60°=30°$이므로

$$\overline{BH}=h\tan 30°=\frac{\sqrt{3}}{3}h(m)$$

이때 $\overline{AB}=\overline{AH}-\overline{BH}$이므로

$12=\sqrt{3}h-\frac{\sqrt{3}}{3}h$, $\frac{2\sqrt{3}}{3}h=12$

$$\therefore h=12\times\frac{3}{2\sqrt{3}}=6\sqrt{3}$$

한편, △ABC에서

$\angle CAB=\angle ACB=30°$이므로

$\overline{BC}=\overline{AB}=12$ m

따라서 부러지기 전 나무의 높이는
$$\overline{BC}+\overline{CH}=12+6\sqrt{3}=6(2+\sqrt{3})\,(m)$$

12 $\triangle ABC=\dfrac{1}{2}\times 9\times 8\times \sin 45^\circ$

$\qquad =\dfrac{1}{2}\times 9\times 8\times \dfrac{\sqrt{2}}{2}$

$\qquad =18\sqrt{2}\,(cm^2)$

이때 점 G가 △ABC의 무게중심이므로

$\triangle GBC=\dfrac{1}{3}\triangle ABC$

$\qquad =\dfrac{1}{3}\times 18\sqrt{2}=6\sqrt{2}\,(cm^2)$

[이것만은 꼭!]

삼각형의 무게중심과 넓이

오른쪽 그림의 △ABC에서 점 G가 무게중심일 때

① $\triangle AFG=\triangle BFG=\triangle BDG$
$\qquad =\triangle CDG=\triangle CEG$
$\qquad =\triangle AEG=\dfrac{1}{6}\triangle ABC$

② $\triangle GAB=\triangle GBC=\triangle GCA=\dfrac{1}{3}\triangle ABC$

13 $\dfrac{1}{2}\times 16\times 12\times \sin(180^\circ-B)=48$이므로

$96\sin(180^\circ-B)=48$

$\sin(180^\circ-B)=\dfrac{1}{2}$

이때 $\sin 30^\circ=\dfrac{1}{2}$이므로

$180^\circ-\angle B=30^\circ\qquad \therefore \angle B=150^\circ$

14 **[전략]** $\triangle ABC=\triangle ABD+\triangle ADC$임을 이용하여 $\overline{AD}$에 대한 식을 세운다.

$\angle BAD=\angle CAD=\dfrac{1}{2}\angle BAC$

$\qquad =\dfrac{1}{2}\times 120^\circ=60^\circ \qquad \cdots$ ㉮

$\overline{AD}=x\,cm$라 하면

$\triangle ABC=\triangle ABD+\triangle ADC$이므로

$\dfrac{1}{2}\times 12\times 8\times \sin(180^\circ-120^\circ)$

$=\dfrac{1}{2}\times 12\times x\times \sin 60^\circ+\dfrac{1}{2}\times x\times 8\times \sin 60^\circ \quad \cdots$ ㉯

$\dfrac{1}{2}\times 12\times 8\times \dfrac{\sqrt{3}}{2}$

$=\dfrac{1}{2}\times 12\times x\times \dfrac{\sqrt{3}}{2}+\dfrac{1}{2}\times x\times 8\times \dfrac{\sqrt{3}}{2}$

$24\sqrt{3}=3\sqrt{3}x+2\sqrt{3}x$

$24\sqrt{3}=5\sqrt{3}x\qquad \therefore x=\dfrac{24}{5}$

$\therefore \overline{AD}=\dfrac{24}{5}\,cm \qquad \cdots$ ㉰

단계	채점 기준	배점 비율
㉮	∠BAD, ∠CAD의 크기 각각 구하기	20 %
㉯	$\overline{AD}$의 길이에 대한 식 세우기	50 %
㉰	$\overline{AD}$의 길이 구하기	30 %

15 오른쪽 그림과 같이 대각선 BD를 그으면

$\square ABCD$

$=\triangle ABD+\triangle BCD$

$=\dfrac{1}{2}\times 6\times 6\times \sin(180^\circ-120^\circ)$

$\qquad +\dfrac{1}{2}\times 6\sqrt{3}\times 6\sqrt{3}\times \sin 60^\circ$

$=\dfrac{1}{2}\times 6\times 6\times \dfrac{\sqrt{3}}{2}+\dfrac{1}{2}\times 6\sqrt{3}\times 6\sqrt{3}\times \dfrac{\sqrt{3}}{2}$

$=9\sqrt{3}+27\sqrt{3}=36\sqrt{3}\,(cm^2)$

16 **[전략]** 보조선을 그어 정팔각형을 8개의 합동인 이등변삼각형으로 나눈다.

오른쪽 그림과 같이 원의 중심 O와 꼭짓점을 연결하는 선분을 그어 보면 정팔각형은 두 변의 길이가 각각 7 cm이고 그 끼인각의 크기가 45°인 삼각형 8개로 나누어진다.

따라서 구하는 정팔각형의 넓이는

$8\times \left(\dfrac{1}{2}\times 7\times 7\times \sin 45^\circ\right)=8\times \left(\dfrac{1}{2}\times 7\times 7\times \dfrac{\sqrt{2}}{2}\right)$

$\qquad =98\sqrt{2}\,(cm^2)$

17 $\triangle AMC=\dfrac{1}{2}\triangle ABC$

$\qquad =\dfrac{1}{2}\times \dfrac{1}{2}\square ABCD$

$\qquad =\dfrac{1}{4}\square ABCD$

$\qquad =\dfrac{1}{4}\times (8\times 12\times \sin 60^\circ)$

$\qquad =\dfrac{1}{4}\times \left(8\times 12\times \dfrac{\sqrt{3}}{2}\right)=12\sqrt{3}\,(cm^2)$

18 등변사다리꼴의 두 대각선의 길이는 같으므로 $\overline{BD}=x\,cm$라 하면

$\overline{AC}=\overline{BD}=x\,cm$

$\dfrac{1}{2}\times x\times x\times \sin 60^\circ=12\sqrt{3}$이므로

$\dfrac{1}{2}\times x\times x\times \dfrac{\sqrt{3}}{2}=12\sqrt{3}$

$x^2=48\qquad \therefore x=\sqrt{48}=4\sqrt{3}\ (\because x>0)$

$\therefore \overline{BD}=4\sqrt{3}\,cm$

창의·융합 문제

오른쪽 그림과 같이 점 B에서 $\overline{OA}$
에 내린 수선의 발을 H라 하면
직각삼각형 OHB에서
$\overline{OH} = 2 \cos 60°$
$= 2 \times \dfrac{1}{2} = 1(m)$ ··· **1**
$\overline{OA} = \overline{OB} = 2$ m이므로
$\overline{AH} = \overline{OA} - \overline{OH}$
$= 2 - 1 = 1(m)$
따라서 그네가 B 지점에 있을 때, 지면으로부터의 높이는
$\overline{AH} + 0.3 = 1 + 0.3 = 1.3(m)$ ··· **2**

🄰 1.3 m

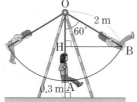

교과서 속 서술형 문제

1 ❶ 건물의 높이를 h m라 할 때, $\overline{BH}$의 길이를 h에 대한 식으로
나타내면?
직각삼각형 ABH에서
$\angle BAH = 90° - 30° = \boxed{60}°$이므로
$\overline{BH} = h \tan \boxed{60}° = h \times \boxed{\sqrt{3}} = \boxed{\sqrt{3}h}(m)$ ··· ㉮

❷ $\overline{CH}$의 길이를 h에 대한 식으로 나타내면?
직각삼각형 AHC에서
$\angle CAH = 90° - 45° = \boxed{45}°$이므로
$\overline{CH} = h \tan \boxed{45}° = h \times \boxed{1} = \boxed{h}(m)$ ··· ㉯

❸ 건물의 높이를 구하면?
$\overline{BC} = \overline{BH} + \overline{CH}$이므로
$140 = \boxed{\sqrt{3}h} + h$
$\boxed{(\sqrt{3}+1)}h = 140$
$\therefore h = \dfrac{140}{\boxed{\sqrt{3}+1}} = 70(\boxed{\sqrt{3}-1})$
따라서 건물의 높이는 $\boxed{70(\sqrt{3}-1)}$ m이다. ··· ㉰

단계	채점 기준	배점 비율
㉮	$\overline{BH}$의 길이를 h에 대한 식으로 나타내기	30 %
㉯	$\overline{CH}$의 길이를 h에 대한 식으로 나타내기	30 %
㉰	건물의 높이 구하기	40 %

2 ❶ 탑의 높이를 h m라 할 때, $\overline{BH}$의 길이를 h에 대한 식으로 나
타내면?
직각삼각형 ABH에서

$\angle BAH = 90° - 45° = 45°$이므로
$\overline{BH} = h \tan 45° = h \times 1 = h(m)$ ··· ㉮

❷ $\overline{CH}$의 길이를 h에 대한 식으로 나타내면?
직각삼각형 ACH에서
$\angle CAH = 90° - 60° = 30°$이므로
$\overline{CH} = h \tan 30° = h \times \dfrac{\sqrt{3}}{3} = \dfrac{\sqrt{3}}{3}h(m)$ ··· ㉯

❸ 탑의 높이를 구하면?
$\overline{BC} = \overline{BH} - \overline{CH}$이므로
$6 = h - \dfrac{\sqrt{3}}{3}h, \dfrac{3-\sqrt{3}}{3}h = 6$
$\therefore h = 6 \times \dfrac{3}{3-\sqrt{3}} = 3(3+\sqrt{3})$
따라서 탑의 높이는 $3(3+\sqrt{3})$ m이다. ··· ㉰

단계	채점 기준	배점 비율
㉮	$\overline{BH}$의 길이를 h에 대한 식으로 나타내기	30 %
㉯	$\overline{CH}$의 길이를 h에 대한 식으로 나타내기	30 %
㉰	탑의 높이 구하기	40 %

3 직각삼각형 ABD에서
$\overline{AD} = 6\sqrt{2} \sin 45° = 6\sqrt{2} \times \dfrac{\sqrt{2}}{2} = 6(cm)$
$\overline{BD} = 6\sqrt{2} \cos 45° = 6\sqrt{2} \times \dfrac{\sqrt{2}}{2} = 6(cm)$ ··· ㉮
직각삼각형 ADC에서
$\overline{CD} = \dfrac{\overline{AD}}{\tan 30°} = \dfrac{6}{\tan 30°}$
$= 6 \div \dfrac{\sqrt{3}}{3} = 6 \times \dfrac{3}{\sqrt{3}}$
$= 6\sqrt{3}(cm)$ ··· ㉯
$\therefore \overline{BC} = \overline{BD} + \overline{CD} = 6 + 6\sqrt{3}$
$= 6(1+\sqrt{3})(cm)$ ··· ㉰

🄰 $6(1+\sqrt{3})$ cm

단계	채점 기준	배점 비율
㉮	$\overline{AD}, \overline{BD}$의 길이 각각 구하기	40 %
㉯	$\overline{CD}$의 길이 구하기	40 %
㉰	$\overline{BC}$의 길이 구하기	20 %

4 $\angle B = 180° - 135° = 45°$ ··· ㉮
오른쪽 그림과 같이 꼭짓점 A
에서 $\overline{BC}$에 내린 수선의 발을
H라 하면
직각삼각형 ABH에서
$\overline{AH} = 12 \sin 45° = 12 \times \dfrac{\sqrt{2}}{2} = 6\sqrt{2}(cm)$
$\overline{BH} = 12 \cos 45° = 12 \times \dfrac{\sqrt{2}}{2} = 6\sqrt{2}(cm)$ ··· ㉯

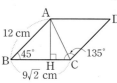

$\overline{CH}=\overline{BC}-\overline{BH}=9\sqrt{2}-6\sqrt{2}=3\sqrt{2}\,(cm)$ ··· ㉮

이므로 직각삼각형 AHC에서

$\overline{AC}=\sqrt{\overline{AH}^2+\overline{CH}^2}=\sqrt{(6\sqrt{2})^2+(3\sqrt{2})^2}$

$\quad=\sqrt{90}=3\sqrt{10}\,(cm)$ ··· ㉯

답 $3\sqrt{10}$ cm

단계	채점 기준	배점 비율
㉮	∠B의 크기 구하기	20 %
㉯	$\overline{AH}$, $\overline{BH}$의 길이 각각 구하기	40 %
㉰	$\overline{CH}$의 길이 구하기	20 %
㉱	$\overline{AC}$의 길이 구하기	20 %

5 $\overline{OA}=\overline{OB}$이므로

∠OAB=∠OBA=30°이고

∠AOB=180°−(30°+30°)

$\quad=120°$ ··· ㉮

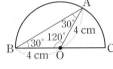

∴ △OAB=$\frac{1}{2}\times4\times4\times\sin(180°-120°)$

$\quad=\frac{1}{2}\times4\times4\times\frac{\sqrt{3}}{2}=4\sqrt{3}\,(cm^2)$ ··· ㉯

따라서 색칠한 부분의 넓이는

$\frac{1}{2}\times\pi\times4^2-4\sqrt{3}=8\pi-4\sqrt{3}$

$\quad=4(2\pi-\sqrt{3})\,(cm^2)$ ··· ㉰

답 $4(2\pi-\sqrt{3})$ cm²

단계	채점 기준	배점 비율
㉮	∠AOB의 크기 구하기	30 %
㉯	△OAB의 넓이 구하기	50 %
㉰	색칠한 부분의 넓이 구하기	20 %

6 □ABCD=$\frac{1}{2}\times8\times9\times\sin x°$

$\quad=36\sin x°\,(cm^2)$ ··· ㉮

이고 0°<x°≤90°일 때, 0<$\sin x°$≤1이다. ··· ㉯

□ABCD의 넓이가 가장 클 때는 $\sin x°=1$이므로

$x=90$ ··· ㉰

따라서 구하는 넓이는

$36\times1=36\,(cm^2)$ ··· ㉱

답 $x=90$, 넓이: 36 cm²

단계	채점 기준	배점 비율
㉮	□ABCD의 넓이를 식으로 나타내기	40 %
㉯	0°<x°≤90°일 때, $\sin x°$의 값의 범위 구하기	20 %
㉰	□ABCD의 넓이가 가장 클 때의 x의 값 구하기	20 %
㉱	넓이 구하기	20 %

03 원과 직선

① 원의 현

개념 12 중심각의 크기와 호, 현의 길이

개념 확인하기 ·· 50쪽

1 답 (1) 2 (2) 35 (3) 50 (4) 7

(1) 한 원에서 크기가 같은 두 중심각에 대한 호의 길이는 같으므로 $x=2$

(2) 한 원에서 길이가 같은 두 호에 대한 중심각의 크기는 같으므로 $x=35$

(3) 한 원에서 길이가 같은 두 현에 대한 중심각의 크기가 같으므로 $x=50$

(4) 한 원에서 크기가 같은 두 중심각에 대한 현의 길이는 같으므로 $x=7$

대표문제 51쪽

01 답 (1) 10 (2) 115

(1) 한 원에서 크기가 같은 두 중심각에 대한 호의 길이는 같으므로 $x=10$

(2) 한 원에서 길이가 같은 두 현에 대한 중심각의 크기는 같으므로 $x=\frac{1}{2}\times(360-130)=115$

02 답 5

$\overline{AB}=\overline{CD}$이므로 ∠COD=∠AOB=60°

이때 △OCD에서 $\overline{OC}=\overline{OD}$이므로

∠OCD=∠ODC=$\frac{1}{2}\times(180°-60°)=60°$

따라서 △OCD는 한 변의 길이가 5인 정삼각형이므로 $x=5$

03 답 (1) 30 (2) 6

한 원에서 중심각의 크기와 호의 길이는 정비례하므로

(1) 120 : x=16 : 4에서 120 : x=4 : 1

4x=120 ∴ x=30

(2) 70 : 105=x : 9에서 2 : 3=x : 9

3x=18 ∴ x=6

04 답 (1)○ (2)× (3)× (4)○

(2) 중심각의 크기가 같은 두 현의 길이는 같다.

(3) 중심각의 크기와 현의 길이는 정비례하지 않는다.

05 답 ㄱ, ㄴ

ㄱ. 한 원에서 크기가 같은 두 중심각에 대한 현의 길이는 같
으므로 $\overline{AB}=\overline{EF}$

ㄴ. 한 원에서 중심각의 크기와 호의 길이는 정비례하므로
$\overparen{AB}=\dfrac{1}{2}\overparen{CD}$

ㄷ. 한 원에서 중심각의 크기와 현의 길이는 정비례하지 않으
므로 $\overline{CD}\neq2\overline{AB}$

ㄹ. 한 원에서 중심각의 크기와 삼각형의 넓이는 정비례하지
않으므로 $\triangle COD\neq2\triangle AOB$

따라서 옳은 것은 ㄱ, ㄴ이다.

개념 13 원의 중심과 현의 수직이등분선

개념 확인하기 52쪽

1 답 (1) 4   (2) 5   (3) 6

(1) 원의 중심에서 현에 내린 수선은 그 현을 이등분하므로
$x=4$

(2) 원의 중심에서 현에 내린 수선은 그 현을 이등분하므로
$x=\dfrac{1}{2}\times10=5$

(3) 원의 중심에서 현에 내린 수선은 그 현을 이등분하므로
$x=2\times3=6$

대표문제 53쪽

01 답 (1) 4   (2) 8

(1) 직각삼각형 OAM에서
$\overline{AM}=\sqrt{5^2-3^2}=\sqrt{16}=4$

(2) $\overline{AB}\perp\overline{OM}$이므로
$\overline{AB}=2\overline{AM}=2\times4=8$

02 답 (1) $3\sqrt5$ (2) 11

(1) $\overline{AB}\perp\overline{OM}$이므로
$\overline{AM}=\dfrac{1}{2}\overline{AB}=\dfrac{1}{2}\times12=6$

직각삼각형 OAM에서
$x=\sqrt{9^2-6^2}=\sqrt{45}=3\sqrt5$

(2) $\overline{AB}\perp\overline{OM}$이므로
$\overline{AM}=\dfrac{1}{2}\overline{AB}=\dfrac{1}{2}\times14=7$

직각삼각형 OMA에서
$x=\sqrt{(6\sqrt2)^2+7^2}=\sqrt{121}=11$

---

03 답 $5\sqrt3$ cm

$\overline{OC}=\overline{OB}=10$ cm이므로
$\overline{OM}=\dfrac{1}{2}\overline{OC}=\dfrac{1}{2}\times10=5$ (cm)

직각삼각형 OBM에서
$\overline{BM}=\sqrt{10^2-5^2}=\sqrt{75}=5\sqrt3$ (cm)

$\overline{AB}\perp\overline{OC}$이므로 $\overline{AM}=\overline{BM}=5\sqrt3$ cm

04 답 (1) $x-4$ (2) 10

(1) $\overline{OC}=\overline{OA}=x$이므로 $\overline{OM}=x-4$

(2) 직각삼각형 OAM에서 $x^2=8^2+(x-4)^2$
$8x=80$ ∴ $x=10$

05 답 (1) 5   (2) $\dfrac{25}{6}$

(1) $\overline{AB}\perp\overline{OM}$이므로 $\overline{BM}=\overline{AM}=3$
$\overline{OC}=\overline{OB}=x$이므로 $\overline{OM}=x-1$
직각삼각형 OMB에서 $x^2=(x-1)^2+3^2$
$2x=10$ ∴ $x=5$

(2) $\overline{AB}\perp\overline{OM}$이므로
$\overline{AM}=\dfrac{1}{2}\overline{AB}=\dfrac{1}{2}\times8=4$
$\overline{OC}=\overline{OA}=x$이므로 $\overline{OM}=x-3$
직각삼각형 OAM에서 $x^2=4^2+(x-3)^2$
$6x=25$ ∴ $x=\dfrac{25}{6}$

06 답 6 cm

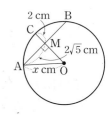

오른쪽 그림과 같이 $\overline{OA}$를 긋고
원 O의 반지름의 길이를 x cm라
하면
$\overline{OC}=\overline{OA}=x$ cm이므로
$\overline{OM}=(x-2)$ cm
직각삼각형 OMA에서
$x^2=(x-2)^2+(2\sqrt5)^2$
$4x=24$ ∴ $x=6$
따라서 원 O의 반지름의 길이는 6 cm이다.

개념 14 현의 길이

개념 확인하기 54쪽

1 답 (1) 5   (2) 4   (3) 7

(1) 한 원에서 중심으로부터 같은 거리에 있는 두 현의 길이는
같으므로 $x=5$

(2) 한 원에서 길이가 같은 두 현은 원의 중심으로부터 같은 거리에 있으므로 $x=4$

(3) 한 원에서 중심으로부터 같은 거리에 있는 두 현의 길이는 같으므로 $2x=14$ $\therefore x=7$

(3) $\overline{AB}\perp\overline{OM}$이므로
$\overline{AB}=2\overline{AM}=2\times4=8(cm)$
이때 $\triangle ABC$는 정삼각형이므로 $\overline{BC}=\overline{AB}=8\ cm$

대표문제

55쪽

01 🅐 (1) 6 (2) 4

(1) $\overline{AB}\perp\overline{OM}$이므로
$\overline{AB}=2\overline{BM}=2\times3=6$
$\overline{OM}=\overline{ON}$이므로 $\overline{CD}=\overline{AB}=6$ $\therefore x=6$

(2) $\overline{CD}\perp\overline{ON}$이므로
$\overline{CD}=2\overline{DN}=2\times6=12$
$\overline{AB}=\overline{CD}$이므로 $\overline{OM}=\overline{ON}=4$ $\therefore x=4$

02 🅐 (1) 풀이 참조 (2) 5

(1) 직각삼각형 OMB에서
$\overline{BM}=\sqrt{\boxed{5}^2-3^2}=\sqrt{\boxed{16}}=\boxed{4}$
$\overline{AB}\perp\overline{OM}$이므로
$\overline{AB}=2\boxed{\overline{BM}}=2\times\boxed{4}=\boxed{8}$
$\overline{OM}=\overline{ON}$이므로
$\overline{CD}=\boxed{\overline{AB}}=\boxed{8}$ $\therefore x=\boxed{8}$

(2) $\overline{CD}\perp\overline{ON}$이므로
$\overline{CN}=\dfrac{1}{2}\overline{CD}=\dfrac{1}{2}\times24=12$
직각삼각형 ONC에서
$\overline{ON}=\sqrt{13^2-12^2}=\sqrt{25}=5$
$\overline{AB}=\overline{CD}$이므로 $\overline{OM}=\overline{ON}=5$ $\therefore x=5$

03 🅐 (1) 70° (2) 65° (3) 84°

$\overline{OM}=\overline{ON}$이므로 $\overline{AB}=\overline{AC}$
즉, $\triangle ABC$는 $\overline{AB}=\overline{AC}$인 이등변삼각형이다.
(1) $\angle x=\angle B=70°$
(2) $\angle x=\dfrac{1}{2}\times(180°-50°)=65°$
(3) $\angle x=180°-2\times48°=84°$

04 🅐 (1) 60° (2) 60° (3) 8 cm

(1) □AMON에서
$\angle A=360°-(90°+120°+90°)=60°$
(2) $\overline{OM}=\overline{ON}$이므로 $\overline{AB}=\overline{AC}$
즉, $\triangle ABC$는 $\overline{AB}=\overline{AC}$인 이등변삼각형이므로
$\angle B=\dfrac{1}{2}\times(180°-60°)=60°$

소단원 핵심문제

56~57쪽

01 ③, ⑤	02 12 cm	03 (1) 9 (2) $\dfrac{15}{2}$
04 $4\sqrt{5}$ cm	05 $4\sqrt{3}$ cm	06 4 cm	07 48 cm²
08 110°		

01 ①, ② 한 원에서 크기가 같은 두 중심각에 대한 호의 길이와 현의 길이는 각각 같으므로
$\overset{\frown}{AB}=\overset{\frown}{CD}, \overline{CD}=\overline{DE}$
③ 한 원에서 중심각의 크기와 현의 길이는 정비례하지 않으므로 $2\overline{AB}\neq\overline{CE}$
④ 한 원에서 크기가 같은 두 중심각에 대한 삼각형의 넓이는 같으므로 $\triangle AOB=\triangle DOE$
⑤ 한 원에서 중심각의 크기와 삼각형의 넓이는 정비례하지 않으므로 $\triangle COE\neq2\triangle COD$
따라서 옳지 않은 것은 ③, ⑤이다.

02 $\overline{AB}\perp\overline{CD}, \overline{CM}=\overline{DM}$이므로 $\overline{AB}$는 원의 중심을 지난다.
따라서 원의 반지름의 길이는
$\dfrac{1}{2}\overline{AB}=\dfrac{1}{2}\times(6+18)=12(cm)$

03 (1) $\overline{AB}\perp\overline{OM}$이므로 $\overline{BM}=\overline{AM}=12\ cm$
직각삼각형 OMB에서
$\overline{OM}=\sqrt{15^2-12^2}=\sqrt{81}=9(cm)$
$\therefore x=9$
(2) 직각삼각형 BMC에서
$\overline{BM}=\sqrt{(3\sqrt{5})^2-3^2}=\sqrt{36}=6(cm)$
$\overline{AB}\perp\overline{OM}$이므로 $\overline{AM}=\overline{BM}=6\ cm$
$\overline{OC}=\overline{OA}=x\ cm$이므로 $\overline{OM}=(x-3)\ cm$
직각삼각형 OAM에서 $x^2=6^2+(x-3)^2$
$6x=45$ $\therefore x=\dfrac{15}{2}$

04 오른쪽 그림과 같이 $\overline{OM}$을 그으면
$\angle OMA=90°, \overline{OM}=4\ cm$
이므로 직각삼각형 OAM에서
$\overline{AM}=\sqrt{6^2-4^2}=\sqrt{20}=2\sqrt{5}(cm)$
$\overline{AB}\perp\overline{OM}$이므로
$\overline{AB}=2\overline{AM}=2\times2\sqrt{5}=4\sqrt{5}(cm)$

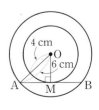

05 오른쪽 그림과 같이 원의 중심 O에서 $\overline{AB}$에 내린 수선의 발을 M이라 하면 $\overline{OA}=4$ cm이므로

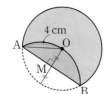

$$\overline{OM}=\frac{1}{2}\times4=2\,(\text{cm})$$

직각삼각형 OAM에서

$$\overline{AM}=\sqrt{4^2-2^2}=\sqrt{12}=2\sqrt{3}\,(\text{cm})$$

$$\therefore \overline{AB}=2\overline{AM}=2\times2\sqrt{3}=4\sqrt{3}\,(\text{cm})$$

06 $\overline{CD}\perp\overline{ON}$이므로 $\overline{CN}=\overline{DN}=3$ cm

직각삼각형 ONC에서

$$\overline{ON}=\sqrt{5^2-3^2}=\sqrt{16}=4\,(\text{cm})$$

$$\overline{CD}=2\overline{DN}=2\times3=6\,(\text{cm})$$이므로 $\overline{AB}=\overline{CD}$

$$\therefore \overline{OM}=\overline{ON}=4 \text{ cm}$$

07 오른쪽 그림과 같이 원의 중심 O에서 $\overline{CD}$에 내린 수선의 발을 H라 하면 $\overline{AB}=\overline{CD}$이므로

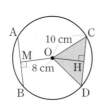

$$\overline{OH}=\overline{OM}=8 \text{ cm}$$

직각삼각형 OHC에서

$$\overline{CH}=\sqrt{10^2-8^2}=\sqrt{36}=6\,(\text{cm})$$

$$\overline{CD}=2\overline{CH}=2\times6=12\,(\text{cm})$$

$$\therefore \triangle ODC=\frac{1}{2}\times12\times8=48\,(\text{cm}^2)$$

08 $\overline{OM}=\overline{ON}$이므로 $\overline{AB}=\overline{AC}$

즉, $\triangle ABC$는 $\overline{AB}=\overline{AC}$인 이등변삼각형이므로

$$\angle A=180°-2\times55°=70°$$

따라서 $\square AMON$에서

$$\angle MON=360°-(90°+70°+90°)=110°$$

② 원의 접선 (1)

개념 15 원의 접선과 반지름

개념 확인하기 ———————— 58쪽

1 답 (1) $90°$　(2) $35°$　(3) $50°$　(4) $28°$

(2) $\angle OAP=90°$이므로

$$55°+\angle x=90° \qquad \therefore \angle x=35°$$

(3) $\angle OAP=90°$이므로

$$\angle x+40°=90° \qquad \therefore \angle x=50°$$

(4) $\angle PAO=90°$이므로

$$\angle x+62°=90° \qquad \therefore \angle x=28°$$

01 답 (1) $135°$　(2) $80°$

(1) $\angle PAO=\angle PBO=90°$이므로

$$45°+\angle x=180° \qquad \therefore \angle x=135°$$

(2) $\angle PAO=\angle PBO=90°$이므로

$$100°+\angle x=180° \qquad \therefore \angle x=80°$$

02 답 (1) 13　(2) $4\sqrt{2}$　(3) 8

(1) $\angle PAO=90°$이므로 직각삼각형 PAO에서

$$x=\sqrt{12^2+5^2}=\sqrt{169}=13$$

(2) $\angle PAO=90°$이므로 직각삼각형 PAO에서

$$x=\sqrt{9^2-7^2}=\sqrt{32}=4\sqrt{2}$$

(3) $\overline{OA}=\overline{OB}=6$ cm, $\angle PAO=90°$이므로

직각삼각형 PAO에서

$$x=\sqrt{(6+4)^2-6^2}=\sqrt{64}=8$$

03 답 (1) $110°$　(2) $25\pi \text{ cm}^2$

(1) $\angle PAO=\angle PBO=90°$이므로

$$70°+\angle x=180° \qquad \therefore \angle x=110°$$

(2) 색칠한 부분은 중심각의 크기가

$$360°-110°=250°$$인 부채꼴이므로 구하는 넓이는

$$\pi\times6^2\times\frac{250}{360}=25\pi\,(\text{cm}^2)$$

04 답 (1) 풀이 참조　(2) 6

(1) $\overline{OB}=\overline{OA}=x$ cm, $\angle PAO=\boxed{90}°$이므로

직각삼각형 PAO에서

$$(\boxed{x+2})^2=x^2+3^2 \qquad \therefore x=\boxed{\frac{5}{4}}$$

(2) $\overline{OA}=\overline{OB}=9$ cm, $\angle PAO=90°$이므로

직각삼각형 PAO에서

$$(x+9)^2=12^2+9^2,\ x^2+18x-144=0$$

$$(x+24)(x-6)=0 \qquad \therefore x=6\,(\because x>0)$$

이것만은 꼭!

원의 접선과 반지름

점 A는 점 P에서 원 O에 그은 접선의 접점일 때

① $\overline{OA}\perp\overline{PA}$

② $\triangle PAO$는 직각삼각형이므로

$$\overline{PO}^2=\overline{PA}^2+\overline{OA}^2$$

05 답 $64\pi \text{ cm}^2$

원 O의 반지름의 길이를 x cm라 하면

$$\overline{OA}=\overline{OB}=x \text{ cm이고}$$

∠OAP=90°이므로 직각삼각형 POA에서
$(x+9)^2=15^2+x^2$, $18x=144$ ∴ $x=8$
따라서 원의 반지름의 길이는 8 cm이므로 그 넓이는
$\pi\times8^2=64\pi(cm^2)$

개념 16 원의 접선의 길이

개념 확인하기 60쪽

1 **답** (1) 6 (2) $5\sqrt{3}$ (3) 50 (4) 70
(1) $\overline{PA}=\overline{PB}$이므로 $x=6$
(2) 직각삼각형 PAO에서
$\overline{PA}=\sqrt{10^2-5^2}=\sqrt{75}=5\sqrt{3}$
$\overline{PB}=\overline{PA}=5\sqrt{3}$이므로 $x=5\sqrt{3}$
(3) $\overline{PA}=\overline{PB}$이므로 △PBA는 이등변삼각형이다.
∴ $\angle PAB=\frac{1}{2}\times(180°-80°)=50°$ ∴ $x=50$
(4) $\overline{PA}=\overline{PB}$이므로 △PBA는 이등변삼각형이다.
∴ $\angle APB=180°-2\times55°=70°$ ∴ $x=70$

대표문제 61쪽

01 **답** $x=6, y=65$
$\overline{PB}=\overline{PA}=6$ cm이므로 $x=6$
△PBA는 $\overline{PA}=\overline{PB}$인 이등변삼각형이므로
$\angle PBA=\frac{1}{2}\times(180°-50°)=65°$ ∴ $y=65$

이것만은 꼭!
원의 접선의 성질
두 점 A, B는 점 P에서 원 O에 그은
두 접선의 접점일 때
① $\overline{PA}=\overline{PB}$이므로 △PBA는
  이등변삼각형이다.
② $\angle PAB=\angle PBA$

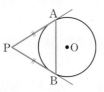

02 **답** (1) 15 (2) $2\sqrt{10}$
(1) ∠PAO=90°이므로 직각삼각형 POA에서
$\overline{PA}=\sqrt{17^2-8^2}=\sqrt{225}=15(cm)$
$\overline{PB}=\overline{PA}=15$ cm이므로 $x=15$
(2) $\overline{PA}=\overline{PB}=9$ cm이고
∠PAO=90°이므로 직각삼각형 PAO에서
$\overline{OA}=\sqrt{11^2-9^2}=\sqrt{40}=2\sqrt{10}(cm)$
∴ $x=2\sqrt{10}$

03 **답** (1) 10 cm (2) 8 cm
(1) $\overline{PO}=4+6=10(cm)$
(2) ∠PAO=90°이므로 직각삼각형 PAO에서
$\overline{PA}=\sqrt{10^2-6^2}=\sqrt{64}=8(cm)$
∴ $\overline{PB}=\overline{PA}=8$ cm

04 **답** (1) × (2) ○ (3) ○
(1) ∠PAO=∠PBO=90°이므로
$60°+\angle AOB=180°$ ∴ $\angle AOB=120°$
(2) △PAO와 △PBO에서
$\angle PAO=\angle PBO=90°$, $\overline{OA}=\overline{OB}$, $\overline{PO}$는 공통
∴ △PAO≡△PBO (RHS 합동)
(3) 직각삼각형 POA에서 $\angle APO=\frac{1}{2}\times60°=30°$이므로
$\overline{PA}=\frac{4}{\tan 30°}=4\sqrt{3}(cm)$

05 **답** $8\sqrt{3}$ cm²
$\overline{PB}=\overline{PA}=4\sqrt{3}$ cm이므로
$\triangle PBO=\frac{1}{2}\times4\sqrt{3}\times4=8\sqrt{3}(cm^2)$

06 **답** (1) 1 cm (2) 3 cm (3) 12 cm
(1) $\overline{AF}=\overline{AD}=6$ cm이므로
$\overline{CE}=\overline{CF}=\overline{AF}-\overline{AC}=6-5=1(cm)$
(2) $\overline{BE}=\overline{BD}=\overline{AD}-\overline{AB}=6-4=2(cm)$
∴ $\overline{BC}=\overline{BE}+\overline{CE}=2+1=3(cm)$
(3) (△ABC의 둘레의 길이)$=\overline{AB}+\overline{BC}+\overline{CA}$
$=4+3+5=12(cm)$

참고 (△ABC의 둘레의 길이)
$=\overline{AB}+\overline{BC}+\overline{CA}$
$=\overline{AB}+(\overline{BE}+\overline{CE})+\overline{CA}$
$=\overline{AB}+(\overline{BD}+\overline{CF})+\overline{CA}$
$=(\overline{AB}+\overline{BD})+(\overline{CF}+\overline{CA})$
$=\overline{AD}+\overline{AF}=2\overline{AD}=2\overline{AF}$

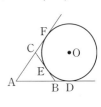

소단원 핵심문제 62쪽

01 $\frac{21}{4}$ cm	02 22°	03 $x=6, y=2\sqrt{3}$
04 5 cm	05 (1) 10 cm (2) $2\sqrt{21}$ cm	

01 원 O의 반지름의 길이를 r cm라 하면
$\overline{OA}=\overline{OB}=r$ cm
∠PAO=90°이므로 직각삼각형 PAO에서
$(r+2)^2=5^2+r^2$

$$4r=21 \quad \therefore r=\frac{21}{4}$$

따라서 원 O의 반지름의 길이는 $\frac{21}{4}$ cm이다.

02 △PBA는 $\overline{PA}=\overline{PB}$인 이등변삼각형이므로

$$\angle PAB=\frac{1}{2}\times(180°-44°)=68°$$

$\angle PAO=90°$이므로

$$\angle OAB=\angle PAO-\angle PAB=90°-68°=22°$$

03 $\angle PAO=\angle PBO=90°$이므로

$$\angle APB+120°=180° \quad \therefore \angle APB=60°$$

이때 $\overline{PA}=\overline{PB}$이므로 △PBA는 한 변의 길이가 6 cm인

정삼각형이다.　　 $\therefore x=6$

오른쪽 그림과 같이 $\overline{PO}$를 그으면

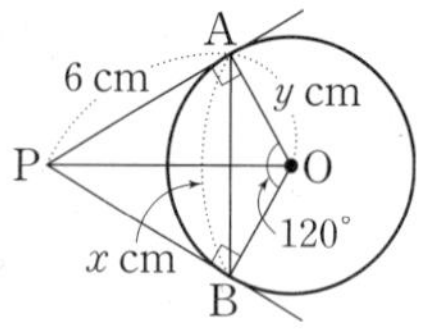

△PAO≡△PBO (RHS 합동)

이므로 $\angle AOP=\angle BOP=60°$

직각삼각형 POA에서

$$\overline{OA}=\frac{6}{\tan 60°}=2\sqrt{3}\,(\text{cm})$$

$$\therefore y=2\sqrt{3}$$

04 $\overline{CE}=\overline{CF}=4$ cm이므로

$$\overline{BD}=\overline{BE}=\overline{BC}-\overline{CE}=6-4=2(\text{cm})$$

$$\therefore \overline{AD}=\overline{AB}+\overline{BD}=7+2=9(\text{cm})$$

$\overline{AF}=\overline{AD}=9$ cm이므로

$$\overline{AC}=\overline{AF}-\overline{CF}=9-4=5(\text{cm})$$

05 (1) $\overline{CP}=\overline{CA}=3$ cm, $\overline{DP}=\overline{DB}=7$ cm이므로

$$\overline{CD}=\overline{CP}+\overline{DP}=3+7=10(\text{cm})$$

(2) 오른쪽 그림과 같이 점 C에

서 $\overline{BD}$에 내린 수선의 발을

H라 하면

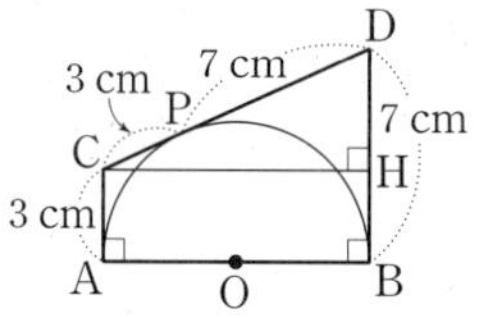

$$\overline{DH}=\overline{BD}-\overline{BH}$$
$$=7-3=4(\text{cm})$$

직각삼각형 CHD에서

$$\overline{CH}=\sqrt{10^2-4^2}=\sqrt{84}=2\sqrt{21}(\text{cm})$$

$$\therefore \overline{AB}=\overline{CH}=2\sqrt{21}\,\text{cm}$$

이것만은 꼭!

반원에서의 접선의 성질의 활용

① $\overline{AB}=\overline{AP}$, $\overline{DC}=\overline{DP}$이므로

　 $\overline{AD}=\overline{AB}+\overline{DC}$

② 점 A에서 $\overline{CD}$에 내린 수선의 발을

　 H라 하면

　 $\overline{BC}=\overline{AH}=\sqrt{\overline{AD}^2-\overline{DH}^2}$

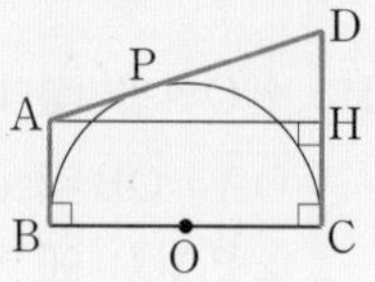

---

③ 원의 접선 (2)

개념 17 삼각형의 내접원

개념 확인하기 63쪽

1 답 (1) 4 cm　(2) 6 cm　(3) 2 cm

(1) $\overline{AD}=\overline{AF}=4$ cm

(2) $\overline{BE}=\overline{BD}=\overline{AB}-\overline{AD}=10-4=6(\text{cm})$

(3) $\overline{CF}=\overline{CE}=\overline{BC}-\overline{BE}=8-6=2(\text{cm})$

대표문제 64쪽

01 답 (1) 풀이 참조　(2) 13 cm

(1) $\overline{BE}=\overline{BD}=\overline{AB}-\overline{AD}=\boxed{12}-5=\boxed{7}(\text{cm})$

$\overline{AF}=\overline{AD}=5$ cm이므로

$\overline{CE}=\overline{CF}=\overline{AC}-\overline{AF}=10-\boxed{5}=\boxed{5}(\text{cm})$

$\therefore \overline{BC}=\overline{BE}+\overline{CE}=7+\boxed{5}=\boxed{12}(\text{cm})$

(2) $\overline{AD}=\overline{AF}=7$ cm이므로

$\overline{BE}=\overline{BD}=\overline{AB}-\overline{AD}=14-7=7(\text{cm})$

$\overline{CE}=\overline{CF}=\overline{AC}-\overline{AF}=13-7=6(\text{cm})$

$\therefore \overline{BC}=\overline{BE}+\overline{CE}=7+6=13(\text{cm})$

02 답 (1) $\overline{BE}=(7-x)$ cm, $\overline{CE}=(5-x)$ cm　(2) 3

(1) $\overline{BE}=\overline{BD}=\overline{AB}-\overline{AD}=(7-x)$ cm

$\overline{AF}=\overline{AD}=x$ cm이므로

$\overline{CE}=\overline{CF}=\overline{AC}-\overline{AF}=(5-x)$ cm

(2) $\overline{BC}=\overline{BE}+\overline{CE}$이므로

$$6=(7-x)+(5-x)$$

$$2x=6 \quad \therefore x=3$$

03 답 8 cm

$\overline{BE}=x$ cm라 하면 $\overline{BD}=\overline{BE}=x$ cm이므로

$\overline{AF}=\overline{AD}=\overline{AB}-\overline{BD}=(10-x)$ cm

$\overline{CF}=\overline{CE}=\overline{BC}-\overline{BE}=(12-x)$ cm

이때 $\overline{AC}=\overline{AF}+\overline{CF}$이므로

$$6=(10-x)+(12-x)$$

$$2x=16 \quad \therefore x=8$$

$$\therefore \overline{BE}=8\,\text{cm}$$

04 답 (1) $\overline{AF}=(3-r)$ cm, $\overline{CF}=(4-r)$ cm　(2) 1

(1) $\angle ODB=\angle OEB=90°$, $\overline{OD}=\overline{OE}=r$ cm이므로

□ODBE는 정사각형이다.

따라서 $\overline{BD}=\overline{BE}=r$ cm이므로
$\overline{AF}=\overline{AD}=\overline{AB}-\overline{BD}=(3-r)$ cm
$\overline{CF}=\overline{CE}=\overline{BC}-\overline{BE}=(4-r)$ cm

(2) $\overline{AC}=\overline{AF}+\overline{CF}$이므로
$5=(3-r)+(4-r)$
$2r=2$ $\therefore r=1$

05 답 2 cm

직각삼각형 ABC에서
$\overline{AB}=\sqrt{12^2+5^2}=\sqrt{169}=13$(cm)
오른쪽 그림과 같이 $\overline{OE}$,
$\overline{OF}$를 긋고 원 O의 반지름
의 길이를 r cm라 하면
$\square OECF$는 정사각형이
므로
$\overline{CE}=\overline{CF}=r$ cm
$\therefore \overline{AD}=\overline{AF}=\overline{AC}-\overline{CF}=(5-r)$ cm
   $\overline{BD}=\overline{BE}=\overline{BC}-\overline{CE}=(12-r)$ cm
이때 $\overline{AB}=\overline{AD}+\overline{BD}$이므로
$13=(5-r)+(12-r)$
$2r=4$ $\therefore r=2$
따라서 원 O의 반지름의 길이는 2 cm이다.

개념 18 원의 외접사각형

개념 확인하기 65쪽

1 답 $\overline{BC}$, 9, 6

대표문제 66쪽

01 답 (1) 5 (2) 7
$\overline{AB}+\overline{CD}=\overline{AD}+\overline{BC}$이므로
(1) $7+8=x+10$ $\therefore x=5$
(2) $13+(3+x)=7+16$ $\therefore x=7$

02 답 54 cm
$\overline{AB}+\overline{CD}=\overline{AD}+\overline{BC}$이므로
($\square ABCD$의 둘레의 길이)$=\overline{AB}+\overline{BC}+\overline{CD}+\overline{DA}$
$=2(\overline{AB}+\overline{CD})$
$=2\times(11+16)$
$=54$(cm)

03 답 $x=3, y=7$
오른쪽 그림과 같이 $\overline{OH}$를 그
으면 $\square OHBE$는 정사각형이
므로 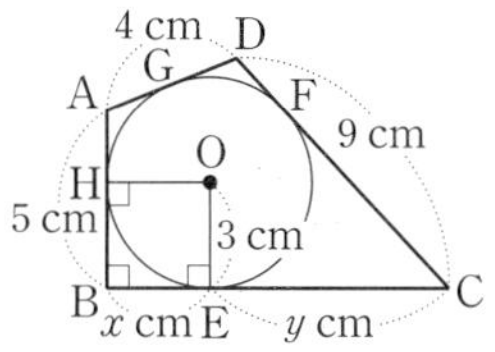
$\overline{BE}=\overline{OE}=3$ cm
$\therefore x=3$
$\overline{AB}+\overline{CD}=\overline{AD}+\overline{BC}$이므로
$5+9=4+(3+y)$ $\therefore y=7$

04 답 (1) 12 cm (2) 3 cm
(1) 오른쪽 그림과 같이 $\overline{OE}$, $\overline{OH}$
를 그으면 $\square OEBF$,
$\square OHAE$는 정사각형이므로 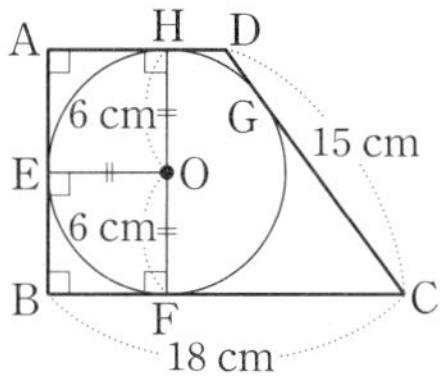
$\overline{AB}=\overline{HF}=2\overline{OF}$
$=2\times 6=12$(cm)
(2) $\overline{AB}+\overline{CD}=\overline{AD}+\overline{BC}$이므로
$12+15=(6+\overline{DH})+18$ $\therefore \overline{DH}=3$(cm)

05 답 1 cm
오른쪽 그림과 같이 $\overline{OF}$, $\overline{OG}$,
$\overline{OH}$를 그으면 $\square OFCG$,
$\square OGDH$는 정사각형이므로 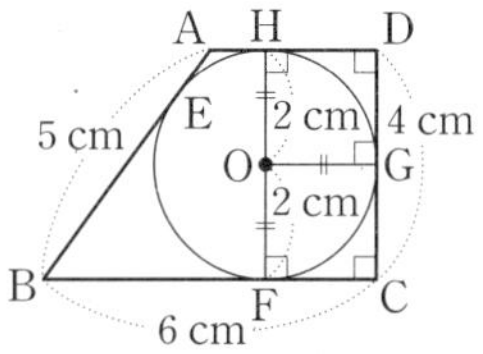
$\overline{DH}=\overline{DG}=\frac{1}{2}\overline{CD}$
$=\frac{1}{2}\times 4=2$(cm)
이때 $\overline{AB}+\overline{CD}=\overline{AD}+\overline{BC}$이므로
$5+4=(\overline{AH}+2)+6$ $\therefore \overline{AH}=1$(cm)

06 답 풀이 참조
직각삼각형 DEC에서
$\overline{CE}=\sqrt{15^2-12^2}=\sqrt{81}=\boxed{9}$(cm)
$\overline{BE}=x$ cm라 하면 $\overline{AD}=\overline{BC}=(x+\boxed{9})$ cm
이때 $\overline{AB}+\overline{DE}=\overline{AD}+\overline{BE}$이므로
$\boxed{12}+15=(\boxed{x+9})+x$
$2x=18$ $\therefore x=\boxed{9}$
$\therefore \overline{BE}=\boxed{9}$ cm

소단원 핵심문제 67~68쪽

01 14 cm	02 3 cm	03 30 cm	04 9π cm^2
05 9 cm	06 4	07 48 cm	08 8 cm
09 4 cm	10 6 cm		

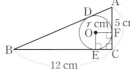

개념교재편

03 원과 직선 **29**

01 $\overline{BE}=\overline{BD}=\overline{AB}-\overline{AD}=9-3=6(cm)$
$\overline{AF}=\overline{AD}=3\,cm$이므로
$\overline{CE}=\overline{CF}=\overline{AC}-\overline{AF}=11-3=8(cm)$
$\therefore \overline{BC}=\overline{BE}+\overline{CE}=6+8=14(cm)$

02 $\overline{AD}=x\,cm$라 하면 $\overline{AF}=\overline{AD}=x\,cm$이므로
$\overline{BE}=\overline{BD}=\overline{AB}-\overline{AD}=(9-x)\,cm$
$\overline{CE}=\overline{CF}=\overline{AC}-\overline{AF}=(7-x)\,cm$
이때 $\overline{BC}=\overline{BE}+\overline{CE}$이므로
$10=(9-x)+(7-x)$
$2x=6$ $\therefore x=3$
$\therefore \overline{AD}=3\,cm$

03 $\overline{BD}=\overline{BE}=3\,cm$, $\overline{AF}=\overline{AD}=5\,cm$이므로
$\overline{CE}=\overline{CF}=\overline{AC}-\overline{AF}=12-5=7(cm)$
따라서 △ABC의 둘레의 길이는
$\overline{AB}+\overline{BC}+\overline{CA}=(5+3)+(3+7)+12$
$=30(cm)$

04 직각삼각형 ABC에서
$\overline{AC}=\sqrt{17^2-15^2}=\sqrt{64}=8(cm)$
오른쪽 그림과 같이 직각삼각형 ABC와 원 O의 세 접점을 각각 D, E, F라 하고 원 O의 반지름의 길이를 $r\,cm$라 하자.

$\overline{OE}$, $\overline{OF}$를 그으면 □OECF는 정사각형이므로
$\overline{CE}=\overline{CF}=r\,cm$
$\therefore \overline{AD}=\overline{AF}=\overline{AC}-\overline{CF}=(8-r)\,cm$
$\overline{BD}=\overline{BE}=\overline{BC}-\overline{CE}=(15-r)\,cm$
이때 $\overline{AB}=\overline{AD}+\overline{BD}$이므로
$17=(8-r)+(15-r)$
$2r=6$ $\therefore r=3$
따라서 원 O의 넓이는 $\pi\times3^2=9\pi(cm^2)$

> **이런 풀이 어때요?**
> 직각삼각형 ABC에서
> $\overline{AC}=\sqrt{17^2-15^2}=8(cm)$
> 이므로
> $\triangle ABC=\dfrac{1}{2}\times15\times8$
> $=60(cm^2)$
> 이때 원 O의 반지름의 길이를 $r\,cm$라 하면
> $\dfrac{1}{2}\times r\times(15+8+17)=60$
> $20r=60$ $\therefore r=3$
> 따라서 원 O의 넓이는 $\pi\times3^2=9\pi(cm^2)$

05 $\overline{BE}=x\,cm$라 하면 $\overline{BD}=\overline{BE}=x\,cm$
$\overline{AD}=\overline{AF}=3\,cm$, $\overline{CE}=\overline{CF}=6\,cm$이므로

$\overline{AB}=\overline{BD}+\overline{AD}=(x+3)\,cm$
$\overline{BC}=\overline{BE}+\overline{CE}=(x+6)\,cm$
직각삼각형 ABC에서
$(x+6)^2=(x+3)^2+(3+6)^2$
$6x=54$ $\therefore x=9$
$\therefore \overline{BE}=9\,cm$

06 $\overline{AB}+\overline{CD}=\overline{AD}+\overline{BC}$이므로
$9+(2x-1)=x+12$ $\therefore x=4$

07 $\overline{DG}=\overline{DH}=4\,cm$이므로
$\overline{CD}=\overline{CG}+\overline{DG}=5+4=9(cm)$
이때 $\overline{AB}+\overline{CD}=\overline{AD}+\overline{BC}$이므로
$(\square ABCD의 둘레의 길이)=\overline{AB}+\overline{BC}+\overline{CD}+\overline{DA}$
$=2(\overline{AB}+\overline{CD})$
$=2\times(15+9)=48(cm)$

08 □ABCD가 등변사다리꼴이므로 $\overline{AB}=\overline{CD}$
이때 $\overline{AB}+\overline{CD}=\overline{AD}+\overline{BC}$이므로
$2\overline{AB}=6+10$ $\therefore \overline{AB}=8(cm)$

09 오른쪽 그림과 같이 $\overline{OF}$를 그으면
□OEBF는 정사각형이므로
$\overline{BF}=\overline{OE}=5\,cm$
$\overline{CG}=\overline{CF}=\overline{BC}-\overline{BF}$
$=13-5=8(cm)$
$\therefore \overline{DH}=\overline{DG}=\overline{CD}-\overline{CG}=12-8=4(cm)$

10 직각삼각형 ABE에서
$\overline{AB}=\sqrt{10^2-6^2}=\sqrt{64}=8(cm)$
$\overline{DE}=x\,cm$라 하면 $\overline{BC}=\overline{AD}=(x+6)\,cm$
이때 $\overline{BE}+\overline{CD}=\overline{DE}+\overline{BC}$이므로
$10+8=x+(x+6)$
$2x=12$ $\therefore x=6$
$\therefore \overline{DE}=6\,cm$

> **중단원 마무리 문제**   69~71쪽
>
> | | | | |
> |---|---|---|---|
> | **01** ④ | **02** $\dfrac{13}{2}\,cm$ | **03** ② | **04** $4\pi\,cm^2$ |
> | **05** 12 cm | **06** $4\sqrt{7}\,cm$ | **07** 50° | |
> | **08** $4\sqrt{3}\,cm^2$ | **09** 18° | **10** 12 cm | **11** ⑤ |
> | **12** ② | **13** 2 | **14** (1) 9 cm (2) 54 cm² | |
> | **15** ③ | **16** 150 cm² | **17** ④ | |

01 $\overline{OD}=\overline{OB}=\overline{OA}=5$ cm이고

$\overline{OM}=\overline{OB}-\overline{MB}=5-2=3$(cm)이므로

직각삼각형 OMD에서

$\overline{DM}=\sqrt{5^2-3^2}=\sqrt{16}=4$(cm)

$\overline{AB}\perp\overline{CD}$이므로 $\overline{CD}=2\overline{DM}=2\times4=8$(cm)

02 오른쪽 그림과 같이 공의 중심을 O, 반지름의 길이를 r cm라 하면 $\overline{CM}$의 연장선은 점 O를 지난다.

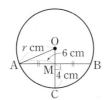

$\overline{OM}=(r-4)$ cm　　　… ㉮

$\overline{AB}\perp\overline{OM}$이므로

$\overline{AM}=\frac{1}{2}\overline{AB}=\frac{1}{2}\times12=6$(cm)　　… ㉯

직각삼각형 OAM에서

$r^2=6^2+(r-4)^2,\ 8r=52$ $\therefore r=\frac{13}{2}$

따라서 공의 반지름의 길이는 $\frac{13}{2}$ cm이다.　　… ㉰

단계	채점 기준	배점 비율
㉮	공의 반지름의 길이를 r cm로 놓고 $\overline{OM}$의 길이를 r에 대한 식으로 나타내기	30 %
㉯	$\overline{AM}$의 길이 구하기	20 %
㉰	공의 반지름의 길이 구하기	50 %

03 오른쪽 그림과 같이 원의 중심을 O라 하면 $\overline{CM}$의 연장선은 점 O를 지난다.

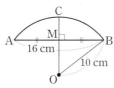

$\overline{AB}\perp\overline{OM}$이므로

$\overline{BM}=\frac{1}{2}\overline{AB}=\frac{1}{2}\times16=8$(cm)

$\overline{OB}=10$ cm이므로 직각삼각형 OBM에서

$\overline{OM}=\sqrt{10^2-8^2}=\sqrt{36}=6$(cm)

$\therefore \overline{CM}=\overline{OC}-\overline{OM}=10-6=4$(cm)

이것만은꼭!

일부분이 주어진 원의 중심과 현의 수직이등분선

원의 일부분이 주어질 때, 원의 반지름의 길이는 원의 중심을 찾아 반지름의 길이를 r로 놓고 피타고라스 정리를 이용하여 구한다.
→ 현의 수직이등분선은 원의 중심을 지난다.

$\Rightarrow r^2=(r-a)^2+b^2$

04 전략 $\overline{OM}$을 그으면 $\overline{OM}\perp\overline{AB}$, $\overline{AM}=\overline{BM}$이다.

오른쪽 그림과 같이 $\overline{OA}$, $\overline{OM}$을 그으면 $\overline{AB}$는 작은 원의 접선이므로

$\overline{AB}\perp\overline{OM}$, $\overline{AM}=\overline{BM}$

$\therefore \overline{AM}=\frac{1}{2}\overline{AB}=\frac{1}{2}\times4$
$=2$(cm)

큰 원의 반지름의 길이를 R cm, 작은 원의 반지름의 길이를 r cm라 하면 직각삼각형 OAM에서

$R^2=2^2+r^2$ $\therefore R^2-r^2=4$

이때 색칠한 부분의 넓이는 큰 원의 넓이에서 작은 원의 넓이를 뺀 것과 같으므로

$\pi R^2-\pi r^2=\pi(R^2-r^2)=4\pi$(cm²)

05 직각삼각형 OMA에서

$\overline{AM}=\sqrt{(3\sqrt{5})^2-3^2}=\sqrt{36}=6$(cm)

$\overline{AB}\perp\overline{OM}$이므로

$\overline{AB}=2\overline{AM}=2\times6=12$(cm)

이때 $\overline{OM}=\overline{ON}$이므로 $\overline{CD}=\overline{AB}=12$ cm

06 오른쪽 그림과 같이 원의 중심 O에서 $\overline{AD}$에 내린 수선의 발을 H라 하면

$\overline{AH}=\frac{1}{2}\overline{AD}=\frac{1}{2}\times12=6$(cm)

직각삼각형 OHA에서

$\overline{OH}=\sqrt{8^2-6^2}=\sqrt{28}=2\sqrt{7}$(cm)

$\overline{AD}/\!/\overline{BC}$이고 $\overline{AD}=\overline{BC}$이므로 두 현 AD와 BC 사이의 거리는

$2\overline{OH}=2\times2\sqrt{7}=4\sqrt{7}$(cm)

07 □AMON에서

$\angle A=360°-(90°+100°+90°)=80°$

이때 $\overline{OM}=\overline{ON}$이므로 $\overline{AB}=\overline{AC}$

즉, $\triangle ABC$는 $\overline{AB}=\overline{AC}$인 이등변삼각형이므로

$\angle B=\frac{1}{2}\times(180°-80°)=50°$

08 $\overline{OD}=\overline{OE}=\overline{OF}$이므로 $\overline{AB}=\overline{BC}=\overline{CA}$

따라서 $\triangle ABC$는 정삼각형이므로 그 넓이는

$\frac{1}{2}\times4\times4\times\sin60°=\frac{1}{2}\times4\times4\times\frac{\sqrt{3}}{2}$
$=4\sqrt{3}$(cm²)

09 $\angle OAP=90°$이므로

$72°+\angle APO=90°$

$\therefore \angle APO=18°$

10 $\overline{OQ}=\overline{OA}=5$ cm이므로

$\overline{OP}=\overline{OQ}+\overline{PQ}=5+8=13$(cm)

$\angle OAP=90°$이므로 직각삼각형 OPA에서

$\overline{PA}=\sqrt{13^2-5^2}=\sqrt{144}=12$(cm)

$\therefore \overline{PB}=\overline{PA}=12$ cm

11 ① ∠PAO=∠PBO=90°이므로

$\angle APB+120°=180°$ ∴ $\angle APB=60°$

△PAO≡△PBO (RHS 합동)이므로

$\angle APO=\dfrac{1}{2}\angle APB=\dfrac{1}{2}\times 60°=30°$

② ∠APB=60°이고 $\overline{PA}=\overline{PB}$이므로

△PBA는 정삼각형이다.

∴ ∠PAB=60°

③, ④ 직각삼각형 POA에서

$\overline{PO}=\dfrac{6}{\sin 30°}=12(cm)$, $\overline{PA}=\dfrac{6}{\tan 30°}=6\sqrt{3}(cm)$

⑤ △PBA는 정삼각형이므로 $\overline{AB}=\overline{PA}=6\sqrt{3}$ cm

따라서 옳지 않은 것은 ⑤이다.

12 $\overline{BD}=\overline{BE}$, $\overline{CF}=\overline{CE}$이므로

$\begin{aligned}\overline{AD}+\overline{AF}&=(\overline{AB}+\overline{BD})+(\overline{AC}+\overline{CF})\\&=\overline{AB}+\overline{BE}+\overline{AC}+\overline{CE}\\&=\overline{AB}+\overline{BC}+\overline{AC}\\&=7+6+9=22(cm)\end{aligned}$

이때 $\overline{AD}=\overline{AF}$이므로 $\overline{AF}=\dfrac{1}{2}\times 22=11(cm)$

∴ $\overline{CF}=\overline{AF}-\overline{AC}=11-9=2(cm)$

13 $\overline{AD}=\overline{AF}=x$ cm

$\overline{BE}=\overline{BD}=6$ cm

$\overline{CF}=\overline{CE}=3$ cm

이때 △ABC의 둘레의 길이가 22 cm이므로

$2(6+3+x)=22$ ∴ $x=2$

14 [전략] $\overline{BD}=x$ cm로 놓고 $\overline{AC}$, $\overline{BC}$의 길이를 x에 대한 식으로 각각 나타낸 후 피타고라스 정리를 이용한다.

(1) $\overline{BD}=\overline{BE}=x$ cm라 하면 $\overline{AF}=\overline{AD}=(15-x)$ cm

오른쪽 그림과 같이 $\overline{OF}$를 그으면 □OECF는 정사각형이므로

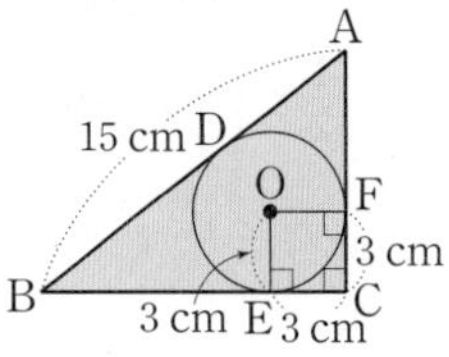

$\overline{CE}=\overline{CF}=3$ cm

$\begin{aligned}\overline{AC}&=\overline{AF}+\overline{CF}\\&=(15-x)+3=(18-x)\text{ cm}\end{aligned}$

$\overline{BC}=\overline{BE}+\overline{CE}=(x+3)$ cm

직각삼각형 ABC에서

$15^2=(x+3)^2+(18-x)^2$

$x^2-15x+54=0$, $(x-6)(x-9)=0$

∴ $x=6$ 또는 $x=9$ …… ㉠

이때 $\overline{AC}<\overline{BC}$이므로 $18-x<x+3$

$2x>15$ ∴ $x>\dfrac{15}{2}$ …… ㉡

㉠, ㉡에서 $x=9$

∴ $\overline{BD}=9$ cm

(2) $\overline{AC}=18-9=9(cm)$, $\overline{BC}=9+3=12(cm)$이므로

$\triangle ABC=\dfrac{1}{2}\times 12\times 9=54(cm^2)$

15 $\overline{AB}+\overline{CD}=\overline{AD}+\overline{BC}$이므로

$(\overline{AP}+6)+(5+\overline{CR})=13+10$

∴ $\overline{AP}+\overline{CR}=12(cm)$

16 오른쪽 그림과 같이 $\overline{OF}$, $\overline{OH}$를 그으면 □OEBF, □OHAE 는 정사각형이므로

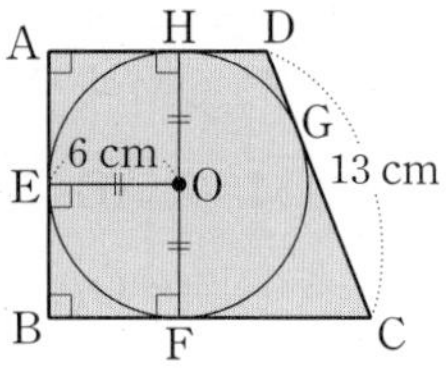

$\begin{aligned}\overline{AB}&=\overline{HF}=2\overline{OE}\\&=2\times 6=12(cm)\end{aligned}$ … ㉮

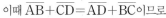

이때 $\overline{AB}+\overline{CD}=\overline{AD}+\overline{BC}$이므로

$\overline{AD}+\overline{BC}=12+13=25(cm)$ … ㉯

∴ $\square ABCD=\dfrac{1}{2}\times 25\times 12=150(cm^2)$ … ㉰

단계	채점 기준	배점 비율
㉮	$\overline{AB}$의 길이 구하기	40 %
㉯	$\overline{AD}+\overline{BC}$의 길이 구하기	30 %
㉰	□ABCD의 넓이 구하기	30 %

17 $\overline{BE}=\overline{BF}=4$ cm이므로

$\overline{AH}=\overline{AE}=\overline{AB}-\overline{BE}=8-4=4(cm)$

$\overline{DG}=\overline{DH}=\overline{AD}-\overline{AH}=12-4=8(cm)$

$\overline{IG}=\overline{IF}=x$ cm라 하면

$\overline{DI}=\overline{DG}+\overline{IG}=(8+x)$ cm

$\overline{CI}=\overline{BC}-\overline{BI}=12-(4+x)=(8-x)$ cm

따라서 직각삼각형 DIC에서 $\overline{CD}=8$ cm이므로

$(8+x)^2=(8-x)^2+8^2$

$32x=64$ ∴ $x=2$

∴ $\overline{DI}=8+2=10(cm)$

창의·융합 문제 71쪽

직각삼각형 ABC에서

$\overline{AB}=\sqrt{24^2+7^2}=\sqrt{625}=25(m)$ … ❶

다음 그림과 같이 원 O가 $\overline{AB}$, $\overline{BC}$, $\overline{AC}$와 접하는 세 점을 각각 P, Q, R라 하고 분수대의 반지름의 길이를 x m라 하자.

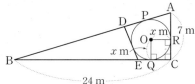

□OQCR는 정사각형이므로 $\overline{CQ}=\overline{CR}=x$ m

$\therefore \overline{AP}=\overline{AR}=\overline{AC}-\overline{CR}=(7-x)$ m

$\overline{BP}=\overline{BQ}=\overline{BC}-\overline{CQ}=(24-x)$ m

이때 $\overline{AB}=\overline{AP}+\overline{BP}$이므로

$25=(7-x)+(24-x)$

$2x=6$ $\quad \therefore x=3$

따라서 분수대의 반지름의 길이는 3 m이다. $\cdots$ ❷

$\therefore$ (△DBE의 둘레의 길이)$=\overline{BP}+\overline{BQ}=2\overline{BQ}$

$\qquad\qquad\qquad\qquad\quad =2\times(24-3)$

$\qquad\qquad\qquad\qquad\quad =42$(m)

따라서 꽃밭의 둘레의 길이는 42 m이다. $\cdots$ ❸

🄐 42 m

교과서 속 서술형 문제 72~73쪽

1 ❶ $\overline{BC}$의 길이는?

$\overline{DE}=\overline{DA}=\boxed{6}$ cm이므로

$\overline{BC}=\overline{CE}=\overline{CD}-\boxed{\overline{DE}}$

$\qquad =8-\boxed{6}=\boxed{2}$(cm) $\cdots$ ㉮

❷ 점 C에서 $\overline{AD}$에 내린 수선의 발을 H라 할 때, $\overline{DH}$의 길이는?

$\overline{AH}=\overline{BC}=\boxed{2}$ cm이므로

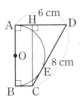

$\overline{DH}=\overline{AD}-\boxed{\overline{AH}}$

$\qquad =6-\boxed{2}=\boxed{4}$(cm) $\cdots$ ㉯

❸ ❷에서 $\overline{CH}$의 길이는?

직각삼각형 CDH에서

$\overline{CH}=\sqrt{8^2-\boxed{4}^2}=\sqrt{48}=\boxed{4\sqrt{3}}$(cm) $\cdots$ ㉰

❹ 반원 O의 반지름의 길이는?

$\overline{AB}=\overline{CH}=\boxed{4\sqrt{3}}$ cm이므로

$\overline{OA}=\dfrac{1}{2}\overline{AB}=\dfrac{1}{2}\times\boxed{4\sqrt{3}}$

$\qquad =\boxed{2\sqrt{3}}$(cm)

따라서 반원 O의 반지름의 길이는 $\boxed{2\sqrt{3}}$ cm이다.

$\cdots$ ㉱

단계	채점 기준	배점 비율
㉮	$\overline{BC}$의 길이 구하기	20 %
㉯	$\overline{DH}$의 길이 구하기	30 %
㉰	$\overline{CH}$의 길이 구하기	30 %
㉱	반원 O의 반지름의 길이 구하기	20 %

2 ❶ $\overline{CD}$의 길이는?

$\overline{CE}=\overline{CB}=6$ cm, $\overline{DE}=\overline{DA}=4$ cm이므로

$\overline{CD}=\overline{CE}+\overline{DE}$

$\qquad =6+4=10$(cm) $\cdots$ ㉮

❷ 점 D에서 $\overline{BC}$에 내린 수선의 발을 H라 할 때, $\overline{CH}$의 길이는?

$\overline{BH}=\overline{AD}=4$ cm

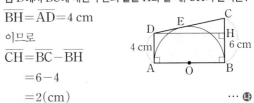

이므로

$\overline{CH}=\overline{BC}-\overline{BH}$

$\qquad =6-4$

$\qquad =2$(cm) $\cdots$ ㉯

❸ ❷에서 $\overline{DH}$의 길이는?

직각삼각형 DHC에서

$\overline{DH}=\sqrt{10^2-2^2}=\sqrt{96}=4\sqrt{6}$(cm) $\cdots$ ㉰

❹ □ABCD의 넓이는?

$\overline{AB}=\overline{DH}=4\sqrt{6}$ cm이므로

$\square ABCD=\dfrac{1}{2}\times(4+6)\times4\sqrt{6}$

$\qquad\qquad =20\sqrt{6}$(cm^2) $\cdots$ ㉱

단계	채점 기준	배점 비율
㉮	$\overline{CD}$의 길이 구하기	20 %
㉯	$\overline{CH}$의 길이 구하기	30 %
㉰	$\overline{DH}$의 길이 구하기	30 %
㉱	□ABCD의 넓이 구하기	20 %

3 직각삼각형 OMB에서

$\overline{OM}=\sqrt{5^2-4^2}=\sqrt{9}=3$(cm) $\cdots$ ㉮

오른쪽 그림과 같이 원의 중심 O에서 $\overline{CD}$에 내린 수선의 발을 H라 하면

$\overline{AB}=\overline{CD}$이므로

$\overline{OH}=\overline{OM}=3$ cm $\cdots$ ㉯

$\overline{AB}\perp\overline{OM}$이므로

$\overline{CD}=\overline{AB}=2\overline{BM}$

$\qquad =2\times4=8$(cm) $\cdots$ ㉰

$\therefore \triangle ODC=\dfrac{1}{2}\times8\times3$

$\qquad\qquad =12$(cm^2) $\cdots$ ㉱

🄐 12 cm^2

단계	채점 기준	배점 비율
㉮	$\overline{OM}$의 길이 구하기	20 %
㉯	$\overline{OH}$의 길이 구하기	20 %
㉰	$\overline{CD}$의 길이 구하기	40 %
㉱	△ODC의 넓이 구하기	20 %

4 ∠ODC=90°이므로 직각삼각형 OCD에서

$\overline{CD}=\sqrt{8^2-4^2}=\sqrt{48}=4\sqrt{3}$ (cm) ⋯ ㉮

$\overline{AF}=\overline{AD}$, $\overline{BF}=\overline{BE}$이므로

(△ABC의 둘레의 길이)$=\overline{CD}+\overline{CE}=2\overline{CD}$

$=2\times4\sqrt{3}=8\sqrt{3}$ (cm) ⋯ ㉯

🅐 $8\sqrt{3}$ cm

단계	채점 기준	배점 비율
㉮	$\overline{CD}$의 길이 구하기	40 %
㉯	△ABC의 둘레의 길이 구하기	60 %

5 오른쪽 그림과 같이 $\overline{OD}$를 그으면

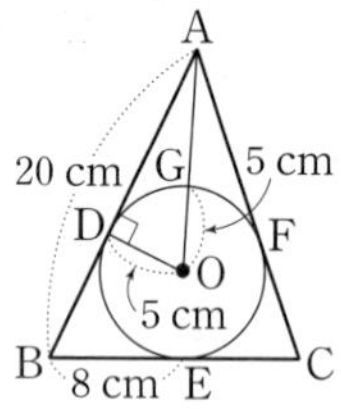

∠ODA=90°이고

$\overline{OD}=\overline{OG}=5$ cm ⋯ ㉮

$\overline{BD}=\overline{BE}=8$ cm이므로

$\overline{AD}=\overline{AB}-\overline{BD}$

$=20-8=12$ (cm) ⋯ ㉯

직각삼각형 OAD에서

$\overline{OA}=\sqrt{12^2+5^2}=\sqrt{169}=13$ (cm) ⋯ ㉰

∴ $\overline{AG}=\overline{OA}-\overline{OG}=13-5=8$ (cm) ⋯ ㉱

🅐 8 cm

단계	채점 기준	배점 비율
㉮	$\overline{OD}$의 길이 구하기	20 %
㉯	$\overline{AD}$의 길이 구하기	30 %
㉰	$\overline{OA}$의 길이 구하기	30 %
㉱	$\overline{AG}$의 길이 구하기	20 %

6 오른쪽 그림과 같이 $\overline{OG}$, $\overline{OH}$를 그으면 □OFCG,

□OGDH는 정사각형이므로

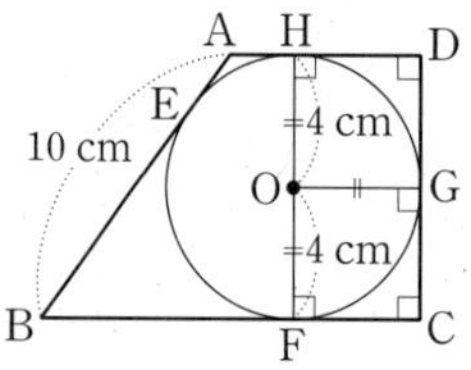

$\overline{CD}=\overline{FH}=2\overline{OF}$

$=2\times4=8$ (cm) ⋯ ㉮

이때 $\overline{AB}+\overline{CD}=\overline{AD}+\overline{BC}$이므로

$\overline{AD}+\overline{BC}=10+8=18$ (cm) ⋯ ㉯

∴ (□ABCD의 둘레의 길이)

$=\overline{AB}+\overline{BC}+\overline{CD}+\overline{AD}$

$=2(\overline{AD}+\overline{BC})$

$=2\times18=36$ (cm) ⋯ ㉰

🅐 36 cm

단계	채점 기준	배점 비율
㉮	$\overline{CD}$의 길이 구하기	30 %
㉯	$\overline{AD}+\overline{BC}$의 길이 구하기	40 %
㉰	□ABCD의 둘레의 길이 구하기	30 %

04 원주각

❶ 원주각의 성질

개념 19 원주각과 중심각의 크기

개념 확인하기 ⋯⋯⋯⋯⋯⋯⋯⋯⋯⋯⋯⋯⋯⋯ **76**쪽

1 🅐 (1) $\dfrac{1}{2}$, $\dfrac{1}{2}$, 30 (2) 2, 2, 80

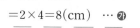

77쪽

01 🅐 (1) 48° (2) 250°

(1) $\angle x=\dfrac{1}{2}\angle AOB=\dfrac{1}{2}\times96°=48°$

(2) $\angle x=2\angle APB=2\times125°=250°$

02 🅐 115°

$\overset{\frown}{ACB}$에 대한 중심각의 크기는 360°-130°=230°이므로

$\angle x=\dfrac{1}{2}\times230°=115°$

03 🅐 $\angle x=70°$, $\angle y=110°$

$\angle x=\dfrac{1}{2}\times140°=70°$

$\angle y=\dfrac{1}{2}\times(360°-140°)=110°$

04 🅐 풀이 참조

$\angle AOB=\boxed{2}\angle APB=\boxed{2}\times20°=\boxed{40}°$

$\angle BOC=2\angle\boxed{BQC}=2\times\boxed{30}°=\boxed{60}°$

∴ $\angle AOC=\angle AOB+\angle BOC$

$=\boxed{40}°+\boxed{60}°$

$=\boxed{100}°$

05 🅐 116°

오른쪽 그림과 같이 $\overline{OB}$를 그으면

$\angle AOB=2\angle APB$

$=2\times30°$

$=60°$

$\angle BOC=2\angle BQC$

$=2\times28°$

$=56°$

∴ $\angle x=\angle AOB+\angle BOC$

$=60°+56°$

$=116°$

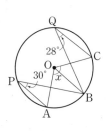

06 답 (1) $130°$ (2) $65°$

(1) $\angle PAO = \angle PBO = 90°$이므로

$50° + \angle AOB = 180°$

∴ $\angle AOB = 130°$

(2) $\angle ACB = \dfrac{1}{2}\angle AOB = \dfrac{1}{2}\times 130° = 65°$

이것만은 꼭!

두 점 A, B는 점 P에서 원 O에 그
은 두 접선의 접점일 때

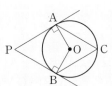

① $\angle PAO = \angle PBO = 90°$

⇨ $\angle AOB = 180° - \angle P$

② $\angle AOB = 2\angle ACB$

⇨ $\angle ACB = \dfrac{1}{2}\angle AOB$

$= \dfrac{1}{2}\times(180° - \angle P)$

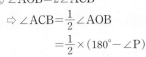
개념 20 원주각의 성질

개념 확인하기 ————————————— 78쪽

1 답 (1) $50°$ (2) $24°$

(1) $\angle x = \angle AQB = 50°$ ($\overparen{AB}$에 대한 원주각)

(2) $\angle x = \angle APB = 24°$ ($\overparen{AB}$에 대한 원주각)

2 답 $90,\ 90,\ 55$

대표문제 ————————————— 79쪽

01 답 (1) $\angle x = 45°,\ \angle y = 30°$ (2) $\angle x = 35°,\ \angle y = 70°$

(1) $\angle x = \angle ACB = 45°$ ($\overparen{AB}$에 대한 원주각)

$\angle y = \angle DAC = 30°$ ($\overparen{CD}$에 대한 원주각)

(2) $\angle x = \angle ACB = 35°$ ($\overparen{AB}$에 대한 원주각)

$\angle y = 2\angle ADB = 2 \times 35° = 70°$

02 답 $\angle x = 40°,\ \angle y = 32°$

$\angle x = \angle AFB = 40°$ ($\overparen{AB}$에 대한 원주각)

$\angle BEC = 72° - \angle x = 72° - 40° = 32°$이므로

$\angle y = \angle BEC = 32°$ ($\overparen{BC}$에 대한 원주각)

03 답 $\angle x = 30°,\ \angle y = 70°$

$\angle x = \angle ADB = 30°$ ($\overparen{AB}$에 대한 원주각)

$\triangle PBC$에서

$100° = 30° + \angle y$ ∴ $\angle y = 70°$

04 답 (1) $60°$ (2) $54°$

(1) $\overline{AB}$는 원 O의 지름이므로 $\angle ACB = 90°$

$\triangle ABC$에서 $\angle x = 180° - (90° + 30°) = 60°$

(2) $\overline{AB}$는 원 O의 지름이므로 $\angle ACB = 90°$

∴ $\angle x = \angle ACB - \angle ACO = 90° - 36° = 54°$

05 답 (1) $90°$ (2) $40°$

(1) $\overline{AC}$는 원 O의 지름이므로 $\angle ABC = 90°$

(2) $\angle DBC = \angle ABC - \angle ABD = 90° - 50° = 40°$이므로

$\angle DAC = \angle DBC = 40°$ ($\overparen{CD}$에 대한 원주각)

06 답 $42°$

오른쪽 그림과 같이 $\overline{AE}$를 그으면

$\overline{AB}$는 원 O의 지름이므로

$\angle AEB = 90°$

$\angle AED = \angle ACD = 48°$

($\overparen{AD}$에 대한 원주각)

∴ $\angle x = \angle AEB - \angle AED$

$= 90° - 48° = 42°$

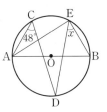

개념 21 원주각의 크기와 호의 길이

개념 확인하기 ————————————— 80쪽

1 답 (1) 28 (2) 4

(1) $\overparen{AB} = \overparen{CD}$이므로

$\angle APB = \angle CQD = 28°$ ∴ $x = 28$

(2) $\angle APB = \angle BPC$이므로

$\overparen{BC} = \overparen{AB} = 4$ ∴ $x = 4$

대표문제 ————————————— 81쪽

01 답 (1) 45 (2) 6

(1) $\overparen{AB} = \overparen{CD}$이므로

$\angle CFD = \angle AEB = 45°$ ∴ $x = 45$

(2) $\overparen{AB}$에 대한 원주각의 크기는 $\dfrac{1}{2}\times 50° = 25°$

이때 크기가 같은 원주각에 대한 호의 길이는 같으므로

$\overparen{BC} = \overparen{AB} = 6$ ∴ $x = 6$

02 답 (1) $20°$ (2) $40°$

(1) $\overparen{AC} = \overparen{BD}$이므로 $\angle DCB = \angle ABC = 20°$

(2) $\triangle PCB$에서

$\angle APC = \angle PCB + \angle PBC = 20° + 20° = 40°$

03 답 (1) 풀이 참조 (2) 10

(1) $\angle APB : \angle CQD = \overset{\frown}{AB} : \overset{\frown}{CD}$이므로

$20 : x = 3 : \boxed{9}$에서 $20 : x = 1 : 3$

$\therefore x = \boxed{60}$

(2) $\angle APB : \angle BPC = \overset{\frown}{AB} : \overset{\frown}{BC}$이므로

$16 : 24 = x : 15$에서 $2 : 3 = x : 15$

$3x = 30$ $\therefore x = 10$

04 답 25

$\angle APB : \angle AQC = \overset{\frown}{AB} : \overset{\frown}{AC}$이므로

$x : 50 = 2 : (2+2)$에서 $x : 50 = 1 : 2$

$2x = 50$ $\therefore x = 25$

05 답 풀이 참조

$\angle C : \angle A : \angle B = \overset{\frown}{AB} : \overset{\frown}{BC} : \overset{\frown}{CA}$
$= 4 : \boxed{5} : 6$

이므로

$\angle A = 180° \times \dfrac{\boxed{5}}{4+5+6} = \boxed{60}°$

$\angle B = \boxed{180}° \times \dfrac{\boxed{6}}{4+5+6} = \boxed{72}°$

$\angle C = \boxed{180}° \times \dfrac{\boxed{4}}{4+5+6} = \boxed{48}°$

이것만은 꼭!

오른쪽 그림에서

$\overset{\frown}{AB} : \overset{\frown}{BC} : \overset{\frown}{CA} = l : m : n$이면

$\angle C : \angle A : \angle B = l : m : n$

$\Rightarrow \angle A = 180° \times \dfrac{m}{l+m+n}$

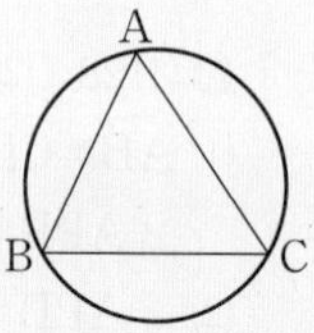

06 답 40°

$\angle C : \angle A : \angle B = \overset{\frown}{AB} : \overset{\frown}{BC} : \overset{\frown}{CA} = 2 : 3 : 4$이므로

$\triangle ABC$의 가장 작은 내각은 $\angle C$이다.

$\therefore \angle C = 180° \times \dfrac{2}{2+3+4} = 40°$

소단원 핵심문제 82~83쪽

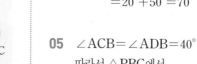

01 (1) 170° (2) 24°	**02** 50°	**03** 54°
04 70°	**05** 65°	**06** 55°
07 (1) 23° (2) 67°	**08** 57°	**09** 12 cm
10 35°		

01 (1) $\angle x = 360° - 2 \times 95° = 170°$

(2) 오른쪽 그림과 같이 $\overline{OB}$를 그으면

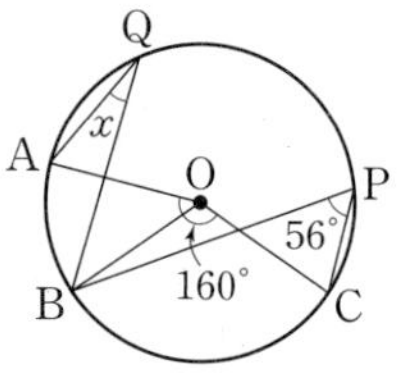

$\angle BOC = 2\angle BPC$
$= 2 \times 56° = 112°$

이므로

$\angle AOB = \angle AOC - \angle BOC$
$= 160° - 112° = 48°$

$\therefore \angle x = \dfrac{1}{2}\angle AOB = \dfrac{1}{2} \times 48° = 24°$

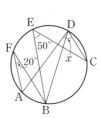

02 $\angle AOB = 2\angle APB = 2 \times 40° = 80°$

$\triangle OAB$에서 $\overline{OA} = \overline{OB}$이므로

$\angle x = \dfrac{1}{2} \times (180° - 80°) = 50°$

03 오른쪽 그림과 같이 $\overline{OA}$, $\overline{OB}$를 그으면

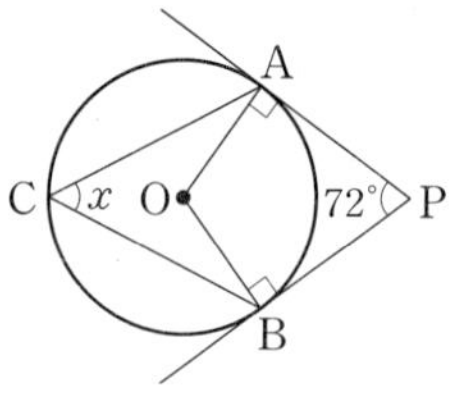

$\angle PAO = \angle PBO = 90°$

$\angle AOB + 72° = 180°$이므로

$\angle AOB = 108°$

$\therefore \angle x = \dfrac{1}{2}\angle AOB = \dfrac{1}{2} \times 108° = 54°$

04 오른쪽 그림과 같이 $\overline{BD}$를 그으면

$\angle ADB = \angle AFB = 20°$

$\angle BDC = \angle BEC = 50°$

$\therefore \angle x = \angle ADB + \angle BDC$
$= 20° + 50° = 70°$

05 $\angle ACB = \angle ADB = 40°$

따라서 $\triangle PBC$에서

$\angle x = \angle PBC + \angle PCB = 25° + 40° = 65°$

06 오른쪽 그림과 같이 $\overline{BC}$를 그으면

$\angle ACB = \angle ADB = 35°$

$\overline{AC}$는 원 O의 지름이므로

$\angle ABC = 90°$

따라서 $\triangle ABC$에서

$\angle x = 180° - (90° + 35°) = 55°$

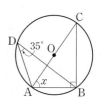

07 (1) $\angle CAD = \dfrac{1}{2}\angle COD = \dfrac{1}{2} \times 46° = 23°$

(2) $\overline{AB}$는 반원 O의 지름이므로 $\angle ADB = 90°$

따라서 $\triangle PAD$에서

$\angle APD = 180° - (23° + 90°) = 67°$

08 $\overset{\frown}{AB} = \overset{\frown}{AD}$이므로

$\angle ABD = \angle ACB = 36°$

따라서 △ABC에서

$\angle x = 180° - (51° + 36° + 36°) = 57°$

09 △PCB에서

$110° = \angle PCB + 50°$

$\therefore \angle PCB = 60°$

또, $\angle ABC : \angle BCD = \stackrel{\frown}{AC} : \stackrel{\frown}{BD}$이므로

$50 : 60 = 10 : \stackrel{\frown}{BD}$에서 $5 : 6 = 10 : \stackrel{\frown}{BD}$

$5\stackrel{\frown}{BD} = 60$ $\therefore \stackrel{\frown}{BD} = 12 (cm)$

10 $\stackrel{\frown}{AC}$의 길이가 원주의 $\dfrac{1}{9}$이므로

$\angle ADC = 180° \times \dfrac{1}{9} = 20°$

$\stackrel{\frown}{BD}$의 길이가 원주의 $\dfrac{1}{12}$이므로

$\angle BAD = 180° \times \dfrac{1}{12} = 15°$

따라서 △PAD에서

$\angle BPD = \angle PAD + \angle PDA = 15° + 20° = 35°$

❷ 원주각의 활용

개념 22 네 점이 한 원 위에 있을 조건

개념 확인하기 ··· 84쪽

1 답 (1) × (2) ○ (3) ○

(1) 두 점 A, D가 $\overline{BC}$에 대하여 같은 쪽에 있지만 $\angle BAC \neq \angle BDC$이므로 네 점 A, B, C, D는 한 원 위에 있지 않다.

(2) 두 점 A, D가 $\overline{BC}$에 대하여 같은 쪽에 있고 $\angle BAC = \angle BDC$이므로 네 점 A, B, C, D는 한 원 위에 있다.

(3) 두 점 C, D가 $\overline{AB}$에 대하여 같은 쪽에 있고 $\angle ACB = \angle ADB$이므로 네 점 A, B, C, D는 한 원 위에 있다.

대표문제 ··· 85쪽

01 답 ㄴ, ㄷ

ㄱ. 두 점 A, D가 $\overline{BC}$에 대하여 같은 쪽에 있지만 $\angle BAC \neq \angle BDC$이므로 네 점 A, B, C, D는 한 원 위에 있지 않다.

ㄴ. △ACD에서

$\angle CAD = 180° - (40° + 75°) = 65°$

즉, 두 점 A, B가 $\overline{CD}$에 대하여 같은 쪽에 있고 $\angle CAD = \angle CBD$이므로 네 점 A, B, C, D는 한 원 위에 있다.

ㄷ. $\angle BDC = 110° - 80° = 30°$

즉, 두 점 A, D가 $\overline{BC}$에 대하여 같은 쪽에 있고 $\angle BAC = \angle BDC$이므로 네 점 A, B, C, D는 한 원 위에 있다.

ㄹ. $\angle ADB = 180° - (110° + 30°) = 40°$

즉, 두 점 C, D가 $\overline{AB}$에 대하여 같은 쪽에 있지만 $\angle ACB \neq \angle ADB$이므로 네 점 A, B, C, D는 한 원 위에 있지 않다.

이상에서 네 점 A, B, C, D가 한 원 위에 있는 것은 ㄴ, ㄷ이다.

02 답 (1) 56° (2) 95°

(1) $\angle x = \angle ADB = 56°$

(2) $\angle CBD = \angle CAD = 35°$이므로

△BCD에서

$\angle x = 180° - (35° + 50°) = 95°$

03 답 (1) 풀이 참조 (2) $\angle x = 85°$, $\angle y = 53°$

(1) $\angle x = \angle BAC = \boxed{80}°$

△PCD에서

$\angle y = \angle x + \angle PCD$

$= \boxed{80}° + 40°$

$= \boxed{120}°$

(2) $\angle x = \angle DAC = 85°$

△DEB에서

$\angle x = \angle EDB + \angle y$이므로

$85° = 32° + \angle y$

$\therefore \angle y = 53°$

04 답 70°

$\angle CAD = \angle CBD = 50°$이므로

$\angle BAC = \angle BAD - \angle CAD$

$= 120° - 50° = 70°$

$\therefore \angle x = \angle BAC = 70°$

05 답 30°

두 점 A, B가 $\overline{CD}$에 대하여 같은 쪽에 있고 $\angle DAC = \angle DBC$이므로 네 점 A, B, C, D는 한 원 위에 있다.

$\therefore \angle x = \angle ABD = 30°$

개념 23 원에 내접하는 사각형의 성질

개념 확인하기 ································· 86쪽

1 **답** (1) 110° (2) 95°

(1) □ABCD가 원에 내접하므로
$\angle x + 70° = 180°$ ∴ $\angle x = 110°$

(2) □ABCD가 원에 내접하므로
$\angle x = \angle \text{ADC} = 95°$

대표문제 ································· 87쪽

01 **답** (1) $\angle x = 45°$, $\angle y = 135°$ (2) $\angle x = 140°$, $\angle y = 110°$

(1) △BCD에서
$\angle x = 180° - (63° + 72°) = 45°$
이때 □ABCD가 원에 내접하므로
$45° + \angle y = 180°$
∴ $\angle y = 135°$

(2) $\angle x = 2\angle \text{BAD} = 2 \times 70° = 140°$
이때 □ABCD가 원에 내접하므로
$70° + \angle y = 180°$
∴ $\angle y = 110°$

02 **답** $\angle x = 65°$, $\angle y = 115°$

$\overline{\text{BC}}$는 원 O의 지름이므로 $\angle \text{BAC} = 90°$
△ABC에서 $\angle x = 180° - (90° + 25°) = 65°$
이때 □ABCD가 원에 내접하므로
$65° + \angle y = 180°$ ∴ $\angle y = 115°$

03 **답** (1) 60° (2) 65°

(1) $\angle \text{BAC} = \angle \text{BDC} = 40°$
이때 □ABCD가 원에 내접하므로
$\angle \text{BAD} = \angle \text{DCE} = 100°$
∴ $\angle x = \angle \text{BAD} - \angle \text{BAC}$
$= 100° - 40° = 60°$

(2) △APB에서 $95° = \angle \text{PAB} + 30°$
∴ $\angle \text{PAB} = 65°$
이때 □ABCD가 원에 내접하므로
$\angle x = \angle \text{PAB} = 65°$

04 **답** 140°

오른쪽 그림과 같이 $\overline{\text{BD}}$를 그으면
□ABDE가 원에 내접하므로
$95° + \angle \text{EDB} = 180°$
∴ $\angle \text{EDB} = 85°$

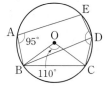

$\angle \text{BDC} = \dfrac{1}{2}\angle \text{BOC} = \dfrac{1}{2} \times 110° = 55°$
∴ $\angle \text{EDC} = \angle \text{EDB} + \angle \text{BDC}$
$= 85° + 55° = 140°$

05 **답** ㄴ, ㄷ, ㄹ

ㄱ. $\angle \text{A} + \angle \text{C} = 95° + 75° = 170°$이므로 □ABCD는 원에 내접하지 않는다.

ㄴ. 두 점 A, D가 $\overline{\text{BC}}$에 대하여 같은 쪽에 있고
$\angle \text{BAC} = \angle \text{BDC}$이므로 □ABCD는 원에 내접한다.

ㄷ. 주어진 사각형은 등변사다리꼴이다.
이때 $\angle \text{A} + \angle \text{B} = 180°$, $\angle \text{B} = \angle \text{C}$이므로
$\angle \text{A} + \angle \text{C} = 180°$
따라서 □ABCD는 원에 내접한다.

ㄹ. △ABC에서
$\angle \text{B} = 180° - (65° + 45°) = 70°$
이때 $\angle \text{B} = \angle \text{CDE} = 70°$이므로 □ABCD는 원에 내접한다.

이상에서 □ABCD가 원에 내접하는 것은 ㄴ, ㄷ, ㄹ이다.

이것만은 꼭!
사각형이 원에 내접하기 위한 조건
① 한 쌍의 대각의 크기의 합이 180°일 때
⇨ $\angle \text{BAD} + \angle \text{BCD} = 180°$
② 한 외각의 크기가 그와 이웃한 내각에 대한 대각의 크기와 같을 때
⇨ $\angle \text{BAD} = \angle \text{DCE}$
③ 한 선분에 대하여 같은 쪽에 있는 두 각의 크기가 같을 때
⇨ $\angle \text{BAC} = \angle \text{BDC}$

06 **답** 82°

$\angle \text{BAC} = \angle \text{BDC} = 36°$이고
□ABCD가 원에 내접하므로
$(36° + 62°) + \angle x = 180°$
∴ $\angle x = 82°$

소단원 핵심문제 ································· 88쪽

01 ㄱ, ㄷ 02 $\angle x = 27°$, $\angle y = 77°$ 03 36°
04 (1) 풀이 참조 (2) 58° 05 130°

01 ㄱ. 두 점 C, D가 $\overline{\text{AB}}$에 대하여 같은 쪽에 있고
$\angle \text{ACB} = \angle \text{ADB}$이므로 네 점 A, B, C, D는 한 원 위에 있다.

ㄴ. $\angle DBC = 70° - 45° = 25°$

즉, 두 점 A, B가 $\overline{CD}$에 대하여 같은 쪽에 있지만

$\angle DAC \neq \angle DBC$이므로 네 점 A, B, C, D는 한 원 위에 있지 않다.

ㄷ. $\angle BDC = 80° - 37° = 43°$

즉, 두 점 A, D가 $\overline{BC}$에 대하여 같은 쪽에 있고 $\angle BAC = \angle BDC$이므로 네 점 A, B, C, D는 한 원 위에 있다.

이상에서 네 점 A, B, C, D가 한 원 위에 있는 것은 ㄱ, ㄷ 이다.

02 $\angle x = \angle ACB = 27°$이므로

△DPB에서

$\angle y = \angle DPB + \angle x$

$= 50° + 27° = 77°$

03 □ABCD가 원에 내접하므로

$(45° + \angle x) + 96° = 180°$

$\therefore \angle x = 39°$

또, $\angle BDC = \angle BAC = 45°$이므로

$\angle y = \angle ADC = \angle ADB + \angle BDC$

$= 30° + 45° = 75°$

$\therefore \angle y - \angle x = 75° - 39° = 36°$

04 (1) □ABCD가 원에 내접하므로

$\angle PAB = \angle C = \angle x$

△BCQ에서 $\angle PBA = \angle x + 24°$

(2) △APB에서

$\angle x + 40° + (\angle x + 24°) = 180°$

$2\angle x = 116°$

$\therefore \angle x = 58°$

이것만은 꼭!

원에 내접하는 사각형과 삼각형의 외각의 성질

원에 내접하는 □ABCD에서 $\overline{BA}$ 와 $\overline{CD}$의 연장선의 교점을 E, $\overline{DA}$ 와 $\overline{CB}$의 연장선의 교점을 F라 하면

△AFB에서

$\angle x + \angle b + (\angle x + \angle a)$

$= 180°$

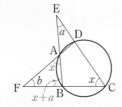

05 △ABC에서 $\overline{AB} = \overline{AC}$이므로

$\angle B = \frac{1}{2} \times (180° - 80°) = 50°$

이때 □ABCD가 원에 내접해야 하므로

$50° + \angle D = 180°$

$\therefore \angle D = 130°$

---

③ 원의 접선과 현이 이루는 각

개념 24 원의 접선과 현이 이루는 각

개념 확인하기 ⋯⋯⋯⋯⋯⋯⋯⋯⋯⋯⋯⋯⋯ 89쪽

1 답 (1) 75° (2) 43° (3) 40°

(3) $\angle BCA = \angle BAT = 108°$

따라서 △ABC에서

$\angle x = 180° - (32° + 108°) = 40°$

대표문제

90~91쪽

01 답 (1) 61° (2) 35°

(1) $\angle CBA = \angle CAT = 74°$

따라서 △ABC에서

$\angle x = 180° - (74° + 45°) = 61°$

(2) $\angle BCA = \angle BAT = 110°$

△ABC에서 $\overline{CA} = \overline{CB}$이므로

$\angle x = \frac{1}{2} \times (180° - 110°) = 35°$

02 답 90°

$\angle BAP = \angle BCA = 48°$

따라서 △APB에서

$\angle x = \angle BAP + \angle BPA = 48° + 42° = 90°$

03 답 (1) 30° (2) 115° (3) 65°

(1) $\angle BDA = \angle BAT = 30°$

(2) △ABD에서

$\angle DAB = 180° - (35° + 30°) = 115°$

(3) □ABCD가 원에 내접하므로

$\angle DCB + 115° = 180°$ ∴ $\angle DCB = 65°$

04 답 33°

□ABCD가 원에 내접하므로

$\angle ADC + 105° = 180°$ ∴ $\angle ADC = 75°$

$\angle DAP = \angle DCA = 42°$

△DPA에서

$75° = \angle x + 42°$ ∴ $\angle x = 33°$

05 답 55°

$\overline{BC}$가 원 O의 지름이므로 $\angle CAB = 90°$

△ABC에서 $\angle ABC = 180° - (90° + 35°) = 55°$

$\therefore \angle x = \angle ABC = 55°$

06 탑 (1) 90° (2) 30°
(1) $\overline{BC}$가 원 O의 지름이므로
　　∠CAB=90°
(2) ∠CBA=∠CAP=30°이므로
　　△PAB에서
　　∠BPA=180°−{30°+(90°+30°)}=30°

07 탑 (1) BTQ, DTP (2) CTQ, BAT

08 탑 (1) 50° (2) 50° (3) 50° (4) $\overline{CD}$
(1) ∠ATP=∠ABT=50°
　　(원 O에서 접선과 현이 이루는 각)
(2) ∠CTQ=∠ATP=50° (맞꼭지각)
(3) ∠CDT=∠CTQ=50°
　　(원 O′에서 접선과 현이 이루는 각)
(4) ∠ABT=∠CDT=50°
　　즉, 엇각의 크기가 같으므로 $\overline{AB} \parallel \overline{CD}$

09 탑 ∠x=74°, ∠y=74°
∠x=∠BTQ=74°
∠DTP=∠BTQ=74° (맞꼭지각)이므로
∠y=∠DTP=74°

10 탑 ∠x=58°, ∠y=72°
∠x=∠DTP=58°
∠y=∠BAT=72°

소단원 핵심문제　　92쪽

01 ∠x=70°, ∠y=140°	**02** 42°
03 40°	**04** 50°	**05** (1) 68° (2) 75°

01 ∠x=∠BAT=70°
∠y=2∠ACB=2×70°=140°

02 $\square$ABCD가 원에 내접하므로
∠DAB+80°=180°　　∴ ∠DAB=100°
△DAB에서
∠ABD=180°−(100°+38°)=42°
∴ ∠x=∠ABD=42°

03 $\overline{BC}$가 원 O의 지름이므로 ∠CAB=90°
∴ ∠CAP=180°−(90°+65°)=25°
∠CBA=∠CAP=25°

△PAB에서
65°=∠x+25°　　∴ ∠x=40°

04 △PAB는 $\overline{PA}=\overline{PB}$인 이등변삼각형이므로
∠PAB=$\frac{1}{2}$×(180°−48°)=66°
∠CAB=∠CBD=64°이므로
∠x=180°−(66°+64°)=50°

05 (1) ∠ATP=∠ABT=52°이므로
　　∠CTQ=∠ATP=52° (맞꼭지각)
　　∠CDT=∠CTQ=52°
　　따라서 △CDT에서
　　∠x=180°−(60°+52°)=68°
(2) ∠BTQ=∠BAT=65°이므로
　　∠CDT=∠CTQ=65°
　　따라서 △CTD에서
　　∠x=180°−(65°+40°)=75°

중단원 마무리문제　　93~95쪽

01 ③	**02** 45°	**03** 25°	**04** 125°	**05** 36°
06 46°	**07** 80°	**08** 60°	**09** 55°	**10** ④
11 80°	**12** (1) 108° (2) 72°	**13** ⑤	**14** 55°
15 6$\sqrt{3}$ cm		**16** 63°	**17** 40°	**18** ③
19 37°				

01 ∠ABC=$\frac{1}{2}$×(360°−140°)=110°이므로
$\square$AOCB에서
∠x=360°−(110°+56°+140°)=54°

02 오른쪽 그림과 같이 $\overline{CE}$를 그으면 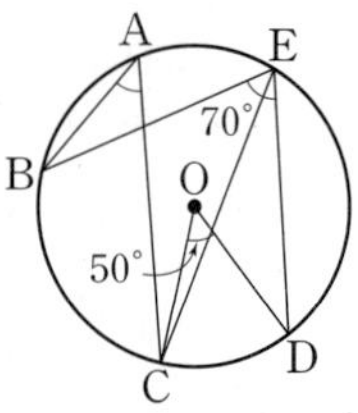
∠CED=$\frac{1}{2}$∠COD
　　　=$\frac{1}{2}$×50°=25°
이므로
∠BAC=∠BEC
　　　=∠BED−∠CED
　　　=70°−25°=45°

03 ∠ADC=∠ABC=65°
△APD에서
65°=∠x+40°　　∴ ∠x=25°

04 오른쪽 그림과 같이 $\overline{\text{AD}}$를 그으면
$\overline{\text{AB}}$가 원 O의 지름이므로
$\angle\text{ADB}=90\degree$
$\angle\text{ADC}=\angle\text{ABC}=35\degree$
$\therefore \angle x=\angle\text{ADB}+\angle\text{ADC}$
$\qquad =90\degree+35\degree=125\degree$

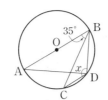

05 $\overparen{\text{AB}}=\overparen{\text{BC}}$이므로
$\angle\text{ADB}=\angle\text{BDC}=47\degree$
$\angle\text{ACD}=\angle\text{ABD}=50\degree$
이므로 $\triangle\text{ACD}$에서
$\angle x=180\degree-\{(47\degree+47\degree)+50\degree\}=36\degree$

06 오른쪽 그림과 같이 $\overline{\text{AC}}$를 그으면
$\overline{\text{AB}}$가 원 O의 지름이므로
$\angle\text{ACB}=90\degree$ $\qquad$ ··· ㉮
$\overparen{\text{BD}}=\overparen{\text{CD}}$이므로
$\angle\text{CAD}=\angle\text{BAD}=22\degree$ $\qquad$ ··· ㉯
따라서 $\triangle\text{ABC}$에서
$\angle x=180\degree-\{90\degree+(22\degree+22\degree)\}$
$\qquad =46\degree$ $\qquad$ ··· ㉰

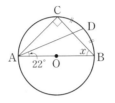

단계	채점 기준	배점 비율
㉮	$\angle\text{ACB}$의 크기 구하기	40 %
㉯	$\angle\text{CAD}$의 크기 구하기	40 %
㉰	$\angle x$의 크기 구하기	20 %

07 $\angle\text{ABD}:\angle\text{BAC}=\overparen{\text{AD}}:\overparen{\text{BC}}$이므로
$20\degree:\angle\text{BAC}=5:15$에서
$20\degree:\angle\text{BAC}=1:3$
$\therefore \angle\text{BAC}=60\degree$
따라서 $\triangle\text{ABP}$에서
$\angle x=\angle\text{PAB}+\angle\text{ABP}=60\degree+20\degree=80\degree$

08 전략 호의 길이가 원주의 $\dfrac{1}{n}$일 때, 그 호에 대한 원주각의 크기는 $180\degree\times\dfrac{1}{n}$임을 이용한다.

오른쪽 그림과 같이 $\overline{\text{BC}}$를 그으면
$\overparen{\text{AB}}$의 길이는 원주의 $\dfrac{1}{5}$이므로
$\angle\text{ACB}=180\degree\times\dfrac{1}{5}=36\degree$
$\angle\text{ACB}:\angle\text{CBD}=\overparen{\text{AB}}:\overparen{\text{CD}}$
$\qquad =3:2$
이므로
$36\degree:\angle\text{CBD}=3:2$
$3\angle\text{CBD}=72\degree$ $\quad \therefore \angle\text{CBD}=24\degree$

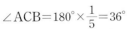

따라서 $\triangle\text{PBC}$에서
$\angle\text{DPC}=\angle\text{PBC}+\angle\text{PCB}=24\degree+36\degree=60\degree$

09 $\angle x=\angle\text{BDC}$
$\qquad =180\degree-(100\degree+25\degree)=55\degree$

10 $\square\text{ABCD}$가 원에 내접하므로
$\angle x+100\degree=180\degree$ $\qquad \therefore \angle x=80\degree$
$\angle\text{ECD}=\angle\text{EAD}=20\degree$이므로
$\triangle\text{CDF}$에서
$\angle y=\angle\text{FCD}+\angle\text{FDC}$
$\qquad =20\degree+100\degree=120\degree$
$\therefore \angle x+\angle y=80\degree+120\degree=200\degree$

11 오른쪽 그림과 같이 $\overline{\text{BD}}$를 그으면
$\square\text{ABDE}$가 원에 내접하므로
$95\degree+\angle\text{BDE}=180\degree$
$\therefore \angle\text{BDE}=85\degree$ $\qquad$ ··· ㉮
$\angle\text{BDC}=\angle\text{CDE}-\angle\text{BDE}$
$\qquad =125\degree-85\degree=40\degree$ ··· ㉯
$\therefore \angle\text{BOC}=2\angle\text{BDC}=2\times40\degree=80\degree$ ··· ㉰

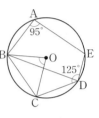

단계	채점 기준	배점 비율
㉮	$\angle\text{BDE}$의 크기 구하기	60 %
㉯	$\angle\text{BDC}$의 크기 구하기	20 %
㉰	$\angle\text{BOC}$의 크기 구하기	20 %

12 (1) $\square\text{ABQP}$가 원 O에 내접하므로
$\qquad \angle\text{PQC}=\angle\text{A}=108\degree$
(2) $\square\text{PQCD}$가 원 O′에 내접하므로
$\qquad 108\degree+\angle\text{PDC}=180\degree$ $\quad \therefore \angle\text{PDC}=72\degree$

이것만은 꼭!
두 원에서 원에 내접하는 사각형의 성질의 활용
두 원 O, O′이 두 점 P, Q에서 만날 때
① $\angle\text{BAP}=\angle\text{PQC}=\angle\text{PDE}$
② $\overline{\text{AB}}\,/\!/\,\overline{\text{CD}}$ ← 엇각의 크기가 같다.

13 ① 두 점 A, D가 $\overline{\text{BC}}$에 대하여 같은 쪽에 있고
$\qquad \angle\text{BAC}=\angle\text{BDC}$이므로 $\square\text{ABCD}$는 원에 내접한다.
② $\triangle\text{ABD}$에서 $\angle\text{A}=180\degree-(50\degree+30\degree)=100\degree$
$\qquad$ 즉, $\angle\text{A}+\angle\text{C}=100\degree+80\degree=180\degree$이므로 $\square\text{ABCD}$
$\qquad$ 는 원에 내접한다.
③ $\angle\text{ABE}=\angle\text{D}$이므로 $\square\text{ABCD}$는 원에 내접한다.

④ ∠BAC=115°−40°=75°
   즉, 두 점 A, D가 $\overline{BC}$에 대하여 같은 쪽에 있고
   ∠BAC=∠BDC이므로 □ABCD는 원에 내접한다.
⑤ ∠ABC=180°−80°=100°
   즉, ∠ABC≠∠ADF이므로 □ABCD는 원에 내접
   하지 않는다.
따라서 □ABCD가 원에 내접하지 않는 것은 ⑤이다.

14 △BCD에서
∠BCD=180°−(40°+55°)=85°
□ABCD는 원에 내접하므로
85°+∠y=180° ∴ ∠y=95°
또, ∠DBA=∠DAT=45°이므로
△ABD에서
∠x=180°−(95°+45°)=40°
∴ ∠y−∠x=95°−40°=55°

15 $\overline{AC}$가 원 O의 지름이므로 ∠ABC=90°
∠BCA=∠BAT=60°이므로
직각삼각형 ABC에서
$\overline{AB}=12\sin 60°=12\times\dfrac{\sqrt{3}}{2}=6\sqrt{3}$(cm)

16 오른쪽 그림과 같이 $\overline{AT}$를 그으면 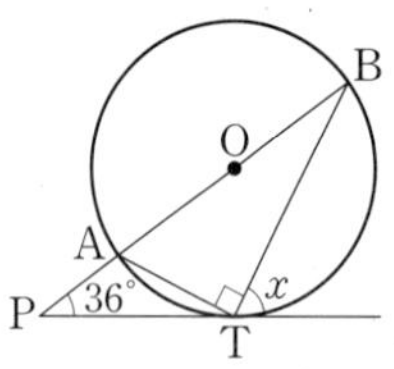
$\overline{AB}$가 원 O의 지름이므로
∠ATB=90° ⋯ ㉮
∠BAT=∠x이므로
△APT에서
∠ATP=∠BAT−∠APT
   =∠x−36° ⋯ ㉯
(∠x−36°)+90°+∠x=180°이므로
2∠x=126° ∴ ∠x=63° ⋯ ㉰

단계	채점 기준	배점 비율
㉮	∠ATB의 크기 구하기	20 %
㉯	∠ATP의 크기를 ∠x를 이용하여 나타내기	40 %
㉰	∠x의 크기 구하기	40 %

17 전략 $\overline{BD}$, $\overline{BE}$가 원의 접선이므로 ∠DFE=∠BDE=∠BED
이다.
△DEF에서 ∠DFE=180°−(60°+50°)=70°
∠BDE=∠BED=∠DFE=70°이므로
△BED에서 ∠DBE=180°−(70°+70°)=40°

18 ①, ② ∠BAT=∠BTQ, ∠CDT=∠CTQ이므로
∠BAT=∠CDT
따라서 동위각의 크기가 같으므로 $\overline{AB}\,/\!/\,\overline{CD}$

③ ∠ABT=∠ATP, ∠DCT=∠DTP이므로
∠ABT=∠DCT
④ △ABT와 △DCT에서
∠BAT=∠CDT, ∠T는 공통
∴ △ABT∽△DCT (AA 닮음)
⑤ ④에서 △ABT∽△DCT이므로
$\overline{TA}:\overline{TD}=\overline{AB}:\overline{DC}$
따라서 옳지 않은 것은 ③이다.

19 □ABCD가 원 O′에 내접하므로
∠PBA=∠ADC=63°
또, ∠BAP=∠BPT=80°이므로
△APB에서
∠APB=180°−(80°+63°)=37°

95쪽
창의·융합 문제

오른쪽 그림과 같이 안쪽 레일인 원의 중심
을 O라 하고 $\overline{OB}$의 연장선이 원 O와 만나
는 점을 D라 하면 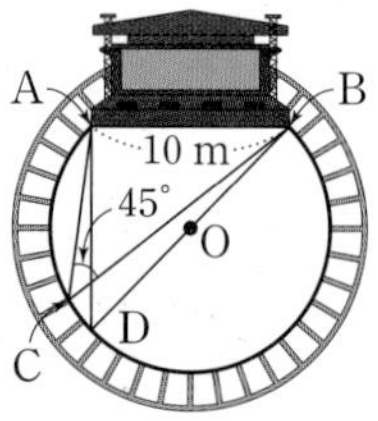
∠ADB=∠ACB=45° ⋯ ❶
$\overline{BD}$는 원 O의 지름이므로
∠DAB=90° ⋯ ❷
직각삼각형 ADB에서
$\overline{BD}=\dfrac{10}{\sin 45°}=10\div\dfrac{\sqrt{2}}{2}=10\times\dfrac{2}{\sqrt{2}}=10\sqrt{2}$(m) ⋯ ❸
원 O의 반지름의 길이는
$\dfrac{1}{2}\overline{BD}=\dfrac{1}{2}\times10\sqrt{2}=5\sqrt{2}$(m)
따라서 안쪽 레일의 반지름의 길이는 $5\sqrt{2}$ m이다. ⋯ ❹
답 $5\sqrt{2}$ m

96~97쪽
교과서 속 서술형 문제

1 ❶ ∠QAB의 크기는?
   □ABCD가 원에 내접하므로
   ∠QAB=∠BCD=$\boxed{55}$° ⋯ ㉮

❷ ∠ABQ의 크기는?
   △PBC에서
   ∠ABQ=∠BPC+∠BCP
   =$\boxed{30}$°+$\boxed{55}$°=$\boxed{85}$° ⋯ ㉯

❸ ∠AQB의 크기는?

△AQB에서

$\angle AQB = 180° - (\angle QAB + \angle ABQ)$

$\quad\quad\quad = 180° - (\boxed{55}° + \boxed{85}°)$

$\quad\quad\quad = \boxed{40}°$ ··· ㉒

단계	채점 기준	배점 비율
㉮	∠QAB의 크기 구하기	30 %
㉯	∠ABQ의 크기 구하기	30 %
㉰	∠AQB의 크기 구하기	40 %

2 ❶ ∠ABC의 크기를 $\angle x$라 할 때, ∠CDQ의 크기를 $\angle x$를 이용하여 나타내면?

□ABCD가 원에 내접하므로

$\angle CDQ = \angle ABC = \angle x$ ··· ㉮

❷ ∠DCQ의 크기를 $\angle x$를 이용하여 나타내면?

△PBC에서

$\angle DCQ = \angle PBC + \angle BPC = \angle x + 46°$ ··· ㉯

❸ ∠ABC의 크기는?

△CQD에서

$\angle x + (\angle x + 46°) + 34° = 180°$이므로

$2\angle x = 100°$ ∴ $\angle x = 50°$

∴ $\angle ABC = 50°$ ··· ㉰

단계	채점 기준	배점 비율
㉮	∠CDQ의 크기를 $\angle x$를 이용하여 나타내기	30 %
㉯	∠DCQ의 크기를 $\angle x$를 이용하여 나타내기	30 %
㉰	∠ABC의 크기 구하기	40 %

3 오른쪽 그림과 같이 $\overline{AD}$를 그으면 $\overline{AB}$가 반원 O의 지름이므로

$\angle ADB = 90°$ ··· ㉮

△ADP에서

$\angle PAD = 180° - (90° + 70°)$

$\quad\quad\quad = 20°$ ··· ㉯

∴ $\angle x = 2\angle CAD = 2 \times 20° = 40°$ ··· ㉰

답 40°

단계	채점 기준	배점 비율
㉮	∠ADB의 크기 구하기	30 %
㉯	∠PAD의 크기 구하기	30 %
㉰	$\angle x$의 크기 구하기	40 %

4 (1) □ABCD가 원에 내접하므로

$\angle BAD + 120° = 180°$

∴ $\angle BAD = 60°$ ··· ㉮

(2) $\widehat{AB} = \widehat{AD}$이므로

$\angle ABD = \angle ADB$

$\quad\quad\quad = \dfrac{1}{2} \times (180° - 60°) = 60°$ ··· ㉯

따라서 △ABD는 정삼각형이므로

$\triangle ABD = \dfrac{1}{2} \times 6 \times 6 \times \sin 60°$

$\quad\quad\quad = \dfrac{1}{2} \times 6 \times 6 \times \dfrac{\sqrt{3}}{2}$

$\quad\quad\quad = 9\sqrt{3} \, (\text{cm}^2)$ ··· ㉰

답 (1) 60° (2) $9\sqrt{3}$ cm²

단계		채점 기준	배점 비율
(1)	㉮	∠BAD의 크기 구하기	30 %
(2)	㉯	∠ABD, ∠ADB의 크기 각각 구하기	40 %
	㉰	△ABD의 넓이 구하기	30 %

이것만은 꼭!

삼각형의 넓이

① ∠B가 예각인 경우

⇨ $\triangle ABC = \dfrac{1}{2} ac \sin B$

② ∠B가 둔각인 경우

⇨ $\triangle ABC = \dfrac{1}{2} ac \sin (180° - B)$

5 $\angle C : \angle A : \angle B = \widehat{AB} : \widehat{BC} : \widehat{CA} = 3 : 5 : 4$ 이므로

$\angle A = 180° \times \dfrac{5}{3+5+4} = 75°$ ··· ㉮

∴ $\angle CBT = \angle CAB = 75°$ ··· ㉯

답 75°

단계	채점 기준	배점 비율
㉮	∠A의 크기 구하기	70 %
㉯	∠CBT의 크기 구하기	30 %

6 $\angle CAB = \angle CBT = 50°$ ··· ㉮

□ABCD가 원에 내접하므로

$\angle ABC + 110° = 180°$

∴ $\angle ABC = 70°$ ··· ㉯

따라서 △ABC에서

$\angle ACB = 180° - (50° + 70°) = 60°$ ··· ㉰

답 60°

단계	채점 기준	배점 비율
㉮	∠CAB의 크기 구하기	40 %
㉯	∠ABC의 크기 구하기	40 %
㉰	∠ACB의 크기 구하기	20 %

05 대푯값과 산포도

❶ 대푯값

개념 25 대푯값과 평균

개념 확인하기 ────────────────── 100쪽

1 답 (1) 5, 5, 6　(2) 6, 6, 11

대표문제 101쪽

01 답 15

(평균) $=\dfrac{13+14+15+16+17}{5}=\dfrac{75}{5}=15$

02 답 3권

(평균) $=\dfrac{3+4+2+4+3+2}{6}=\dfrac{18}{6}=3$(권)

03 답 12점

(평균) $=\dfrac{4+8+9+11+12+15+17+20}{8}$

$=\dfrac{96}{8}=12$(점)

04 답 4권

(평균) $=\dfrac{3\times2+4\times6+5\times2}{2+6+2}$

$=\dfrac{40}{10}=4$(권)

05 답 (1) 풀이 참조　(2) 96

(1) $\dfrac{15+20+19+x}{\boxed{4}}=20$

$54+x=\boxed{80}$ $\therefore x=\boxed{26}$

(2) $\dfrac{86+90+94+x+84}{5}=90$

$354+x=450$ $\therefore x=96$

06 답 179

평균이 170 cm이므로

$\dfrac{168+158+x+171+174}{5}=170$

$671+x=850$ $\therefore x=179$

07 답 5

3개의 변량 a, b, c의 평균이 4이므로

$\dfrac{a+b+c}{3}=4$ $\therefore a+b+c=12$

따라서 5개의 변량 $a, b, c, 5, 8$의 평균은

$\dfrac{a+b+c+5+8}{5}=\dfrac{a+b+c+13}{5}$

$=\dfrac{12+13}{5}$

$=\dfrac{25}{5}=5$

개념 26 중앙값과 최빈값

개념 확인하기 ────────────────── 102쪽

1 답 (1) 6, 3, 5, 3, 4　(2) 5, 5

대표문제 103쪽

01 답 (1) 7　(2) 12

(1) 자료의 변량은 5개이고 변량을 작은 값부터 순서대로 나열하면

5, 6, 7, 9, 10

이므로 중앙값은 3번째 값인 7이다.

(2) 자료의 변량은 6개이고 변량을 작은 값부터 순서대로 나열하면

6, 7, 9, 15, 16, 18

이므로 중앙값은 3번째 값 9와 4번째 값 15의 평균인

$\dfrac{9+15}{2}=12$이다.

02 답 (1) 7　(2) 3, 5　(3) 배

(1) 자료의 변량 중에서 7이 가장 많이 나타나므로 최빈값은 7이다.

(2) 자료의 변량 중에서 3과 5가 가장 많이 나타나므로 최빈값은 3, 5이다.

(3) 자료 중에서 배가 가장 많이 나타나므로 최빈값은 배이다.

03 답 6단

6단의 도수가 가장 크므로 최빈값은 6단이다.

04 답 (1) 26점　(2) 34점

(1) 자료의 변량은 14개이고 줄기와 잎 그림의 변량은 작은 값부터 순서대로 나열되어 있으므로 중앙값은 7번째 값 25와 8번째 값 27의 평균이다.

$\therefore$ (중앙값) $=\dfrac{25+27}{2}=26$(점)

(2) 자료의 변량 중에서 34가 가장 많이 나타나므로 최빈값은 34점이다.

05 답 (1) 풀이 참조 (2) 7

(1) 자료의 변량은 4개이므로 중앙값은 2번째 값 12와 3번째 값 x의 평균이다.

$\dfrac{12+x}{\boxed{2}}=15$이므로

$12+x=30$ $\therefore x=\boxed{18}$

(2) 자료의 변량은 6개이므로 중앙값은 3번째 값 x와 4번째 값 9의 평균이다.

$\dfrac{x+9}{2}=8$이므로

$x+9=16$ $\therefore x=7$

06 답 7회

최빈값이 8회이므로 $x=8$

이때 자료의 변량은 7개이고 변량을 작은 값부터 순서대로 나열하면

5, 6, 7, 7, 8, 8, 8

따라서 중앙값은 4번째 값인 7회이다.

소단원 **핵심문제**   104쪽

01 4   02 풀이 참조 03 ㄱ, ㄷ   04 7
05 $x=31$, 중앙값: 17회

01 3개의 변량 a, b, c의 평균이 2이므로

$\dfrac{a+b+c}{3}=2$ $\therefore a+b+c=6$

따라서 $a+1, b+2, c+3$의 평균은

$\dfrac{(a+1)+(b+2)+(c+3)}{3}=\dfrac{a+b+c+6}{3}$

$=\dfrac{6+6}{3}$

$=\dfrac{12}{3}=4$

02 (평균)$=\dfrac{7+8+9+8+6+7+7+8+10+9}{10}$

$=\dfrac{79}{10}=7.9$(시간)

자료의 변량은 10개이고 변량을 작은 값부터 순서대로 나열하면

6, 7, 7, 7, 8, 8, 8, 9, 9, 10

이므로 중앙값은 5번째 값 8과 6번째 값 8의 평균인

$\dfrac{8+8}{2}=8$(시간)이다.

또, 자료의 변량 중에서 7, 8이 가장 많이 나타나므로 최빈값은 7시간, 8시간이다.

03 ㄴ. 변량을 작은 값부터 순서대로 나열할 때, 중앙값은 자료의 개수가 짝수이면 중앙에 위치하는 두 값의 평균이므로 자료 안에 없는 값일 수도 있다.

이상에서 옳은 것은 ㄱ, ㄷ이다.

04 자료의 변량이 15개이므로 중앙값은 8번째 값인 3회이다.

$\therefore a=3$

또, 대중교통을 이용한 횟수가 4회인 학생 수가 가장 크므로 최빈값은 4회이다.

$\therefore b=4$

$\therefore a+b=3+4=7$

05 평균이 19회이므로

$\dfrac{9+15+18+x+16+25}{6}=19$

$83+x=114$ $\therefore x=31$

자료의 변량은 6개이고 변량을 작은 값부터 순서대로 나열하면

9, 15, 16, 18, 25, 31

이므로 중앙값은 3번째 값 16과 4번째 값 18의 평균인

$\dfrac{16+18}{2}=17$(회)이다.

❷ 산포도

개념 **27** 산포도와 편차

개념 **확인하기** 105쪽

1 답 (1)

변량	4	6	7	3	10
편차	-2	0	1	-3	4

(2)

변량	12	13	11	9	18	15
편차	-1	0	-2	-4	5	2

대표문제   106쪽

01 답 (1) 5시간 (2) 0시간, -2시간, 1시간, -1시간, 2시간

(1) (평균)$=\dfrac{5+3+6+4+7}{5}$

$=\dfrac{25}{5}=5$(시간)

(2) (편차)=(변량)−(평균)이므로 주어진 각 변량의 편차는
순서대로
0시간, −2시간, 1시간, −1시간, 2시간
이다.

02 🅐 (1) 평균: 11, 표는 풀이 참조   (2) 0

(1) (평균)$=\dfrac{8+12+14+10+11}{5}$

$=\dfrac{55}{5}=11$

이므로

변량	8	12	14	10	11
편차	−3	1	3	−1	0

(2) 편차의 총합은
$-3+1+3+(-1)+0=0$

03 🅐 (1) 2   (2) −9

(1) 편차의 총합은 항상 0이므로
$-3+(-1)+x+2=0$
$-2+x=0$ ∴ $x=2$

(2) 편차의 총합은 항상 0이므로
$11+(-8)+(-1)+7+x=0$
$9+x=0$ ∴ $x=-9$

04 🅐 52 kg

(편차)=(변량)−(평균)에서
(변량)=(편차)+(평균)이므로
희연이의 몸무게는
$-2+54=52$(kg)

05 🅐 (1) −2   (2) 3시간

(1) 편차의 총합은 항상 0이므로
$4+x+1+(-3)=0$
$2+x=0$ ∴ $x=-2$

(2) (편차)=(변량)−(평균)에서
(변량)=(편차)+(평균)이므로
학생 B의 일주일 동안의 독서 시간은
$-2+5=3$(시간)

06 🅐 86점

3회의 편차를 x점이라 하면
편차의 총합은 항상 0이므로
$-3+1+x+(-1)+2=0$
$-1+x=0$ ∴ $x=1$
따라서 3회의 과학 점수는
$1+85=86$(점)

개념 확인하기 107쪽

1   🅐 (1) 12   (2) 풀이 참조   (3) 20   (4) 4   (5) 2

(1) (평균)$=\dfrac{12+11+9+15+13}{5}=\dfrac{60}{5}=12$

(2)
변량	12	11	9	15	13
편차	0	−1	−3	3	1
(편차)²	0	1	9	9	1

(3) {(편차)²의 총합}$=0+1+9+9+1=20$

(4) (분산)$=\dfrac{20}{5}=4$

(5) (표준편차)$=\sqrt{4}=2$

대표문제 108쪽

01 🅐 분산: 3, 표준편차: $\sqrt{3}$

(분산)$=\dfrac{0^2+2^2+(-1)^2+(-3)^2+0^2+2^2}{6}=\dfrac{18}{6}=3$

(표준편차)$=\sqrt{3}$

02 🅐 $x=-3$, 분산: 6

편차의 총합은 항상 0이므로
$4+x+0+(-2)+1=0$ ∴ $x=-3$

∴ (분산)$=\dfrac{4^2+(-3)^2+0^2+(-2)^2+1^2}{5}=\dfrac{30}{5}=6$

03 🅐 (1) 평균: 4, 분산: 3.5, 표준편차: $\sqrt{3.5}$
(2) 평균: 60, 분산: 8, 표준편차: $2\sqrt{2}$

(1) (평균)$=\dfrac{4+7+3+2}{4}=\dfrac{16}{4}=4$

이때 각 변량의 편차는 순서대로 0, 3, −1, −2이므로

(분산)$=\dfrac{0^2+3^2+(-1)^2+(-2)^2}{4}=\dfrac{14}{4}=3.5$

(표준편차)$=\sqrt{3.5}$

(2) (평균)$=\dfrac{64+58+60+62+56}{5}=\dfrac{300}{5}=60$

이때 각 변량의 편차는 순서대로 4, −2, 0, 2, −4이므로

(분산)$=\dfrac{4^2+(-2)^2+0^2+2^2+(-4)^2}{5}=\dfrac{40}{5}=8$

(표준편차)$=\sqrt{8}=2\sqrt{2}$

04 🅐 (1) 10   (2) 분산: 9.2, 표준편차: $\sqrt{9.2}$

(1) 평균이 8이므로

$\dfrac{3+8+x+12+7}{5}=8$

$30+x=40$ $\qquad \therefore x=10$

(2) 각 변량의 편차는 순서대로 $-5, 0, 2, 4, -1$이므로

$$(분산)=\frac{(-5)^2+0^2+2^2+4^2+(-1)^2}{5}=\frac{46}{5}=9.2$$

$$(표준편차)=\sqrt{9.2}$$

05 🅐 (1) 현우 (2) 정우

(1) 수면 시간이 가장 고른 학생은 수면 시간의 표준편차가 가장 작은 학생이므로 현우이다.

(2) 수면 시간이 가장 불규칙한 학생은 수면 시간의 표준편차가 가장 큰 학생이므로 정우이다.

06 🅐 (1) × (2) ○ (3) ○

(1) 평균이 같으므로 어느 반의 영어 성적이 더 우수하다고 할 수 없다.

(2) A반의 표준편차가 B반의 표준편차보다 작으므로 A반의 영어 성적이 B반의 영어 성적보다 더 고르게 분포되어 있다.

(3) A반의 표준편차가 B반의 표준편차보다 작으므로 A반의 영어 성적의 산포도가 B반의 영어 성적의 산포도보다 작다.

소단원 **핵심문제**   **109~110쪽**

01 75점	**02** 21회	**03** ⑤	**04** 8
05 ㄱ, ㄹ	**06** ④	**07** 6	**08** 269
09 ②	**10** 주희		

01 (편차)=(변량)-(평균)에서
(변량)=(편차)+(평균)이므로
성민이의 수학 점수는
$3+72=75$(점)

02 학생 C의 윗몸일으키기 횟수의 편차를 x회라 하면
편차의 총합은 항상 0이므로
$1+(-8)+x+5+4=0$
$2+x=0$ $\qquad \therefore x=-2$
(편차)=(변량)-(평균)에서
(변량)=(편차)+(평균)이므로
학생 C의 윗몸일으키기 횟수는
$-2+23=21$(회)

03 ⑤ 분산이 클수록 자료는 고르지 않게 분포되어 있다.
따라서 옳지 않은 것은 ⑤이다.

04 편차의 총합은 항상 0이므로
$-5+2+1+x+3=0$

$1+x=0$ $\qquad \therefore x=-1$

$$\therefore (분산)=\frac{(-5)^2+2^2+1^2+(-1)^2+3^2}{5}=\frac{40}{5}=8$$

이것만은 꼭!
편차의 총합이 0임을 이용하여 자료의 편차를 구한 다음, 분산을 구한다.

05 ㄱ. $(평균)=\dfrac{10+8+7+5+13+14+9+11+6+7}{10}$
$\qquad\qquad =\dfrac{90}{10}=9$

ㄴ. 평균이 9이므로 평균보다 큰 값의 변량은 10, 13, 14, 11의 4개이다.

ㄷ. 각 변량의 편차는 순서대로
$\qquad 1, -1, -2, -4, 4, 5, 0, 2, -3, -2$
이므로 각 변량의 편차의 제곱의 합은
$\qquad 1^2+(-1)^2+(-2)^2+(-4)^2+4^2+5^2+0^2+2^2$
$\qquad +(-3)^2+(-2)^2$
$\qquad =80$

ㄹ. $(분산)=\dfrac{80}{10}=8$이므로
$\qquad (표준편차)=\sqrt{8}=2\sqrt{2}$

이상에서 옳은 것은 ㄱ, ㄹ이다.

06 평균이 6이므로
$$\frac{10+7+4+6+x}{5}=6$$
$27+x=30$ $\qquad \therefore x=3$
이때 각 변량의 편차는 순서대로 4, 1, -2, 0, -3이므로
$$(분산)=\frac{4^2+1^2+(-2)^2+0^2+(-3)^2}{5}=\frac{30}{5}=6$$
$$\therefore (표준편차)=\sqrt{6}$$

07 $(평균)=\dfrac{a+(a+4)+8+(a+6)+(2a+2)}{5}$
$\qquad\qquad =\dfrac{5a+20}{5}=a+4$

$(분산)=\dfrac{(-4)^2+0^2+(4-a)^2+2^2+(a-2)^2}{5}$
$\qquad\qquad =\dfrac{2a^2-12a+40}{5}$

$\dfrac{2a^2-12a+40}{5}=8$이므로
$2a^2-12a=0$, $a^2-6a=0$
$a(a-6)=0$ $\qquad \therefore a=0$ 또는 $a=6$
이때 $a>0$이므로 $a=6$

08 평균이 10이므로
$$\frac{7+x+9+y+11}{5}=10$$

$$27+x+y=50 \qquad \therefore x+y=23$$

또, 표준편차가 2이므로

$$\frac{(-3)^2+(x-10)^2+(-1)^2+(y-10)^2+1^2}{5}=2^2$$

$$(x-10)^2+(y-10)^2=9$$

$$x^2+y^2-20(x+y)+191=0$$

$$x^2+y^2-20\times23+191=0$$

$$\therefore x^2+y^2=269$$

09 ①, ②, ③, ④, ⑤의 평균은 모두 4이다.

이때 각각의 표준편차를 구해 보면

① (분산)$=\dfrac{(2-4)^2\times3+(6-4)^2\times3}{6}=\dfrac{24}{6}=4$

∴ (표준편차)$=\sqrt{4}=2$

② (분산)$=\dfrac{(1-4)^2\times3+(7-4)^2\times3}{6}=\dfrac{54}{6}=9$

∴ (표준편차)$=\sqrt{9}=3$

③ (분산)$=\dfrac{(3-4)^2+(5-4)^2+(4-4)^2\times4}{6}$

$=\dfrac{2}{6}=\dfrac{1}{3}$

∴ (표준편차)$=\sqrt{\dfrac{1}{3}}=\dfrac{\sqrt{3}}{3}$

④ (분산)$=\dfrac{(3-4)^2\times2+(5-4)^2\times2+(4-4)^2\times2}{6}$

$=\dfrac{4}{6}=\dfrac{2}{3}$

∴ (표준편차)$=\sqrt{\dfrac{2}{3}}=\dfrac{\sqrt{6}}{3}$

⑤ (분산)$=\dfrac{(4-4)^2\times6}{6}=0$

∴ (표준편차)$=0$

따라서 표준편차가 가장 큰 것은 ②이다.

이런 풀이 어때요?

변량들이 평균에서 멀리 흩어져 있을수록 표준편차가 크므로 표준편차가 가장 큰 것은 ②이다.

10 공부 시간이 가장 고른 학생은 공부 시간의 표준편차가 가장 작은 학생이므로 주희이다.

중단원 마무리 문제 111~113쪽

01 95점	02 0.5	03 ④	04 축구	05 67
06 8자루	07 7	08 ㄱ, ㄷ, ㄹ		09 ⑤
10 164	11 2시간	12 $\dfrac{19}{3}$	13 $\sqrt{6}$	14 0
15 평균: 8, 분산: 9	16 ⑤	17 $\sqrt{3.2}$점		

01 5회의 국어 시험 점수를 x점이라 하면

$$\frac{83+94+88+90+x}{5}=90$$

$$355+x=450 \qquad \therefore x=95$$

따라서 5회의 시험에서 95점을 받아야 한다.

02 자료의 변량은 10개이고 변량을 작은 값부터 순서대로 나열하면

89, 89, 90, 90, 90, 91, 92, 93, 94, 94

이므로 중앙값은 5번째 값 90과 6번째 값 91의 평균인

$$\frac{90+91}{2}=90.5(회)이다.$$

$\therefore a=90.5$ ⋯ ㉮

또, 자료의 변량 중에서 90이 가장 많이 나타나므로 최빈값은 90회이다.

$\therefore b=90$ ⋯ ㉯

$\therefore a-b=90.5-90=0.5$ ⋯ ㉰

단계	채점 기준	배점 비율
㉮	a의 값 구하기	40 %
㉯	b의 값 구하기	40 %
㉰	$a-b$의 값 구하기	20 %

03 ① 자료의 변량은 5개이고 변량을 작은 값부터 순서대로 나열하면 1, 2, 3, 4, 6이므로 중앙값은 3번째 값인 3이다.

② 자료의 변량 중에서 5와 6이 가장 많이 나타나므로 최빈값은 5, 6이다.

③ 대푯값에는 평균, 중앙값, 최빈값 등이 있다.

⑤ 자료에서 매우 작거나 매우 큰 값이 있는 경우에는 대푯값으로 중앙값이 주로 쓰인다.

따라서 옳은 것은 ④이다.

04 축구가 도수가 가장 크므로 최빈값은 축구이다.

05 자료의 변량이 6개이므로 중앙값은 변량을 작은 값부터 순서대로 나열할 때 3번째 값과 4번째 값의 평균이다.

이때 중앙값이 63이므로

$$59<x<71이고 \frac{59+x}{2}=63$$

$$59+x=126 \qquad \therefore x=67$$

06 자료의 변량 중에서 8이 가장 많이 나타나므로 최빈값은 8자루이다.

이때 평균도 8자루이므로

$$\frac{5+7+x+8+9+8+8}{7}=8$$

$$45+x=56 \qquad \therefore x=11$$

따라서 자료의 변량은 7개이고 변량을 작은 값부터 순서대로 나타내면

5, 7, 8, 8, 8, 9, 11

이므로 중앙값은 4번째 값인 8자루이다.

07 [전략] 자료의 변량을 작은 값부터 순서대로 나열한 후, 중앙값을 이용하여 a, b의 위치를 파악한다.

조건 (개)에서 6, 8, 13, 14, a의 중앙값은 8이므로 $a \le 8$

조건 (내)의 자료 5, 12, a, b, 15에서 b를 제외한 나머지 변량을 작은 값부터 순서대로 나열하면

5, a, 12, 15 또는 a, 5, 12, 15

이다.

이때 중앙값이 10이므로 $b=10$

또, 조건 (내)의 자료 5, 12, a, 10, 15의 평균은 9이므로

$$\frac{5+12+a+10+15}{5}=9$$

$42+a=45$ ∴ $a=3$

∴ $b-a=10-3=7$

08 ㄴ. 편차의 제곱이 작을수록 변량은 평균에 가까이 있다.

이상에서 옳은 것은 ㄱ, ㄷ, ㄹ이다.

09 (평균)$=\dfrac{16+15+17+19+18}{5}$

$=\dfrac{85}{5}=17$(분)

따라서 각 변량의 편차는 순서대로

-1분, -2분, 0분, 2분, 1분

이므로 편차가 될 수 없는 것은 ⑤이다.

10 (편차)$=$(변량)$-$(평균)에서

(평균)$=$(변량)$-$(편차)이므로

(평균)$=159-(-3)=162$(cm)

$a=3+162=165$

$b=161-162=-1$

∴ $a+b=165+(-1)=164$

이런 풀이 어때요?

편차의 총합은 항상 0이므로

$-3+(-4)+3+5+b=0$

$1+b=0$ ∴ $b=-1$

11 (평균)$=\dfrac{5+4+7+6+3+2+8}{7}=\dfrac{35}{7}=5$(시간)

(분산)$=\dfrac{0^2+(-1)^2+2^2+1^2+(-2)^2+(-3)^2+3^2}{7}$

$=\dfrac{28}{7}=4$

∴ (표준편차)$=\sqrt{4}=2$(시간)

12 농구 선수의 2회 경기의 득점을 x점이라 하면

평균이 10점이므로

$$\frac{9+x+6+12+10+9}{6}=10$$

$46+x=60$ ∴ $x=14$ ⋯ ㉮

∴ (분산)$=\dfrac{(-1)^2+4^2+(-4)^2+2^2+0^2+(-1)^2}{6}$

$=\dfrac{38}{6}=\dfrac{19}{3}$ ⋯ ㉯

단계	채점 기준	배점 비율
㉮	2회 경기의 득점 구하기	40 %
㉯	분산 구하기	60 %

13 (평균)$=\dfrac{(a+2)+(a-1)+(a+5)+(a-2)+(a+1)}{5}$

$=\dfrac{5a+5}{5}=a+1$

이때 각 변량의 편차는 순서대로 1, -2, 4, -3, 0이므로

(분산)$=\dfrac{1^2+(-2)^2+4^2+(-3)^2+0^2}{5}$

$=\dfrac{30}{5}=6$

∴ (표준편차)$=\sqrt{6}$

14 [전략] x, y에 대한 식을 세운 후, 곱셈 공식의 변형을 이용한다.

편차의 총합은 항상 0이므로

$-3+2+x+(-1)+y+(-1)=0$

∴ $x+y=3$ ⋯ ㉮

또, 분산이 4이므로

$$\frac{(-3)^2+2^2+x^2+(-1)^2+y^2+(-1)^2}{6}=4$$

$15+x^2+y^2=24$ ∴ $x^2+y^2=9$ ⋯ ㉯

$x^2+y^2=(x+y)^2-2xy$이므로

$9=3^2-2xy$

$2xy=0$ ∴ $xy=0$ ⋯ ㉰

단계	채점 기준	배점 비율
㉮	편차의 총합이 0임을 이용하여 x, y 사이의 관계식 구하기	30 %
㉯	분산을 이용하여 x, y 사이의 관계식 구하기	40 %
㉰	xy의 값 구하기	30 %

15 4개의 변량 a, b, c, d의 평균이 6이므로

$$\frac{a+b+c+d}{4}=6$$

∴ $a+b+c+d=24$ ⋯⋯ ㉠

4개의 변량 a, b, c, d의 분산이 9이므로

$$\frac{(a-6)^2+(b-6)^2+(c-6)^2+(d-6)^2}{4}=9$$ ⋯⋯ ㉡

따라서 4개의 변량 $a+2$, $b+2$, $c+2$, $d+2$에 대하여

$$(평균) = \frac{(a+2)+(b+2)+(c+2)+(d+2)}{4}$$
$$= \frac{a+b+c+d+8}{4}$$
$$= \frac{24+8}{4} = 8 \ (\because \ ㉠)$$

(분산)
$$= \frac{\{(a+2)-8\}^2+\{(b+2)-8\}^2+\{(c+2)-8\}^2+\{(d+2)-8\}^2}{4}$$
$$= \frac{(a-6)^2+(b-6)^2+(c-6)^2+(d-6)^2}{4}$$
$$= 9 \ (\because \ ㉡)$$

16 ① 각 반의 학생 수는 주어진 자료만으로는 알 수 없다.
② 편차의 총합은 항상 0이므로 5개 반 모두 같다.
③ 수학 점수가 가장 높은 학생이 어느 반에 속해 있는지 주어진 자료만으로는 알 수 없다.
④ 표준편차가 클수록 분산도 크므로 분산이 가장 큰 반은 D반이다.
⑤ 수학 점수가 가장 고른 반은 표준편차가 가장 작은 반이므로 B반이다.
따라서 옳은 것은 ⑤이다.

17 전략 각 반의 (편차)²의 총합을 먼저 구한다.
A반과 B반의 평균이 8점으로 같으므로 두 반 전체의 평균도 8점이다.
이때 (분산)$= \dfrac{\{(편차)^2의 \ 총합\}}{(변량의 \ 개수)} = (표준편차)^2$에서
$\{(편차)^2의 \ 총합\} = (변량의 \ 개수) \times (표준편차)^2$이므로
A반의 (편차)²의 총합은 $30 \times 2^2 = 120$
B반의 (편차)²의 총합은 $20 \times (\sqrt{2})^2 = 40$
따라서 두 반 전체 학생 50명의 음악 실기 점수에 대한 (편차)²의 총합은
$120 + 40 = 160$이므로
$$(분산) = \frac{160}{50} = 3.2$$
$$\therefore (표준편차) = \sqrt{3.2}(점)$$

💡 창의·융합 문제   113쪽

A 선수의 점수는 10점, 10점, 9점, 8점, 8점이므로
$$(평균) = \frac{10+10+9+8+8}{5} = \frac{45}{5} = 9(점)$$
B 선수의 점수는 10점, 9점, 9점, 9점, 8점이므로
$$(평균) = \frac{10+9+9+9+8}{5} = \frac{45}{5} = 9(점)$$
따라서 두 선수 A, B의 점수의 평균은 각각 9점, 9점이다. …❶

A 선수의 점수의 편차는 순서대로 1점, 1점, 0점, −1점, −1점이 므로
$$(분산) = \frac{1^2+1^2+0^2+(-1)^2+(-1)^2}{5} = \frac{4}{5}$$
B 선수의 점수의 편차는 순서대로 1점, 0점, 0점, 0점, −1점이므로
$$(분산) = \frac{1^2+0^2+0^2+0^2+(-1)^2}{5} = \frac{2}{5}$$
따라서 두 선수 A, B의 점수의 분산은 각각 $\dfrac{4}{5}$, $\dfrac{2}{5}$이다. …❷
성준이의 말이 잘못되었다.
A 선수의 점수의 분산이 B 선수의 점수의 분산보다 크므로 A 선수의 점수가 B 선수의 점수보다 평균에서 더 멀리 떨어져 있다.
따라서 기록이 더 고른 선수는 B이다. …❸

답 풀이 참조

교과서 속 **서술형문제**   114~115쪽

1 ❶ a의 값은?
편차의 총합은 항상 $\boxed{0}$ 이므로
$$(-2) \times 3 + (-1) \times \boxed{3} + 2 \times a + 3 \times \boxed{1} = 0$$
$$2a - \boxed{6} = 0 \qquad \therefore a = \boxed{3} \qquad …㉮$$

❷ 이 자료의 분산을 구하면?
$$(분산) = \frac{(-2)^2 \times 3 + (-1)^2 \times 3 + 2^2 \times \boxed{3} + 3^2 \times 1}{3+3+\boxed{3}+1}$$
$$= \frac{\boxed{36}}{\boxed{10}} = \boxed{3.6} \qquad …㉯$$

❸ 이 자료의 표준편차를 구하면?
$$(표준편차) = \sqrt{(분산)} = \sqrt{\boxed{3.6}} \qquad …㉰$$

단계	채점 기준	배점 비율
㉮	a의 값 구하기	40 %
㉯	분산 구하기	40 %
㉰	표준편차 구하기	20 %

2 ❶ a의 값은?
편차의 총합은 항상 0이므로
$$(-3) \times 1 + (-2) \times 4 + a \times 3 + 1 \times 5 + 3 \times 2 = 0$$
$$3a = 0 \qquad \therefore a = 0 \qquad …㉮$$

❷ 이 자료의 분산을 구하면?

(분산)

$$= \frac{(-3)^2 \times 1 + (-2)^2 \times 4 + 0^2 \times 3 + 1^2 \times 5 + 3^2 \times 2}{1+4+3+5+2}$$

$$= \frac{48}{15} = 3.2 \qquad \cdots \text{❸}$$

❸ 이 자료의 표준편차를 구하면?

(표준편차)$= \sqrt{(분산)} = \sqrt{3.2} \qquad \cdots \text{❹}$

단계	채점 기준	배점 비율
㉮	a의 값 구하기	40 %
㉯	분산 구하기	40 %
㉰	표준편차 구하기	20 %

3 (1) (평균)$= \dfrac{2+5+8+40+12+9+7+5}{8}$

$$= \frac{88}{8} = 11(권) \qquad \cdots \text{㉮}$$

자료의 변량은 8개이고 변량을 작은 값부터 순서대로 나열하면

2, 5, 5, 7, 8, 9, 12, 40

이므로 중앙값은 $\dfrac{7+8}{2} = 7.5$(권)이다. $\qquad \cdots \text{㉯}$

(2) 대푯값으로 적절한 것은 중앙값이다.

자료에 40권과 같이 극단적인 값이 있으므로 중앙값이 대푯값으로 적절하다. $\qquad \cdots \text{㉰}$

🅰 (1) 평균: 11권, 중앙값: 7.5권
(2) 풀이 참조

단계		채점 기준	배점 비율
(1)	㉮	평균 구하기	30 %
	㉯	중앙값 구하기	30 %
(2)	㉰	대표값으로 적절한 것 말하고, 이유 설명하기	40 %

4 평균이 5이므로

$$\frac{3+5+2+a+b+8}{6} = 5$$

$18+a+b=30 \qquad \therefore a+b=12 \qquad \cdots \text{㉮}$

두 식 $a+b=12$, $b-a=6$을 연립하여 풀면

$a=3$, $b=9 \qquad \cdots \text{㉯}$

따라서 자료 3, 5, 2, 3, 9, 8에서 3이 가장 많이 나타나므로 최빈값은 3이다. $\qquad \cdots \text{㉰}$

🅰 3

단계	채점 기준	배점 비율
㉮	평균을 이용하여 a, b 사이의 관계식 구하기	30 %
㉯	a, b의 값 각각 구하기	30 %
㉰	최빈값 구하기	40 %

5 (1) 편차의 총합은 항상 0이므로

$$-3+x+(x+1)+(x-2)+1=0$$

$3x-3=0 \qquad \therefore x=1 \qquad \cdots \text{㉮}$

이때 학생 C의 편차는

$x+1=1+1=2$(점)이므로

학생 C의 점수는

$2+82=84$(점) $\qquad \cdots \text{㉯}$

(2) 각 변량의 편차는 순서대로

-3, 1, 2, -1, 1이므로

(분산)$= \dfrac{(-3)^2+1^2+2^2+(-1)^2+1^2}{5}$

$$= \frac{16}{5} = 3.2 \qquad \cdots \text{㉰}$$

🅰 (1) 84점 (2) 3.2

단계		채점 기준	배점 비율
(1)	㉮	x의 값 구하기	20 %
	㉯	학생 C의 점수 구하기	40 %
(2)	㉰	분산 구하기	40 %

6 턱걸이 횟수가 10회인 학생을 제외한 나머지 4명의 학생의 턱걸이 횟수를 각각 a회, b회, c회, d회 하자.

5명의 학생의 평균이 10회이므로

$$\frac{a+b+c+d+10}{5} = 10$$에서

$a+b+c+d+10=50$

$\therefore a+b+c+d=40$

이때 다른 모둠으로 간 한 학생을 제외한 나머지 학생 4명의 턱걸이 횟수의 평균은

$$\frac{a+b+c+d}{4} = \frac{40}{4} = 10(회) \qquad \cdots \text{㉮}$$

또, 5명의 학생의 분산이 2이므로

$$\frac{(a-10)^2+(b-10)^2+(c-10)^2+(d-10)^2+0^2}{5}$$

$$=2$$

에서

$(a-10)^2+(b-10)^2+(c-10)^2+(d-10)^2=10$

따라서 나머지 학생 4명의 턱걸이 횟수의 분산은

$$\frac{(a-10)^2+(b-10)^2+(c-10)^2+(d-10)^2}{4}$$

$$= \frac{10}{4} = 2.5 \qquad \cdots \text{㉯}$$

$\therefore$ (표준 편차)$= \sqrt{2.5}$(회) $\qquad \cdots \text{㉰}$

🅰 $\sqrt{2.5}$회

단계	채점 기준	배점 비율
㉮	나머지 학생 4명의 평균 구하기	60 %
㉯	나머지 학생 4명의 분산 구하기	30 %
㉰	나머지 학생 4명의 표준편차 구하기	10 %

06 상관관계

❶ 산점도와 상관관계

개념 29 산점도

개념 확인하기 118쪽

1 답

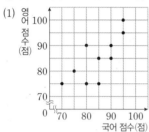

대표문제   119쪽

01 답 (1) 풀이 참조 (2) 2명 (3) 3, 30

(1) 영어 점수(점)

(2) 국어 점수가 80점 미만인 학생 수는 오른쪽 산점도에서 색칠한 부분에 속하는 점의 개수와 같으므로 2명이다.

(3) 국어 점수와 영어 점수가 모두 90점 이상인 학생 수는 위의 (2)의 산점도에서 빗금친 부분에 속하는 점의 개수와 기준선 위의 점의 개수의 합과 같으므로 3명이다.

∴ $\dfrac{(\text{두 과목 모두 90점 이상인 학생 수})}{(\text{전체 학생 수})} \times 100$

$= \dfrac{\boxed{3}}{10} \times 100 = \boxed{30}\,(\%)$

참고 산점도에서 '이상', '이하' 또는 '초과', '미만' 등과 같은 비교의 말이 나오면 먼저 가로축, 세로축과 평행한 기준선을 그어 생각한다. 이때 '이상', '이하'는 기준선 위의 점을 포함하고 '초과', '미만'은 기준선 위의 점을 포함하지 않는다.

a 이하 b 이상	a 이상 b 이상
a 이하 b 이하	a 이상 b 이하

---

02 답 (1) 60 kg (2) 3명 (3) 35회

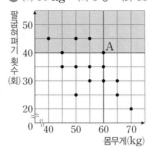

(2) 학생 A보다 팔굽혀펴기를 많이 한 학생 수는 위의 산점도에서 색칠한 부분에 속하는 점의 개수와 같으므로 3명이다.

(3) 학생 A를 포함하여 학생 A와 몸무게가 같은 학생 3명의 팔굽혀펴기 횟수는 각각 30회, 35회, 40회이므로

$(\text{평균}) = \dfrac{30 + 35 + 40}{3}$

$= \dfrac{105}{3} = 35\,(\text{회})$

---

03 답 (1) 4명 (2) 3명

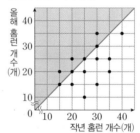

(1) 작년과 올해 친 홈런의 개수가 같은 선수의 수는 위의 산점도에서 대각선 위의 점의 개수와 같으므로 4명이다.

(2) 작년보다 올해 친 홈런의 개수가 많은 선수의 수는 위의 산점도에서 대각선 위쪽에 있는 점의 개수와 같으므로 3명이다.

개념 30 상관관계

개념 확인하기 120쪽

1 답 (1) ㄹ (2) ㄴ (3) ㄱ, ㄷ

대표문제   121쪽

01 답 (1) 풀이 참조
    (2) 양의 상관관계

---

(1)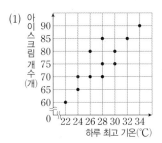

(2) 하루 최고 기온이 높아질수록 그날 판매된 아이스크림의 개수가 대체로 많아지므로 하루 최고 기온과 그날 판매된 아이스크림의 개수 사이에는 양의 상관관계가 있다.

02 탑 (1) ㄷ (2) ㄱ (3) ㄴ

(1) 머리 둘레가 커질수록 수학 성적이 높아지거나 낮아지는지 분명하지 않으므로 머리 둘레와 수학 성적 사이에는 상관관계가 없다.
따라서 산점도는 ㄷ과 같은 모양이 된다.

(2) 통학 거리가 멀어질수록 통학 시간이 대체로 길어지므로 통학 거리와 통학 시간 사이에는 양의 상관관계가 있다.
따라서 산점도는 ㄱ과 같은 모양이 된다.

(3) 겨울철 기온이 높아질수록 난방비는 대체로 적어지므로 겨울철 기온과 난방비 사이에는 음의 상관관계가 있다.
따라서 산점도는 ㄴ과 같은 모양이 된다.

03 탑 (1) ○ (2) × (3) ○

(1) 하루 평균 게임 시간이 길어질수록 수면 시간은 대체로 짧아지므로 하루 평균 게임 시간과 수면 시간 사이에는 음의 상관관계가 있다.

(2) 하루 평균 게임 시간이 짧은 학생은 수면 시간이 대체로 긴 편이다.

(3) 하루 평균 게임 시간에 비하여 수면 시간이 가장 긴 학생은 오른쪽 산점도에서 대각선 위쪽에 있는 점 중에서 대각선과 가장 멀리 떨어진 C이다.

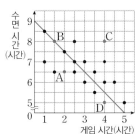

이것만은 꼭!

산점도의 분석
오른쪽 그림과 같은 산점도에서
① A가 대각선 위쪽에 있다.
⇨ A는 x의 값에 비하여 y의 값이 크다.
② B가 대각선 아래쪽에 있다.
⇨ B는 x의 값에 비하여 y의 값이 작다.

04 탑 ㄱ, ㄷ

ㄱ. 키가 커질수록 몸무게도 대체로 많이 나가므로 키와 몸무게 사이에는 양의 상관관계가 있다.

ㄴ. 학생 A는 학생 D보다 키가 작다.

ㄷ. 키에 비하여 몸무게가 가장 적게 나가는 학생은 오른쪽 산점도에서 대각선 아래쪽에 있는 점 중에서 대각선과 가장 멀리 떨어진 E이다.

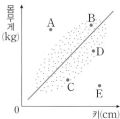

ㄹ. 키에 비하여 몸무게가 많이 나가는 학생일수록 비만 위험이 크다. 따라서 비만 위험이 가장 큰 학생은 위의 산점도에서 대각선 위쪽에 있는 점 중에서 대각선과 가장 멀리 떨어진 A이다.

이상에서 옳은 것은 ㄱ, ㄷ이다.

소단원 핵심문제 122~123쪽

01 그림은 풀이 참조 (1) 4명 (2) 50 kg
02 (1) 6명 (2) C, 20점   **03** 20 %
04 (1) 음의 상관관계 (2) D   **05** ㄷ   **06** ⑤

01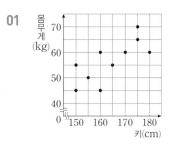

(1) 키가 170 cm 이상이면서 몸무게가 60 kg 이상인 학생 수는 오른쪽 산점도에서 빗금친 부분에 속하는 점의 개수와 기준선 위의 점의 개수의 합과 같으므로 4명이다.

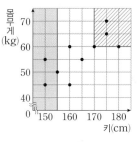

(2) 키가 155 cm 이하인 학생 3명의 몸무게는 각각 45 kg, 50 kg, 55 kg이므로

$$(평균) = \frac{45+50+55}{3} = \frac{150}{3} = 50(kg)$$

02 (1) 수학 점수가 과학 점수보다 높은 학생 수는 오른쪽 산점도에서 대각선 아래쪽에 있는 점의 개수와 같으므로 6명이다.

(2) 두 과목의 점수의 차가 가장 큰 학생은 오른쪽

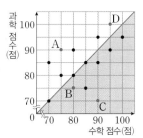

산점도에서 대각선과 가장 멀리 떨어진 C이고, 이 학생의
두 과목의 점수의 차는 90−70=20(점)

03 1차 점수와 2차 점수의 합이
30점 미만인 학생 수는 오른
쪽 산점도에서 색칠한 부분
에 속하는 점의 개수와 같으
므로 3명이다.

$$∴ \frac{3}{15}×100=20(\%)$$

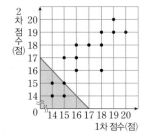

04 (1) 하루 평균 운동 시간이 길어질수록 한 해 동안 감기에 걸린
횟수가 대체로 적어지므로 하루 평균 운동 시간과 한 해 동
안 감기에 걸린 횟수 사이에는 음의 상관관계가 있다.

(2) 하루 평균 운동 시간에 비하
여 한 해 동안 감기에 걸린
횟수가 가장 많은 학생은 오
른쪽 산점도에서 대각선 위
쪽에 있는 점 중에서 대각선
과 가장 멀리 떨어진 D이다.

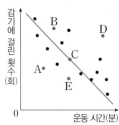

05 주어진 산점도는 x의 값이 커짐에 따라 y의 값도 대체로 커지
므로 양의 상관관계를 나타낸다.
  ㄱ. 상관관계가 없다.
  ㄴ, ㄹ. 음의 상관관계
  ㄷ. 양의 상관관계

06

① 오른쪽 시력이 좋을수록 왼쪽 시력도 대체로 좋으므로 오
  른쪽 시력과 왼쪽 시력 사이에는 양의 상관관계가 있다.
② 오른쪽 시력이 1.0인 학생의 왼쪽 시력은 0.8이다.
③ 오른쪽 시력과 왼쪽 시력이 서로 같은 학생 수는 위의 산점
  도에서 대각선 위의 점의 개수와 같으므로 3명이다.
④ 왼쪽 시력이 오른쪽 시력보다 더 좋은 학생 수는 위의 산점
  도에서 대각선 위쪽에 있는 점의 개수와 같으므로 5명이다.
⑤ 두 눈의 시력이 모두 0.5 이하인 학생 수는 위의 산점도에
  서 빗금친 부분에 속하는 점의 개수와 기준선 위의 점의 개
  수의 합과 같으므로 4명이다.

$$∴ \frac{4}{15}×100=26.66\cdots(\%)$$

따라서 옳지 않은 것은 ⑤이다.

중단원 마무리 문제 **124~125쪽**

01 7	**02** 2명	**03** 70 %	**04** 70만 원
05 ㄴ, ㄷ	**06** ①	**07** ③	**08** ①, ④ **09** 16점

01 (가) 2점 슛의 개수와 3점 슛의
  개수가 같은 선수의 수는
  오른쪽 산점도에서 대각선
  위의 점의 개수와 같으므
  로 ☐3 명이다.

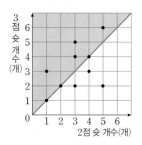

(나) 2점 슛보다 3점 슛을 더 많
  이 넣은 선수의 수는 오른
  쪽 산점도에서 대각선 위쪽에 있는 점의 개수와 같으므로
  ☐4 명이다.
따라서 ☐ 안에 알맞은 수의 합은 3+4=7

02 두 과목의 점수의 차가 30점인 학생들의 수학 점수와 영어 점
수를 순서쌍 (수학 점수, 영어 점수)로 나타내면 (65, 95),
(100, 70)이므로 구하는 학생 수는 2명이다.

03 전략 두 과목 중 적어도 한 과목의 점수가 80점 이하인 학생 수는
전체 학생 수에서 두 과목의 점수가 모두 80점 초과인 학생 수를 뺀다.

두 과목의 점수가 모두 80점
초과인 학생 수는 오른쪽 산
점도에서 색칠한 부분에 속
하는 점의 개수와 같으므로
6명이다.
이때 두 과목 중 적어도 한
과목의 점수가 80점 이하인
학생 수는 20−6=14(명)

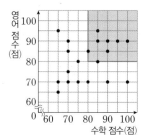

$$∴ \frac{14}{20}×100=70(\%)$$

04 판매 실적이 상위 20 % 이내에 드는 사원의 수는

$$15×\frac{20}{100}=3(명) \qquad \cdots ㉮$$

이때 판매 실적이 상위 20 % 이내에 드는 사원 3명의 상여금
은 각각 80만 원, 70만 원, 60만 원이다. $\qquad \cdots ㉯$

$$∴ (평균)=\frac{80+70+60}{3}=\frac{210}{3}=70(만 원) \qquad \cdots ㉰$$

단계	채점 기준	배점 비율
㉮	상위 20 % 이내에 드는 사원의 수 구하기	20 %
㉯	상위 20 % 이내에 드는 사원들의 상여금 구하기	50 %
㉰	상위 20 % 이내에 드는 사원들의 상여금의 평균 구하기	30 %

05 두 변량 x, y 사이에 상관관계가 없는 경우는 주어진 산점도에서 점들이 각 방향으로 골고루 흩어져 분포되어 있거나 x축 또는 y축에 평행한 직선을 따라 분포되어 있다.
따라서 상관관계가 없는 것은 ㄴ, ㄷ이다.

06 독서량에 비하여 국어 성적이 가장 좋은 학생은 오른쪽 산점도에서 대각선 위쪽에 있는 점 중에서 대각선과 가장 멀리 떨어진 A이다.

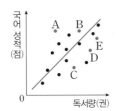

07 물건의 공급량이 많아질수록 가격은 대체로 낮아지므로 물건의 공급량과 가격 사이에는 음의 상관관계가 있다.
①, ②, ⑤ 양의 상관관계
③ 음의 상관관계
④ 상관관계가 없다.

08

① 1차 점수가 좋을수록 2차 점수도 대체로 좋으므로 1차 점수와 2차 점수 사이에는 양의 상관관계가 있다.
② 2차 점수가 1차 점수보다 좋은 학생 수는 위의 산점도에서 대각선 위쪽에 있는 점의 개수와 같으므로 5명이다.
③ 1차 점수와 2차 점수가 모두 6점 미만인 학생 수는 위의 산점도에서 빗금친 부분에 속하는 점의 개수와 같으므로 3명이다.
∴ $\frac{3}{15} \times 100 = 20(\%)$
④ 1차 점수와 2차 점수가 같은 학생은 위의 산점도에서 대각선 위에 있는 B이다.
⑤ 두 차례의 점수의 차가 가장 큰 학생은 위의 산점도에서 대각선과 가장 멀리 떨어진 D이다.
따라서 옳은 것은 ①, ④이다.

09 두 차례에 걸쳐 활을 쏘아 얻은 점수를 순서쌍 (1차 점수, 2차 점수)로 나타내면 1차 점수와 2차 점수의 합이 큰 순으로 $(10, 9)$, $(9, 9)$, $(9, 8)$, $(8, 9)$, $(8, 8)$, $(7, 7)$, …이다.
따라서 두 차례에 걸쳐 활을 쏘아 얻은 점수의 합이 5번째로 큰 학생의 점수는 $(8, 8)$이다. … ㉮
따라서 이 학생의 1차 점수와 2차 점수의 합은
$8 + 8 = 16$(점) … ㉯

단계	채점 기준	배점 비율
㉮	두 차례에 걸쳐 활을 쏘아 얻은 점수의 합이 5번째로 좋은 학생의 점수 구하기	70 %
㉯	1차 점수와 2차 점수의 합 구하기	30 %

창의·융합 문제
125쪽

(1) 하루 평균 스마트폰 사용 시간이 4시간 이상인 학생 수는 오른쪽 산점도에서 색칠한 부분에 속하는 점의 개수와 기준선 위의 점의 개수의 합과 같으므로 5명이다. … ❶
따라서 스마트폰 중독 위험군에 속하는 학생은 전체의
$\frac{5}{20} \times 100 = 25(\%)$ … ❷

(2) 스마트폰 중독 위험군에 속하는 학생 5명의 수학 성적은 각각 60점, 65점, 70점, 70점, 80점이므로
(평균) $= \frac{60 + 65 + 70 + 70 + 80}{5} = \frac{345}{5} = 69$(점) … ❸

🅐 (1) 25 % (2) 69점

교과서 속 서술형 문제
126~127쪽

1 ❶ 중간고사와 기말고사의 수학 점수의 평균이 70점 이상이려면 두 점수의 합이 몇 점 이상이어야 하는가?
중간고사와 기말고사의 수학 점수의 평균이 70점 이상이려면 두 점수의 합은
$70 \times \boxed{2} = \boxed{140}$(점)
이상이어야 한다. … ㉮

❷ 중간고사와 기말고사의 수학 점수의 합이 140점 이상인 학생 수를 구하면?
중간고사와 기말고사의 수학 점수의 합이 140점 이상인 학생 수는 오른쪽 산점도에서 색칠한 부분에 속하는 점의 개수와 기준선 위의 점의 개수의 합과 같으므로 $\boxed{5}$명이다. … ㉯

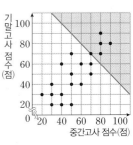

❸ 중간고사와 기말고사의 수학 점수의 평균이 70점 이상인 학생은 전체의 몇 %인지 구하면?

$$\frac{(\text{두 수학 점수의 평균이 } 70\text{점 이상인 학생 수})}{(\text{전체 학생 수})} \times 100$$

$$= \frac{\boxed{5}}{20} \times 100 = \boxed{25} \,(\%) \qquad \cdots \text{❸}$$

단계	채점 기준	배점 비율
㉮	평균이 70점 이상이려면 두 점수의 합이 몇 점 이상이어야 하는지 구하기	20 %
㉯	두 점수의 합이 140점 이상인 학생 수 구하기	40 %
㉰	평균이 70점 이상인 학생의 비율 구하기	40 %

2 ❶ 1차 기록과 2차 기록의 평균이 6초 미만이려면 두 차례의 기록의 합이 몇 초 미만이어야 하는가?

1차 기록과 2차 기록의 평균이 6초 미만이려면 두 차례의 기록의 합은 $6 \times 2 = 12$(초) 미만이어야 한다. $\cdots$ ㉮

❷ 1차 기록과 2차 기록의 합이 12초 미만인 학생 수를 구하면?

1차 기록과 2차 기록의 합이 12초 미만인 학생 수는 오른쪽 산점도에서 색칠한 부분에 속하는 점의 개수와 같으므로 3명이다. $\cdots$ ㉯

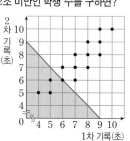

❸ 1차 기록과 2차 기록의 평균이 6초 미만인 학생은 전체의 몇 %인지 구하면?

$$\frac{(\text{두 차례의 기록의 평균이 } 6\text{초 미만인 학생 수})}{(\text{전체 학생 수})} \times 100$$

$$= \frac{3}{15} \times 100 = 20 \,(\%) \qquad \cdots \text{㉰}$$

단계	채점 기준	배점 비율
㉮	평균이 6초 미만이려면 두 차례의 기록의 합이 몇 초 미만이어야 하는지 구하기	20 %
㉯	두 차례의 기록의 합이 12초 미만인 학생 수 구하기	40 %
㉰	평균이 6초 미만인 학생의 비율 구하기	40 %

3 (1) 주어진 산점도에서 두 점 ㉠, ㉡을 지우면 오른쪽 그림과 같다.

이때 x의 값이 커짐에 따라 y의 값이 커지는지 또는 작아지는지 분명하지 않으므로 두 변량 x와 y 사이에는 상관관계가 없다. $\cdots$ ㉮

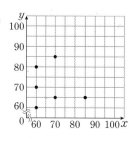

(2) 주어진 산점도에 6개의 자료를 추가하면 오른쪽 그림과 같다.

이때 x의 값이 커짐에 따라 y의 값도 대체로 커지므로 두 변량 x와 y 사이에는 양의 상관관계가 있다. $\cdots$ ㉯

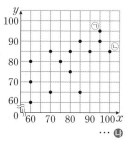

🔑 (1) 상관관계가 없다. (2) 양의 상관관계

단계		채점 기준	배점 비율
(1)	㉮	두 점 ㉠, ㉡을 지운 산점도를 나타내고, 두 변량 x와 y 사이의 상관관계 말하기	50 %
(2)	㉯	6개의 자료를 추가한 산점도를 나타내고, 두 변량 x와 y 사이의 상관관계 말하기	50 %

4 조건 (개)에서 과학 점수가 사회 점수보다 높은 학생은 오른쪽 산점도에서 대각선 위쪽에 있는 점들에 해당한다. $\cdots$ ㉮

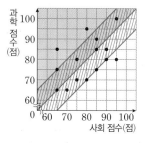

조건 (내)에서 두 과목의 점수 차가 10점 미만인 학생은 오른쪽 산점도에서 빗금친 부분에 속하는 점들에 해당한다. $\cdots$ ㉯

따라서 두 조건을 모두 만족하는 학생 수는 3명이다. $\cdots$ ㉰

🔑 3명

단계	채점 기준	배점 비율
㉮	과학 점수가 사회 점수보다 높은 학생에 해당하는 점 찾기	40 %
㉯	두 과목의 점수 차가 10점 미만인 학생에 해당하는 점 찾기	40 %
㉰	두 조건을 모두 만족하는 학생 수 구하기	20 %

5 영어 듣기 점수와 말하기 점수의 총점이 높은 순으로 학생 5명의 영어 듣기 점수와 말하기 점수를 순서쌍 (듣기 점수, 말하기 점수)로 나타내면 $(20, 19)$, $(18, 20)$, $(19, 18)$, $(18, 19)$, $(18, 18)$이다. $\cdots$ ㉮

따라서 선발된 학생들의 영어 듣기 점수와 말하기 점수의 총점의 평균을 구하면

$$\frac{39 + 38 + 37 + 37 + 36}{5} = \frac{187}{5} = 37.4(\text{점}) \qquad \cdots \text{㉯}$$

🔑 37.4점

단계	채점 기준	배점 비율
㉮	총점이 높은 순으로 학생 5명의 영어 듣기 점수와 말하기 점수 구하기	50 %
㉯	총점의 평균 구하기	50 %

01 삼각비

개념 정리 ······ 2쪽

❶ $\frac{c}{b}$ ❷ $\frac{a}{c}$ ❸ $\frac{\sqrt{2}}{2}$ ❹ $\frac{\sqrt{3}}{2}$ ❺ 1
❻ $\sqrt{3}$ ❼ 1 ❽ $\overline{OB}$ ❾ $\overline{OD}$ ❿ 0
⓫ 1 ⓬ 0.9613 ⓭ 0.2867

❶ 삼각비

익힘문제

개념 01 삼각비의 뜻 3쪽

01 답 (1) $\frac{3}{5}, \frac{4}{5}, \frac{3}{4}$ (2) $\frac{1}{2}, \frac{\sqrt{3}}{2}, \frac{\sqrt{3}}{3}$

(1) $\sin A=\frac{6}{10}=\frac{3}{5}$, $\cos A=\frac{8}{10}=\frac{4}{5}$, $\tan A=\frac{6}{8}=\frac{3}{4}$

(2) $\sin C=\frac{1}{2}$, $\cos C=\frac{\sqrt{3}}{2}$, $\tan C=\frac{1}{\sqrt{3}}=\frac{\sqrt{3}}{3}$

02 답 (1) $\frac{\sqrt{5}}{3}, \frac{2}{3}, \frac{\sqrt{5}}{2}$ (2) $\frac{8}{17}, \frac{15}{17}, \frac{8}{15}$

(1) 피타고라스 정리에 의하여

$\overline{BC}=\sqrt{(\sqrt{5})^2+2^2}=\sqrt{9}=3$

$\therefore \sin C=\frac{\sqrt{5}}{3}$, $\cos C=\frac{2}{3}$, $\tan C=\frac{\sqrt{5}}{2}$

(2) 피타고라스 정리에 의하여

$\overline{AB}=\sqrt{17^2-8^2}=\sqrt{225}=15$

$\therefore \sin B=\frac{8}{17}$, $\cos B=\frac{15}{17}$, $\tan B=\frac{8}{15}$

03 답 (1) 12 (2) $2\sqrt{11}$ (3) $\frac{\sqrt{11}}{6}$

(1) $\sin A=\frac{10}{\overline{AC}}$이므로 $\frac{10}{\overline{AC}}=\frac{5}{6}$ $\therefore \overline{AC}=12$

(2) 피타고라스 정리에 의하여

$\overline{AB}=\sqrt{12^2-10^2}=\sqrt{44}=2\sqrt{11}$

(3) $\cos A=\frac{\overline{AB}}{\overline{AC}}=\frac{2\sqrt{11}}{12}=\frac{\sqrt{11}}{6}$

04 답 (1) 그림은 풀이 참조, $\frac{\sqrt{3}}{2}, \frac{\sqrt{3}}{3}$

(2) 그림은 풀이 참조, $\frac{4}{5}, \frac{4}{3}$

(1) $\sin A=\frac{1}{2}$이므로 오른쪽 그림과 같이

$\angle B=90°$, $\overline{AC}=2$, $\overline{BC}=1$

인 직각삼각형 ABC를 생각할 수 있다.

이때 피타고라스 정리에 의하여

$\overline{AB}=\sqrt{2^2-1^2}=\sqrt{3}$이므로

$\cos A=\frac{\overline{AB}}{\overline{AC}}=\frac{\sqrt{3}}{2}$, $\tan A=\frac{\overline{BC}}{\overline{AB}}=\frac{1}{\sqrt{3}}=\frac{\sqrt{3}}{3}$

(2) $\cos A=\frac{3}{5}$이므로 오른쪽 그림과 같이

$\angle B=90°$, $\overline{AC}=5$, $\overline{AB}=3$

인 직각삼각형 ABC를 생각할 수 있다.

이때 피타고라스 정리에 의하여

$\overline{BC}=\sqrt{5^2-3^2}=\sqrt{16}=4$이므로

$\sin A=\frac{\overline{BC}}{\overline{AC}}=\frac{4}{5}$, $\tan A=\frac{\overline{BC}}{\overline{AB}}=\frac{4}{3}$

개념 02 직각삼각형의 닮음과 삼각비의 값 4쪽

01 답 (1) $\frac{7}{9}, \frac{4\sqrt{2}}{9}, \frac{7\sqrt{2}}{8}$ (2) $\frac{12}{13}, \frac{5}{13}, \frac{12}{5}$ (3) $\frac{\sqrt{5}}{5}, \frac{2\sqrt{5}}{5}, \frac{1}{2}$

(1) $\triangle ABC \backsim \triangle EDC$ (AA 닮음)이므로

$x°=\angle CDE=\angle CBA$

$\therefore \sin x°=\sin B=\frac{\overline{AC}}{\overline{BC}}=\frac{7}{9}$

$\cos x°=\cos B=\frac{\overline{AB}}{\overline{BC}}=\frac{4\sqrt{2}}{9}$

$\tan x°=\tan B=\frac{\overline{AC}}{\overline{AB}}=\frac{7}{4\sqrt{2}}=\frac{7\sqrt{2}}{8}$

(2) $\triangle ABC \backsim \triangle EBD$ (AA 닮음)이므로

$x°=\angle BDE=\angle BCA$

직각삼각형 ABC에서

$\overline{BC}=\sqrt{12^2+5^2}=\sqrt{169}=13$

$\therefore \sin x°=\sin C=\frac{\overline{AB}}{\overline{BC}}=\frac{12}{13}$

$\cos x°=\cos C=\frac{\overline{AC}}{\overline{BC}}=\frac{5}{13}$

$\tan x°=\tan C=\frac{\overline{AB}}{\overline{AC}}=\frac{12}{5}$

(3) $\triangle ABC \backsim \triangle EBD$ (AA 닮음)이므로

$x°=\angle BDE=\angle BCA$

직각삼각형 ABC에서

$\overline{AC}=\sqrt{(2\sqrt{5})^2-2^2}=\sqrt{16}=4$

$\therefore \sin x°=\sin C=\frac{\overline{AB}}{\overline{BC}}=\frac{2}{2\sqrt{5}}=\frac{\sqrt{5}}{5}$

$\cos x°=\cos C=\frac{\overline{AC}}{\overline{BC}}=\frac{4}{2\sqrt{5}}=\frac{2\sqrt{5}}{5}$

$\tan x°=\tan C=\frac{\overline{AB}}{\overline{AC}}=\frac{2}{4}=\frac{1}{2}$

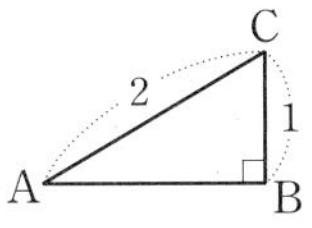

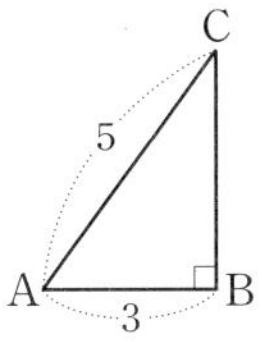

02 답 $\dfrac{17}{25}$

$\triangle ABC \backsim \triangle EBD$ (AA 닮음)이므로

$x° = \angle BDE = \angle BCA$

직각삼각형 ABC에서

$\overline{AB} = \sqrt{25^2 - 7^2} = \sqrt{576} = 24$이므로

$\sin x° = \sin C = \dfrac{\overline{AB}}{\overline{BC}} = \dfrac{24}{25}$

$\cos x° = \cos C = \dfrac{\overline{AC}}{\overline{BC}} = \dfrac{7}{25}$

$\therefore \sin x° - \cos x° = \dfrac{24}{25} - \dfrac{7}{25} = \dfrac{17}{25}$

03 답 (1) $\dfrac{5}{13}, \dfrac{12}{13}, \dfrac{5}{12}$ (2) $\dfrac{\sqrt{3}}{2}, \dfrac{1}{2}, \sqrt{3}$ (3) $\dfrac{2\sqrt{6}}{7}, \dfrac{5}{7}, \dfrac{2\sqrt{6}}{5}$

(1) $\triangle ABC \backsim \triangle DBA$ (AA 닮음)이므로

$x° = \angle BAD = \angle BCA$

$\therefore \sin x° = \sin C = \dfrac{\overline{AB}}{\overline{BC}} = \dfrac{5}{13}$

$\cos x° = \cos C = \dfrac{\overline{AC}}{\overline{BC}} = \dfrac{12}{13}$

$\tan x° = \tan C = \dfrac{\overline{AB}}{\overline{AC}} = \dfrac{5}{12}$

(2) $\triangle ABC \backsim \triangle DAC$ (AA 닮음)이므로

$x° = \angle CAD = \angle CBA$

직각삼각형 ABC에서

$\overline{BC} = \sqrt{1^2 + (\sqrt{3})^2} = \sqrt{4} = 2$

$\therefore \sin x° = \sin B = \dfrac{\overline{AC}}{\overline{BC}} = \dfrac{\sqrt{3}}{2}$

$\cos x° = \cos B = \dfrac{\overline{AB}}{\overline{BC}} = \dfrac{1}{2}$

$\tan x° = \tan B = \dfrac{\overline{AC}}{\overline{AB}} = \dfrac{\sqrt{3}}{1} = \sqrt{3}$

(3) $\triangle ABC \backsim \triangle DBA$ (AA 닮음)이므로

$x° = \angle DAB = \angle ACB$

직각삼각형 ABC에서

$\overline{AB} = \sqrt{7^2 - 5^2} = \sqrt{24} = 2\sqrt{6}$

$\therefore \sin x° = \sin C = \dfrac{\overline{AB}}{\overline{BC}} = \dfrac{2\sqrt{6}}{7}$

$\cos x° = \cos C = \dfrac{\overline{AC}}{\overline{BC}} = \dfrac{5}{7}$

$\tan x° = \tan C = \dfrac{\overline{AB}}{\overline{AC}} = \dfrac{2\sqrt{6}}{5}$

04 답 $\dfrac{7}{5}$

$\triangle ABD \backsim \triangle HAD$ (AA 닮음)이므로

$x° = \angle DAH = \angle DBA$

또, $\triangle ABD \backsim \triangle HBA$ (AA 닮음)이므로

$y° = \angle BAH = \angle BDA$

직각삼각형 ABD에서

$\overline{BD} = \sqrt{12^2 + 9^2} = \sqrt{225} = 15$이므로

$\sin x° = \sin (\angle DBA) = \dfrac{\overline{AD}}{\overline{BD}} = \dfrac{12}{15} = \dfrac{4}{5}$

$\sin y° = \sin (\angle BDA) = \dfrac{\overline{AB}}{\overline{BD}} = \dfrac{9}{15} = \dfrac{3}{5}$

$\therefore \sin x° + \sin y° = \dfrac{4}{5} + \dfrac{3}{5} = \dfrac{7}{5}$

필수문제

5쪽

01 $\dfrac{5\sqrt{6}}{12}$	02 $\dfrac{\sqrt{21}}{7}$	03 $6\sqrt{5}$	04 $\sqrt{3}$	05 $\dfrac{17}{13}$
06 $4\sqrt{5}$	07 $\dfrac{2}{3}$	08 $\dfrac{\sqrt{6}}{3}$		

01 피타고라스 정리에 의하여

$\overline{AB} = \sqrt{4^2 - (\sqrt{6})^2} = \sqrt{10}$이므로

$\cos A = \dfrac{\overline{AB}}{\overline{AC}} = \dfrac{\sqrt{10}}{4}$

$\tan C = \dfrac{\overline{AB}}{\overline{BC}} = \dfrac{\sqrt{10}}{\sqrt{6}} = \dfrac{\sqrt{15}}{3}$

$\therefore \cos A \times \tan C = \dfrac{\sqrt{10}}{4} \times \dfrac{\sqrt{15}}{3} = \dfrac{5\sqrt{6}}{12}$

02 직각삼각형 ABC에서

$\overline{BC} = \sqrt{4^2 - 2^2} = \sqrt{12} = 2\sqrt{3}$이므로

$\overline{BD} = \dfrac{1}{2} \overline{BC} = \dfrac{1}{2} \times 2\sqrt{3} = \sqrt{3}$

또, 직각삼각형 ABD에서

$\overline{AD} = \sqrt{2^2 + (\sqrt{3})^2} = \sqrt{7}$

$\therefore \sin x° = \dfrac{\overline{BD}}{\overline{AD}} = \dfrac{\sqrt{3}}{\sqrt{7}} = \dfrac{\sqrt{21}}{7}$

03 $\sin A = \dfrac{y}{10}$이므로

$\dfrac{y}{10} = \dfrac{\sqrt{5}}{5}$ $\therefore y = 2\sqrt{5}$

피타고라스 정리에 의하여

$x = \sqrt{10^2 - (2\sqrt{5})^2} = \sqrt{80} = 4\sqrt{5}$

$\therefore x + y = 4\sqrt{5} + 2\sqrt{5} = 6\sqrt{5}$

04 $3\cos A - \sqrt{3} = 0$에서 $\cos A = \dfrac{\sqrt{3}}{3}$

$\cos A = \dfrac{\sqrt{3}}{3}$이므로 오른쪽 그림과 같이

$\angle B = 90°$, $\overline{AC} = 3$, $\overline{AB} = \sqrt{3}$

인 직각삼각형 ABC를 생각할 수 있다.

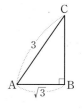

이때 피타고라스 정리에 의하여

$\overline{BC} = \sqrt{3^2 - (\sqrt{3})^2} = \sqrt{6}$ 이므로

$\sin A = \dfrac{\overline{BC}}{\overline{AC}} = \dfrac{\sqrt{6}}{3}$, $\tan A = \dfrac{\overline{BC}}{\overline{AB}} = \dfrac{\sqrt{6}}{\sqrt{3}} = \sqrt{2}$

$\therefore \tan A \div \sin A = \sqrt{2} \div \dfrac{\sqrt{6}}{3} = \sqrt{2} \times \dfrac{3}{\sqrt{6}} = \sqrt{3}$

05 $\triangle ABC \backsim \triangle EBD$ (AA 닮음)이므로

$x° = \angle BAC = \angle BED = y°$

직각삼각형 BED에서

$\overline{DE} = \sqrt{13^2 - 12^2} = \sqrt{25} = 5$ 이므로

$\sin x° = \sin y° = \dfrac{\overline{BD}}{\overline{BE}} = \dfrac{12}{13}$, $\cos y° = \dfrac{\overline{DE}}{\overline{BE}} = \dfrac{5}{13}$

$\therefore \sin x° + \cos y° = \dfrac{12}{13} + \dfrac{5}{13} = \dfrac{17}{13}$

06 $\triangle ABC \backsim \triangle DAC$ (AA 닮음)이므로

$x° = \angle CAD = \angle CBA$

$\tan x° = \tan B = \dfrac{8}{\overline{AB}}$ 이므로

$\dfrac{8}{\overline{AB}} = 2$ $\quad\therefore \overline{AB} = 4$

따라서 직각삼각형 ABC에서

$\overline{BC} = \sqrt{4^2 + 8^2} = \sqrt{80} = 4\sqrt{5}$

07 직선 $2x - 3y + 6 = 0$이 x축, y축과 만나는 점을 각각 A, B라 하자.

$2x - 3y + 6 = 0$에 $y = 0$을 대입하면

$x = -3$ $\quad\therefore A(-3, 0)$

$2x - 3y + 6 = 0$에 $x = 0$을 대입하면

$y = 2$ $\quad\therefore B(0, 2)$

따라서 직각삼각형 AOB에서 $\overline{AO} = 3$, $\overline{BO} = 2$이므로

$\tan a° = \dfrac{\overline{BO}}{\overline{AO}} = \dfrac{2}{3}$

이것만은 꼭!

직선의 기울기와 삼각비의 값

기울기가 양수인 직선이 x축의 양의 방향과 이루는 예각의 크기를 $a°$라 할 때

$\tan a° = \dfrac{(높이)}{(밑변의 길이)} = \dfrac{(y의 값의 증가량)}{(x의 값의 증가량)}$

$\qquad = (직선의 기울기)$

08 직각삼각형 EFG에서

$\overline{EG} = \sqrt{1^2 + 1^2} = \sqrt{2}\,(cm)$

직각삼각형 CEG에서

$\overline{CE} = \sqrt{\overline{EG}^2 + \overline{CG}^2} = \sqrt{(\sqrt{2})^2 + 1^2} = \sqrt{3}\,(cm)$

$\therefore \cos x° = \dfrac{\overline{EG}}{\overline{CE}} = \dfrac{\sqrt{2}}{\sqrt{3}} = \dfrac{\sqrt{6}}{3}$

❷ 삼각비의 값

익힘문제

개념 **03** 30°, 45°, 60°의 삼각비의 값

6쪽

01 답 (1) $\sqrt{3}$ (2) $\sqrt{2}$ (3) $\dfrac{3}{2}$ (4) 0

(1) $\sin 60° + \cos 30° = \dfrac{\sqrt{3}}{2} + \dfrac{\sqrt{3}}{2} = \sqrt{3}$

(2) $\sin 45° + \cos 45° = \dfrac{\sqrt{2}}{2} + \dfrac{\sqrt{2}}{2} = \sqrt{2}$

(3) $\sin 60° \times \tan 60° = \dfrac{\sqrt{3}}{2} \times \sqrt{3} = \dfrac{3}{2}$

(4) $\sin 30° + \cos 60° - \tan 45° = \dfrac{1}{2} + \dfrac{1}{2} - 1 = 0$

02 답 (1) 60 (2) 60 (3) 30 (4) 45

(1) $\sin 60° = \dfrac{\sqrt{3}}{2}$ 이므로 $x = 60$

(2) $\cos 60° = \dfrac{1}{2}$ 이므로 $x = 60$

(3) $\tan 30° = \dfrac{\sqrt{3}}{3}$ 이므로 $x = 30$

(4) $\cos 45° = \dfrac{\sqrt{2}}{2}$ 이므로 $x = 45$

03 답 (1) $x = 6$, $y = 6\sqrt{3}$ (2) $x = 3\sqrt{2}$, $y = 3$ (3) $x = 2\sqrt{3}$, $y = 6$

(1) $\sin 30° = \dfrac{x}{12}$ 이므로 $\dfrac{1}{2} = \dfrac{x}{12}$ $\quad\therefore x = 6$

$\cos 30° = \dfrac{y}{12}$ 이므로 $\dfrac{\sqrt{3}}{2} = \dfrac{y}{12}$ $\quad\therefore y = 6\sqrt{3}$

(2) $\cos 45° = \dfrac{3}{x}$ 이므로 $\dfrac{\sqrt{2}}{2} = \dfrac{3}{x}$ $\quad\therefore x = 3\sqrt{2}$

$\tan 45° = \dfrac{y}{3}$ 이므로 $1 = \dfrac{y}{3}$ $\quad\therefore y = 3$

(3) $\cos 60° = \dfrac{x}{4\sqrt{3}}$ 이므로 $\dfrac{1}{2} = \dfrac{x}{4\sqrt{3}}$ $\quad\therefore x = 2\sqrt{3}$

$\sin 60° = \dfrac{y}{4\sqrt{3}}$ 이므로 $\dfrac{\sqrt{3}}{2} = \dfrac{y}{4\sqrt{3}}$ $\quad\therefore y = 6$

04 답 (1) $x = 4$, $y = 4\sqrt{2}$ (2) $x = 2\sqrt{3}$, $y = 2\sqrt{6}$

(1) 직각삼각형 ABC에서

$\sin 30° = \dfrac{x}{8}$ 이므로 $\dfrac{1}{2} = \dfrac{x}{8}$ $\quad\therefore x = 4$

직각삼각형 ADC에서

$\sin 45° = \dfrac{x}{y}$ 이므로 $\dfrac{\sqrt{2}}{2} = \dfrac{4}{y}$ $\quad\therefore y = 4\sqrt{2}$

(2) 직각삼각형 ABC에서

$\tan 60° = \dfrac{x}{2}$ 이므로 $\sqrt{3} = \dfrac{x}{2}$ $\quad\therefore x = 2\sqrt{3}$

직각삼각형 BCD에서

$\sin 45° = \dfrac{x}{y}$ 이므로 $\dfrac{\sqrt{2}}{2} = \dfrac{2\sqrt{3}}{y}$ $\quad\therefore y = 2\sqrt{6}$

개념 04 예각의 삼각비의 값　　7쪽

01 달 (1) $\overline{AB}$　(2) $\overline{OB}$　(3) $\overline{CD}$　(4) $\overline{OB}$　(5) $\overline{AB}$

(1) $\sin x° = \dfrac{\overline{AB}}{\overline{OA}} = \dfrac{\overline{AB}}{1} = \overline{AB}$

(2) $\cos x° = \dfrac{\overline{OB}}{\overline{OA}} = \dfrac{\overline{OB}}{1} = \overline{OB}$

(3) $\tan x° = \dfrac{\overline{CD}}{\overline{OD}} = \dfrac{\overline{CD}}{1} = \overline{CD}$

(4) $\sin y° = \dfrac{\overline{OB}}{\overline{OA}} = \dfrac{\overline{OB}}{1} = \overline{OB}$

(5) $\cos y° = \dfrac{\overline{AB}}{\overline{OA}} = \dfrac{\overline{AB}}{1} = \overline{AB}$

02 달 ①, ④

① $\sin x° = \dfrac{\overline{AB}}{\overline{OA}} = \dfrac{\overline{AB}}{1} = \overline{AB}$

② $\tan x° = \dfrac{\overline{CD}}{\overline{OD}} = \dfrac{\overline{CD}}{1} = \overline{CD}$

③ $\sin y° = \dfrac{\overline{OB}}{\overline{OA}} = \dfrac{\overline{OB}}{1} = \overline{OB}$

④ $\overline{AB} /\!/ \overline{CD}$이므로 $\angle OAB = \angle OCD$ (동위각)

∴ $y° = z°$

∴ $\cos z° = \cos y° = \dfrac{\overline{AB}}{\overline{OA}} = \dfrac{\overline{AB}}{1} = \overline{AB}$

⑤ $\tan z° = \dfrac{\overline{OD}}{\overline{CD}} = \dfrac{1}{\overline{CD}}$

따라서 삼각비의 값 중 $\overline{AB}$의 길이와 같은 것은 ①, ④이다.

03 달 (1) 0.7314　(2) 0.6820　(3) 1.0724　(4) 0.6820
　　(5) 0.7314

직각삼각형 AOB에서 $\angle OAB = 90° - 47° = 43°$

(1) $\sin 47° = \dfrac{\overline{AB}}{\overline{OA}} = \dfrac{\overline{AB}}{1} = \overline{AB} = 0.7314$

(2) $\cos 47° = \dfrac{\overline{OB}}{\overline{OA}} = \dfrac{\overline{OB}}{1} = \overline{OB} = 0.6820$

(3) $\tan 47° = \dfrac{\overline{CD}}{\overline{OD}} = \dfrac{\overline{CD}}{1} = \overline{CD} = 1.0724$

(4) $\sin 43° = \dfrac{\overline{OB}}{\overline{OA}} = \dfrac{\overline{OB}}{1} = \overline{OB} = 0.6820$

(5) $\cos 43° = \dfrac{\overline{AB}}{\overline{OA}} = \dfrac{\overline{AB}}{1} = \overline{AB} = 0.7314$

04 달 ④

직각삼각형 AOB에서 $\angle OAB = 90° - 36° = 54°$

① $\sin 36° = \dfrac{\overline{AB}}{\overline{OA}} = \dfrac{\overline{AB}}{1} = \overline{AB} = 0.59$

② $\cos 36° = \dfrac{\overline{OB}}{\overline{OA}} = \dfrac{\overline{OB}}{1} = \overline{OB} = 0.81$

③ $\tan 36° = \dfrac{\overline{CD}}{\overline{OD}} = \dfrac{\overline{CD}}{1} = \overline{CD} = 0.73$

④ $\sin 54° = \dfrac{\overline{OB}}{\overline{OA}} = \dfrac{\overline{OB}}{1} = \overline{OB} = 0.81$

⑤ $\cos 54° = \dfrac{\overline{AB}}{\overline{OA}} = \dfrac{\overline{AB}}{1} = \overline{AB} = 0.59$

따라서 옳지 않은 것은 ④이다.

개념 05 0°, 90°의 삼각비의 값　　8쪽

01 달 (1) 2　(2) $\dfrac{\sqrt{2}}{2}$　(3) 1

(1) $\sin 90° + \cos 0° = 1 + 1 = 2$

(2) $\tan 0° + \cos 0° \times \sin 45° = 0 + 1 \times \dfrac{\sqrt{2}}{2} = \dfrac{\sqrt{2}}{2}$

(3) $(1 + \sin 0°)(1 - \cos 90°) = (1 + 0)(1 - 0) = 1$

02 달 (1) <　(2) >　(3) <　(4) <　(5) >　(6) >

(1) $0° \le x° \le 90°$인 범위에서 x의 값이 커지면 $\sin x°$의 값도 커지므로

$\sin 20° < \sin 30°$

(2) $0° \le x° \le 90°$인 범위에서 x의 값이 커지면 $\cos x°$의 값은 작아지므로

$\cos 50° > \cos 55°$

(3) $0° \le x° < 90°$인 범위에서 x의 값이 커지면 $\tan x°$의 값도 커지므로

$\tan 10° < \tan 20°$

(4) $\sin 32° < \sin 45° = \dfrac{\sqrt{2}}{2}$이고

$\cos 42° > \cos 45° = \dfrac{\sqrt{2}}{2}$이므로

$\sin 32° < \cos 42°$

(5) $\sin 70° > \sin 45° = \dfrac{\sqrt{2}}{2}$이고

$\cos 70° < \cos 45° = \dfrac{\sqrt{2}}{2}$이므로

$\sin 70° > \cos 70°$

(6) $\tan 65° > \tan 45° = 1$이고

$\sin 65° < \sin 90° = 1$이므로

$\tan 65° > \sin 65°$

03 달 ③

$45° < A < 90°$인 범위에서

$\cos A < \sin A < 1$이고 $\tan A > 1$이므로

$\cos A < \sin A < \tan A$

04 ㉣ ④

① $\sin 30° = \dfrac{1}{2}$ 　　② $\cos 45° = \dfrac{\sqrt{2}}{2}$

③ $\tan 65° > \tan 60° = \sqrt{3}$ 　④ $\cos 70° < \cos 60° = \dfrac{1}{2}$

⑤ $\sin 90° = 1$

따라서 삼각비의 값이 가장 작은 것은 ④이다.

05 ㉣ (1) $\cos 90°$, $\sin 45°$, $\cos 0°$, $\tan 60°$

　　(2) $\sin 15°$, $\cos 40°$, $\sin 60°$, $\tan 45°$

　　(3) $\tan 20°$, $\cos 25°$, $\sin 90°$, $\tan 75°$

(1) $\cos 0° = 1$, $\sin 45° = \dfrac{\sqrt{2}}{2}$, $\tan 60° = \sqrt{3}$, $\cos 90° = 0$

　　∴ $\cos 90° < \sin 45° < \cos 0° < \tan 60°$

(2) $\sin 15° < \sin 30° = \dfrac{1}{2}$, $\tan 45° = 1$, $\sin 60° = \dfrac{\sqrt{3}}{2}$

　　$\cos 30° > \cos 40° > \cos 45°$, 즉 $\dfrac{\sqrt{3}}{2} > \cos 40° > \dfrac{\sqrt{2}}{2}$

　　∴ $\sin 15° < \cos 40° < \sin 60° < \tan 45°$

(3) $\tan 20° < \tan 30° = \dfrac{\sqrt{3}}{3}$

　　$\cos 0° > \cos 25° > \cos 30°$, 즉 $1 > \cos 25° > \dfrac{\sqrt{3}}{2}$

　　$\tan 75° > \tan 60° = \sqrt{3}$, $\sin 90° = 1$

　　∴ $\tan 20° < \cos 25° < \sin 90° < \tan 75°$

개념 06 삼각비의 표 　　　　9쪽

01 ㉣ (1) 0.2419　(2) 0.9563　(3) 0.2867

02 ㉣ (1) 43　(2) 41　(3) 40

(1) $\sin 43° = 0.6820$이므로 $x = 43$

(2) $\cos 41° = 0.7547$이므로 $x = 41$

(3) $\tan 40° = 0.8391$이므로 $x = 40$

03 ㉣ (1) $x = 5.446$, $y = 8.387$　(2) $x = 27.96$, $y = 41.45$

(1) $\cos 57° = \dfrac{x}{10}$이므로

　　$0.5446 = \dfrac{x}{10}$　　∴ $x = 5.446$

　　$\sin 57° = \dfrac{y}{10}$이므로

　　$0.8387 = \dfrac{y}{10}$　　∴ $y = 8.387$

(2) $\angle A = 90° - 34° = 56°$

　　$\cos 56° = \dfrac{x}{50}$이므로

　　$0.5592 = \dfrac{x}{50}$　　∴ $x = 27.96$

$\sin 56° = \dfrac{y}{50}$이므로

　　$0.8290 = \dfrac{y}{50}$　　∴ $y = 41.45$

04 ㉣ 25

$\tan x° = \dfrac{\overline{BC}}{\overline{AB}} = \dfrac{9.326}{20} = 0.4663$

이때 $\tan 25° = 0.4663$이므로 $x = 25$

필수문제 　　　　　　　　　　10~11쪽

01	⑤	02	(1) 10	(2) $\dfrac{\sqrt{2}}{2}$	03	$4\sqrt{6}$ cm
04	3	05	④	06	③	07	0	08	③
09	ㄱ, ㄹ	10	0	11	127	12	43.7	13	37

01 ① $\sin 30° + \cos 60° = \dfrac{1}{2} + \dfrac{1}{2} = 1$

② $\cos 0° - \tan 45° = 1 - 1 = 0$

③ $\sin 60° \div \tan 30° = \dfrac{\sqrt{3}}{2} \div \dfrac{\sqrt{3}}{3} = \dfrac{\sqrt{3}}{2} \times \dfrac{3}{\sqrt{3}} = \dfrac{3}{2}$

④ $\tan 60° \times \sin 90° = \sqrt{3} \times 1 = \sqrt{3}$

⑤ $\cos 90° \times \sin 45° - \tan 0° = 0 \times \dfrac{\sqrt{2}}{2} - 0 = 0$

따라서 옳지 않은 것은 ⑤이다.

02 (1) $\sin 30° = \dfrac{1}{2}$이므로 $x° + 20° = 30°$

　　　∴ $x = 10$

(2) $\tan 60° = \sqrt{3}$이므로 $3x° - 15° = 60°$

　　　$3x° = 75°$　　∴ $x = 25$

　　　∴ $\sin(2x° - 5°) = \sin(2 \times 25° - 5°) = \sin 45° = \dfrac{\sqrt{2}}{2}$

03 직각삼각형 ACD에서 $\sin 45° = \dfrac{6}{\overline{AC}}$이므로

$\dfrac{\sqrt{2}}{2} = \dfrac{6}{\overline{AC}}$　　∴ $\overline{AC} = 6\sqrt{2}$ (cm)

직각삼각형 ABC에서 $\cos 30° = \dfrac{\overline{AC}}{\overline{BC}}$이므로

$\dfrac{\sqrt{3}}{2} = \dfrac{6\sqrt{2}}{\overline{BC}}$　　∴ $\overline{BC} = 4\sqrt{6}$ (cm)

04 직선 $y = ax + b$가 x축의 양의 방향과 이루는 각의 크기가

$45°$이므로 $a = \tan 45° = 1$

이때 직선 $y = x + b$가 점 $(-2, 0)$을 지나므로

$0 = -2 + b$　　∴ $b = 2$

∴ $a + b = 1 + 2 = 3$

05 ④ $\overline{AB} /\!/ \overline{CD}$이므로 $\angle OAB = \angle OCB$ (동위각)

$\therefore y° = z°$

$\therefore \sin z° = \sin y° = \dfrac{\overline{OB}}{\overline{OA}} = \dfrac{\overline{OB}}{1} = \overline{OB}$

06 $\cos 35° + \tan 55°$
$= 0.82 + 1.43$
$= 2.25$

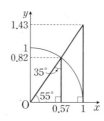

07 $\sin 90° = 1$이므로 $x = 90$

$\therefore \cos x° + \tan(90° - x°) = \cos 90° + \tan 0°$
$= 0 + 0 = 0$

08 ③ $\sin 90° = 1$, $\tan 60° = \sqrt{3}$이므로
$\sin 90° < \tan 60°$

09 ㄱ. $\cos 0° = 1$, $\tan 45° = 1$이므로 $\cos 0° = \tan 45°$

ㄴ. $45° < x° \le 90°$인 범위에서는 $\sin x° > \cos x°$

ㄷ. $0° \le x° \le 90°$인 범위에서 x의 값이 커질수록 $\cos x°$의 값은 작아진다.

ㄹ. $0° \le x° \le 90°$인 범위에서 x의 값이 커질수록 $\tan x°$의 값도 커지고, $\tan 90°$의 값은 정할 수 없다.

이상에서 옳은 것은 ㄱ, ㄹ이다.

10 $0° < A < 45°$일 때, $0 < \tan A < 1$이므로
$1 - \tan A > 0$, $\tan A - 1 < 0$
$\therefore \sqrt{(1-\tan A)^2} - \sqrt{(\tan A - 1)^2}$
$= (1 - \tan A) - \{-(\tan A - 1)\}$
$= 1 - \tan A + \tan A - 1 = 0$

11 $\sin 64° = 0.8988$이므로 $x = 64$

$\cos y° = 1 - 0.5460 = 0.4540$

이때 $\cos 63° = 0.4540$이므로 $y = 63$

$\therefore x + y = 64 + 63 = 127$

12 $\cos 63° = \dfrac{x}{100}$이므로 $0.4540 = \dfrac{x}{100}$ $\therefore x = 45.4$

$\sin 63° = \dfrac{y}{100}$이므로 $0.8910 = \dfrac{y}{100}$ $\therefore y = 89.1$

$\therefore y - x = 89.1 - 45.4 = 43.7$

13 $\tan x° = \dfrac{\overline{BC}}{\overline{AB}} = \dfrac{37.68}{50} = 0.7536$

이때 $\tan 37° = 0.7536$이므로 $x = 37$

02 삼각비의 활용

❶ $\cos A$ ❷ $\tan A$ ❸ $\tan A$ ❹ $c \sin B$ ❺ $\sin C$

❻ $+$ ❼ $-$ ❽ 180 ❾ x ❿ 180

⓫ $\dfrac{1}{2}$ ⓬ 180

① 길이 구하기

익힘문제

01 답 (1) 3.4 (2) 8.4 (3) 7.15 (4) 5

(1) $x = 10 \sin 20° = 10 \times 0.34 = 3.4$

(2) $x = 20 \cos 65° = 20 \times 0.42 = 8.4$

(3) $x = 5 \tan 55° = 5 \times 1.43 = 7.15$

(4) $x = \dfrac{4.1}{\cos 35°} = \dfrac{4.1}{0.82} = 5$

02 답 ㄴ, ㄹ

$\angle A = 90° - 40° = 50°$이므로

$x = 8 \cos 40° = 8 \sin 50°$

따라서 x의 값을 나타내는 것은 ㄴ, ㄹ이다.

03 답 3.1 m

직각삼각형 ABC에서

$\overline{AC} = 5 \tan 32° = 5 \times 0.62 = 3.1 (m)$

따라서 탑의 높이는 3.1 m이다.

04 답 (1) 30 m (2) $30\sqrt{3}$ m (3) $30(1+\sqrt{3})$ m

(1) 직각삼각형 ABH에서
$\overline{BH} = \overline{AH} \tan 45° = 30 \tan 45°$
$= 30 \times 1 = 30 (m)$

(2) 직각삼각형 AHC에서
$\overline{CH} = \overline{AH} \tan 60° = 30 \tan 60°$
$= 30 \times \sqrt{3} = 30\sqrt{3} (m)$

(3) $\overline{BC} = \overline{BH} + \overline{CH} = 30 + 30\sqrt{3}$
$= 30(1 + \sqrt{3}) (m)$

따라서 높은 건물의 높이는 $30(1+\sqrt{3})$ m이다.

01 답 (1) $4\sqrt{3}$ cm   (2) 11 cm   (3) 13 cm

(1) 직각삼각형 ABH에서

$$\overline{AH}=8\sin60°=8\times\frac{\sqrt{3}}{2}=4\sqrt{3}(\text{cm})$$

(2) 직각삼각형 ABH에서

$$\overline{BH}=8\cos60°=8\times\frac{1}{2}=4(\text{cm})\text{이므로}$$

$$\overline{CH}=\overline{BC}-\overline{BH}=15-4=11(\text{cm})$$

(3) 직각삼각형 AHC에서

$$\overline{AC}=\sqrt{\overline{AH}^2+\overline{CH}^2}=\sqrt{(4\sqrt{3})^2+11^2}$$
$$=\sqrt{169}=13(\text{cm})$$

02 답 (1) $\sqrt{7}$ (2) $\sqrt{58}$ (3) $4\sqrt{7}$

(1) 오른쪽 그림과 같이 꼭짓점 A 에서 $\overline{BC}$에 내린 수선의 발을 H라 하면 직각삼각형 ABH에서

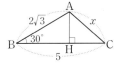

$$\overline{AH}=2\sqrt{3}\sin30°=2\sqrt{3}\times\frac{1}{2}=\sqrt{3}$$

$$\overline{BH}=2\sqrt{3}\cos30°=2\sqrt{3}\times\frac{\sqrt{3}}{2}=3$$

이때 $\overline{CH}=\overline{BC}-\overline{BH}=5-3=2$이므로

직각삼각형 AHC에서

$$x=\sqrt{\overline{AH}^2+\overline{CH}^2}=\sqrt{(\sqrt{3})^2+2^2}=\sqrt{7}$$

(2) 오른쪽 그림과 같이 꼭짓점 B에서 $\overline{AC}$에 내린 수선의 발을 H라 하면 직각삼각형 ABH에서

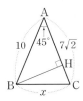

$$\overline{BH}=10\sin45°$$
$$=10\times\frac{\sqrt{2}}{2}=5\sqrt{2}$$

$$\overline{AH}=10\cos45°$$
$$=10\times\frac{\sqrt{2}}{2}=5\sqrt{2}$$

이때 $\overline{CH}=\overline{AC}-\overline{AH}=7\sqrt{2}-5\sqrt{2}=2\sqrt{2}$이므로

직각삼각형 BCH에서

$$x=\sqrt{\overline{BH}^2+\overline{CH}^2}=\sqrt{(5\sqrt{2})^2+(2\sqrt{2})^2}=\sqrt{58}$$

(3) 오른쪽 그림과 같이 꼭짓점 A에서 $\overline{BC}$의 연장선에 내린 수선의 발을 H라 하면 직각삼각형 AHB에서

$$\angle ABH=180°-120°=60°$$

이므로

$$\overline{AH}=8\sin60°=8\times\frac{\sqrt{3}}{2}=4\sqrt{3}$$

$$\overline{BH}=8\cos60°=8\times\frac{1}{2}=4$$

이때 $\overline{CH}=\overline{BC}+\overline{BH}=4+4=8$이므로

직각삼각형 AHC에서

$$x=\sqrt{\overline{AH}^2+\overline{CH}^2}=\sqrt{(4\sqrt{3})^2+8^2}$$
$$=\sqrt{112}=4\sqrt{7}$$

03 답 (1) 60°   (2) 6 cm   (3) $4\sqrt{3}$ cm

(1) △ABC에서 $\angle A=180°-(45°+75°)=60°$

(2) 직각삼각형 BCH에서

$$\overline{CH}=6\sqrt{2}\sin45°=6\sqrt{2}\times\frac{\sqrt{2}}{2}=6(\text{cm})$$

(3) 직각삼각형 AHC에서

$$\overline{AC}=\frac{\overline{CH}}{\sin60°}=\frac{6}{\sin60°}=6\div\frac{\sqrt{3}}{2}$$
$$=6\times\frac{2}{\sqrt{3}}=4\sqrt{3}(\text{cm})$$

04 답 (1) $8\sqrt{2}$ (2) $10\sqrt{3}$ (3) $5\sqrt{2}$

(1) 오른쪽 그림과 같이 꼭짓점 C에서 $\overline{AB}$에 내린 수선의 발을 H라 하면 직각삼각형 BCH에서

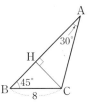

$$\overline{CH}=8\sin45°$$
$$=8\times\frac{\sqrt{2}}{2}=4\sqrt{2}$$

따라서 직각삼각형 AHC에서

$$\overline{AC}=\frac{\overline{CH}}{\sin30°}=\frac{4\sqrt{2}}{\sin30°}=4\sqrt{2}\div\frac{1}{2}$$
$$=4\sqrt{2}\times2=8\sqrt{2}$$

(2) 오른쪽 그림과 같이 꼭짓점 A에서 $\overline{BC}$에 내린 수선의 발을 H라 하면 직각삼각형 ABH에서

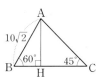

$$\overline{AH}=10\sqrt{2}\sin60°$$
$$=10\sqrt{2}\times\frac{\sqrt{3}}{2}=5\sqrt{6}$$

따라서 직각삼각형 AHC에서

$$\overline{AC}=\frac{\overline{AH}}{\sin45°}=\frac{5\sqrt{6}}{\sin45°}=5\sqrt{6}\div\frac{\sqrt{2}}{2}$$
$$=5\sqrt{6}\times\frac{2}{\sqrt{2}}=10\sqrt{3}$$

(3) △ABC에서 $\angle A=180°-(30°+105°)=45°$

오른쪽 그림과 같이 꼭짓점 C에서 $\overline{AB}$에 내린 수선의 발을 H라 하면 직각삼각형 BCH에서

$$\overline{CH}=10\sin30°$$
$$=10\times\frac{1}{2}=5$$

따라서 직각삼각형 AHC에서

$$\overline{AC}=\frac{\overline{CH}}{\sin45°}=\frac{5}{\sin45°}=5\div\frac{\sqrt{2}}{2}$$
$$=5\times\frac{2}{\sqrt{2}}=5\sqrt{2}$$

개념 **09** 삼각형의 높이

15쪽

01 답 $60, \sqrt{3}, \sqrt{3}, 4\sqrt{3}, 4\sqrt{3}$

02 답 $(1)\, 2(\sqrt{3}-1)$ $(2)\, 3(3-\sqrt{3})$

(1) 직각삼각형 ABH에서

$\angle \text{BAH}=90°-30°=60°$

이므로

$\overline{\text{BH}}=h\tan 60°=\sqrt{3}h$

직각삼각형 AHC에서

$\angle \text{CAH}=90°-45°=45°$이므로

$\overline{\text{CH}}=h\tan 45°=h$

이때 $\overline{\text{BC}}=\overline{\text{BH}}+\overline{\text{CH}}$이므로

$4=\sqrt{3}h+h, \ (\sqrt{3}+1)h=4$

$\therefore h=\dfrac{4}{\sqrt{3}+1}=2(\sqrt{3}-1)$

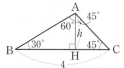

(2) 직각삼각형 ABH에서

$\angle \text{BAH}=90°-60°=30°$

이므로

$\overline{\text{BH}}=h\tan 30°=\dfrac{\sqrt{3}}{3}h$

직각삼각형 AHC에서

$\angle \text{CAH}=75°-30°=45°$이므로

$\overline{\text{CH}}=h\tan 45°=h$

이때 $\overline{\text{BC}}=\overline{\text{BH}}+\overline{\text{CH}}$이므로

$6=\dfrac{\sqrt{3}}{3}h+h, \ \dfrac{3+\sqrt{3}}{3}h=6$

$\therefore h=6\times\dfrac{3}{3+\sqrt{3}}=3(3-\sqrt{3})$

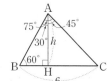

03 답 $36(3-\sqrt{3})\,\text{cm}^2$

오른쪽 그림과 같이 꼭짓점 A에서

$\overline{\text{BC}}$에 내린 수선의 발을 H라 하고

$\overline{\text{AH}}=h\,\text{cm}$라 하면

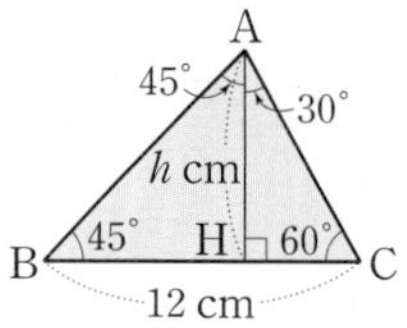

직각삼각형 ABH에서

$\angle \text{BAH}=90°-45°=45°$

이므로

$\overline{\text{BH}}=h\tan 45°=h(\text{cm})$

직각삼각형 AHC에서

$\angle \text{CAH}=90°-60°=30°$이므로

$\overline{\text{CH}}=h\tan 30°=\dfrac{\sqrt{3}}{3}h(\text{cm})$

이때 $\overline{\text{BC}}=\overline{\text{BH}}+\overline{\text{CH}}$이므로

$12=h+\dfrac{\sqrt{3}}{3}h, \ \dfrac{3+\sqrt{3}}{3}h=12$

$\therefore h=12\times\dfrac{3}{3+\sqrt{3}}=6(3-\sqrt{3})$

$\therefore \triangle\text{ABC}=\dfrac{1}{2}\times 12\times 6(3-\sqrt{3})$

$\phantom{\therefore \triangle\text{ABC}}=36(3-\sqrt{3})(\text{cm}^2)$

04 답 $60, \sqrt{3}, 45, \sqrt{3}, \sqrt{3}, 5(\sqrt{3}+1)$

05 답 $(1)\, 4(3+\sqrt{3})$ $(2)\, 10\sqrt{3}$

(1) 직각삼각형 ABH에서

$\angle \text{BAH}=90°-45°=45°$

이므로

$\overline{\text{BH}}=h\tan 45°=h$

직각삼각형 ACH에서

$\angle \text{CAH}=90°-60°=30°$이므로

$\overline{\text{CH}}=h\tan 30°=\dfrac{\sqrt{3}}{3}h$

이때 $\overline{\text{BC}}=\overline{\text{BH}}-\overline{\text{CH}}$이므로

$8=h-\dfrac{\sqrt{3}}{3}h, \ \dfrac{3-\sqrt{3}}{3}h=8$

$\therefore h=8\times\dfrac{3}{3-\sqrt{3}}=4(3+\sqrt{3})$

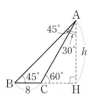

(2) 직각삼각형 AHC에서

$\angle \text{CAH}=90°-30°=60°$

이므로

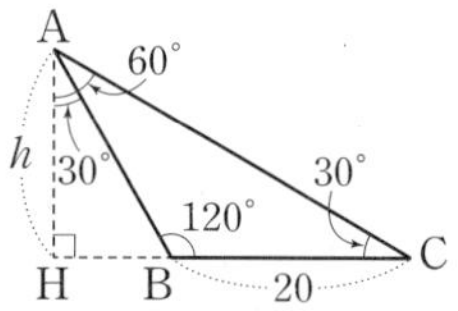

$\overline{\text{CH}}=h\tan 60°=\sqrt{3}h$

직각삼각형 AHB에서

$\angle \text{BAH}=120°-90°=30°$이므로

$\overline{\text{BH}}=h\tan 30°=\dfrac{\sqrt{3}}{3}h$

이때 $\overline{\text{BC}}=\overline{\text{CH}}-\overline{\text{BH}}$이므로

$20=\sqrt{3}h-\dfrac{\sqrt{3}}{3}h, \ \dfrac{2\sqrt{3}}{3}h=20$

$\therefore h=20\times\dfrac{3}{2\sqrt{3}}=10\sqrt{3}$

06 답 $2(\sqrt{3}+1)\,\text{m}$

오른쪽 그림과 같이 굴뚝의

높이를 $h\,\text{m}$라 하면

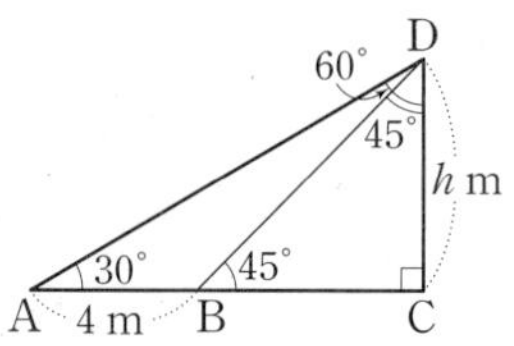

직각삼각형 DAC에서

$\angle \text{ADC}=90°-30°=60°$

이므로

$\overline{\text{AC}}=h\tan 60°=\sqrt{3}h(\text{m})$

직각삼각형 DBC에서

$\angle \text{BDC}=90°-45°=45°$이므로

$\overline{\text{BC}}=h\tan 45°=h(\text{m})$

이때 $\overline{\text{AB}}=\overline{\text{AC}}-\overline{\text{BC}}$이므로

$4=\sqrt{3}h-h, \ (\sqrt{3}-1)h=4$

$\therefore h=\dfrac{4}{\sqrt{3}-1}=2(\sqrt{3}+1)$

따라서 굴뚝의 높이는 $2(\sqrt{3}+1)\,\text{m}$이다.

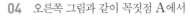

01 ③ **02** 6.5 m **03** $\dfrac{2\sqrt{6}}{3}$ cm **04** 14 cm

05 $3\sqrt{19}$ cm **06** $2\sqrt{6}$ m **07** $2\sqrt{3}$ cm

08 $9(\sqrt{3}+1)$ cm²

---

01 ③ $c=\dfrac{b}{\sin B}$

02 직각삼각형 CAD에서
$$\overline{CD}=\overline{AD}\tan 26°=10\tan 26°$$
$$=10\times 0.49=4.9(\text{m})$$
따라서 나무의 높이는
$$\overline{CD}+\overline{DE}=4.9+1.6=6.5(\text{m})$$

03 직각삼각형 DGH에서
$$\overline{DG}=\sqrt{2^2+2^2}=\sqrt{8}=2\sqrt{2}(\text{cm})$$
따라서 직각삼각형 AGD에서
$$\overline{AD}=\dfrac{\overline{DG}}{\tan 60°}=\dfrac{2\sqrt{2}}{\tan 60°}$$
$$=\dfrac{2\sqrt{2}}{\sqrt{3}}=\dfrac{2\sqrt{6}}{3}(\text{cm})$$

04 오른쪽 그림과 같이 꼭짓점 A에서 $\overline{BC}$에 내린 수선의 발을 H라 하면 직각삼각형 ABH에서 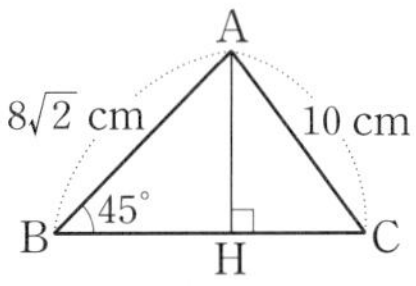
$$\overline{BH}=\overline{AB}\cos 45°$$
$$=8\sqrt{2}\cos 45°=8\sqrt{2}\times\dfrac{\sqrt{2}}{2}=8(\text{cm})$$
$$\overline{AH}=\overline{AB}\sin 45°$$
$$=8\sqrt{2}\sin 45°=8\sqrt{2}\times\dfrac{\sqrt{2}}{2}=8(\text{cm})$$
직각삼각형 AHC에서
$$\overline{CH}=\sqrt{\overline{AC}^2-\overline{AH}^2}=\sqrt{10^2-8^2}$$
$$=\sqrt{36}=6(\text{cm})$$
$$\therefore \overline{BC}=\overline{BH}+\overline{CH}=8+6=14(\text{cm})$$

05 오른쪽 그림과 같이 꼭짓점 D에서 $\overline{BC}$의 연장선에 내린 수선의 발을 H라 하면 직각삼각형 DCH에서 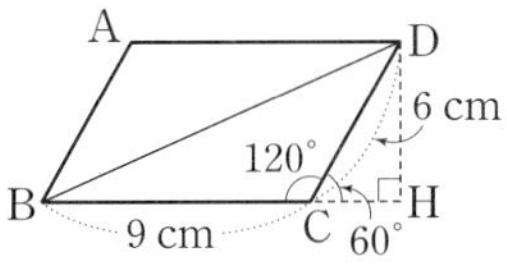
$\angle DCH=180°-120°=60°$이므로
$$\overline{DH}=6\sin 60°=6\times\dfrac{\sqrt{3}}{2}=3\sqrt{3}(\text{cm})$$
$$\overline{CH}=6\cos 60°=6\times\dfrac{1}{2}=3(\text{cm})$$
이때 $\overline{BH}=\overline{BC}+\overline{CH}=9+3=12(\text{cm})$이므로

직각삼각형 DBH에서
$$\overline{BD}=\sqrt{\overline{DH}^2+\overline{BH}^2}=\sqrt{(3\sqrt{3})^2+12^2}$$
$$=\sqrt{171}=3\sqrt{19}(\text{cm})$$

06 오른쪽 그림과 같이 꼭짓점 B에서 $\overline{AC}$에 내린 수선의 발을 H라 하면 직각삼각형 HBC에서 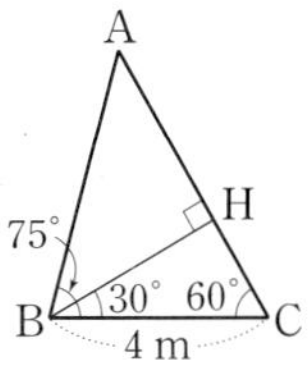
$$\overline{BH}=4\sin 60°=4\times\dfrac{\sqrt{3}}{2}=2\sqrt{3}(\text{m})$$
따라서 직각삼각형 ABH에서
$\angle ABH=75°-30°=45°$이므로
$$\overline{AB}=\dfrac{\overline{BH}}{\cos 45°}=\dfrac{2\sqrt{3}}{\cos 45°}=2\sqrt{3}\div\dfrac{\sqrt{2}}{2}$$
$$=2\sqrt{3}\times\dfrac{2}{\sqrt{2}}=2\sqrt{6}(\text{m})$$
따라서 두 지점 A, B 사이의 거리는 $2\sqrt{6}$ m이다.

07 오른쪽 그림과 같이 $\overline{AH}=h$ cm 라 하면 직각삼각형 ABH에서
$\angle BAH=90°-60°=30°$ 이므로 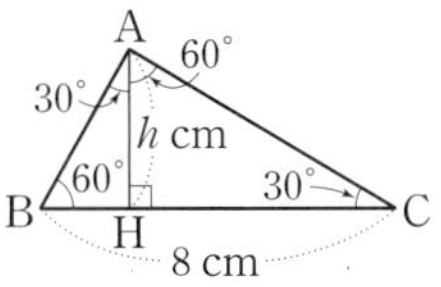
$$\overline{BH}=h\tan 30°=\dfrac{\sqrt{3}}{3}h(\text{cm})$$
직각삼각형 AHC에서
$\angle CAH=90°-30°=60°$이므로
$$\overline{CH}=h\tan 60°=\sqrt{3}h(\text{cm})$$
이때 $\overline{BC}=\overline{BH}+\overline{CH}$이므로
$$8=\dfrac{\sqrt{3}}{3}h+\sqrt{3}h,\ \dfrac{4\sqrt{3}}{3}h=8$$
$$\therefore h=8\times\dfrac{3}{4\sqrt{3}}=2\sqrt{3}$$
$$\therefore \overline{AH}=2\sqrt{3}\ \text{cm}$$

08 오른쪽 그림과 같이 $\overline{AH}=h$ cm라 하면 직각삼각형 ABH에서
$\angle BAH=90°-30°=60°$이므로 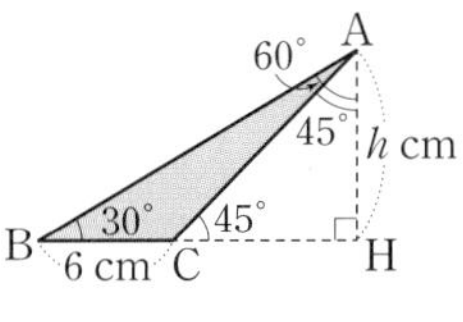
$$\overline{BH}=h\tan 60°=\sqrt{3}h(\text{cm})$$
직각삼각형 ACH에서
$\angle CAH=90°-45°=45°$이므로
$$\overline{CH}=h\tan 45°=h(\text{cm})$$
이때 $\overline{BC}=\overline{BH}-\overline{CH}$이므로
$$6=\sqrt{3}h-h,\ (\sqrt{3}-1)h=6$$
$$\therefore h=\dfrac{6}{\sqrt{3}-1}=3(\sqrt{3}+1)$$
$$\therefore \triangle ABC=\dfrac{1}{2}\times 6\times 3(\sqrt{3}+1)=9(\sqrt{3}+1)(\text{cm}^2)$$

2 넓이 구하기

개념 10 삼각형의 넓이

17쪽

01 답 (1) $\dfrac{9}{2}$ cm² (2) $16\sqrt{3}$ cm² (3) 9 cm²

(1) $\triangle ABC = \dfrac{1}{2} \times 6 \times 3 \times \sin 30°$

$= \dfrac{1}{2} \times 6 \times 3 \times \dfrac{1}{2} = \dfrac{9}{2}$ (cm²)

(2) $\triangle ABC = \dfrac{1}{2} \times 8 \times 8 \times \sin 60°$

$= \dfrac{1}{2} \times 8 \times 8 \times \dfrac{\sqrt{3}}{2} = 16\sqrt{3}$ (cm²)

이런 풀이 어때요?

(2) $\angle A = \angle B = \dfrac{1}{2} \times (180° - 60°) = 60°$이므로 $\triangle ABC$는

한 변의 길이가 8 cm인 정삼각형이다.

$\therefore \triangle ABC = \dfrac{\sqrt{3}}{4} \times 8^2 = 16\sqrt{3}$ (cm²)

(3) $\triangle ABC$에서 $\angle A = 180° - (50° + 85°) = 45°$이므로

$\triangle ABC = \dfrac{1}{2} \times 6 \times 3\sqrt{2} \times \sin 45°$

$= \dfrac{1}{2} \times 6 \times 3\sqrt{2} \times \dfrac{\sqrt{2}}{2} = 9$ (cm²)

02 답 4 cm

$\dfrac{1}{2} \times 6 \times \overline{AB} \times \sin 45° = 6\sqrt{2}$이므로

$\dfrac{1}{2} \times 6 \times \overline{AB} \times \dfrac{\sqrt{2}}{2} = 6\sqrt{2}$

$\dfrac{3\sqrt{2}}{2} \overline{AB} = 6\sqrt{2}$ $\therefore \overline{AB} = 4$ (cm)

03 답 30°

$\dfrac{1}{2} \times 10 \times 6 \times \sin B = 15$이므로

$30 \sin B = 15$, $\sin B = \dfrac{1}{2}$

이때 $\sin 30° = \dfrac{1}{2}$이므로 $\angle B = 30°$

04 답 (1) 5 cm² (2) $4\sqrt{3}$ cm²

(1) $\triangle ABC = \dfrac{1}{2} \times 2\sqrt{2} \times 5 \times \sin (180° - 135°)$

$= \dfrac{1}{2} \times 2\sqrt{2} \times 5 \times \dfrac{\sqrt{2}}{2} = 5$ (cm²)

(2) $\angle C = \angle A = 30°$이므로

$\angle B = 180° - (30° + 30°) = 120°$

또, $\overline{BC} = \overline{AB} = 4$ cm이므로

$\triangle ABC = \dfrac{1}{2} \times 4 \times 4 \times \sin (180° - 120°)$

$= \dfrac{1}{2} \times 4 \times 4 \times \dfrac{\sqrt{3}}{2} = 4\sqrt{3}$ (cm²)

05 답 4 cm

$\dfrac{1}{2} \times 3 \times \overline{AC} \times \sin (180° - 120°) = 3\sqrt{3}$이므로

$\dfrac{1}{2} \times 3 \times \overline{AC} \times \dfrac{\sqrt{3}}{2} = 3\sqrt{3}$

$\dfrac{3\sqrt{3}}{4} \overline{AC} = 3\sqrt{3}$ $\therefore \overline{AC} = 4$ (cm)

06 답 (1) $14\sqrt{3}$ cm² (2) $(10\sqrt{3} + 4)$ cm²

(1) 오른쪽 그림과 같이 대각선
$\overline{BD}$를 그으면
$\square ABCD$
$= \triangle ABD + \triangle BCD$
$= \dfrac{1}{2} \times 4 \times 2\sqrt{3}$

$\times \sin (180° - 150°) + \dfrac{1}{2} \times 8 \times 6 \times \sin 60°$

$= \dfrac{1}{2} \times 4 \times 2\sqrt{3} \times \dfrac{1}{2} + \dfrac{1}{2} \times 8 \times 6 \times \dfrac{\sqrt{3}}{2}$

$= 2\sqrt{3} + 12\sqrt{3} = 14\sqrt{3}$ (cm²)

(2) 오른쪽 그림과 같이 대
각선 $\overline{AC}$를 그으면
$\square ABCD$
$= \triangle ABC + \triangle ACD$
$= \dfrac{1}{2} \times 2\sqrt{10} \times 2\sqrt{10}$

$\times \sin 60° + \dfrac{1}{2} \times 4 \times 2\sqrt{2} \times \sin (180° - 135°)$

$= \dfrac{1}{2} \times 2\sqrt{10} \times 2\sqrt{10} \times \dfrac{\sqrt{3}}{2} + \dfrac{1}{2} \times 4 \times 2\sqrt{2} \times \dfrac{\sqrt{2}}{2}$

$= 10\sqrt{3} + 4$ (cm²)

개념 11 사각형의 넓이

18쪽

01 답 (1) $12\sqrt{2}$ cm² (2) $10\sqrt{6}$ cm² (3) 40 cm²

(1) $\square ABCD = 4 \times 6 \times \sin 45°$

$= 4 \times 6 \times \dfrac{\sqrt{2}}{2}$

$= 12\sqrt{2}$ (cm²)

(2) $\square ABCD = 5 \times 4\sqrt{2} \times \sin (180° - 120°)$

$= 5 \times 4\sqrt{2} \times \dfrac{\sqrt{3}}{2}$

$= 10\sqrt{6}$ (cm²)

(3) $\overline{DC}=\overline{AB}=8$ cm이므로

　　$\square ABCD=10\times8\times\sin(180°-150°)$

　　　　　　　$=10\times8\times\dfrac{1}{2}=40(cm^2)$

02 🔘 $2\sqrt{2}$ cm²

마름모 ABCD는 $\overline{AD}=\overline{AB}=2$ cm인 평행사변형이다.

∴ $\square ABCD=2\times2\times\sin(180°-135°)$

　　　　　　　$=2\times2\times\dfrac{\sqrt{2}}{2}=2\sqrt{2}(cm^2)$

03 🔘 7 cm

$4\sqrt{3}\times\overline{BC}\times\sin60°=42$이므로

$4\sqrt{3}\times\overline{BC}\times\dfrac{\sqrt{3}}{2}=42$

$6\overline{BC}=42$　　∴ $\overline{BC}=7(cm)$

04 🔘 (1) $\dfrac{21\sqrt{3}}{2}$ cm²　(2) 18 cm²　(3) $42\sqrt{2}$ cm²

(1) $\square ABCD=\dfrac{1}{2}\times7\times6\times\sin60°$

　　　　　　　$=\dfrac{1}{2}\times7\times6\times\dfrac{\sqrt{3}}{2}$

　　　　　　　$=\dfrac{21\sqrt{3}}{2}(cm^2)$

(2) $\square ABCD=\dfrac{1}{2}\times9\times8\times\sin30°$

　　　　　　　$=\dfrac{1}{2}\times9\times8\times\dfrac{1}{2}$

　　　　　　　$=18(cm^2)$

(3) $\square ABCD=\dfrac{1}{2}\times14\times12\times\sin(180°-135°)$

　　　　　　　$=\dfrac{1}{2}\times14\times12\times\dfrac{\sqrt{2}}{2}$

　　　　　　　$=42\sqrt{2}(cm^2)$

05 🔘 25 cm²

등변사다리꼴의 두 대각선의 길이는 같으므로

$\overline{AC}=\overline{BD}=10$ cm

∴ $\square ABCD=\dfrac{1}{2}\times10\times10\times\sin(180°-150°)$

　　　　　　　$=\dfrac{1}{2}\times10\times10\times\dfrac{1}{2}$

　　　　　　　$=25(cm^2)$

06 🔘 60

$\dfrac{1}{2}\times4\times6\times\sin x°=6\sqrt{3}$이므로

$12\sin x°=6\sqrt{3}$, $\sin x°=\dfrac{\sqrt{3}}{2}$

이때 $\sin60°=\dfrac{\sqrt{3}}{2}$이므로 $x=60$

---

01 25 cm²　**02** 150°　　**03** 4 cm²　**04** $30\sqrt{3}$ cm²

05 ③　　　**06** 30 cm²　**07** $18\sqrt{3}$ cm²　　**08** $4\sqrt{2}$ cm

01 $\angle C=\angle A=75°$이므로

　　$\angle B=180°-(75°+75°)=30°$

　　또, $\overline{AB}=\overline{BC}=10$ cm이므로

　　$\triangle ABC=\dfrac{1}{2}\times10\times10\times\sin30°$

　　　　　　$=\dfrac{1}{2}\times10\times10\times\dfrac{1}{2}=25(cm^2)$

02 $\dfrac{1}{2}\times12\times9\times\sin(180°-B)=27$이므로

　　$\sin(180°-B)=\dfrac{1}{2}$

　　이때 $\sin30°=\dfrac{1}{2}$이므로

　　$180°-\angle B=30°$　　∴ $\angle B=150°$

03 $\overline{BC}=\overline{DE}=4\sqrt{2}$ cm이므로

　　직각삼각형 ABC에서

　　$\overline{AB}=4\sqrt{2}\sin30°=4\sqrt{2}\times\dfrac{1}{2}=2\sqrt{2}(cm)$

　　$\angle ABC=90°-30°=60°$이므로

　　$\angle ABD=60°+90°=150°$

　　∴ $\triangle ABD=\dfrac{1}{2}\times2\sqrt{2}\times4\sqrt{2}\times\sin(180°-150°)$

　　　　　　　$=\dfrac{1}{2}\times2\sqrt{2}\times4\sqrt{2}\times\dfrac{1}{2}=4(cm^2)$

04 $\overline{AE}\,/\!/\,\overline{DC}$이므로 $\triangle AED=\triangle AEC$

　　∴ $\square ABED=\triangle ABE+\triangle AED$

　　　　　　$=\triangle ABE+\triangle AEC$

　　　　　　$=\triangle ABC$

　　　　　　$=\dfrac{1}{2}\times12\times10\times\sin60°$

　　　　　　$=\dfrac{1}{2}\times12\times10\times\dfrac{\sqrt{3}}{2}=30\sqrt{3}(cm^2)$

🔲 이것만은 꼭!

평행선과 삼각형의 넓이

$\square ABCD$의 꼭짓점 D를 지나고 $\overline{AC}$
에 평행한 직선이 $\overline{BC}$의 연장선과 만나
는 점을 E라 할 때

① $\triangle ACD=\triangle ACE$

② $\square ABCD=\triangle ABC+\triangle ACD$

　　　　　$=\triangle ABC+\triangle ACE$

　　　　　$=\triangle ABE$

05 원 O의 반지름의 길이를 r cm라 하면 $\pi r^2 = 4\pi$

$r^2 = 4$ ∴ $r = 2$ (∵ $r > 0$)

오른쪽 그림과 같이 원의 중심 O와
꼭짓점을 연결하는 선분을 그어 보
면 정육각형은 두 변의 길이가 각각
2 cm이고 그 끼인각의 크기가 $60°$
인 삼각형 6개로 나누어진다.

따라서 정육각형 ABCDEF의 넓이는

$6 \times \left(\dfrac{1}{2} \times 2 \times 2 \times \sin 60°\right) = 6 \times \left(\dfrac{1}{2} \times 2 \times 2 \times \dfrac{\sqrt{3}}{2}\right)$
$= 6\sqrt{3}\,(\text{cm}^2)$

06 $\overline{AB} = \overline{DC} = 6\sqrt{2}$ cm이므로

$\square ABCD = 6\sqrt{2} \times 10 \times \sin 45°$
$= 6\sqrt{2} \times 10 \times \dfrac{\sqrt{2}}{2} = 60\,(\text{cm}^2)$

오른쪽 그림과 같이 $\overline{AB} \parallel \overline{EF}$가
되도록 $\overline{AD}$ 위에 점 F를 잡으면
$\triangle ABE = \triangle AEF$,
$\triangle FED = \triangle DEC$이므로

$\triangle AED = \dfrac{1}{2}\square ABCD$
$= \dfrac{1}{2} \times 60$
$= 30\,(\text{cm}^2)$

07 마름모 ABCD의 한 변의 길이는

$24 \div 4 = 6\,(\text{cm})$

마름모 ABCD는 $\overline{AB} = \overline{AD} = 6$ cm인 평행사변형이므로

$\square ABCD = 6 \times 6 \times \sin 60°$
$= 6 \times 6 \times \dfrac{\sqrt{3}}{2}$
$= 18\sqrt{3}\,(\text{cm}^2)$

08 등변사다리꼴의 두 대각선의 길이는 같으므로 $\overline{AC} = x$ cm
라 하면

$\overline{BD} = \overline{AC} = x$ cm

$\dfrac{1}{2} \times x \times x \times \sin(180° - 120°) = 8\sqrt{3}$이므로

$\dfrac{1}{2} \times x \times x \times \dfrac{\sqrt{3}}{2} = 8\sqrt{3}$

$x^2 = 32$ ∴ $x = \sqrt{32} = 4\sqrt{2}$ (∵ $x > 0$)

∴ $\overline{AC} = 4\sqrt{2}$ cm

이것만은 꼭!

등변사다리꼴의 성질
① 평행하지 않은 한 쌍의 대변의 길이가 같다.
② 두 대각선의 길이가 같다.

---

03 원과 직선

개념 정리 ────────────── 20쪽

❶ $\overset{\frown}{CD}$ ❷ $\overline{CD}$ ❸ $\angle COD$ ❹ 중심 ❺ $\overline{BM}$
❻ $\overline{CD}$ ❼ $\overline{ON}$ ❽ 수직 ❾ 2 ❿ $\overline{PB}$
⓫ 2 ⓬ $\dfrac{1}{2}$ ⓭ $\overline{BC}$

❶ 원의 현

익힘문제

개념 12 중심각의 크기와 호, 현의 길이   21쪽

01 답 (1) 8 (2) 38
(1) 한 원에서 크기가 같은 두 중심각에 대한 호의 길이는 같으
므로 $x = 8$
(2) 한 원에서 길이가 같은 두 호에 대한 중심각의 크기는 같으
므로 $x = 38$

02 답 (1) 4 (2) 120 (3) 105
(1) 한 원에서 크기가 같은 두 중심각에 대한 현의 길이는 같으
므로 $x = 4$
(2) 한 원에서 길이가 같은 두 현에 대한 중심각의 크기는 같으
므로 $x = 120$
(3) 한 원에서 길이가 같은 두 현에 대한 중심각의 크기는 같으
므로 $x = \dfrac{1}{2} \times (360 - 150) = 105$

03 답 (1) 9 (2) 25
한 원에서 중심각의 크기와 호의 길이는 정비례하므로
(1) $45 : 135 = 3 : x$에서 $1 : 3 = 3 : x$
∴ $x = 9$
(2) $125 : x = 25 : 5$에서 $125 : x = 5 : 1$
$5x = 125$ ∴ $x = 25$

04 답 (1) ○ (2) × (3) × (4) ×
$\angle AOB : \angle COD = 25 : 100 = 1 : 4$
(1) 한 원에서 중심각의 크기와 호의 길이는 정비례하므로
$\overset{\frown}{AB} = \dfrac{1}{4}\overset{\frown}{CD}$
(2) 한 원에서 중심각의 크기와 현의 길이는 정비례하지 않으
므로 $\overline{CD} \neq 4\overline{AB}$
(3) $\triangle OCD$는 이등변삼각형이므로 $\overline{OD} \neq \overline{CD}$
(4) 한 원에서 중심각의 크기와 삼각형의 넓이는 정비례하지
않으므로 $\triangle AOB \neq \dfrac{1}{4}\triangle COD$

개념 **13** 원의 중심과 현의 수직이등분선　22쪽

01 답 (1) 3　(2) 4

(1) $\overline{AB} \perp \overline{OM}$이므로

$\overline{BM} = \overline{AM} = 3$　∴ $x = 3$

(2) $\overline{AB} \perp \overline{OM}$이므로

$\overline{AB} = 2\overline{AM} = 2 \times 2 = 4$　∴ $x = 4$

02 답 (1) 4　(2) $8\sqrt{2}$　(3) $4\sqrt{5}$

(1) $\overline{AB} \perp \overline{OM}$이므로

$\overline{AM} = \dfrac{1}{2}\overline{AB} = \dfrac{1}{2} \times 6 = 3$

따라서 직각삼각형 OAM에서

$x = \sqrt{5^2 - 3^2} = \sqrt{16} = 4$

(2) 직각삼각형 OMA에서

$\overline{AM} = \sqrt{9^2 - 7^2} = \sqrt{32} = 4\sqrt{2}$

$\overline{AB} \perp \overline{OM}$이므로 $x = 2\overline{AM} = 2 \times 4\sqrt{2} = 8\sqrt{2}$

(3) $\overline{AB} \perp \overline{OM}$이므로

$\overline{BM} = \dfrac{1}{2}\overline{AB} = \dfrac{1}{2} \times 16 = 8$

따라서 직각삼각형 OMB에서

$x = \sqrt{8^2 + 4^2} = \sqrt{80} = 4\sqrt{5}$

03 답 (1) 3 cm　(2) $6\sqrt{3}$ cm

(1) $\overline{OM} = \dfrac{1}{2}\overline{OC} = \dfrac{1}{2}\overline{OB} = \dfrac{1}{2} \times 6 = 3(\text{cm})$

(2) 직각삼각형 OMB에서

$\overline{BM} = \sqrt{6^2 - 3^2} = \sqrt{27} = 3\sqrt{3}(\text{cm})$

$\overline{AB} \perp \overline{OM}$이므로

$\overline{AB} = 2\overline{BM} = 2 \times 3\sqrt{3} = 6\sqrt{3}(\text{cm})$

04 답 (1) $\dfrac{17}{2}$　(2) $\dfrac{29}{3}$　(3) 13

(1) $\overline{OC} = \overline{OA} = x$이므로 $\overline{OM} = x - 1$

직각삼각형 OAM에서 $x^2 = 4^2 + (x-1)^2$

$2x = 17$　∴ $x = \dfrac{17}{2}$

(2) $\overline{AB} \perp \overline{OM}$이므로

$\overline{AM} = \dfrac{1}{2}\overline{AB} = \dfrac{1}{2} \times 14 = 7$

$\overline{OC} = \overline{OA} = x$이므로 $\overline{OM} = x - 3$

직각삼각형 OAM에서 $x^2 = 7^2 + (x-3)^2$

$6x = 58$　∴ $x = \dfrac{29}{3}$

(3) $\overline{AB} \perp \overline{OM}$이므로

$\overline{BM} = \overline{AM} = 12$

$\overline{OC} = \overline{OB} = x$이므로 $\overline{OM} = x - 8$

직각삼각형 OBM에서 $x^2 = 12^2 + (x-8)^2$

$16x = 208$　∴ $x = 13$

개념 **14** 현의 길이　23쪽

01 답 (1) 12　(2) 5　(3) 7

(1) $\overline{OM} = \overline{ON}$이므로

$\overline{CD} = \overline{AB} = 12$　∴ $x = 12$

(2) $\overline{AB} = \overline{CD}$이므로

$\overline{ON} = \overline{OM} = 5$　∴ $x = 5$

(3) $\overline{OM} = \overline{ON}$이므로

$\overline{CD} = \overline{AB} = 14$

$\overline{CD} \perp \overline{ON}$이므로

$\overline{CN} = \dfrac{1}{2}\overline{CD} = \dfrac{1}{2} \times 14 = 7$　∴ $x = 7$

02 답 (1) 12　(2) 5

(1) 직각삼각형 OMB에서

$\overline{BM} = \sqrt{10^2 - 8^2} = \sqrt{36} = 6$

$\overline{AB} \perp \overline{OM}$이므로

$\overline{AB} = 2\overline{BM} = 2 \times 6 = 12$

$\overline{OM} = \overline{ON}$이므로

$\overline{CD} = \overline{AB} = 12$　∴ $x = 12$

(2) $\overline{AB} \perp \overline{OM}$이므로

$\overline{AB} = 2\overline{AM} = 2 \times 12 = 24$

$\overline{CD} \perp \overline{ON}$이므로

$\overline{CD} = 2\overline{CN} = 2 \times 12 = 24$

즉, $\overline{AB} = \overline{CD}$이므로 $\overline{OM} = \overline{ON} = x$

직각삼각형 OAM에서

$x = \sqrt{13^2 - 12^2} = \sqrt{25} = 5$

03 답 (1) 3 cm　(2) $2\sqrt{7}$ cm　(3) $3\sqrt{7}$ cm²

(1) $\overline{AB} = \overline{CD}$이므로 $\overline{OM} = \overline{ON} = 3$ cm

(2) 직각삼각형 OAM에서

$\overline{AM} = \sqrt{4^2 - 3^2} = \sqrt{7}(\text{cm})$

$\overline{AB} \perp \overline{OM}$이므로

$\overline{AB} = 2\overline{AM} = 2 \times \sqrt{7} = 2\sqrt{7}(\text{cm})$

(3) $\triangle OAB = \dfrac{1}{2} \times 2\sqrt{7} \times 3 = 3\sqrt{7}(\text{cm}^2)$

04 답 (1) 65°　(2) 70°　(3) 50°

(1) $\overline{OM} = \overline{ON}$이므로 $\overline{AB} = \overline{AC}$

즉, $\triangle ABC$는 $\overline{AB} = \overline{AC}$인 이등변삼각형이므로

$\angle x = \angle B = 65°$

(2) $\overline{OM} = \overline{ON}$이므로 $\overline{AB} = \overline{AC}$

즉, $\triangle ABC$는 $\overline{AB} = \overline{AC}$인 이등변삼각형이므로

$\angle x = 180° - 2 \times 55° = 70°$

(3) $\overline{OM} = \overline{ON}$이므로 $\overline{AB} = \overline{AC}$

즉, $\triangle ABC$는 $\overline{AB} = \overline{AC}$인 이등변삼각형이므로

$\angle x = \dfrac{1}{2} \times (180° - 80°) = 50°$

01 $4\sqrt{6}$ cm	02 5π cm 03 $2\sqrt{3}$ cm
04 16π cm²	05 ④ 06 $x=8, y=6$
07 $65°$	08 18 cm

01 직각삼각형 OAM에서
$\overline{AM}=\sqrt{7^2-5^2}=\sqrt{24}=2\sqrt{6}(cm)$
$\overline{AB}\perp\overline{OM}$이므로
$\overline{AB}=2\overline{AM}=2\times2\sqrt{6}=4\sqrt{6}(cm)$

02 $\overline{AB}\perp\overline{OM}$이므로 $\overline{AM}=\overline{BM}=2$ cm
원 O의 반지름의 길이를 x cm라 하면
$\overline{OC}=\overline{OA}=x$ cm이므로 $\overline{OM}=(x-1)$ cm
직각삼각형 OAM에서
$x^2=2^2+(x-1)^2,\ 2x=5$ ∴ $x=\dfrac{5}{2}$
따라서 원 O의 둘레의 길이는
$2\pi\times\dfrac{5}{2}=5\pi(cm)$

03 오른쪽 그림과 같이 원의 중심 O에서
$\overline{AB}$에 내린 수선의 발을 M이라 하고
원 O의 반지름의 길이를 x cm라 하면
$\overline{OM}=\dfrac{1}{2}\overline{OA}=\dfrac{1}{2}x(cm)$
$\overline{AB}\perp\overline{OM}$이므로
$\overline{AM}=\dfrac{1}{2}\overline{AB}=\dfrac{1}{2}\times6=3(cm)$
직각삼각형 OAM에서
$x^2=\left(\dfrac{1}{2}x\right)^2+3^2$
$\dfrac{3}{4}x^2=9,\ x^2=12$ ∴ $x=2\sqrt{3}$ $(\because x>0)$
따라서 원 O의 반지름의 길이는 $2\sqrt{3}$ cm이다.

04 오른쪽 그림에서 $\overline{AB}$는 작은 원의 접선
이므로 $\overline{AB}\perp\overline{OM}$
∴ $\overline{AM}=\dfrac{1}{2}\overline{AB}=\dfrac{1}{2}\times8$
$=4(cm)$
큰 원의 반지름의 길이를 R cm, 작은
원의 반지름의 길이를 r cm라 하면 직각삼각형 OAM에서
$R^2=4^2+r^2$ ∴ $R^2-r^2=16$
이때 색칠한 부분의 넓이는 큰 원의 넓이에서 작은 원의 넓이
를 뺀 것과 같으므로
$\pi R^2-\pi r^2=\pi(R^2-r^2)=\pi\times16=16\pi(cm^2)$

05 ①, ② $\overline{AB}\perp\overline{OM}$이므로 $\overline{AM}=\overline{BM}=\dfrac{1}{2}\overline{AB}$,
$\overline{CD}\perp\overline{ON}$이므로 $\overline{CN}=\overline{DN}=\dfrac{1}{2}\overline{CD}$
이때 $\overline{AM}=\overline{CN}$이므로
$\overline{BM}=\overline{DN}$, $\overline{AB}=\overline{CD}$
③, ⑤ $\overline{AB}=\overline{CD}$이므로 $\overline{OM}=\overline{ON}$, $\angle AOB=\angle COD$
④ $\angle AOB=\angle BOD$인지 알 수 없으므로 $\overarc{AB}=\overarc{BD}$인지
알 수 없다.
따라서 옳지 않은 것은 ④이다.

06 직각삼각형 ODN에서
$\overline{DN}=\sqrt{10^2-6^2}=\sqrt{64}=8$
$\overline{CD}\perp\overline{ON}$이므로
$\overline{CN}=\overline{DN}=8$ ∴ $x=8$
또, $\overline{CD}=2\overline{DN}=2\times8=16$이므로
$\overline{AB}=\overline{CD}$
∴ $\overline{OM}=\overline{ON}=6$ ∴ $y=6$

07 □AMON에서
$\angle A=360°-(90°+90°+130°)=50°$
$\overline{OM}=\overline{ON}$이므로 $\overline{AB}=\overline{AC}$
즉, △ABC는 $\overline{AB}=\overline{AC}$인 이등변삼각형이므로
$\angle B=\dfrac{1}{2}\times(180°-50°)=65°$

08 $\overline{AB}\perp\overline{OD}$이므로
$\overline{AB}=2\overline{AD}=2\times3=6(cm)$
$\overline{OD}=\overline{OE}=\overline{OF}$이므로 $\overline{AB}=\overline{BC}=\overline{CA}$
따라서 △ABC는 정삼각형이므로 구하는 둘레의 길이는
$\overline{AB}+\overline{BC}+\overline{CA}=3\overline{AB}=3\times6=18(cm)$

❷ 원의 접선 (1)

익힘문제

개념 15 원의 접선과 반지름
25쪽

01 답 (1) $40°$ (2) $25°$ (3) $52°$
(1) △PAO에서 $\angle PAO=90°$이므로
$\angle x+50°=90°$ ∴ $\angle x=40°$
(2) △PAO에서 $\angle PAO=90°$이므로
$\angle x+65°=90°$ ∴ $\angle x=25°$
(3) △POA에서 $\angle PAO=90°$이므로
$\angle x+38°=90°$ ∴ $\angle x=52°$

02 답 (1) $130°$ (2) $70°$

(1) $\angle PAO = \angle PBO = 90°$이므로
$50° + \angle x = 180°$ ∴ $\angle x = 130°$

(2) $\angle PAO = \angle PBO = 90°$이므로
$110° + \angle x = 180°$ ∴ $\angle x = 70°$

03 답 (1) $120°$ (2) $\dfrac{8}{3}\pi$ cm

(1) $\angle PAO = \angle PBO = 90°$이므로
$60° + \angle x = 180°$ ∴ $\angle x = 120°$

(2) $\overgroup{AB} = 2\pi \times 4 \times \dfrac{120}{360} = \dfrac{8}{3}\pi\,(\text{cm})$

04 답 (1) $2\sqrt{21}$ (2) $4\sqrt{2}$ (3) 4

(1) $\angle PAO = 90°$이므로 직각삼각형 POA에서
$x = \sqrt{10^2 - 4^2} = \sqrt{84} = 2\sqrt{21}$

(2) $\overline{OA} = \overline{OB} = 2$ cm, $\angle PAO = 90°$이므로
직각삼각형 PAO에서
$x = \sqrt{(4+2)^2 - 2^2} = \sqrt{32} = 4\sqrt{2}$

(3) $\overline{OA} = \overline{OB} = 6$ cm, $\angle PAO = 90°$이므로
직각삼각형 PAO에서 $(x+6)^2 = 8^2 + 6^2$
$x^2 + 12x - 64 = 0$, $(x+16)(x-4) = 0$
∴ $x = 4$ ($\because x > 0$)

개념 16 원의 접선의 길이
26쪽

01 답 (1) $x = 4$, $y = 70$ (2) $x = 10$, $y = 52$

(1) $\overline{PB} = \overline{PA} = 4$이므로 $x = 4$
△PBA는 이등변삼각형이므로
$\angle PBA = \dfrac{1}{2} \times (180° - 40°) = 70°$ ∴ $y = 70$

(2) $\overline{PA} = \overline{PB} = 10$이므로 $x = 10$
△PBA는 이등변삼각형이므로
$\angle APB = 180° - 2 \times 64° = 52°$ ∴ $y = 52$

02 답 (1) 12 (2) $\sqrt{55}$ (3) 12

(1) $\angle PBO = 90°$이므로 직각삼각형 PBO에서
$\overline{PB} = \sqrt{13^2 - 5^2} = \sqrt{144} = 12\,(\text{cm})$
$\overline{PA} = \overline{PB} = 12$ cm이므로 $x = 12$

(2) $\overline{PO} = 5 + 3 = 8\,(\text{cm})$
$\angle PBO = 90°$이므로 직각삼각형 PBO에서
$\overline{PB} = \sqrt{8^2 - 3^2} = \sqrt{55}\,(\text{cm})$
$\overline{PA} = \overline{PB} = \sqrt{55}$ cm이므로 $x = \sqrt{55}$

(3) $\overline{PO} = 6 + 9 = 15\,(\text{cm})$, $\overline{OA} = 9$ cm이고
$\angle PAO = 90°$이므로 직각삼각형 POA에서

$\overline{PA} = \sqrt{15^2 - 9^2} = \sqrt{144} = 12\,(\text{cm})$
$\overline{PB} = \overline{PA} = 12$ cm이므로 $x = 12$

03 답 (1) 9 cm (2) $3\sqrt{3}$ cm

(1) $\angle PAO = \angle PBO = 90°$이므로
$120° + \angle APB = 180°$ ∴ $\angle APB = 60°$
$\overline{PA} = \overline{PB}$이므로 △PAB는 한 변의 길이가 9 cm인
정삼각형이다.
∴ $\overline{AB} = \overline{PA} = 9$ cm

(2) 오른쪽 그림과 같이 $\overline{OP}$를 그
으면 △PAO ≡ △PBO
(RHS 합동)이므로
$\angle APO = \angle BPO = 30°$
직각삼각형 PAO에서 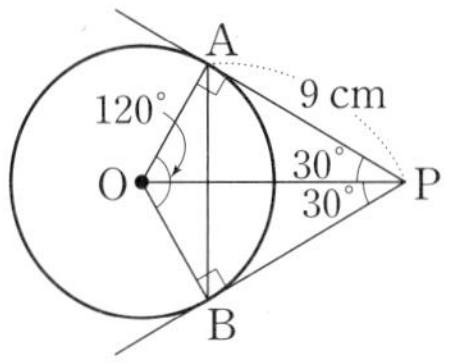
$\overline{OA} = 9 \tan 30° = 9 \times \dfrac{\sqrt{3}}{3} = 3\sqrt{3}\,(\text{cm})$

04 답 ㄱ, ㄷ

ㄱ, ㄷ. 원 밖의 한 점에서 그 원에 그은 두 접선의 길이는 서로
같으므로
$\overline{AD} = \overline{AF}$, $\overline{CE} = \overline{CF}$
이상에서 옳은 것은 ㄱ, ㄷ이다.

05 답 (1) 4 (2) 5

(1) $\overline{AF} = \overline{AD} = \overline{AB} + \overline{BD} = 10 + 3 = 13\,(\text{cm})$
∴ $\overline{CF} = \overline{AF} - \overline{AC} = 13 - 9 = 4\,(\text{cm})$
∴ $x = 4$

(2) $\overline{BE} = \overline{BD} = \overline{AD} - \overline{AB} = 8 - 5 = 3\,(\text{cm})$
$\overline{AF} = \overline{AD} = 8$ cm이므로
$\overline{CE} = \overline{CF} = \overline{AF} - \overline{AC} = 8 - 6 = 2\,(\text{cm})$
∴ $\overline{BC} = \overline{BE} + \overline{CE} = 3 + 2 = 5\,(\text{cm})$
∴ $x = 5$

> **이런 풀이 어때요?**
>
> (2) $\overline{AF} = \overline{AD} = 8$ cm이고
> $\overline{AB} + \overline{BC} + \overline{CA} = \overline{AD} + \overline{AF}$이므로
> $5 + x + 6 = 8 + 8$ ∴ $x = 5$

필수문제
27쪽

01 $2\sqrt{10}$ cm	**02** 9π cm^2	**03** ③
04 $46°$	**05** 46 cm	**06** $3\sqrt{3}$ cm	**07** 9 cm
08 4π cm^2		

01 ∠OAP=90°이므로 직각삼각형 POA에서

$$\overline{AP}=\sqrt{7^2-3^2}=\sqrt{40}=2\sqrt{10}\,(cm)$$

02 원 O의 반지름의 길이를 r cm라 하면 $\overline{OA}=\overline{OB}=r$ cm

∠PAO=90°이므로 직각삼각형 PAO에서

$(r+2)^2=r^2+4^2$, $4r=12$ $\qquad$ ∴ $r=3$

따라서 원 O의 넓이는 $\pi\times3^2=9\pi\,(cm^2)$

03 ① $\overline{OA}$, $\overline{OB}$는 원 O의 반지름이므로 $\overline{OA}=\overline{OB}$

② $\overline{PA}$는 원 O의 접선이므로 ∠PAO=90°

③ $\overline{PA}$, $\overline{PB}$는 원 O의 접선이므로 $\overline{PA}=\overline{PB}$이지만

∠APB=60°인 경우를 제외하면 $\overline{PA}\neq\overline{AB}$이다.

④ △PAO와 △PBO에서

∠PAO=∠PBO=90°, $\overline{OA}=\overline{OB}$, $\overline{PO}$는 공통

∴ △PAO≡△PBO (RHS 합동)

⑤ ∠PAO=∠PBO=90°이므로

∠APB+∠AOB=180°

따라서 옳지 않은 것은 ③이다.

04 ∠PAO=90°이므로 ∠PAB=90°-23°=67°

이때 $\overline{PA}=\overline{PB}$이므로 △PAB는 이등변삼각형이다.

∴ ∠APB=180°-2×67°=46°

05 ∠PAO=90°이므로 직각삼각형 POA에서

$$\overline{PA}=\sqrt{17^2-8^2}=\sqrt{225}=15\,(cm)$$

$\overline{PB}=\overline{PA}=15$ cm이므로 □APBO의 둘레의 길이는

$\overline{PA}+\overline{PB}+\overline{OA}+\overline{OB}=2(\overline{PA}+\overline{OA})$

$\qquad\qquad\qquad\qquad\qquad=2\times(15+8)=46\,(cm)$

06 오른쪽 그림과 같이 $\overline{PO}$를 그으면

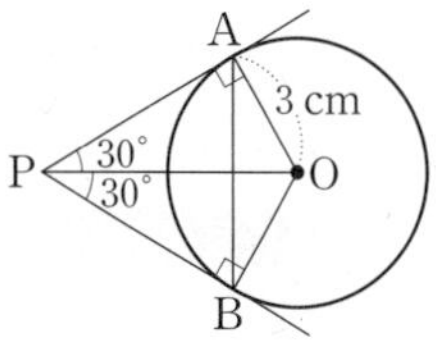

△PAO≡△PBO (RHS 합동)

이므로

∠APO=∠BPO=30°

직각삼각형 POA에서

$$\overline{PA}=\frac{3}{\tan30°}=3\div\frac{\sqrt{3}}{3}=3\times\frac{3}{\sqrt{3}}=3\sqrt{3}\,(cm)$$

이때 $\overline{PA}=\overline{PB}$이므로 △PBA는 정삼각형이다.

∴ $\overline{AB}=\overline{PA}=3\sqrt{3}$ cm

07 $\overline{BD}=\overline{BE}$, $\overline{CE}=\overline{CF}$이므로

$\overline{AD}+\overline{AF}=\overline{AB}+\overline{BC}+\overline{AC}=6+5+7=18\,(cm)$

이때 $\overline{AD}=\overline{AF}$이므로 $2\overline{AF}=18$

∴ $\overline{AF}=9\,(cm)$

08 $\overline{DE}=\overline{DA}=4$ cm, $\overline{CE}=\overline{CB}=2$ cm이므로

$\overline{CD}=\overline{CE}+\overline{DE}=2+4=6\,(cm)$

오른쪽 그림과 같이 점 C에서 $\overline{AD}$에 내린 수선의 발을 H라 하면

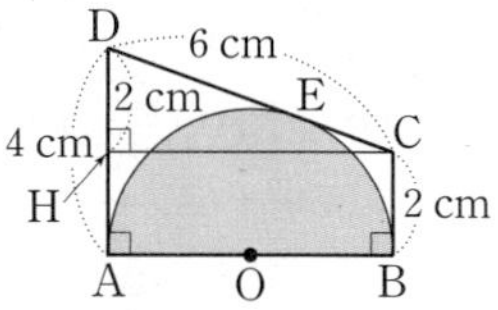

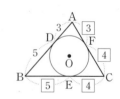

$\overline{AH}=\overline{BC}=2$ cm이므로

$\overline{DH}=\overline{AD}-\overline{AH}$

$\qquad=4-2=2\,(cm)$

직각삼각형 DHC에서

$$\overline{CH}=\sqrt{6^2-2^2}=\sqrt{32}=4\sqrt{2}\,(cm)$$

∴ $\overline{AB}=\overline{CH}=4\sqrt{2}$ cm

반원 O의 반지름의 길이가

$\dfrac{1}{2}\overline{AB}=\dfrac{1}{2}\times4\sqrt{2}=2\sqrt{2}\,(cm)$

이므로 그 넓이는 $\dfrac{1}{2}\times\pi\times(2\sqrt{2})^2=4\pi\,(cm^2)$

❸ 원의 접선 (2)

익힘문제

개념 **17** 삼각형의 내접원

28쪽

01 📖 풀이 참조, 9

$\overline{BE}=\overline{BD}=5$

$\overline{AF}=\overline{AD}=3$이므로

$\overline{CE}=\overline{CF}=\overline{AC}-\overline{AF}$

$\qquad=7-3=4$

∴ $\overline{BC}=\overline{BE}+\overline{CE}=5+4=9$

02 📖 (1) 7 (2) $\dfrac{11}{2}$

(1) $\overline{AD}=\overline{AF}=\overline{AC}-\overline{CF}=11-6=5\,(cm)$

$\overline{CE}=\overline{CF}=6$ cm이므로

$\overline{BD}=\overline{BE}=\overline{BC}-\overline{CE}=8-6=2\,(cm)$

∴ $\overline{AB}=\overline{AD}+\overline{BD}=5+2=7\,(cm)$ $\qquad$ ∴ $x=7$

(2) $\overline{AD}=\overline{AF}=\overline{AC}-\overline{CF}=(9-x)$ cm

$\overline{CE}=\overline{CF}=x$ cm이므로

$\overline{BD}=\overline{BE}=\overline{BC}-\overline{CE}=(12-x)$ cm

이때 $\overline{AB}=\overline{AD}+\overline{BD}$이므로

$10=(9-x)+(12-x)$

$2x=11$ $\qquad$ ∴ $x=\dfrac{11}{2}$

03 📖 22 cm

$\overline{AF}=\overline{AD}=3$ cm이므로

$\overline{CE}=\overline{CF}=\overline{AC}-\overline{AF}=9-3=6\,(cm)$

$\overline{BD}=\overline{BE}=\overline{BC}-\overline{CE}=8-6=2\,(cm)$

따라서 △ABC의 둘레의 길이는
$\overline{AB}+\overline{BC}+\overline{CA}=(3+2)+8+9=22\,(\text{cm})$

04 답 풀이 참조, 3

□ODBE는 정사각형이
므로 $\overline{BD}=\overline{BE}=r$
$\therefore \overline{AF}=\overline{AD}$
$\qquad =\overline{AB}-\overline{BD}$
$\qquad =8-r$
$\overline{CF}=\overline{CE}=\overline{BC}-\overline{BE}=15-r$

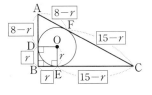

이때 $\overline{AC}=\overline{AF}+\overline{CF}$이므로
$17=(8-r)+(15-r)$
$2r=6$ $\quad\therefore r=3$

05 답 (1) 3 (2) 1

(1) 오른쪽 그림과 같이 $\overline{OE}$를
그으면 □OECF는 정사
각형이므로 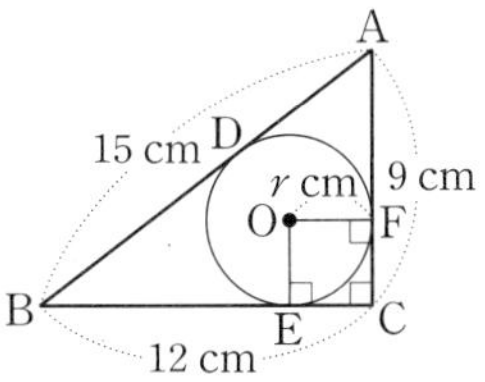
$\overline{CE}=\overline{CF}=r\,\text{cm}$
$\therefore \overline{AD}=\overline{AF}$
$\qquad =\overline{AC}-\overline{CF}=(9-r)\,\text{cm}$
$\overline{BD}=\overline{BE}=\overline{BC}-\overline{CE}=(12-r)\,\text{cm}$
이때 $\overline{AB}=\overline{AD}+\overline{BD}$이므로
$15=(9-r)+(12-r),\ 2r=6$ $\quad\therefore r=3$

(2) 직각삼각형 ABC에서
$\overline{AB}=\sqrt{4^2+3^2}=\sqrt{25}=5\,(\text{cm})$
오른쪽 그림과 같이 $\overline{OE}$를
그으면 □OECF는 정사
각형이므로 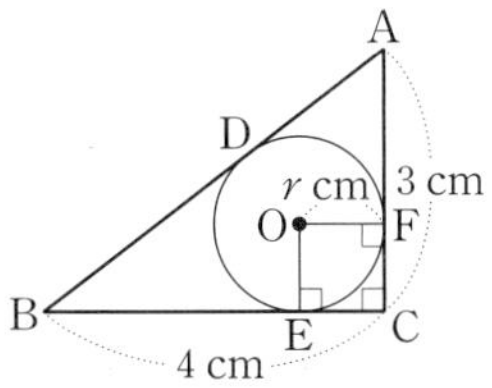
$\overline{CE}=\overline{CF}=r\,\text{cm}$
$\therefore \overline{AD}=\overline{AF}$
$\qquad =\overline{AC}-\overline{CF}=(3-r)\,\text{cm}$
$\overline{BD}=\overline{BE}=\overline{BC}-\overline{CE}=(4-r)\,\text{cm}$
이때 $\overline{AB}=\overline{AD}+\overline{BD}$이므로
$5=(3-r)+(4-r),\ 2r=2$ $\quad\therefore r=1$

06 답 2 cm

오른쪽 그림과 같이 $\overline{OD}$, $\overline{OE}$를 긋고 원 O
의 반지름의 길이를 $r\,\text{cm}$라 하면
□ODBE는 정사각형이므로
$\overline{BD}=\overline{BE}=r\,\text{cm}$
$\overline{AD}=\overline{AF}=10\,\text{cm}$, $\overline{CF}=\overline{CE}=3\,\text{cm}$
이므로
$\overline{AB}=(10+r)\,\text{cm}$, $\overline{BC}=(3+r)\,\text{cm}$,
$\overline{AC}=\overline{AF}+\overline{CF}=10+3=13\,(\text{cm})$

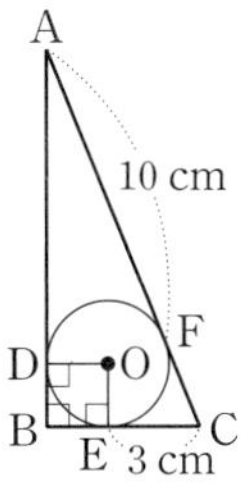

직각삼각형 ABC에서
$13^2=(10+r)^2+(3+r)^2$
$r^2+13r-30=0$
$(r+15)(r-2)=0$ $\quad\therefore r=2\ (\because r>0)$
따라서 원 O의 반지름의 길이는 2 cm이다.

개념 18 원의 외접사각형 29쪽

01 답 (1) 6 (2) 5 (3) 4

$\overline{AB}+\overline{CD}=\overline{AD}+\overline{BC}$이므로
(1) $7+4=5+x$ $\quad\therefore x=6$
(2) $(4+x)+12=8+13$ $\quad\therefore x=5$
(3) $5+2x=6+(x+3)$ $\quad\therefore x=4$

02 답 6π cm

오른쪽 그림과 같이 $\overline{OF}$, $\overline{OG}$를
긋고, 원 O의 반지름의 길이를
$r\,\text{cm}$라 하면 □OFCG는 정사
각형이므로 $\overline{CF}=r\,\text{cm}$
$\overline{AB}+\overline{CD}=\overline{AD}+\overline{BC}$이므로
$8+5=6+(4+r)$
$\therefore r=3$
따라서 원 O의 둘레의 길이는 $2\pi\times3=6\pi\,(\text{cm})$

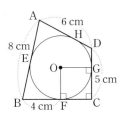

03 답 (1) 13 (2) 8 (3) 1

(1) 오른쪽 그림과 같이 $\overline{OG}$, $\overline{OH}$
를 그으면 □OFCG,
□OGDH는 정사각형이므로 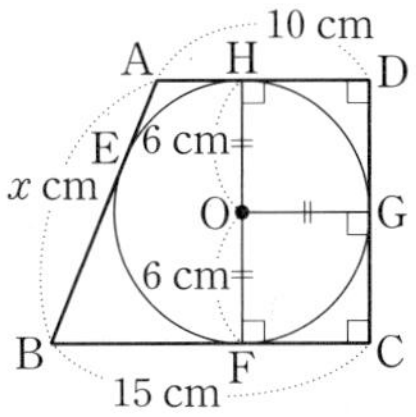
$\overline{CD}=\overline{FH}=2\overline{OF}$
$\qquad =2\times6=12\,(\text{cm})$
이때 $\overline{AB}+\overline{CD}=\overline{AD}+\overline{BC}$이므로
$x+12=10+15$
$\therefore x=13$

(2) 오른쪽 그림과 같이 $\overline{OF}$, $\overline{OH}$
를 그으면 □OEBF,
□OHAE는 정사각형이므
로 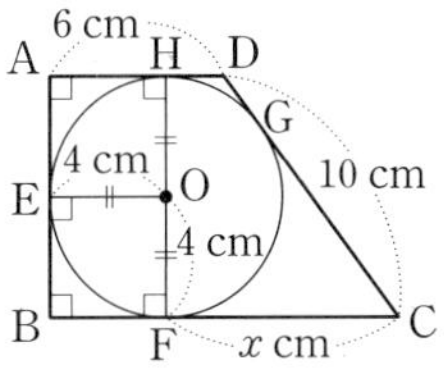
$\overline{AB}=\overline{HF}=2\overline{OE}$
$\qquad =2\times4=8\,(\text{cm})$
$\overline{BF}=\overline{OE}=4\,\text{cm}$
이때 $\overline{AB}+\overline{CD}=\overline{AD}+\overline{BC}$이므로
$8+10=6+(4+x)$
$\therefore x=8$

(3) 오른쪽 그림과 같이 $\overline{OE}$, $\overline{OF}$를 그으면 $\square OEBF$, $\square OHAE$는 정사각형이므로

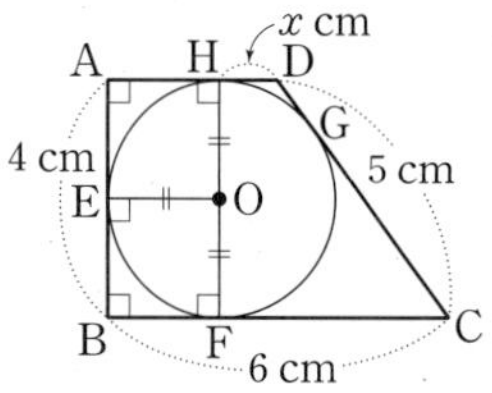

$$\overline{AH}=\overline{AE}=\frac{1}{2}\overline{AB}$$

$$=\frac{1}{2}\times 4=2(cm)$$

이때 $\overline{AB}+\overline{CD}=\overline{AD}+\overline{BC}$이므로

$$4+5=(2+x)+6 \qquad \therefore x=1$$

04 답 (1) 6 cm (2) $(x+6)$ cm (3) 6

(1) 직각삼각형 DEC에서
$$\overline{CE}=\sqrt{10^2-8^2}=\sqrt{36}=6(cm)$$

(2) $\overline{AD}=\overline{BC}=\overline{BE}+\overline{CE}=(x+6)$ cm

(3) $\overline{AB}+\overline{DE}=\overline{AD}+\overline{BE}$이므로
$$8+10=(x+6)+x$$
$$2x=12 \qquad \therefore x=6$$

필수문제
30쪽

01 7 cm	**02** 9π cm^2	**03** 11 cm	**04** 4
05 4	**06** 5 cm	**07** 76 cm^2	**08** 13 cm

01 $\overline{AF}=\overline{AD}=3$ cm, $\overline{BD}=\overline{BE}=4$ cm

$\overline{CE}=x$ cm라 하면 $\overline{CF}=\overline{CE}=x$ cm

이때 $\triangle ABC$의 둘레의 길이가 28 cm이므로
$$2(3+4+x)=28$$
$$7+x=14 \qquad \therefore x=7$$
$$\therefore \overline{CE}=7\text{ cm}$$

02 오른쪽 그림과 같이 $\overline{OD}$, $\overline{OE}$를 긋고, 원 O의 반지름의 길이를 r cm라 하면 $\square ODBE$는 정사각형이므로

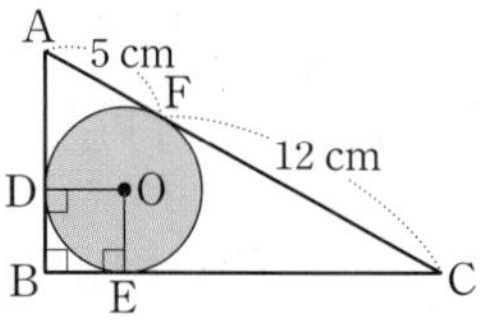

$\overline{BD}=\overline{BE}=r$ cm

$\overline{AD}=\overline{AF}=5$ cm, $\overline{CE}=\overline{CF}=12$ cm이므로

$\overline{AB}=\overline{AD}+\overline{BD}=(5+r)$ cm

$\overline{BC}=\overline{BE}+\overline{CE}=(12+r)$ cm

직각삼각형 ABC에서
$$17^2=(5+r)^2+(12+r)^2$$
$$r^2+17r-60=0, (r+20)(r-3)=0$$
$$\therefore r=3 \ (\because r>0)$$

따라서 원 O의 넓이는 $\pi\times 3^2=9\pi(cm^2)$

03 오른쪽 그림과 같이 원 O가 $\triangle ABC$의 세 변 AB, BC, CA와 만나는 점을 각각 P, Q, R라 하고 $\overline{BP}=x$ cm라 하면

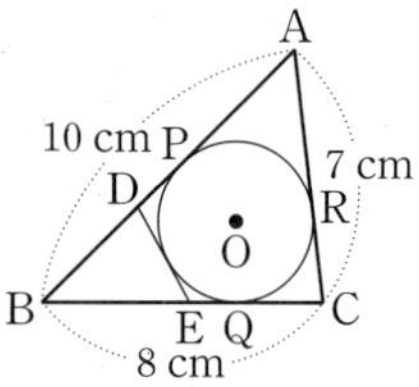

$\overline{BQ}=\overline{BP}=x$ cm

$\therefore \overline{AR}=\overline{AP}=\overline{AB}-\overline{BP}=(10-x)$ cm

$\overline{CR}=\overline{CQ}=\overline{BC}-\overline{BQ}=(8-x)$ cm

이때 $\overline{AC}=\overline{AR}+\overline{CR}$이므로
$$7=(10-x)+(8-x)$$
$$2x=11 \qquad \therefore x=\frac{11}{2}$$
$$\therefore (\triangle BED\text{의 둘레의 길이})=2\overline{BP}=2\times\frac{11}{2}=11(cm)$$

04 $\overline{AB}+\overline{CD}=\overline{AD}+\overline{BC}$이므로
$$(x+1)+(2x+1)=x+10$$
$$2x=8 \qquad \therefore x=4$$

05 $\overline{BE}=\overline{BF}=5$ cm이고

$\overline{AB}+\overline{CD}=\overline{AD}+\overline{BC}$이므로
$$(y+5)+14=x+(5+10)$$
$$y+19=x+15 \qquad \therefore x-y=4$$

06 직각삼각형 ABC에서
$$\overline{AB}=\sqrt{10^2-8^2}=\sqrt{36}=6(cm)$$

이때 $\overline{AB}+\overline{CD}=\overline{AD}+\overline{BC}$이므로
$$6+7=\overline{AD}+8 \qquad \therefore \overline{AD}=5(cm)$$

07 오른쪽 그림과 같이 $\overline{OE}$, $\overline{OH}$를 그으면 $\square OEBF$, $\square OHAE$는 정사각형이므로

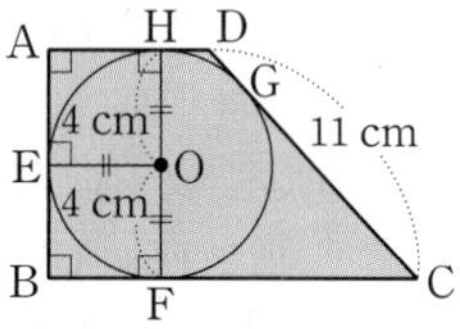

$\overline{AB}=\overline{HF}=2\overline{OF}$

$$=2\times 4=8(cm)$$

$\overline{AD}+\overline{BC}=\overline{AB}+\overline{CD}=8+11=19(cm)$

$$\therefore \square ABCD=\frac{1}{2}\times(\overline{AD}+\overline{BC})\times 8$$
$$=\frac{1}{2}\times 19\times 8=76(cm^2)$$

08 $\overline{DE}=x$ cm라 하면

$\overline{AB}+\overline{DE}=\overline{AD}+\overline{BE}$에서

$\overline{AB}=\overline{DC}=12$ cm이므로
$$12+x=15+\overline{BE} \qquad \therefore \overline{BE}=x-3(cm)$$

$\overline{CE}=15-(x-3)=18-x(cm)$이므로

직각삼각형 DEC에서 $x^2=(18-x)^2+12^2$
$$36x=468 \qquad \therefore x=13$$
$$\therefore \overline{DE}=13\text{ cm}$$

04 원주각

개념 정리 31쪽

① 원주각   **②** $\dfrac{1}{2}$ **③** AOB   **④** 90   **⑤** 90

⑥ CQD   **⑦** $\overset{\frown}{CD}$ **⑧** 정비례   **⑨** 180   **⑩** 180

⑪ A   **⑫** 원주각   **⑬** BCA

① 원주각의 성질

익힘문제

개념 19 원주각과 중심각의 크기   32쪽

01 📍 (1) $40°$ (2) $100°$ (3) $200°$

(1) $\angle x = \dfrac{1}{2}\angle AOB = \dfrac{1}{2}\times 80° = 40°$

(2) $\angle x = 2\angle APB = 2\times 50° = 100°$

(3) $\angle x = 2\angle APB = 2\times 100° = 200°$

02 📍 (1) $\angle x = 35°$, $\angle y = 35°$ (2) $\angle x = 220°$, $\angle y = 70°$

(1) $\angle x = \dfrac{1}{2}\angle AOB = \dfrac{1}{2}\times 70° = 35°$

△OBP는 $\overline{OB} = \overline{OP}$인 이등변삼각형이므로

$\angle y = \angle OPB = 35°$

(2) $\angle x = 2\angle AQB = 2\times 110° = 220°$

$\angle y = \dfrac{1}{2}\times(360° - 220°) = 70°$

03 📍 (1) $116°$ (2) $25°$

(1) 오른쪽 그림과 같이 $\overline{OB}$를 그으면

$\angle AOB = 2\angle APB$
$= 2\times 20° = 40°$

$\angle BOC = 2\angle BQC$
$= 2\times 38° = 76°$

$\therefore \angle x = \angle AOB + \angle BOC$
$= 40° + 76° = 116°$

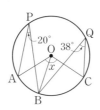

(2) 오른쪽 그림과 같이 $\overline{OB}$를 그으면

$\angle AOB = 2\angle APB$
$= 2\times 30° = 60°$

이므로

$\angle BOC = \angle AOC - \angle AOB$
$= 110° - 60° = 50°$

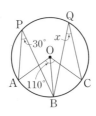

04 📍 (1) $55°$ (2) $60°$

(1) 오른쪽 그림과 같이 $\overline{OA}$, $\overline{OB}$를 그으면

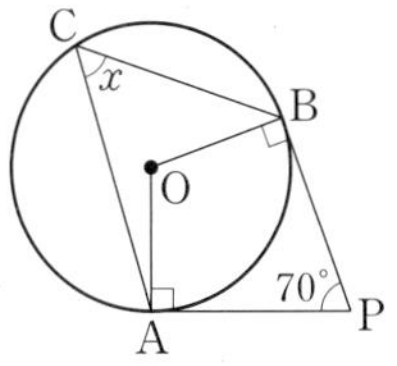

$\angle PAO = \angle PBO = 90°$

이므로

$\angle AOB + 70° = 180°$

$\therefore \angle AOB = 110°$

$\therefore \angle x = \dfrac{1}{2}\angle AOB = \dfrac{1}{2}\times 110° = 55°$

(2) 오른쪽 그림과 같이 $\overline{OA}$, $\overline{OB}$를 그으면

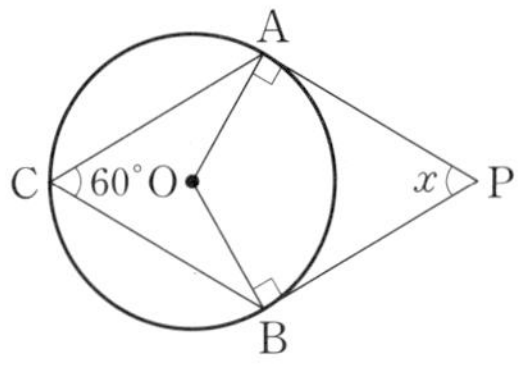

$\angle AOB = 2\angle ACB$
$= 2\times 60°$
$= 120°$

$\angle PAO = \angle PBO = 90°$이므로

$120° + \angle x = 180°$

$\therefore \angle x = 60°$

∴ $\angle x = \dfrac{1}{2}\angle BOC$
$= \dfrac{1}{2}\times 50°$
$= 25°$

개념 20 원주각의 성질   33쪽

01 📍 (1) $\angle x = 40°$, $\angle y = 55°$ (2) $\angle x = 30°$, $\angle y = 60°$
(3) $\angle x = 25°$, $\angle y = 50°$

(1) $\angle x = \angle ACB = 40°$ ($\overset{\frown}{AB}$에 대한 원주각)
$\angle y = \angle DAC = 55°$ ($\overset{\frown}{CD}$에 대한 원주각)

(2) $\angle x = \angle ADB = 30°$ ($\overset{\frown}{AB}$에 대한 원주각)
$\angle y = 2\angle ADB = 2\times 30° = 60°$

(3) $\angle x = \angle ACB = 25°$ ($\overset{\frown}{AB}$에 대한 원주각)
$\angle y = 2\angle ACB = 2\times 25° = 50°$

02 📍 (1) $46°$ (2) $75°$

(1) $\angle ADB = \angle AFB = 23°$ ($\overset{\frown}{AB}$에 대한 원주각)

이므로

$\angle BDC = \angle ADC - \angle ADB$
$= 69° - 23° = 46°$

$\therefore \angle x = \angle BDC = 46°$ ($\overset{\frown}{BC}$에 대한 원주각)

(2) △AED에서 $110° = 35° + \angle ADB$

$\therefore \angle ADB = 75°$

$\therefore \angle x = \angle ADB = 75°$ ($\overset{\frown}{AB}$에 대한 원주각)

03 탑 (1) 50° (2) 65° (2) 30°

(1) ∠ACB=90°이므로

∠x=180°−(90°+40°)=50°

(2) ∠ACB=90°이므로

∠x=90°−25°=65°

(3) ∠ACB=90°이므로

∠BCD=90°−60°=30°

∴ ∠x=∠BCD=30° ($\overparen{BD}$에 대한 원주각)

04 탑 풀이 참조

$\overline{AB}$는 원 O의 지름이므로 ∠ACB= 90 °

∠DCB= 90 °−45°= 45 °이므로

∠x=∠DCB= 45 °($\overparen{BD}$에 대한 원주각)

개념21 원주각의 크기와 호의 길이　34쪽

01 탑 (1) 45 (2) 4

(1) $\overparen{AB}$=$\overparen{CD}$이므로

∠CQD=∠APB=45° ∴ x=45

(2) $\overparen{AB}$에 대한 원주각의 크기는

$\frac{1}{2}$×64°=32°

이때 크기가 같은 원주각에 대한 호의 길이는 같으므로

$\overparen{BC}$=$\overparen{AB}$=4 ∴ x=4

02 탑 (1) 6 (2) 60

(1) ∠APB : ∠BQC=$\overparen{AB}$: $\overparen{BC}$이므로

30 : 60=3 : x에서 1 : 2=3 : x

∴ x=6

(2) 오른쪽 그림과 같이 원 위에 한 점

Q를 잡으면

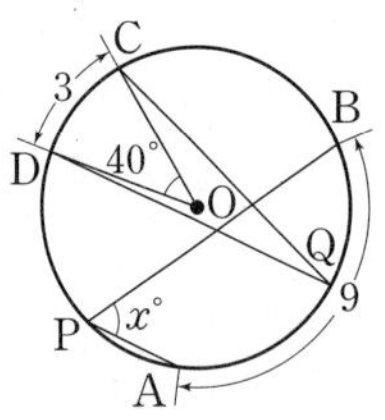

∠CQD=$\frac{1}{2}$∠COD

=$\frac{1}{2}$×40°=20°

∠APB : ∠CQD=$\overparen{AB}$: $\overparen{CD}$이므로

x : 20=9 : 3에서 x : 20=3 : 1

∴ x=60

03 탑 60°

$\overparen{AB}$=$\overparen{CD}$이므로 ∠CBD=∠ACB=30°

따라서 △PBC에서

∠APB=30°+30°=60°

04 탑 13

오른쪽 그림과 같이 $\overline{BC}$를 그으면

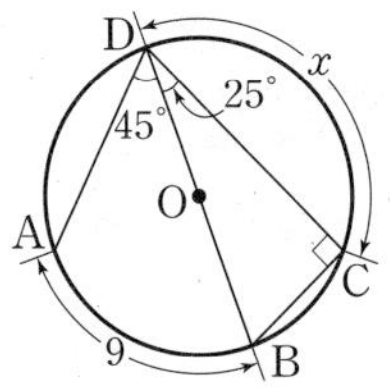

$\overline{BD}$는 원 O의 지름이므로

∠BCD=90°

△BCD에서

∠DBC=180°−(25°+90°)

=65°

∠ADB : ∠DBC=$\overparen{AB}$: $\overparen{CD}$이므로

45 : 65=9 : x에서 9 : 13=9 : x ∴ x=13

05 탑 (1) 45° (2) 75° (3) 60°

∠C : ∠A : ∠B=$\overparen{AB}$: $\overparen{BC}$: $\overparen{CA}$=4 : 3 : 5이므로

(1) ∠A=180°×$\frac{3}{4+3+5}$=45°

(2) ∠B=180°×$\frac{5}{4+3+5}$=75°

(3) ∠C=180°×$\frac{4}{4+3+5}$=60°

필수문제　35~36쪽

01 ∠x=150°, ∠y=75°			**02** 20°	**03** 80°
04 20°	**05** 34°	**06** 63°	**07** 44°	**08** $\frac{4}{5}$
09 72°	**10** 30°	**11** 57°	**12** 14 cm	**13** 4 cm
14 36°	**15** 48°	**16** 6 cm		

01 $\overparen{BAD}$에 대한 중심각의 크기는 2×105°=210°이므로

∠x=360°−210°=150°

∠y=$\frac{1}{2}$∠x=$\frac{1}{2}$×150°=75°

02 ∠AOB=2∠ACB=2×70°=140°

△OAB는 $\overline{OA}$=$\overline{OB}$인 이등변삼각형이므로

∠OAB=$\frac{1}{2}$×(180°−140°)=20°

03 오른쪽 그림과 같이 $\overline{OA}$, $\overline{OB}$를

그으면

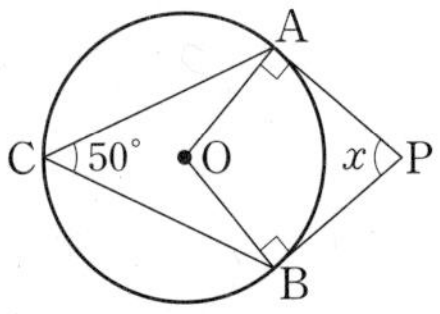

∠AOB=2∠ACB

=2×50°=100°

∠PAO=∠PBO=90°이므로

100°+∠x=180°

∴ ∠x=80°

04 ∠x=∠ACB=55°, ∠y=∠CAD=35°

∴ ∠x−∠y=55°−35°=20°

05 오른쪽 그림과 같이 $\overline{BD}$를 그으면

$$\angle BDC = \frac{1}{2}\angle BOC$$
$$= \frac{1}{2} \times 100° = 50°$$

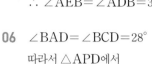

$$\angle ADB = \angle ADC - \angle BDC$$
$$= 84° - 50° = 34°$$
$$\therefore \angle AEB = \angle ADB = 34°$$

06 $\angle BAD = \angle BCD = 28°$

따라서 $\triangle APD$에서
$$\angle x = 35° + 28° = 63°$$

07 $\angle ACB = \angle ADB = 46°$

$\overline{AC}$는 원 O의 지름이므로 $\angle ABC = 90°$

따라서 $\triangle ABC$에서
$$\angle x = 180° - (90° + 46°) = 44°$$

08 오른쪽 그림과 같이 $\overline{CO}$의 연장선을 그어 원 O와 만나는 점을 A'이라 하면

$$\angle BAC = \angle BA'C$$
$$\qquad (\overparen{BC}에 대한 원주각)$$

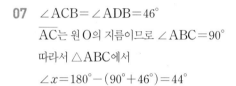

또, $\overline{A'C}$는 원 O의 지름이므로
$$\angle A'BC = 90°,$$
$$\overline{A'C} = 2 \times \overline{OC} = 2 \times 5 = 10(cm)$$

직각삼각형 $A'BC$에서
$$\overline{A'B} = \sqrt{10^2 - 6^2} = \sqrt{64} = 8(cm)$$
$$\therefore \cos A = \cos A' = \frac{\overline{A'B}}{\overline{A'C}} = \frac{8}{10} = \frac{4}{5}$$

09 오른쪽 그림과 같이 $\overline{BC}$를 그으면

$$\angle CBD = \frac{1}{2}\angle COD$$
$$= \frac{1}{2} \times 36° = 18°$$

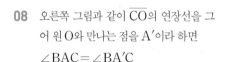

$\overline{AB}$는 원 O의 지름이므로
$$\angle ACB = 90°$$

따라서 $\triangle PCB$에서
$$\angle P = 180° - (90° + 18°) = 72°$$

> **이것만은 꼭!**
>
> **반원에서 원주각의 크기 구하기**
> ❶ 반원이 주어졌으므로 오른쪽 그림과 같이 직각삼각형이 생기도록 보조선을 긋는다.
> ❷ 반원에 대한 원주각의 크기는 90°임을 이용한다.

10 $\overline{AD}$는 원 O의 지름이므로 $\angle APD = 90°$

$\overparen{AB} = \overparen{BC} = \overparen{CD}$이므로 $\angle APB = \angle BPC = \angle CPD$
$$\therefore \angle x = \frac{1}{3}\angle APD = \frac{1}{3} \times 90° = 30°$$

11 $\overline{AB}$는 원 O의 지름이므로 $\angle ACB = 90°$

또, $\overparen{AD} = \overparen{CD}$이므로
$$\angle DBC = \angle ABD = 33°$$

따라서 $\triangle PBC$에서
$$\angle x = 180° - (90° + 33°) = 57°$$

12 $\overline{CD}$는 원 O의 지름이므로 $\angle CBD = 90°$
$$\therefore \angle ABD = 90° - 30° = 60°$$

또, $\angle ABC : \angle ABD = \overparen{AC} : \overparen{AD}$이므로

$30 : 60 = 7 : \overparen{AD}$에서 $1 : 2 = 7 : \overparen{AD}$
$$\therefore \overparen{AD} = 14(cm)$$

13 $\triangle ABP$에서 $75° = \angle BAP + 25°$
$$\therefore \angle BAP = 50°$$

$\angle ABD : \angle BAC = \overparen{AD} : \overparen{BC}$이므로

$25 : 50 = \overparen{AD} : 8$에서 $1 : 2 = \overparen{AD} : 8$

$2\overparen{AD} = 8$ $\qquad \therefore \overparen{AD} = 4(cm)$

14 $\angle C : \angle A : \angle B = \overparen{AB} : \overparen{BC} : \overparen{CA} = 2 : 2 : 1$이므로
$$\angle B = 180° \times \frac{1}{2+2+1} = 36°$$

15 $\overparen{AC}$의 길이가 원주의 $\frac{1}{6}$이므로
$$\angle ADC = 180° \times \frac{1}{6} = 30°$$

$\overparen{BD}$의 길이가 원주의 $\frac{1}{10}$이므로
$$\angle BAD = 180° \times \frac{1}{10} = 18°$$

따라서 $\triangle PAD$에서
$$\angle BPD = \angle PAD + \angle PDA$$
$$= 18° + 30° = 48°$$

16 $\angle AOD = a°$라 하면 $\triangle AOP$는 $\overline{AO} = \overline{AP}$인 이등변삼각형이므로 $\angle P = a°$

$\triangle AOP$에서 $\angle OAB = a° + a° = 2a°$

또, $\triangle OAB$는 $\overline{OA} = \overline{OB}$인 이등변삼각형이므로
$$\angle OBA = \angle OAB = 2a°$$

$\triangle OPB$에서 $\angle COB = a° + 2a° = 3a°$

따라서 $\angle AOD : \angle BOC = \overparen{AD} : \overparen{BC}$이므로

$a : 3a = 2 : \overparen{BC}$에서 $1 : 3 = 2 : \overparen{BC}$
$$\therefore \overparen{BC} = 6(cm)$$

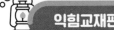

② 원주각의 활용

개념22 네 점이 한 원 위에 있을 조건 37쪽

01 답 (1) × (2) ○ (3) × (4) ○ (5) ○
(1) 두 점 A, D가 $\overline{BC}$에 대하여 같은 쪽에 있지만
∠BAC ≠ ∠BDC이므로 네 점 A, B, C, D는 한 원 위에 있지 않다.
(2) 두 점 B, C가 $\overline{AD}$에 대하여 같은 쪽에 있고
∠ABD = ∠ACD이므로 네 점 A, B, C, D는 한 원 위에 있다.
(3) △ABD에서
∠ADB = 180° − {(60° + 40°) + 40°} = 40°
즉, 두 점 C, D가 $\overline{AB}$에 대하여 같은 쪽에 있지만
∠ADB ≠ ∠ACB이므로 네 점 A, B, C, D는 한 원 위에 있지 않다.
(4) ∠BAC = 90° − 15° = 75°
즉, 두 점 A, D가 $\overline{BC}$에 대하여 같은 쪽에 있고
∠BAC = ∠BDC이므로 네 점 A, B, C, D는 한 원 위에 있다.
(5) △PBD에서
∠BDC = 30° + 20° = 50°
즉, 두 점 A, D가 $\overline{BC}$에 대하여 같은 쪽에 있고
∠BAC = ∠BDC이므로 네 점 A, B, C, D는 한 원 위에 있다.

02 답 (1) ∠x = 37°, ∠y = 100° (2) ∠x = 40°, ∠y = 55°
(3) ∠x = 25°, ∠y = 100°
(1) ∠x = ∠CAD = 37°
△EBC에서
∠y = 180° − (∠x + 43°)
= 180° − (37° + 43°) = 100°
(2) ∠x = ∠BDC = 40°
△ABE에서 95° = ∠x + ∠y이므로
95° = 40° + ∠y ∴ ∠y = 55°
(3) ∠x = ∠BAC = 25°
△PCD에서
∠y = ∠x + 75° = 25° + 75° = 100°

03 답 60°
두 점 B, C가 $\overline{AD}$에 대하여 같은 쪽에 있고
∠ABD = ∠ACD이므로 네 점 A, B, C, D는 한 원 위에 있다.
∴ ∠x = ∠ACB = 60°

개념23 원에 내접하는 사각형의 성질 38쪽

01 답 (1) ∠x = 70°, ∠y = 110° (2) ∠x = 65°, ∠y = 115°
(1) △BCD에서
∠x = 180° − (75° + 35°) = 70°
이때 □ABCD가 원에 내접하므로
∠y + ∠x = 180°
∠y + 70° = 180° ∴ ∠y = 110°
(2) ∠x = $\frac{1}{2}$∠BOD = $\frac{1}{2}$ × 130° = 65°
이때 □ABCD가 원에 내접하므로
∠x + ∠y = 180°
65° + ∠y = 180° ∴ ∠y = 115°

02 답 (1) ∠x = 80°, ∠y = 120° (2) ∠x = 50°, ∠y = 97°
(1) □ABCD가 원에 내접하므로
∠x + 100° = 180° ∴ ∠x = 80°
∠y = ∠ABE = 120°
(2) ∠x = ∠BDC = 50°
□ABCD가 원에 내접하므로
∠y = ∠BAD = 50° + 47° = 97°

03 답 ㄱ, ㄴ, ㄹ
ㄱ. ∠B + ∠D = 77° + 103° = 180°이므로 □ABCD는 원에 내접한다.
ㄴ. ∠DAB = ∠DCE이므로 □ABCD는 원에 내접한다.
ㄷ. ∠DAB = 180° − 70° = 110°이므로
∠DAB ≠ ∠DCE
따라서 □ABCD는 원에 내접하지 않는다.
ㄹ. △ACD에서
∠D = 180° − (30° + 55°) = 95°
∠B + ∠D = 85° + 95° = 180°이므로 □ABCD는 원에 내접한다.
이상에서 □ABCD가 원에 내접하는 것은 ㄱ, ㄴ, ㄹ이다.

04 답 (1) ∠x = 88°, ∠y = 84° (2) ∠x = 30°, ∠y = 100°
(1) □ABCD가 원에 내접하므로
∠x + 92° = 180° ∴ ∠x = 88°
∠y = ∠A = 84°
(2) △BCE에서
85° = 55° + ∠x ∴ ∠x = 30°
이때 □ABCD가 원에 내접하므로
∠y + (∠x + 50°) = 180°
∠y + (30° + 50°) = 180°
∴ ∠y = 100°

필수문제 ━━━━━━━━━━━━ 39쪽

01 ③, ⑤	**02** $119°$	**03** $12°$	**04** $70°$	**05** $360°$			
06 $55°$	**07** ㄴ, ㅁ, ㅂ						

01
① 두 점 A, D가 $\overline{BC}$에 대하여 같은 쪽에 있지만
$\angle BAC \neq \angle BDC$이므로 네 점 A, B, C, D는 한 원 위에 있지 않다.

② $\angle BDC = 90° - 60° = 30°$
두 점 A, D가 $\overline{BC}$에 대하여 같은 쪽에 있지만
$\angle BAC \neq \angle BDC$이므로 네 점 A, B, C, D는 한 원 위에 있지 않다.

③ $\angle A + \angle C = 64° + 116° = 180°$이므로 네 점 A, B, C, D는 한 원 위에 있다.

④ △ABD에서
$\angle BAD = 180° - (30° + 40°) = 110°$
$\angle BAD \neq \angle DCE$이므로 네 점 A, B, C, D는 한 원 위에 있지 않다.

⑤ △APC에서
$\angle DAC = 55° + 25° = 80°$
두 점 A, B가 $\overline{CD}$에 대하여 같은 쪽에 있고
$\angle DAC = \angle DBC$이므로 네 점 A, B, C, D는 한 원 위에 있다.

따라서 네 점 A, B, C, D가 한 원 위에 있는 것은 ③, ⑤이다.

02
$\angle BAC = \angle BDC = 72°$이므로
△ABP에서
$\angle x = 72° + 47° = 119°$

03
□ABCE가 원에 내접하므로
$\angle x + 70° = 180°$ ∴ $\angle x = 110°$
$\angle EAD = \angle ECD = 28°$이므로
△AFE에서
$\angle y = \angle EAF + \angle AEF$
　　$= 28° + 70° = 98°$
∴ $\angle x - \angle y = 110° - 98° = 12°$

04
□ABCD가 원에 내접하므로
$\angle DAB + 80° = 180°$　∴ $\angle DAB = 100°$
△APB에서
$\angle DAB = 30° + \angle x$
$100° = 30° + \angle x$　∴ $\angle x = 70°$

> **이런 풀이 어때요?**
> △DPC에서
> $\angle PDC = 180° - (30° + 80°) = 70°$
> □ABCD가 원에 내접하므로 $\angle x = \angle ADC = 70°$

05 오른쪽 그림과 같이 $\overline{CF}$를 그으면 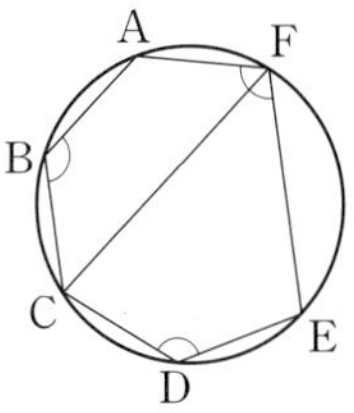
□ABCF가 원에 내접하므로
$\angle B + \angle AFC = 180°$
또, □CDEF가 원에 내접하므로
$\angle D + \angle CFE = 180°$
∴ $\angle B + \angle D + \angle F$
　$= \angle B + \angle D + (\angle AFC + \angle CFE)$
　$= (\angle B + \angle AFC) + (\angle D + \angle CFE)$
　$= 180° + 180°$
　$= 360°$

06 □ABCD가 원에 내접하므로
$\angle CDP = \angle x$
△QBC에서 $\angle QCP = \angle x + 30°$
△DCP에서
$\angle x + (\angle x + 30°) + 40° = 180°$
$2\angle x = 110°$
∴ $\angle x = 55°$

07
ㄴ. 두 밑각의 크기가 같으므로 마주 보는 두 내각의 크기의 합은 $180°$이다.
ㅁ, ㅂ. 네 내각의 크기가 모두 $90°$이므로 마주 보는 두 내각의 크기의 합은 $180°$이다.
이상에서 항상 원에 내접하는 사각형은 ㄴ, ㅁ, ㅂ이다.

❸ 원의 접선과 현이 이루는 각

익힘문제

개념 24 원의 접선과 현이 이루는 각　40쪽

01 답 (1) $67°$ (2) $55°$ (3) $45°$
(1) $\angle x = \angle CAT = 67°$
(2) △ABC에서
$\angle ACB = 180° - (85° + 40°) = 55°$
∴ $\angle x = \angle ACB = 55°$
(3) $\angle BCA = \angle BAT = 75°$
따라서 △ABC에서
$\angle x = 180° - (75° + 60°) = 45°$

02 답 $\angle x=46°$, $\angle y=46°$

$\triangle PAC$에서

$100°=54°+\angle x$ ∴ $\angle x=46°$

∴ $\angle y=\angle x=46°$

03 답 (1) $80°$ (2) $30°$

(1) $\square ABCD$가 원에 내접하므로

$100°+\angle DAB=180°$

∴ $\angle DAB=80°$

(2) $\angle BDA=\angle BAT=70°$이므로

$\triangle ABD$에서

$\angle DBA=180°-(70°+80°)=30°$

04 답 $48°$

$\overline{BC}$가 원 O의 지름이므로

$\angle CAB=90°$

또, $\angle CBA=\angle CAT=42°$이므로

$\triangle ABC$에서

$\angle x=180°-(42°+90°)=48°$

05 답 (1) $47°$ (2) $70°$

(1) $\angle BTQ=\angle BAT=47°$이므로

$\angle DTP=\angle BTQ=47°$ (맞꼭지각)

∴ $\angle x=\angle DTP=47°$

(2) $\angle x=\angle BTQ=\angle CDT=70°$

필수문제 ──────────── 41쪽

01 $71°$	02 $110°$	03 $60°$	04 $60°$	05 ④
06 $53°$	07 (1) $65°$	(2) $47°$		

01 $\angle BCA=\angle BAT=38°$

이때 $\triangle CAB$에서 $\overline{CA}=\overline{CB}$이므로

$\angle x=\dfrac{1}{2}\times(180°-38°)=71°$

02 $\angle BCA=\angle BAT=55°$이므로

$\angle x=2\angle BCA=2\times55°=110°$

03 $\square ABCD$가 원에 내접하므로

$\angle DAB+110°=180°$

∴ $\angle DAB=70°$

$\triangle DAB$에서

$\angle BDA=180°-(50°+70°)=60°$

∴ $\angle x=\angle BDA=60°$

04 오른쪽 그림과 같이 직선 AT 위의

한 점 T'을 잡으면

$\angle BAT'=\angle BCA=45°$이므로

$\angle x=180°-(60°+45°)=75°$

$\angle BDC=\angle x=75°$이고

$\overline{BD}$가 원 O의 지름이므로

$\angle BCD=90°$

따라서 $\triangle BCD$에서

$\angle y=180°-(75°+90°)=15°$

∴ $\angle x-\angle y=75°-15°=60°$

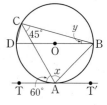

05 ① 오른쪽 그림과 같이 $\overline{AC}$를

그으면

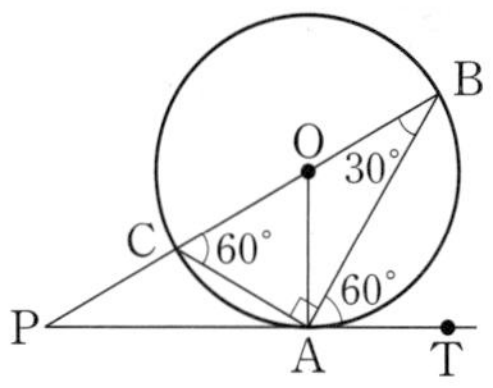

$\angle BCA=\angle BAT=60°$

$\overline{BC}$가 원 O의 지름이므로

$\angle BAC=90°$

$\triangle ABC$에서

$\angle ABC=180°-(60°+90°)=30°$

② $\triangle BPA$에서

$\angle BPA=\angle BAT-\angle PBA$

$=60°-30°=30°$

③ $\triangle OAB$에서 $\overline{OA}=\overline{OB}$이므로

$\angle AOB=180°-2\times30°=120°$

④ $\overparen{BC}:\overparen{AC}=\angle BAC:\angle ABC$이므로

$18:\overparen{AC}=90:30$에서 $18:\overparen{AC}=3:1$

$3\overparen{AC}=18$ ∴ $\overparen{AC}=6(cm)$

⑤ $\overparen{AC}:\overparen{AB}=\angle ABC:\angle ACB$

$=30:60=1:2$

따라서 옳지 않은 것은 ④이다.

06 $\triangle BED$에서 $\overline{BD}=\overline{BE}$이므로

$\angle BED=\dfrac{1}{2}\times(180°-50°)=65°$

이때 $\angle DFE=\angle DEB=65°$이므로

따라서 $\triangle DEF$에서

$\angle FDE=180°-(62°+65°)=53°$

07 (1) $\angle BTQ=\angle BAT=50°$,

$\angle CTQ=\angle CDT=65°$이므로

$\angle x=180°-(50°+65°)=65°$

(2) $\angle DCT=180°-105°=75°$이므로

$\angle DTP=\angle DCT=75°$

$\angle BTQ=\angle BAT=58°$

∴ $\angle x=180°-(75°+58°)=47°$

05 대푯값과 산포도

개념 정리 ──────────────── 42쪽

❶ 홀수 ❷ 짝수 ❸ 최빈값 ❹ 0 ❺ >

❻ < ❼ 편차 ❽ 분산

❶ 대푯값

익힘문제

개념 25 대푯값과 평균 43쪽

01 답 (1) 10 (2) 90 (3) 8

(1) (평균)$=\dfrac{5+8+10+17}{4}=\dfrac{40}{4}=10$

(2) (평균)$=\dfrac{84+91+92+89+94}{5}=\dfrac{450}{5}=90$

(3) (평균)$=\dfrac{10+4+10+8+9+7}{6}=\dfrac{48}{6}=8$

02 답 52 kg

(평균)$=\dfrac{49+52+56+50+53}{5}=\dfrac{260}{5}=52(\text{kg})$

03 답 9시간

(평균)$=\dfrac{2+3+6+7+7+10+11+12+12+20}{10}$

$=\dfrac{90}{10}=9(\text{시간})$

04 답 (1) 52 (2) 8

(1) $\dfrac{25+x+80+75}{4}=58$

$180+x=232$ ∴ $x=52$

(2) $\dfrac{x+4+7+3+11+9}{6}=7$

$x+34=42$ ∴ $x=8$

05 답 28

평균이 25명이므로

$\dfrac{27+26+21+x+23}{5}=25$

$97+x=125$ ∴ $x=28$

06 답 풀이 참조

3개의 변량 a, b, c의 평균이 7이므로

$\dfrac{a+b+c}{3}=\boxed{7}$ ∴ $a+b+c=\boxed{21}$

따라서 $a, b+1, c+2$의 평균은

$\dfrac{a+(b+1)+(c+2)}{\boxed{3}}=\dfrac{a+b+c+3}{\boxed{3}}=\dfrac{21+3}{3}$

$=\dfrac{\boxed{24}}{3}=\boxed{8}$

개념 26 중앙값과 최빈값 44쪽

01 답 (1) 21 (2) 4 (3) 9 (4) 16.5

(1) 자료의 변량은 5개이고 변량은 작은 값부터 순서대로 나열되어 있으므로 중앙값은 3번째 값인 21이다.

(2) 자료의 변량은 9개이고 변량을 작은 값부터 순서대로 나열하면

1, 2, 2, 3, 4, 4, 5, 8, 9

이므로 중앙값은 5번째 값인 4이다.

(3) 자료의 변량은 6개이고 변량을 작은 값부터 순서대로 나열하면

5, 7, 8, 10, 13, 15

이므로 중앙값은 3번째 값 8과 4번째 값 10의 평균인

$\dfrac{8+10}{2}=9$이다.

(4) 자료의 변량은 8개이고 변량을 작은 값부터 순서대로 나열하면

14, 14, 14, 15, 18, 19, 20, 23

이므로 중앙값은 4번째 값 15와 5번째 값 18의 평균인

$\dfrac{15+18}{2}=16.5$이다.

02 답 (1) 3 (2) 8, 12 (3) 13, 20 (4) 국어

(1) 변량 중에서 3이 가장 많이 나타나므로 최빈값은 3이다.

(2) 변량 중에서 8과 12가 가장 많이 나타나므로 최빈값은 8, 12이다.

(3) 변량 중에서 13과 20이 가장 많이 나타나므로 최빈값은 13, 20이다.

(4) 자료 중에서 국어가 가장 많이 나타나므로 최빈값은 국어이다.

03 답 (1) 41회 (2) 45회

(1) 자료의 변량은 15개이고 줄기와 잎 그림의 변량은 작은 값부터 순서대로 나열되어 있으므로 중앙값은 8번째 값인 41회이다.

(2) 변량 중에서 45가 가장 많이 나타나므로 최빈값은 45회이다.

04 답 19

자료의 변량은 6개이므로 중앙값은 3번째 값 17과 4번째 값 x의 평균이다.

$\dfrac{17+x}{2}=18$이므로

$17+x=36$ ∴ $x=19$

05 답 (1) 82 (2) 80점

(1) 최빈값이 82점이므로 $x=82$

(2) 자료의 변량은 5개이고 변량을 작은 값부터 순서대로 나열하면

73, 76, 80, 82, 82

이므로 중앙값은 3번째 값인 80점이다.

─ 45쪽

필수문제

01 8	02 ④	03 1	04 피자	05 ①, ⑤
06 ③	07 23회, 25회			

01 3개의 변량 a, b, c의 평균이 10이므로

$\dfrac{a+b+c}{3}=10$ ∴ $a+b+c=30$

따라서 5개의 변량 2, a, b, c, 8의 평균은

$\dfrac{2+a+b+c+8}{5}=\dfrac{a+b+c+10}{5}=\dfrac{30+10}{5}$

$=\dfrac{40}{5}=8$

02 ④ 자료에 120과 같이 매우 큰 값이 있으므로 대푯값으로 평균보다 중앙값이 더 적절하다.

03 (평균)$=\dfrac{2+6+8+14+14+18+19+20+24+25}{10}$

$=\dfrac{150}{10}=15$(초)

∴ $x=15$

자료의 변량은 10개이고 줄기와 잎 그림의 변량은 작은 값부터 순서대로 나열되어 있으므로 중앙값은 5번째 값 14와 6번째 값 18의 평균인 $\dfrac{14+18}{2}=16$(초)이다.

∴ $y=16$

∴ $y-x=16-15=1$

04 피자의 도수가 가장 크므로 최빈값은 피자이다.

05 ② 중앙값은 반드시 존재한다.

③ 변량의 값이 모두 같으면 평균, 중앙값, 최빈값은 같다.

④ 최빈값은 자료에 따라 두 개 이상일 수도 있다.

따라서 옳은 것은 ①, ⑤이다.

06 자료의 변량은 6개이므로 중앙값은 3번째 값 10과 4번째 값 14의 평균인 $\dfrac{10+14}{2}=12$이다.

따라서 평균도 12이므로

$\dfrac{5+8+10+14+16+x}{6}=12$

$53+x=72$ ∴ $x=19$

07 평균이 23회이므로

$\dfrac{19+23+25+x+16+30+25}{7}=23$

$138+x=161$ ∴ $x=23$

따라서 변량 19, 23, 25, 23, 16, 30, 25에서 23과 25가 가장 많이 나타나므로 최빈값은 23회, 25회이다.

② 산포도

익힘문제

개념 27 산포도와 편차
46쪽

01 답

변량	3	7	5	9	1
편차	-2	2	0	4	-4

02 답 (1) 평균: 8, 표는 풀이 참조 (2) 0

(1) (평균)$=\dfrac{13+2+11+8+6}{5}=\dfrac{40}{5}=8$이므로

변량	13	2	11	8	6
편차	5	-6	3	0	-2

(2) 편차의 총합은

$5+(-6)+3+0+(-2)=0$

03 답 (1) 3 (2) -4

(1) 편차의 총합은 항상 0이므로

$-4+(-1)+2+x=0$

$-3+x=0$ ∴ $x=3$

(2) 편차의 총합은 항상 0이므로

$7+(-3)+4+(-6)+x+2=0$

$4+x=0$ ∴ $x=-4$

04 답 풀이 참조

(편차)$=$(변량)$-$(평균)에서 (변량)$=$(편차)$+$(평균)이므로 표를 완성하면 다음과 같다.

학생	A	B	C	D	E
편차(회)	3	-1	-4	5	-3
줄넘기 횟수(회)	35	31	28	37	29

05 답 12분

(편차)=(변량)−(평균)에서 (변량)=(편차)+(평균)이므로
준현이의 통학 시간은
$$-3+15=12(분)$$

06 답 (1) 3　(2) 166 cm

(1) 편차의 총합은 항상 0이므로
$$-5+x+0+(-1)+3=0$$
$$-3+x=0 \quad \therefore x=3$$

(2) (편차)=(변량)−(평균)에서 (변량)=(편차)+(평균)이므로 학생 B의 키는 $3+163=166\,(\mathrm{cm})$

07 답 67점

학생 C의 영어 점수의 편차를 x점이라 하면
편차의 총합은 항상 0이므로
$$10+(-1)+x+3+(-6)+(-2)=0$$
$$4+x=0 \quad \therefore x=-4$$
(편차)=(변량)−(평균)에서 (변량)=(편차)+(평균)이므로
학생 C의 영어 점수는 $-4+71=67$(점)

개념 28 분산과 표준편차　47쪽

01 답 (1) 평균: 7, 표는 풀이 참조　(2) 6　(3) $\sqrt{6}$

(1) (평균)$=\dfrac{7+9+6+10+3}{5}=\dfrac{35}{5}=7$이므로

변량	7	9	6	10	3
편차	0	2	-1	3	-4
(편차)^2	0	4	1	9	16

(2) (분산)$=\dfrac{0+4+1+9+16}{5}=\dfrac{30}{5}=6$

(3) (표준편차)$=\sqrt{6}$

02 답 $x=3$, 분산: 10, 표준편차: $\sqrt{10}$

편차의 총합은 항상 0이므로
$$-5+0+x+4+(-3)+1=0$$
$$-3+x=0 \quad \therefore x=3$$
$$\therefore (분산)=\dfrac{(-5)^2+0^2+3^2+4^2+(-3)^2+1^2}{6}$$
$$=\dfrac{60}{6}=10$$
$$(표준편차)=\sqrt{10}$$

03 답 (1) 평균: 8, 분산: 18, 표준편차: $3\sqrt{2}$
　　(2) 평균: 16, 분산: 16, 표준편차: 4

(1) (평균)$=\dfrac{8+15+9+6+2}{5}=\dfrac{40}{5}=8$

이때 각 변량의 편차는 순서대로 0, 7, 1, -2, -6이므로
$$(분산)=\dfrac{0^2+7^2+1^2+(-2)^2+(-6)^2}{5}$$
$$=\dfrac{90}{5}=18$$
$$(표준편차)=\sqrt{18}=3\sqrt{2}$$

(2) (평균)$=\dfrac{11+13+20+17+13+22}{6}=\dfrac{96}{6}=16$

이때 각 변량의 편차는 순서대로 -5, -3, 4, 1, -3, 6이므로
$$(분산)=\dfrac{(-5)^2+(-3)^2+4^2+1^2+(-3)^2+6^2}{6}$$
$$=\dfrac{96}{6}=16$$
$$(표준편차)=\sqrt{16}=4$$

04 답 (1) $x=10$, 분산: 3.6, 표준편차: $\sqrt{3.6}$
　　(2) $x=19$, 분산: 11, 표준편차: $\sqrt{11}$

(1) 평균이 8이므로
$$\dfrac{10+7+5+8+x}{5}=8$$
$$30+x=40 \quad \therefore x=10$$
이때 각 변량의 편차는 순서대로 2, -1, -3, 0, 2이므로
$$(분산)=\dfrac{2^2+(-1)^2+(-3)^2+0^2+2^2}{5}$$
$$=\dfrac{18}{5}=3.6$$
$$(표준편차)=\sqrt{3.6}$$

(2) 평균이 13이므로
$$\dfrac{15+12+x+9+13+10}{6}=13$$
$$59+x=78 \quad \therefore x=19$$
이때 각 변량의 편차는 순서대로 2, -1, 6, -4, 0, -3이므로
$$(분산)=\dfrac{2^2+(-1)^2+6^2+(-4)^2+0^2+(-3)^2}{6}$$
$$=\dfrac{66}{6}=11$$
$$(표준편차)=\sqrt{11}$$

05 답 (1) ×　(2) ○　(3) ×　(4) ○

(1) 평균이 같으므로 어느 반의 사회 성적이 더 우수하다고 할 수 없다.

(2) B반의 표준편차가 A반의 표준편차보다 작으므로 B반의 사회 성적이 A반의 사회 성적보다 더 고르게 분포되어 있다.

(3) 사회 성적이 가장 우수한 학생이 어느 반에 속해 있는지 주어진 자료만으로는 알 수 없다.

(4) A반의 표준편차가 B반의 표준편차보다 크므로 A반의
사회 성적의 산포도가 B반의 사회 성적의 산포도보다 크다.

④ (분산)$=\dfrac{10}{5}=2$

⑤ (표준편차)$=\sqrt{2}$

따라서 옳지 않은 것은 ③이다.

필수문제
48~49쪽

01 2	02 57 kg	03 ④,⑤	04 $x=4$, 분산: 6.8
05 ③	06 ⑤	07 2.8	08 $\sqrt{13}$회 09 246
10 2	11 12	12 A반	13 ㄱ, ㄷ

01 편차의 총합은 항상 0이므로
$-2+(-1)+a+1+b=0$
$-2+a+b=0$ $\therefore a+b=2$

02 승훈이의 몸무게의 편차를 x kg이라 하면
편차의 총합은 항상 0이므로
$-5+(-3)+1+x+4=0$
$-3+x=0$ $\therefore x=3$
(편차)$=$(변량)$-$(평균)에서 (변량)$=$(편차)$+$(평균)이므로
승훈이의 몸무게는
$3+54=57$(kg)

03 ① 편차의 총합은 항상 0이므로
$0+(-2)+x+4+1=0$
$3+x=0$ $\therefore x=-3$
② 평균은 알 수 없다.
③ 봉사 활동에 참여한 학생 수가 가장 적은 반은 편차가 가장
작은 C반이다.
④ 편차의 총합은 항상 0이다.
⑤ 봉사 활동에 참여한 학생 수가 평균과 같은 반은 편차가 0
명인 A반이다.
따라서 옳은 것은 ④, ⑤이다.

04 편차의 총합은 항상 0이므로
$2+(-3)+(-1)+x+(-2)=0$
$-4+x=0$ $\therefore x=4$
$\therefore$ (분산)$=\dfrac{2^2+(-3)^2+(-1)^2+4^2+(-2)^2}{5}$
$=\dfrac{34}{5}=6.8$

05 ① (평균)$=\dfrac{15+16+17+18+19}{5}=\dfrac{85}{5}=17$
② 편차의 총합은 항상 0이다.
③ 각 변량의 편차는 순서대로 $-2, -1, 0, 1, 2$이므로
(편차)^{2}의 총합은
$(-2)^2+(-1)^2+0^2+1^2+2^2=10$

06 (평균)$=\dfrac{3+6+11+2+4+10+6}{7}$
$=\dfrac{42}{7}=6$(권)
이때 각 변량의 편차는 순서대로 -3권, 0권, 5권, -4권,
-2권, 4권, 0권이므로
(분산)$=\dfrac{(-3)^2+0^2+5^2+(-4)^2+(-2)^2+4^2+0^2}{7}$
$=\dfrac{70}{7}=10$
$\therefore$ (표준편차)$=\sqrt{10}$(권)

07 평균이 10이므로 $\dfrac{8+9+13+10+x}{5}=10$
$40+x=50$ $\therefore x=10$
이때 각 변량의 편차는 순서대로 $-2, -1, 3, 0, 0$이므로
(분산)$=\dfrac{(-2)^2+(-1)^2+3^2+0^2+0^2}{5}=\dfrac{14}{5}=2.8$

08 최빈값이 9회이므로 a, b, c 중 2개의 변량은 반드시 9이어야
한다.
$a=b=9$라 하고 c를 제외한 변량을 작은 값부터 순서대로
나열하면 9, 9, 9, 12, 12, 15, 20이다.
이때 중앙값이 11회가 되려면 c는 9와 12 사이에 있어야 한
다. 즉,
9, 9, 9, c, 12, 12, 15, 20
이다. 이때 자료의 변량이 8개이므로 중앙값은 4번째 값 c와
5번째 값 12의 평균이다.
$\dfrac{c+12}{2}=11$이므로 $c+12=22$ $\therefore c=10$
따라서 주어진 자료는 9, 9, 10, 9, 12, 15, 20, 12이므로
(평균)$=\dfrac{9+9+10+9+12+15+20+12}{8}$
$=\dfrac{96}{8}=12$(회)
(분산)
$=\dfrac{(-3)^2+(-3)^2+(-2)^2+(-3)^2+0^2+3^2+8^2+0^2}{8}$
$=\dfrac{104}{8}=13$
$\therefore$ (표준편차)$=\sqrt{13}$(회)

09 평균이 9이므로 $\dfrac{5+x+y+10+8}{5}=9$
$23+x+y=45$ $\therefore x+y=22$
또, 분산이 6이므로
$\dfrac{(-4)^2+(x-9)^2+(y-9)^2+1^2+(-1)^2}{5}=6$

$(x-9)^2+(y-9)^2=12$

$x^2+y^2-18(x+y)+150=0$

$x^2+y^2-18\times 22+150=0$　　$\therefore x^2+y^2=246$

10 변량 x, y, z의 평균이 8이므로

$\dfrac{x+y+z}{3}=8$　　$\therefore x+y+z=24$

또, 변량 x, y, z의 표준편차가 2이므로

$\dfrac{(x-8)^2+(y-8)^2+(z-8)^2}{3}=2^2$

$\therefore (x-8)^2+(y-8)^2+(z-8)^2=12$

따라서 변량 x, y, z, 6, 10에 대하여

$(\text{평균})=\dfrac{x+y+z+6+10}{5}=\dfrac{24+16}{5}=\dfrac{40}{5}=8$

$(\text{분산})=\dfrac{(x-8)^2+(y-8)^2+(z-8)^2+(-2)^2+2^2}{5}$

$\qquad=\dfrac{12+4+4}{5}=\dfrac{20}{5}=4$

$\therefore (\text{표준편차})=\sqrt{4}=2$

11 변량 a, b, c의 평균이 3이므로

$\dfrac{a+b+c}{3}=3$　　$\therefore a+b+c=9$ 　　……㉠

변량 a, b, c의 분산이 5이므로

$\dfrac{(a-3)^2+(b-3)^2+(c-3)^2}{3}=5$ 　　……㉡

따라서 변량 $a+4$, $b+4$, $c+4$에 대하여

$(\text{평균})=\dfrac{(a+4)+(b+4)+(c+4)}{3}$

$\qquad=\dfrac{a+b+c+12}{3}=\dfrac{9+12}{3}=7\ (\because ㉠)$

(분산)

$\quad=\dfrac{\{(a+4)-7\}^2+\{(b+4)-7\}^2+\{(c+4)-7\}^2}{3}$

$\quad=\dfrac{(a-3)^2+(b-3)^2+(c-3)^2}{3}$

$\quad=5\ (\because ㉡)$

따라서 $x=7$, $y=5$이므로 $x+y=7+5=12$

12 변량이 고를수록 표준편차가 작으므로 표준편차가 가장 작은 반은 변량이 평균에 가장 가까이 모여 있는 A반이다.

13 ㄱ. 인터넷 사용 시간의 표준편차가 클수록 (편차)^{2}의 총합도 크므로 (편차)^{2}의 총합은 현진이가 경재보다 더 크다.

　　ㄴ. 인터넷 사용 시간의 표준편차가 작을수록 평균을 중심으로 흩어져 있는 정도가 작으므로 경재가 가장 작다.

　　ㄷ. 인터넷 사용 시간이 가장 불규칙한 학생은 인터넷 사용 시간의 표준편차가 가장 큰 학생이므로 선길이다.

　　이상에서 옳은 것은 ㄱ, ㄷ이다.

개념 정리 50쪽

❶ 산점도　❷ 상관관계　　❸ 양　❹ 음

❶ 산점도와 상관관계

익힘문제

개념 29 산점도　　　　51쪽

01 **답** (1) 풀이 참조　(2) 5명　(3) 25 %　(4) 155 cm

(1)
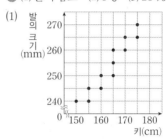

(2) 키가 160 cm 이하인 학생 수는 오른쪽 산점도에서 색칠한 부분에 속하는 점의 개수와 기준선 위의 점의 개수의 합과 같으므로 5명이다.

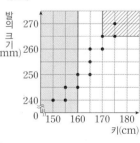

(3) 키가 170 cm 이상이면서 발의 크기가 265 mm 이상인 학생 수는 위의 (2)의 산점도에서 빗금친 부분에 속하는 점의 개수와 기준선 위의 점의 개수의 합과 같으므로 3명이다.

$\therefore \dfrac{3}{12}\times 100=25(\%)$

(4) 발의 크기가 250 mm 미만인 학생 4명의 키는 각각 150 cm, 155 cm, 155 cm, 160 cm이므로

$(\text{평균})=\dfrac{150+155+155+160}{4}=\dfrac{620}{4}=155(\text{cm})$

02 **답** (1) 4명　(2) 7명　(3) 45 %

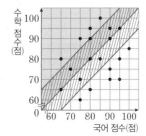

(1) 국어 점수와 수학 점수가 같은 학생 수는 앞의 산점도에서 가운데 대각선 위의 점의 개수와 같으므로 4명이다.

(2) 수학 점수가 국어 점수보다 높은 학생 수는 앞의 산점도에서 색칠한 부분에 속하는 점의 개수와 같으므로 7명이다.

(3) 두 과목의 점수의 차가 10점 이하인 학생 수는 앞의 산점도에서 빗금친 부분에 속하는 점의 개수와 기준선 위의 점의 개수의 합과 같으므로 9명이다.

$$\therefore \frac{9}{20} \times 100 = 45(\%)$$

03 답 ㄱ, ㄴ

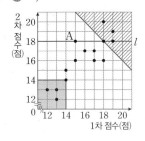

ㄱ. 학생 A를 포함하여 학생 A와 2차 점수가 같은 학생 수는 위의 산점도에서 직선 l 위의 점의 개수와 같으므로 3명이다.

ㄴ. 1차 점수와 2차 점수가 모두 14점 미만인 학생 수는 위의 산점도에서 색칠한 부분에 속하는 점의 개수와 같으므로 3명이다.

$$\therefore \frac{3}{15} \times 100 = 20(\%)$$

ㄷ. 1차 점수와 2차 점수의 합이 36점 이상인 학생 수는 위의 산점도에서 빗금친 부분에 속하는 점의 개수와 기준선 위의 점의 개수의 합과 같으므로 4명이다.

이상에서 옳은 것은 ㄱ, ㄴ이다.

개념 **30** 상관관계 52쪽

01 답 (1) ㄱ, ㄹ   (2) ㄴ   (3) ㄷ

(2) 여름철 기온이 높아질수록 냉방비는 대체로 많아지므로 여름철 기온과 냉방비 사이에는 양의 상관관계가 있다.
따라서 산점도는 ㄴ과 같은 모양이 된다.

(3) 가방의 무게가 무거워질수록 수학 성적이 높아지거나 낮아지는지 분명하지 않으므로 가방의 무게와 수학 성적 사이에는 상관관계가 없다.
따라서 산점도는 ㄷ과 같은 모양이 된다.

02 답 (1)○   (2)○   (3)△   (4)×

(1) 키가 커질수록 신발의 크기가 대체로 커지므로 키와 신발의 크기 사이에는 양의 상관관계가 있다.

(2) 도시의 인구수가 많아질수록 교통량이 대체로 많아지므로 도시의 인구수와 교통량 사이에는 양의 상관관계가 있다.

(3) 쌀의 생산량이 많아질수록 쌀값이 대체로 싸지므로 쌀의 생산량과 쌀값 사이에는 음의 상관관계가 있다.

(4) 지능 지수가 좋을수록 체력이 좋은지 나쁜지 분명하지 않으므로 지능 지수와 체력 사이에는 상관관계가 없다.

03 답 (1) 양의 상관관계   (2) A

(1) 여행 거리가 멀어질수록 여행 경비도 대체로 많아지므로 여행 거리와 여행 경비 사이에는 양의 상관관계가 있다.

(2) 비교적 거리가 가까운 곳으로 여행을 가서 많은 비용을 지출한 사람은 대각선 위쪽에 있는 점 중에서 대각선과 가장 멀리 떨어진 A이다.

04 답 (1)×   (2)○   (3)×   (4)○

(1), (2) 일주일 동안의 운동 시간이 많아질수록 비만도가 대체로 낮아지므로 일주일 동안의 운동 시간과 비만도 사이에는 음의 상관관계가 있다.

(3) A는 C보다 일주일 동안 운동을 더 적게 한다.

(4) 일주일 동안의 운동 시간에 비하여 비만도가 높은 학생은 대각선 위쪽에 있는 점 중에서 대각선과 가장 멀리 떨어진 C이다.

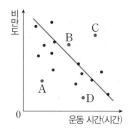

필수문제 53~54쪽

01 4명	02 2.75 kg	03 46	04 20점	05 16팀
06 25 %	07 ㄱ, ㄹ	08 음의 상관관계		09 ④
10 ③	11 ②, ⑤	12 20 %		

[01~02]

01 몸무게가 4 kg 이상이고 머리 둘레가 36 cm 이상인 신생아의 수는 위의 산점도에서 빗금친 부분에 속하는 점의 개수와 기준선 위의 점의 개수의 합과 같으므로 4명이다.

02 머리 둘레가 33 cm 이하인 신생아 4명의 몸무게는 각각
2 kg, 2.5 kg, 3 kg, 3.5 kg이므로

$$(평균) = \frac{2+2.5+3+3.5}{4} = \frac{11}{4} = 2.75(kg)$$

03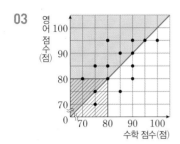

- 수학 점수와 영어 점수가 모두 80점 미만인 학생 수는 위의
  산점도에서 빗금친 부분에 속하는 점의 개수와 같으므로
  2명이다.
- 수학 점수와 영어 점수가 같은 학생 수는 위의 산점도에서
  대각선 위의 점의 개수와 같으므로 4명이다.
- 수학 점수보다 영어 점수가 좋은 학생은 위의 산점도에서
  색칠한 부분에 속하는 점의 개수와 같으므로 6명이다.

$$\therefore \frac{6}{15} \times 100 = 40(\%)$$

따라서 $a=2$, $b=4$, $c=40$이므로
$a+b+c=2+4+40=46$

[04~06]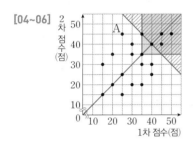

04 두 차례 경기 점수의 차가 가장 큰 팀은 위의 산점도에서 대각
선에서 가장 멀리 떨어진 A이므로 이 팀의 점수의 차는
$45-25=20$(점)

05 두 차례 경기 점수가 모두 35점 초과인 팀의 수는 위의 산점도
에서 색칠한 부분에 속하는 점의 개수와 같으므로 4팀이다.
따라서 두 차례 경기 점수 중 적어도 한 점수가 35점 이하인
팀의 수는
$20-4=16$(팀)

06 1차 경기 점수와 2차 경기 점수의 평균이 40점 이상이 되려면
두 차례 경기 점수의 합은 $40 \times 2 = 80$(점)이상이어야 한다.
두 차례 경기 점수의 합이 80점 이상인 팀의 수는 위의 산점도
에서 빗금친 부분에 속하는 점의 개수와 기준선 위의 점의 개
수의 합과 같으므로 5팀이다.

$$\therefore \frac{5}{20} \times 100 = 25(\%)$$

07 ㄴ. 산점도로는 두 변량의 평균 사이에 어떤 관계가 있는지 확
인할 수 없다.
ㄷ. 점들이 오른쪽 아래로 향하는 직선에 가까이 분포되어 있
는 산점도는 음의 상관관계를 나타낸다.
이상에서 옳은 것은 ㄱ, ㄹ이다.

08 하루 평균 컴퓨터 게임 시간이 길어질수록 수학 성적이 대체
로 좋지 않으므로 하루 평균 컴퓨터 게임 시간과 수학 성적 사
이에는 음의 상관관계가 있다.

09 하루 평균 컴퓨터 게임 시간에 비하여 수학 성적이 좋은 학생
은 대각선 위쪽에 있는 점 중에서 대각선과 가장 멀리 떨어진
D이다.

10 책의 두께가 두꺼워질수록 무게는 대체로 무거워지므로 책의
두께와 무게 사이에는 양의 상관관계가 있다.
①, ④, ⑤ 음의 상관관계
② 상관관계가 없다.
③ 양의 상관관계

11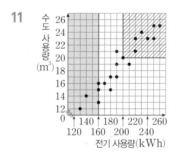

① , ② 한 달 전기 사용량이 많을수록 수도 사용량도 대체로
많으므로 전기 사용량과 수도 사용량 사이에는 양의 상관
관계가 있다.
③ 한 달 전기 사용량이 200 kWh 이상이면서 수도 사용량
이 20 m³ 이상인 가구의 수는 위의 산점도에서 빗금친 부
분에 속하는 점의 개수와 기준선 위의 점의 개수의 합과 같
으므로 8가구이다.
④ 한 달 전기 사용량이 160 kWh 이하인 5가구의 수도 사
용량은 각각 12 m³, 14 m³, 13 m³, 15 m³, 16 m³이므로
$$(평균) = \frac{12+14+13+15+16}{5} = \frac{70}{5} = 14(m^3)$$
⑤ 한 달 전기 사용량이 250 kWh 초과인 가구의 수는 1가
구이다.

$$\therefore \frac{1}{20} \times 100 = 5(\%)$$

따라서 옳지 않은 것은 ②, ⑤이다.

12 조건 ㈎에서 1차 점수가 2차 점수보다 높은 학생은 오른쪽 산점도에서 대각선 아래쪽에 있는 점들에 해당한다.

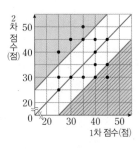

조건 ㈏에서 두 점수의 차가 10점 이상인 학생은 오른쪽 산점도에서 색칠한 부분에 속하는 점들과 기준선 위의 점들에 해당한다.

따라서 두 조건을 모두 만족하는 학생 수는 위의 산점도에서 빗금친 부분에 속하는 점의 개수와 기준선 위의 점의 개수의 합과 같으므로 3명이다.

$$\therefore \frac{3}{15} \times 100 = 20(\%)$$